KB232651

생명을 읽는 코드, 패러독스

Paradoxical Life

생명을 읽는 코드, 패러독스

안드레아스 바그너 지음 | 김상우 옮김

WISE BOOK
와이즈북

세계를 이해하는 키워드, 패러독스

생명의 세계에는 매순간 놀라운 일이 벌어지고 있다. 비행 경로를 함께 학습하고 공유하는 호박벌 떼, 침입자가 나타나면 집을 지키기 위해 자기 몸을 폭파시켜 자살하는 아교수류탄 개미, 숙주식물의 뿌리에 침투하는 기술을 가진 기생식물, 엉덩이 8자 춤으로 동료에게 꽃밭 위치를 알려주는 꿀벌, 다른 동굴로 이사하기 위해 동굴 탐색 개미들을 파견하고 집단 의사결정을 하는 알비페니스 개미 등 이 책에 등장하는 숱한 생명의 파노라마는 우리의 상상을 초월한다.

보이지 않은 미시세계에서는 더욱 놀라운 일이 펼쳐진다. 동료 세포의 명령에 따라 자살하는 자살세포, 유기체들 간의 섹스 없는 유전자 교환, '팽창하라'는 명령을 전달해 눈의 수정체를 탄생시키는 태아의 신경관 세포, 수천 마리의 동료가 모여야 비로소 전염병을 옮기기 시작하는 박테리아 등 생명의 세계에는 인간의 이해를 뛰어넘는 거대한 이야기들이 숨어 있다. 자연에는 협력과 이용, 번영과 기아, 위험과 안전, 삶과 죽음의 스토리들로 가득하다.

이런 이야기들은 자연이 인간 지식으로는 설명하기 힘든 어떤 '의미'의 세계이자, 이런 의미가 무수하게 교환되는 '커뮤니케이션'의 세계임을 말해준다. 생명 현상에는 마트료시카 인형처럼 겹겹이 쌓인 중층 구조의 복잡한 과정들이 숨어 있다. 우리 인간은 이런 의미의 세계를 극히 일부분만, 그리고 표면적으로만 알고 있을 뿐이다. 아인슈타인의 말처럼 "우리는 아직 자연이 보여준 모습의 10만 분의 1도 모른다".

그렇다면 우리는 이런 숨겨진 의미의 세계, 나아가 자연의 진리를 어떻게 파악할 수 있을까? 저자 안드레아스 바그너는 자연과 세계를 바라보는 중요한 관점 하나를 제시한다. 그것은 바로 '패러독스'의 인식이다. 우리와 우리를 둘러싼 세계는 패러독스로 가득 차 있으며, 패러독스를 기초로 구축되어 있다는 것이다.

이기주의와 이타주의, 본성과 후천성, 물질과 정신, 부분과 전체, 우연과 필연, 창조와 파괴 등의 역설적 긴장이 생명과 자연을 창조하는 근본 요인이며, 우리는 이런 패러독스를 인식함으로써만 세계를 더 넓은 시각으로 조망할 수 있다. 이기주의와 이타주의, 부분과 전체 등의 개념은 겉으로는 상반된 것처럼 보인다. 우리 머릿속에서 이 둘은 자연스레 분리된다. 그런 후 둘 중 하나가 더 근본적이라거나, 더 우위에 있다거나, 더 영향력이 있다는 말들을 한다. 하지만 이는 인과론적 세계관에 길들여진 전형적인 인간중심적 사고다.

생명 현상에서는 자아와 타자, 부분과 전체, 안전과 위험, 우연과 필연 등이 동전의 양면처럼 분리되어 있으면서도 동시에 분리되지 않고 하나로 수렴된다. 상반된 두 개념은 '생명' 창조 과정에 깊이 개입되어 있다. 분자적 관점에서 단세포 유기체가 하나의 복잡한 다세포 유기체로 창조되는 과정은 이들 패러독스가 결코 분리될 수 없음을 명료하게 보여준다. 패러독스는 생명 창조 및 진화의 복잡한 커뮤니케이션 과정에서 다양한 목적을 향해 미세하게 조절되고 통합되며 우연적으로 완벽하게 맞아떨어져 진행된다. 미세 분자의 형태(예로, DNA 문자 서열)가 세포 군집, 더 나아가 한 개체, 친족의 운명을 결정짓는다. 불확정성 원리가 지배하는 무수한 우연적인 현상들은 '생명'이라는 필연의 세계를 창조한다.

패러독스는 세계의 근본에 내재되어 있으며 모든 곳에 존재한다. 우리는 이런 역설적 관계의 상호성을 파악해야 인간과 생명을 보다 근본적으로 이해할 수 있다. 과학계의 주류였던 결정론적 세계관은 원인에 따른 결과, 논리와 증명에 기초해 과학과 진리의 문제를 해명하려 하지만, 이런 기계적인 시각으로는 자연을 정확히 관찰하거나 우주만물의 진리를 발견하기 힘들다.

가령, 우리는 대화가 물질이 필요 없는 의미 전달 과정이라고 생각하기 쉽다. 하지만 대화는 무수한 물질이 개입해야 가능한 물질과 의미의 상호작용이다. 대화가 이루어지려면 음파로 압축된 공기분자가 이동해야 하고, 우리 뇌의 신경세포를 발화시키는 신경전달물질이 작동해야 한다. 사실 일상적인 세계는 '물질'과 '의미'(정신)의 분리가 불가능한 세계다. 따라서 우리의 고정된 관념으로는 생명의 세계를 있는 그대로 파악하기 힘들다. 우리가 발견한 자연법칙도 자연을 해석하는 하나의 확률법칙일 뿐, 자연의 내적 적합성을 말해주지는 않는다.

생명의 패러독스를 가장 극적으로 보여주는 예는 자아-타자의 관계다. 자아-타자의 운명은 대단히 긴밀하게 연결되어 있기 때문에 서로가 서로의 운명에 깊은 영향을 끼친다. 인간이 만들어낸 '기생충'이란 용어는 운명의 사슬을 명료하게 말해준다. '기생'은 모든 동식물에 해당되는 본질적인 특성이다. 가장 적게 해를 끼치는 식물도 햇빛 경쟁을 하면서 자기보다 힘없고 작은 식물의 햇빛을 앗아간다. 다른 동식물의 무수한 죽음과 파괴를 통해 생명을 유지하는 인간은 지구상에서 가장 거대한 기생동물의 위치를 차지하고 있다.

이런 자아-타자의 역설적 관계는 현대 경쟁사회에도 중요한 통찰을 제공한다. 우리는 타인과의 협력을 통해 보상을 얻는 것보다 타인을 배신하거나 이용해서 더 많은 돈과 지위, 이득을 얻으려는 경향이 있다. 이 책에서 소개하는 '죄수의 딜레마'는 배신과 협력의 득실 분석(비용-효과 분석)을 통해 '자아-타자'라는 역설적 관계의 통찰 없이 우리 삶과 세계의 문제를 해결할 수 없음을 보여주고 있다. 죄수의 딜레마 상황은 비즈니스 협상이든, 이혼 협상이든, 군비 경쟁이든 간에 우리 일상에서 늘 부딪히는 문제이다. 나의 운명과 타인의 운명은 강하게 결부되어 있기 때문이다.

이 외에도 이 책은 부분보다 전체를, 전체보다 부분을 강조하는 두 시각(전체주의와 환원주의)의 대립, 생명을 필연으로 귀결시키려는 인과론적 세계관이나 지적 설계론의 맹점 등 세계를 보는 우리의 결정론적 시각의 취약성을 환기시킨다. 단순한 유기체에서부터 복잡한 동식물에 이르기까지 유전적 불변성을 이어온 진화 과정에는 무작위적인 우연 현상이 지속적으로 개입해왔다. 돌연변이가 그 대표적인 사례다. 돌연변이는 DNA 염기서열을 무작위로 뒤바꾸어 인간 진화의 역사를 추적할 수 없게 만들었다. 이렇듯 미시세계에서 일어나는 우연한 돌연변이가 생명의 열쇠일 수 있다. 진화란 곧 생명체의 본질인 불변적인 자기복제가 돌연변이 같은 수많은 섭동으로 방해받아 실패하는 경우가 무수하게 포함된다. 따라서 진화의 역사에는 우연적 속성이 깊이 내재되어 있으며, 필연만큼이나 생명의 역사를 지배하고 있다. 프랑스의 생화학자 자크 모노의 말처럼 "인류는 순전히 우연의 산물"이다. 생명을 단순한 생존 기계의 예측 가능한 상호작용으로 치부하려는 일부 과학자들의 꿈은 몽상에 불과하다. 생명은 인간이 파악할 수 있는 정도를 훨씬 초월하는 세계다. 하지만 이런 우연과, 우연에서 파생된 필연의 자연 법칙은 생명의 역사에서 창조의 원천으로 기능해왔다.

이런 시각은 인간사회에 풍부한 유비를 제공한다. 예로, 경제학자 토머스 셸링은 인종 간 거주지 분리 현상이 고착되는 이유가 실은 노골적인 인종 차별 때문이 아니라, 수많은 우연적 현상에 기초한 인간들의 미묘한 선택에서 비롯되었음을 증명해 노벨경제학상을 받았다. 우리가 취미나 가치관이 비슷한 사람을 조금 더 선호하는 것처럼 애초에 희미했던 선호들이 쌓이고 쌓여 완전한 거주지 분리가 형성된다. 예측할 수 없는 무수한 우연한 선택들이 예측 가능한 법칙으로 고착되는 현상은 자연 및 인간 세계에서 무수히 볼 수 있다.

이러한 무한한 자연 현상 앞에서 궁극의 진리를 얻으려는 과학의 노력 덕분에 지식의 역사는 계속 새로 씌어지고 있다. 이 책은 이런 노력의 일환이다.

이 책은 인간을 포함한 무수한 생명체와 과학 현상들, 그리고 우리를 둘러싼 세계에 존재하는 역설을 폭넓게, 그리고 근본적으로 다룬다. 매혹적인 역설적 긴장관계는 인간세계를 이해하는 새로운 시각을 제공한다. 이 책에 등장하는 '민주주의의 역설'이 그 좋은 예다. 민주주의는 스스로 파괴적인 패러독스를 품고 있다. 주권을 가진 국민들이 히틀러 같은 폭군이 통치하는 것이 더 낫겠다는 결정을 할 수도 있기 때문이다. 관용 사회는 관용자들을 제거할 비관용자들로부터 사회를 지키기 위해 스스로 관용의 원칙을 파괴해야 할지도 모른다.

우리는 또한 '자유의 역설'과 맞딱뜨리며 살고 있다. 인간 삶은 개인의 자유를 누리기 위해 자유를 포기하거나 제한해야 하는 딜레마의 연속이다. 자원입대나 대출, 근로계약 등 우리는 우리가 얻으려는 자유의 대가로 자유를 구속하는 약속을 한다. 가장 치명적인 자유의 역설은 아마도 돌이킬 수 없는 (자유의) 선택인 '자살'일 것이다. 역설은 우리 모두의 삶 속에 내재되어 있다. 우리는 거의 인식하지 못하지만 역설과 함께 살아가고 있다고 해도 과언이 아니다.

이 책의 묘미는 과학적 관점을 넘어 인간 존재에 대한 통찰에 이르게 한다는 점이다. 이기주의와 이타주의, 부분과 전체, 우연과 필연, 창조와 파괴 등 서로 대척점에 있는 현상들이 서로 교차하면서 자연과 우리 세계를 구축해왔다.

이 책의 생물학적 설명을 따라가다 보면 인간의 본성과 핵심에 접근하는 앎의 기쁨을 맛볼 수 있다. 패러독스에 대한 새로운 시각과 이해는 생물학에 대한 이해를 넘어 철학적 사색에 이르게 한다. 생명의 저변에 존재하는 본질적인 패러독스의 탐구를 통해 생명의 의미를 깊이 고찰할 수 있다. 저자는 과학적 설명을 넘어 세계에 대한 이해와 해석에 많은 부분을 할애하고 있어 인간과 세계에 대한 인식의 지평을 넓히는 데 도움을 준다. 또한 과학과 우리 자신의 관계를 바라보는 시각뿐 아니라 오랜 철학 논쟁과 과학 논쟁에 대해서도 숙고할 수 있는 새로운 기회를 준다.

김상우

contents

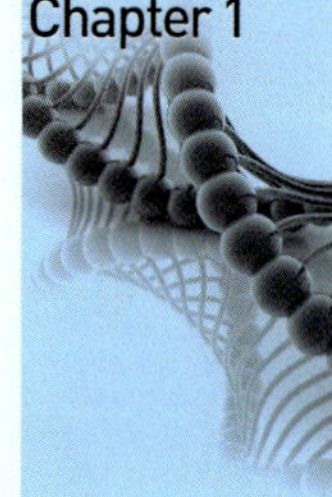

Chapter 1

생명과 우주, 그 창조의 드라마

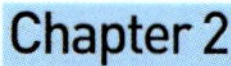

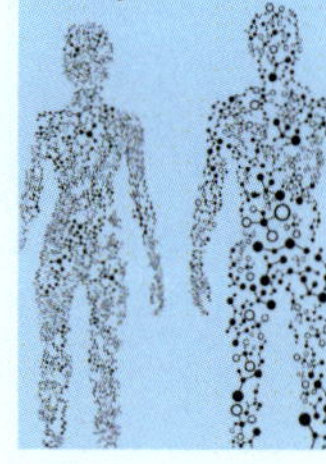

Chapter 2

자아와 타자의 패러독스

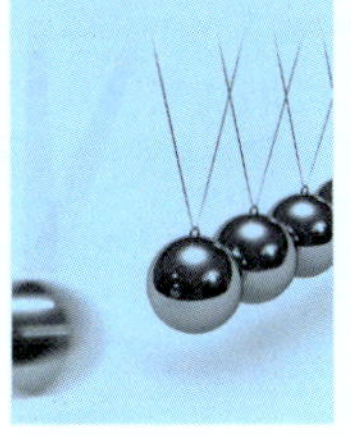

Chapter 3 부분과 전체의 패러독스

Chapter 4 번영과 멸종의 패러독스

Chapter 5 삶과 죽음의 패러독스

너무도 매혹적인 생명의 역설 속으로

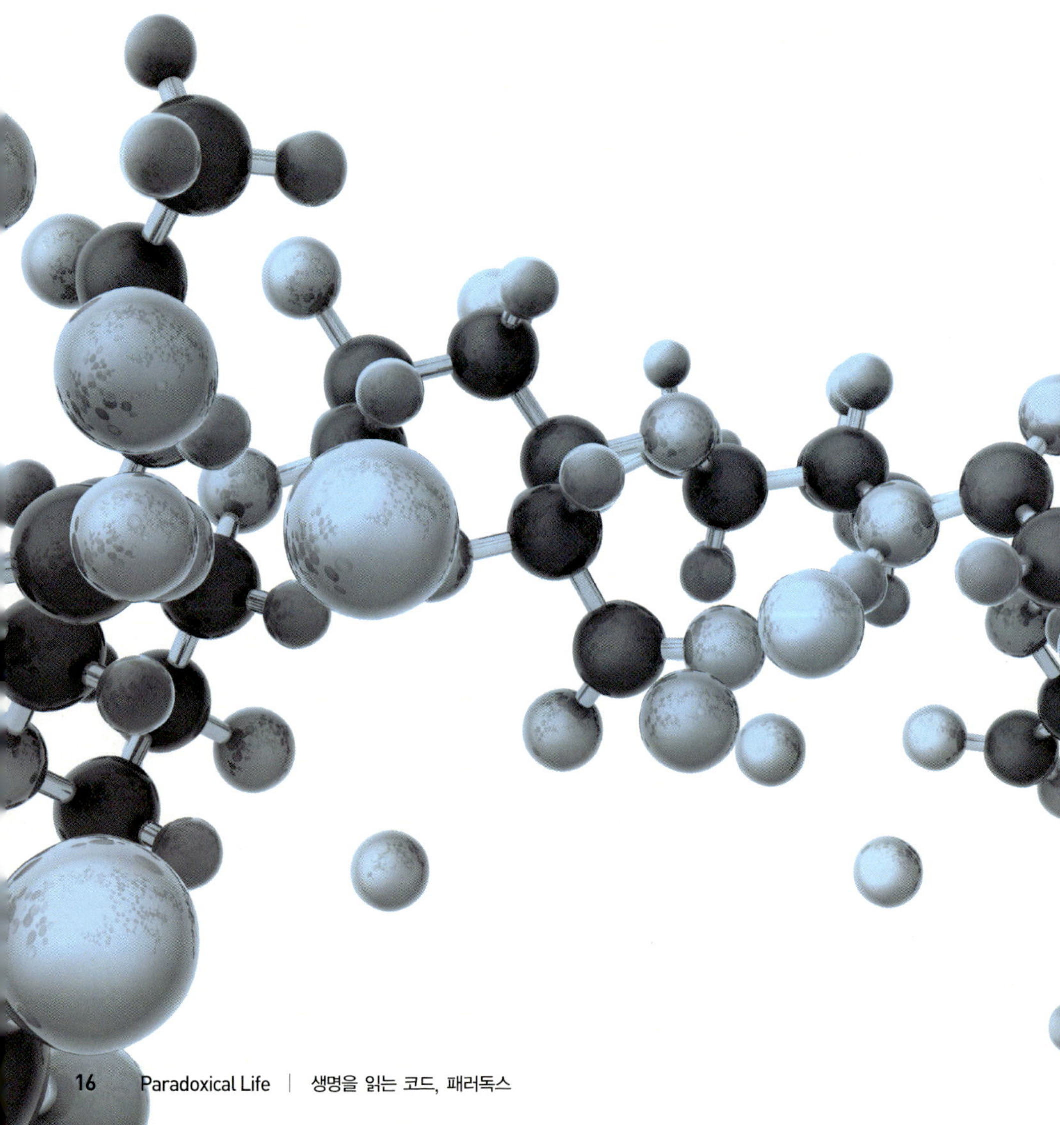

자궁 속에서 우리 몸의 각 부분은 복잡한 커뮤니케이션 과정을 거쳐 만들어진다. 머리나 손톱처럼 단순한 조직이든, 눈처럼 복잡한 조직이든 간에 이 과정은 우리가 상상도 할 수 없다. 이 복잡한 커뮤니케이션 과정에는 수백만 개의 세포들이 참여한다. 이 세포들은 태아의 몸을 왕래하면서 수천 개의 분자신호들을 방출한다. 한 세포가 다른 세포들에게 지시를 전달하는 과정이다. 가령 '이리로 와라', '저리로 가라', '팽창하라', '평평해져라', '볼록해져라', '오그라들어라', '나뉘어라', '죽어라' 등등. 지시를 받은 세포들은 곧 신호를 낸다. 세포들 간의 대화는 교향악 연주처럼 아주 신중하게 이루어지지만, 교향악보다 훨씬 복잡하다. 세포들이 이렇듯 신중하고 복잡한 대화를 수행한 결과, 여러분의 눈을 포함한 우리의 몸이 만들어졌다.

태아의 몸을 만드는 일, 치명적인 바이러스를 공격하는 일, 흰개미의 집짓기, 그리고 인간의 대화, 이 모든 일에는 '의미를 가진 커뮤니케이션'이 필요하다. 인간은 언어를 통해 의미를 전달하는 데 비해, 다른 동물이나 물질 들은 몸짓, 향기, 분자, 혹은 전자를 통해 의미를 전달한다. 달리 말해 언어나 분자 같은 '의미를 전달하는 물질'(즉, 의미의 물질적 전달체^{material carrier of meaning}, 예컨대 우리의 말을 전달하는 음파나 분자 같은 것—옮긴이)은 커뮤니케이션 과정에 따라 달라진다. 하지만 자연의 거의 모든 과정이 한 사물, 혹은 존재로부터 다른 사물, 혹은 존재로 의미를 전달하는 과정임은 동일하다. 뿐만 아니라 모든 물질은 잠재적으로 (사물 혹은 사람에게 전달할) 의미를 갖고 있다.

20세기 대부분의 과학적 주장과 달리, 의미는 물질의 부차적 요소가 아니다. 모든 물질은 의미를 갖고 있으며, 얼핏 생각해도 모든 의미는 물질적 측면을 갖고 있다. 동전의 양면처럼, 의미와 물질은 서로 완전히 분리되어 있으면서도 즉, 정반대이면서도 동시에 서로 완전히 분리될 수 없다.

의미와 물질의 이런 역설적 관계, 그리고 삶과 세상의 여러 역설적 관계들이 이 책의 핵심 주제다.

다음 세 가지 사례를 보자.

첫째, 아교수류탄 개미는 자기 집을 지키기 위해 스스로 몸을 폭파시켜 아교 분비샘을 분출함으로써 침입자를 꼼짝 못하게 옭아맨다.

둘째, 암세포들은 이기적으로 분열해 자신의 숙주인 몸의 자원을 빨아먹는다. 이런 이기적인 탐욕은 숙주인 몸을 파괴함으로써 결국 자신도 파괴하고 만다.

셋째, 핵전쟁의 위험에 직면한 한 국가가 적국에게 양보함으로써 상호 공멸을 피하는 경우가 있다. 이런 선택은 이기적인 행동이기도 하지만 동시에 적도 이롭게 하는 행동이다.

이 세 가지 사례는 '자아와 타자 간의 긴장'이라는 또 하나의 중요한 긴장을 보여준다.

수십억 년 전 모든 생물은 단세포로 이루어져 있었다. 당시는 빠른 생식과 효율적인 생존이 관건이었다. 생식과 생존에 성공한 세포들은 살아남았고, 그러지 못한 세포들은 사라졌다. 생존이 열쇠였으므로 경쟁은 치열했다. 그러나 깊은 시간의 심연 속에 감추어져 있는 어느 시점에서 규칙이 변했다. 세포들은 치열한 경쟁을 포기했을 뿐만 아니라 서로 협동하는 법을 배우게 되었다. 또한 자신의 생명을 희생하는 법도 배웠다. 우리의 몸을 예로 들어보자. 우리의 뇌, 피, 근육, 뼈에 있는 수십억 개의 세포들은 일정한 시간이 지나면 반드시 죽게 된다. 죽지 않고 계속 살아남을 수 있는 것은 정자세포와 난자세포뿐이다. 그 많은 세포들이 죽는 이유는 무엇일까? 생각이란 것을 할 수 없는 원형질 덩어리인 세포들이 어떻게 스스로 생명을 희생하는 법을 배우게 된 걸까?

많은 생물학자들은 진정 이타적으로 행동하는 생물체는 없다고 생각한다. 이런 견해에 따르면, 아교수류탄 개미나 우리 몸속의 세포들이 보여준 이타적인 행동은 위장된 이기주의라는 것이다. 그러나 이런 시각이 모두 옳은 것은 아니다. 대부분의 '좋은 행동'이 진정한 이타주의에서 나온다고 보는 시각도 있다. 모든 것은 이기주의에서 비롯된다는 시각과 이기주의나 이타주의는 완전히 별개라는 시각, 이 두 시각을 넘어 나는 세 번째 시각을 제안하고자 한다. 그것은 자아와 타자는 완전히 다르고 분리되어 있지만, 한쪽(세포, 유기체, 혹은 국가)의 행동이 다른 쪽의 운명에 영향을 미치기 때문에 자아와 타자는 불가분의 관계에 있다는 것이다. 다시 말해, 자아와 타자는 동전의 양면처럼 서로 완전히 분리되어 있지만 동시에 완전히 분리될 수 없다.

이렇듯 의미와 물질, 자아와 타자의 역설적 관계는 이 책에서 얘기하는 역설적 긴장의 두 사례에 불과하다. 이밖에도 창조와 파괴(생명체나 국가의 형성 과정에서 창조와 파괴는 항상 함께 존재한다), 부분과 전체(예로 당신의 행동을 책임지는 것은 무엇일까? 당신의 유전자일까, 당신일까, 아니면 당신을 둘러싸고 있는 세상일까?), 위험과 안전(생명체들은 자신의 유전자를 가지고 서로를 죽이는 게임을 하지만, 그 게임이 있었기에 생존할 수 있었다) 등 수많은 역설이 존재한다.

역설에서 한 명제와 그 반대 명제는, 하나가 옳으면 하나는 반드시 틀리다. "의미와 물질은 완전히 분리되어 있다"는 명제가 그렇다. 이 명제처럼 역설은 단지 마인드 게임^{mind game}(정신의 유희)이며, 언어 속에서'만' 존재한다고 생각할 수도 있다. 역설이 우리를 혼란스럽고 당황하게 만든다는 사실, 그리고 우리가 원하는 것보다 세상을 훨씬 무질서하게 보이게 만든다는 사실을 감안하면, 이런 생각은 충분히 이해할 만하다. 또한 어떤 역설이라도 하나의 옳은 해법이 있기 마련이라거나 그런 해법이 없는 역설은 완전히 무시해버려야 한다는 주장도 이해할 만하다. 그러나 20세기 초에 수학자들은 무시할 수 없는 역설들을 발견하기 시작했다. 이런 역설들은 자연과학의 기초인 수학의 가장 기초적인 부분에서 나왔다. 이런 역설들을 구체적으로 보여주기 위해 기계나 컴퓨터를 동원해야 하는 경우도 있는데, 따라서 이런 역설들은 단순한 게임과는 거리가 멀었고, 인간의 언어로 다룰 수 있는 것 이상이었다. 내가 좀 전에 언급했던 역설적 긴장들도 이와 아주 비슷하다. 요컨대, 이런 역설들은 세계의 근본에 내재되어 있으며 모든 곳에 존재한다.

그렇다면 우리는 왜 이런 모든 것에 관심을 가져야 할까? 역설을 근본적인 것으로 받아들이면 인간은 엄청난 힘을 갖게 되기 때문이다. 300년 역사의 서구 과학은 우리 인간을 세계의 중심에서 변방으로 내몰았다. 생화학자 자크 모노Jacques Monod의 말처럼, 우리는 우주의 한 귀퉁이에 서 있는 집시가 되어버렸다.[1] 그러나 역설의 힘은 인간을 다시 세계의 중심으로 복귀시킨다.

근본적인 역설을 받아들인다는 것은 절대적이고 최종적인 지식이 종말을 고했음을 의미한다. 이는 또한 우리가 역설 앞에서 자신의 입장, 즉 자아와 타자, 본성과 양육, 물질과 정신을 놓고 어느 한쪽을 근본으로 보는지 선택해야 할 경우가 자주 있다는 것을 의미하기도 한다. 우리가 선택한 진리들이 결국 잘못된 것으로 드러나고, 그래서 우리의 지식에 한계가 있음을 알면서도, 우리는 어떤 진리들을 선택할 수밖에 없다. 이 선택의 힘은 아주 인간적이며, 우리가 세계를 창조하는 데 중요한 역할을 하게 해준다. 세계 자체는 우리의 선택과 불가분하게 연계되어 있다. 여기서 우리의 선택이란 (평범한 일상이나 정교한 과학이론에서) 세계를 어떻게 볼 것인가에 관한 선택, 그리고 우리의 행동으로 세계를 어떻게 만들 것인가에 관한 선택을 말한다.

의식적이든 무의식적이든 우리는 늘 이런 선택을 한다. 위대한 예술, 민간 설화, 각종 경전들이 주는 인류 문화의 지혜를 들여다보면, 우리가 순간순간 우리의 선택을 완전히 인식하고 사는 것은 불가능하지만, 우리의 인간적 잠재력을 실현하려면 그런 인식을 배양해야만 한다. 완전한 인식을 얻는다는 것은 소크라테스, 플라톤, 아리스토텔레스가 행한 성찰하는 삶, 불교의 깨달음, 그리고 '모든 지각을 초월하는 평화'를 얻는 것이다.[2] 이 선택에 충실하다면 많은 문이 열리며 엄청난 힘을 갖게 된다.

이 책의 많은 부분은 생물학적인 탐구에 할애되어 있다. 왜 생물학인가? 역설은 언제나 논리학과 수학의 중심 분야였는데 말이다. 지난 2천 년 동안 풀리지 않은 역설인 '거짓말쟁이 패러독스'●는 수많은 학자들을 괴롭혀왔다. 반면 생물학적 역설들은 논리학이나 수학에서만큼이나 많고 흥미롭지만 우리에겐 덜 익숙하다.

생물학적 역설에는 보다 추상적인 논리적, 수학적 역설에 비해 한 가지 큰 장점이 있다. 인간과 박테리아, 그 안의 분자에 이르기까지 세상 모든 곳에서 생물학적 역설을 관찰할 수 있다는 점이다. 생물학적 역설은 생명체의 위대한 통일성을 보여준다. 인간이 직면하고 있는 가장 어려운 문제와 갈등의 많은 부분을 가장 미천한 박테리아들도 공유하고 있는 데서 이를 확인할 수 있다. 국경은 물론이고 수백만 명의 운명을 좌우하는 지정학적 결정에서부터 단세포 유기체들 간의 '군비 경쟁'에 이르기까지, 지금까지 존재했던 모든 갈등의 근원이 되고 있는 자아와 타자의 긴장을 보더라도, 자아와 타자는 수학의 세계에서는 아무런 역할도 하지 못하며 단지 생명체들에서만 존재한다는 걸 알 수 있다.

세계는 역설로 가득 차 있기 때문에, 그리고 사람들은 이런 역설에서 헤어나지 못할 수 있기 때문에, 나는 여기서 역설을 다루는 두 가지 규칙을 제안하고자 한다.

첫째, 역설에 직면하게 될 경우 이를 무시하지 말라. 역설은 지식의 문을 지키는 문지기와 같아서 역설을 피하는 사람은 결코 지식의 세계에 들어갈 수 없다는 말이 있다. 따라서 역설을 탐구하고, 발견한 역설에서 이상한 측면을 샅샅이 검토하고, 역설에 몰입할 것을 권한다.

둘째, 역설에 빠져 절망할 경우(이는 역설만큼이나 실질적인 위험이다) 역설의 한쪽을 선택해 그것을 고수하면서 자신의 선택이 자신을 어디로 데려가는지 보라. 그러나 당신이 선택했음을 결코 잊어서는 안 된다. 이러저러한 역설 속에서 우리의 선택 능력이 커질수록 얻는 것도 많지만, 동시에 포기해야 할 것도 많아진다. 충분히 대담한 선택을 한다면 우리가 알고 있는 세계는 우리 눈앞에서 사라질 것이다. 이는 매우 두려운 일이긴 하지만 (역설적으로) 우리에게 엄청난 창조의 자유를 준다.

여러분이 하나의 역설 속에 놓여 있을 수 있으면(물론 이는 결코 편한 일이 아니다) 역설 너머를 볼 수도 있다. 역설 너머를 보는 것은 모든 위대한 철학자, 과학자, 신비주의자, 신학자들이 지향하는 목표이기도 하다. 그리고 내가 그에 관한 책을 쓰는 데는 성공하지 못했지만, 사실 이 책의 진짜 주제가 되어야 할 것은 역설 너머에 있는 그 '무엇'이다. 이 주제를 제대로 다루기 위해서는 (무한한 반지름을 가진 원이나 완전한 수학적 점같이) 끝없는, 혹은 전혀 있을 수 없는 대화가 필요할지도 모른다. 수천 년 전 중국의 노자는 "천지天地의 시초는 무명無名"이라고 말하면서 이를 잘 표현했다.[3] 여기서 내가 지적할 수 있는 것은 역설 뒤에는 그 무엇이 있다는 것이다. 나머지는 독자 여러분의 몫이다. 그 무엇을 본 사람들이 우리에게 말한 것처럼, 그 무엇은 그저 얼핏 보기만 해도 상상 이상의 보상을 가져다준다.

● **거짓말쟁이 패러독스** "내가 하는 말은 다 거짓말이다"라는 수수께끼 같은 명제를 말한다. 여기서 이 명제가 참이면 그 즉시 거짓이 되고, 이 명제가 거짓이면 그 즉시 참이 된다. 학자들은 이 역설에 대한 명쾌한 답변을 내놓지 못하고 있다.

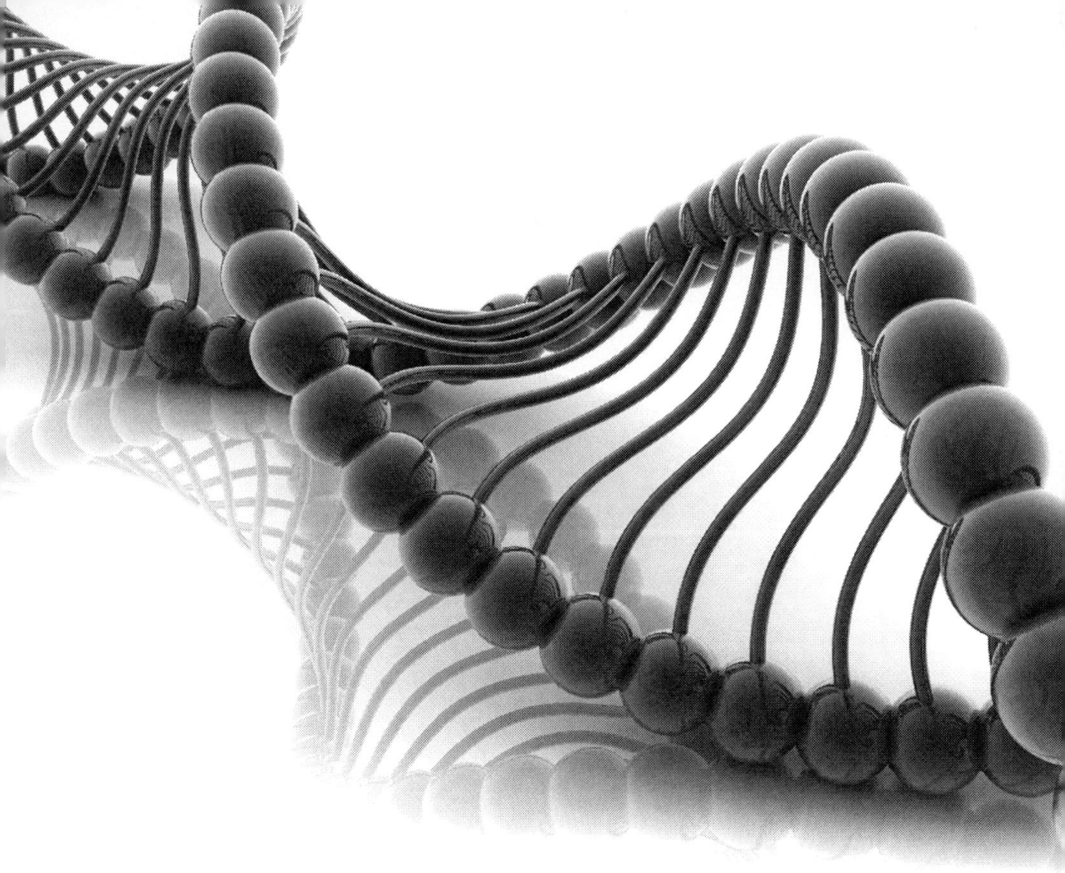

생명과 우주, 그 창조의 드라마

우주는 원자로 만들어진 게 아니라 이야기로 만들어졌다.
— 뮤리엘 러카이저

모든 것은 은유다.
— 괴테

우리에게 가장 익숙한 커뮤니케이션은 사람과 사람 간의 대화다. 대화가 인간 고유의 것이라는 생각은 다른 형태의 대화는 매우 다르다는 생각을 낳는다. 즉 동물, 식물, 박테리아, 심지어 분자들도 자신들의 섬세함과 유연함, 그리고 세상을 형성하는 힘에 있어 인간의 대화를 초월하는 대화를 한다는 사실을 간과하는 것이다.

이 글을 쓰고 있는 작가인 나는 부단한 내적 대화를 하고 있다. 예로, 나는 앞 절의 마지막 문장이 나의 논점을 전달하기에 적합한지 스스로 묻는다. 그런 후 그 문장을 그대로 쓰기로 결정한다. 그리고 또 묻는다. '그 다음 내가 하고 싶은 말이 뭐지?' 내가 하고 싶은 말은 자신의 입장을 검토하고, 선택하며, 다음 문장으로 넘어가는 과정에서 이루어지는 자신과의 대화이며, 이는 언제나 우리의 머릿속에서 진행되고 있다. 그렇다면 이렇게 쓰자. 그리고 그 다음은? 이런 식의 대화에 중요한 역할을 하는 대화 뉴런에 관한 문장으로 넘어갈 수도 있다. 그러나 이 문장은 나중에 써야 하는 건 아닐까? 그러자. 뉴런에 관한 이야기는 다음에 하자. 바로 이와 같은 것이 작가로서 나의 내적 대화다.

또한 모든 책은 작가와 독자 간의 섬세한 대화다. 독자들이 이 책에 만족하고 즐기도록 하기 위해 나는 독자 여러분이 내가 말하는 것을 어떻게 생각할지 생각한다. 그리고 매 순간 나는 독자들이 어떻게 생각할지를 생각해 선택을 한다. 여러분이 여기에 없다 해도 나는 여러분과 일종의 대화를 하고 있는 셈이다.[1]

독자와의 대화를 통해 글 쓰는 일을 끝내자마자 나는 책을 출판할 의도로 출판사와 커뮤니케이션을 한다. 이 커뮤니케이션은 내가 누구를 위해 이 책을 썼으며, 이 책을 통해 내가 이루고자 하는 것은 무엇인지를 요약한 편지로 시작된다. 내 편지를 보고 출판사가 책을 출판하기로 결정한다면, 편집자는 북 디자이너, 제작부장, 홍보책임자, 마케팅 및 세일즈 담당자, 유통업자, 서적 판매상 등 책의 편집, 제작, 영업, 유통을 담당하는 사람들과 대화를 할 것이다. 책에 색인을 넣을 것인가? 책 제목과 부제는 무엇으로 할까? 책의 크기와 판형은 어떻게 할 것인가? 표지 디자인을 멋있게 하려면 어떻게 해야 할까? 종이는 어떤 종류로 할까? 이런 대화에는 출판사 고위 간부로부터 종이 납품업자와 제작 실무 담당자에 이르는 모든 사람이 참여한다. 이런 모든 대화의 결과물이 바로 여러분이 손에 들고 있는 이 책이다.

내가 말하고자 하는 요점은 대화와 세상은 우리가 생각하는 것보다 훨씬 더 긴밀하게 얽혀 있다는 것이다. 대화는 이 책과 같은 물질적인 결과물을 만들어낼 수도 있다. 그리고 대화로 만들어진 결과물 중 일부는 역사의 경로를 바꾸기도 했다. 칼 마르크스의 《자본론》이나 성경이 어떻게 세상을 바꿨는지 생각해보면 대화로 만들어진 결과물이 역사의 경로를 바꿀 수 있다는 주장을 쉽게 이해할 수 있다.[2]

작가의 내적 대화로 시작된 일이 세계의 물질적 변화를 가져올 수 있다. 그렇다면 내적 대화란 아주 이따금 일부 사람에게만 발생하는가? 그렇지 않다. 내적 대화는 여러분 모두의 머릿속에서 들리지 않는 소리로 끊임없이 진행되고 있

다(독자 여러분이 이 책을 읽으면서 '이 사람 지금 무슨 소리를 하고 있는 거야?'

하고 스스로에게 물었다면, 그것도 내적 대화다). 면접을 준비하는 취업 준비생의

내적 대화를 들어보자. "뭘 입지? 파란 셔츠를 입자. 거기에 초록색 넥타이는 어떨

까? 아냐, 너무 튀어. 검은 구두를 신을까? 노, 너무 낡았어. 회색 코트는 어떨까?

좀 보수적인 느낌을 주긴 하지. 그렇지만 면접에는 그런 게 좋지 않겠어?"

이 젊은이는 인간 커뮤니케이션의 한 측면에 대해 걱정하고 있다. 그

는 말이 아니라 다른 신호, 즉 그가 입는 옷을 통해 회사 임원들에게 잘못된 메시지

를 전달할까봐 걱정하고 있는 것이다. 옷은 주변 환경으로부터 민감한 신체를 보호

하는 역할을 하는 데 그치지 않고 커뮤니케이션에 훨씬 더 중요한 역할을 할 수도

있다. 모든 문화가 몸을 보호하기 위해 옷을 사용하는 것은 아니다.[3] 옷, 보석, 향수

는 사회적 지위, 감정, 직업, 종교, 성적 취향, 민족성, 위생관념 등에 관한 일련의

메시지를 전달한다. 몸의 장식은 사람들이 말을 사용하지 않고 커뮤니케이션을 하

는 여러 방법 중 하나에 불과하다. 면접자의 얼굴 표정, 자세, 매너, 사투리나 억양,

주소, 과거의 직업, 이 모든 것들은 회사 임원들에게 어떤 스토리를 말해준다. 따라

서 이런 것들이 면접의 한 부분이 되어 질문의 종류에 영향을 미치고, 따라서 답변

에도 영향을 미친다.

사람과 사람이 만나면 대부분 커뮤니케이션이 있기 마련이다. 커뮤니

케이션은 커뮤니케이션을 하는 사람들만큼이나 다양할 수 있다. 어떤 커뮤니케이

션에서는 말이 핵심이지만, 다른 커뮤니케이션에서는 말이 아닌 스킨십, 춤, 섹스

가 더 중요한 역할을 하기도 한다. 말이든 스킨십이든 커뮤니케이션에는 두 사람,

또는 수많은 사람이 참여하기도(오케스트라를 상상해보라) 한다. 따라서 커뮤니케

이션의 종류는 거의 무한하다.[4] 이런 커뮤니케이션에서 한두 가지 특징은 매우 중

요하다. 이것을 다음에서 살펴보자.

신호의 세계: 프리메이슨의 문장, 십자가, 큰 키

커뮤니케이션의 가장 기본적인 요소는 신호sign이며, 이 신호가 의미meaning를 전달한다.[5] 우리는 페인트칠된 이정표, 공기 중을 떠도는 분자들(음식 냄새), 하늘에서 빠르게 확산되는 수증기(비구름)처럼 신호가 물질적 형태를 띨 수 있다는 사실을 잘 인식하지 못하는 경우가 많다. 이 모든 신호에 공통된 특징, 모든 신호가 공통으로 가지고 있는 특징이 있을까? 모든 신호들은 뭔가를 나타낸다. 그것은 제각기 다르다. 가톨릭 신자가 목에 걸고 있는 십자가 목걸이는 종교적 소속을 나타낸다. 면접자가 손가락으로 무릎을 두드리는 행위는 그가 긴장했음을 보여준다. 악취는 썩어가는 음식물이나 시체 냄새를 나타내기도 한다. 물론 우리는 신호에서 보다 미세한 특징을 구별해내기 위해 많은 시간을 쓰기도 한다. 하지만 이 책의 목적상 "신호는 다른 대상, 상태, 사건을 나타내기 위해 사용되는 대상, 상태, 혹은 사건"이라고만 말해도 충분하리라.[6] 또 한 신호가 나타내거나 지적하거나 표현하는 것에 어떤 이름을 붙이는 것도 유용한데, 그것을 그 신호의 '의미'라고 부르기로 하자.[7] 철학자들은 보다 정확한 용어로 '의미'의 의미를 정의하기 위해 한 세기 이상 노력해왔다.[8] 하지만 이 문제를 여전히 풀지 못했다. 그 이유는 철학자들의 능력이 부족해서가 아니라 이 문제 자체에 숨어 있는 문제 때문이다. 물질이 물리세계에 핵심적인 만큼이나 의미도 전반적인 세계에 핵심적이기 때문에 '의미'를 보다 단순한 용어로 정의하기란 쉽지 않다. 따라서 우선은 '신호가 나타내는 것' 정도로만 의미를 정의하고 우리의 대화를 진행하는 것으로 만족해야 할 것 같다.

어떤 것이 나타내는 바를 닮은 신호를 아이콘icon이라 한다. 아이콘은 그 신호가 가리키는 대상을 형상화한 이미지다. 그래서 가리키는 대상과 일정한 내적 유사성을 갖는다. 아이콘 신호의 간단한 예는 풍경이나 사람, 혹은 건물을 그린 그림이나 사진을 들 수 있다. 좀더 복잡하게는 '은유'와 과학이론도 일종의 아이콘 신호라 할 수 있다.[9] 아이콘보다 내적 유사성이 부족한 신호는 상징symbol이다.[10] 상징은 그것을 사용하는 사람들 간의 합의에 따라 의미를 갖는다. "이 책"과 같은 합의된 신호도 상징에 해당한다.[11] 프리메이슨의 비밀 신호도 상징이다. 또한 공항에서 지상 요원이 착륙한 비행기를 인도하기 위해 사용하는 수신호도 상징에 해당한다. 상징과 아이콘은 앞에서 말한 취업 면접을 포함한 인간의 모든 대화에 사용된다. 취업 면접에서 상징은 주고받는 말과 이력서 같은 것이며, 아이콘은 회사의 실적 차트 같은 것이다. 실적 차트가 회사를 나타내는 표상이기 때문이다. 그러나 다른 신호도 있다. 예로 면접자의 보수적인 재킷은 상징과 아이콘 사이에 있는 신호다.

　면접 사례는 또한 메시지 전달 의도가 커뮤니케이션의 필요나 욕구에 꼭 부합하는 것이 아님을 보여준다.[12] 이를테면 면접자들은 면접을 할 때 그들이 하는 말, 입고 있는 옷, 손짓 같은 많은 신호들을 선택해 보낸다. 하지만 제스처, 자세, 표정 같은 다른 많은 신호들은 선택하지 못하거나 선택하지 않을 수도 있다. 얼굴색, 성별, 키 같은 신호들은 중요한 정보를 전달하는 신호지만 면접자가 선택할 수 없다. 선택이 불가능한 신호인 큰 키는 면접이나 승진에 유리한데, 큰 키가 긍정적인 인상을 심어주기 때문이다.[13]

　인간들 사이에서 이루어지는 이런 커뮤니케이션은 정말 엄청나다. 뒤에서 보겠지만, 인간이 아닌 존재들(비인간)의 커뮤니케이션도 여러 측면에서 이와 유사하다.[14]

생존 게임: 포식 · 유혹 · 경고 신호

　우리들 대부분은 동물의 커뮤니케이션을 쉽게 이해한다. 아마존 열대우림의 독화살 개구리가 네온 빛을 띠면 포식자에게 물러나라는 경고를 하는 것이고, 수컷 공작이 화려한 깃털을 펼치면 암컷을 유혹하는 것이며, 새끼 새가 입을 벌리면 어미에게 먹이를 달라는 신호다. 이런 사례는 동물들이 우리와 유사한 복잡한 신경체계를 갖고 있기에 쉽게 이해되는 것이다. 우리와 유사하지 않은 동물들에게도 분명한 커뮤니케이션 사례들이 많다. 그중 일부는 동물이 아닌 경우도 있다.

많은 곤충들은 식물에 기생하거나 식물 속에서 생존한다. 일부는 식물의 잎 아랫부분에 알을 낳아 식물 표면에서 번식하기도 한다. 이 알들이 자라 먹을 잎이 넘쳐나는 곳에서 유충으로 부화한다. 다른 곤충들은 익어가는 과일이나 나무 등걸 같은 식물의 몸체 깊숙한 곳에 알을 낳기도 한다. 여기서 부화한 유충들은 식물의 몸체를 파먹으며 자란다.

이 초식곤충 부모들은 알을 낳거나 유충이 자랄 식물을 선택할 때 매우 신중해야 한다.[15] 수백 마리의 암컷들이 같은 식물에 알을 낳는다면 어떤 일이 벌어질지 상상해보라. 유충들은 한정된 먹이를 두고 죽기 아니면 살기 식의 투쟁을 해야 한다. 굶주린 유충은 죽고 말 것이다. 어미 곤충은 이런 경쟁을 피해야 하고, 또한 이미 알을 품은 식물은 피해야 한다. 그리고 한가한 숙주식물에 안착했다면 다른 곤충이 꼬이지 않도록 손을 써야 한다. 곤충들은 이런 모든 기술을 터득했다. 일부 곤충들은 배에서 물질을 분비하여 알 낳은 장소를 표시하며, 다른 곤충들은 이 분비물 냄새가 나면 그 식물을 피해 간다. 어떤 종은 알이 자라면서 스스로 다른 곤충들에게 자기 존재를 알리는 화학물질을 분비하기도 한다. 또 숙주식물을 조종해 특정 물질을 분비하게 만들기도 한다. 이때 이 숙주식물은 자기도 모른 채 자신의 몸에 그 곤충의 알이 있다는 신호를 낸다.

이런 메시지 교환은 완벽한 숙주식물에 알을 낳으려는 암컷들 간의 특별한 대화다. 이런 대화는 대단히 복잡하다. 최고의 숙주식물을 찾으려고 사투를 벌이는 수백 마리의 곤충들을 상상해보면 이런 대화가 얼마나 복잡할지 이해할 수 있다. 한 암컷 곤충은 다른 암컷이 내는 신호에 반응해 자신의 신호를 낸다. 이 암컷 곤충은 다른 암컷이 이미 거기에 있다는 것뿐만 아니라, 과일 깊숙한 곳에 다른 암컷이 얼마나 많은 알을 낳았는지 탐지할 수도 있다. 이런 정보는 암컷이 과일 속에 알을 낳을지, 다른 곳에서 낳을지 결정하는 단초가 된다.

이런 복잡한 대화를 곤충들만 하는 건 아니다. 식물들은 어떨까? 식물들은 굶주린 유충들에게 게걸스럽게 갉아 먹히는 것이 달갑지 않다. 실제로 많은 식물들은 곤충 떼에게 먹히지 않기 위해 스스로를 방어한다. 일부는 자신을 방어하기 위해 커뮤니케이션도 한다. 유충들에게 먹혔을 때 식물들은 일종의 경고라 할 수 있는 화학신호를 낸다. 이 신호는 침입자(초식곤충)의 천적을 자극해 식물들한테 날아오게 만든다. 이렇게 되면 천적인 곤충들은 초식곤충이나 그 유충들을 잡아먹는다. 식물이 내는 화학신호는 천적 곤충들에겐 먹이가 가까이에 있다는 신호를 의미한다. 신호가 곧 '음식'인 것이다.

훌륭한 숙주식물을 찾고 있던 암컷 초식곤충도 식물의 경고를 들을 수 있다. 따라서 그 식물에 알을 낳지 않는다. 식물의 화학신호는 두 가지를 의미한다. 하나는 다른 곤충이 이미 그 식물을 차지했다는 것, 다른 하나는 그 결과 그 식물이 천적 곤충에게 매우 매력적인 사냥터가 되었다는 점이다.[16]

초식곤충의 천적들은 이런 대화에 또 한 층을 추가한다. 이들 중 일부는 특이한 생존 형태를 갖는다. 그것이 바로 포식기생곤충parasitoid이다. 암컷 포식기생곤충은 초식곤충의 알이나 유충 내부에 알을 깐다. 초식곤충들의 알이 자랄 때나 그들의 유충이 숙주식물 위에서 꿈틀거릴 때, 포식기생곤충의 알은 이들 안에서 자라 유충으로 부화한다. 새로운 유충은 초식곤충의 유충 내부를 갉아먹으면서 자신의 숙주유충을 끔찍하게 죽여버린다.

초식곤충의 천적들은 다른 포식기생곤충이 이미 숙주식물을 다녀 갔는지도 알아야 한다. 포식기생곤충 암컷들은 숙주식물에 기생하고 있는 초식곤충의 알에 다른 포식기생곤충의 알이 얼마나 들어 있는지 직접 보지 않고도 알아야 한다. 다행히 초식곤충들이 숙주식물에 표시를 하는 것처럼, 포식기생곤충들도 보이지 않는 잉크로 자신이 침입한 초식곤충의 알에 표시를 한다. 일부는 초식곤충의 알 바깥에 표시를 하고, 일부는 알 안에 표시를 한다. 이 경우, 나중에 도착한 포식기생곤충들도 초식곤충의 알을 조사해 얼마나 많은 포식기생곤충의 알이 초식곤충 알에 들어 있는지 알아내야 한다. 그래야 초식곤충 알에 알을 더 낳을 수 있을지 여부를 파악할 수 있다.

대화는 여기서 끝나지 않는다. 포식기생곤충에게도 천적이 있다. 그중 일부는 다른 포식기생곤충으로서, 포식기생곤충의 알 속에 알을 낳는 곤충들이다. 이들 사이에는 위에서 소개한 것과 비슷한 대화가 이루어진다. 예로, 어떤 알에 알이 숨겨져 있을까? 얼마나 많이 숨겨져 있을까? 다른 알이나 유충을 숙주로 삼는 게 더 나을까? 포식기생곤충의 천적인 다른 포식기생곤충에게도 역시 천적(또 다른 포식기생곤충)이 있을 수 있다. 이런 식으로 포식기생곤충들 사이에는 서로가 서로를 잡아먹고 먹히는 고리가 형성된다.

인간과 동물의 커뮤니케이션과 그 유사점

이런 다층적인 커뮤니케이션 망 속에서 식물은 곤충들을 막기 위해 다른 천적들을 유도한다. 같은 종의 곤충들은 서로 경쟁을 피하기 위해 신호를 내고, 일부 종의 곤충들은 의도하지 않았는데도 자신들을 파멸시키는 포식기생곤충들에게 정보를 누설하고 만다. 이런 커뮤니케이션에는 여러분이나 내가 가장 익숙한 대화와는 다른 언어 즉, 화학적 언어가 사용된다. 화학적 언어가 인간의 대화보다 덜 복잡한 것은 결코 아니다. 이런 커뮤니케이션에는 인간의 대화와 유사한 요소가 많다.

그 첫째는, 곤충들의 커뮤니케이션에 신호(분자와 같은 뭔가를 나타내는 신호)가 사용된다는 것이다. 신호는 초식곤충의 존재 혹은 경쟁관계에 있는 알이나 유충의 존재를 알린다. 둘째, 이런 신호가 종종 부지불식간에 튀어나온다는 점이다. 알을 낳는 암컷 곤충이 의도치 않았는데도 천적에게 신호를 보내는 경우가 그렇다.[17] 셋째, 이들의 대화는 왜곡될 소지도 많다. 예로, 암컷 초식곤충 중 일부는 분비물로 숙주과일에 표시를 한다. 이 분비물은 다른 암컷이 자신의 영역에 알을 낳지 말라는 표시다. 하지만 다른 암컷은 그 분비물이 수컷의 것인지 암컷의 것인지 구별을 못 한다. 따라서 수컷 분비물도 다른 암컷이 숙주과일에 알 낳는 것을 방지한다.[18] 이런 행동은 곤충의 대화에서 커다란 착오가 생길 수 있음을 보여준다. 넷째, 인간과 마찬가지로 곤충들도 동일한 메시지를 두 번 내보냄으로써 그런 오류를 피하려 한다. 예로, 일부 곤충들은 나중에 날아올 암컷들이 메시지를 받을 수 있도록 숙주식물 내부와 외부에 모두 표시를 한다. 다섯째, 메시지를 보내는 곤충에 종종은 해가 되는 방향으로 엿듣는 일이 만연하다는 것이다. 다른 암컷 곤충을 상대로 표시를 했는데 애석하게도 포식기생곤충이 달려드는 경우가 그것이다. 애초에 이 표시의 의미는 "이 식물은 주인이 있음"이었지만, 포식기생곤충에게 이 표시는 "여기는 내가 알을 낳을 곳"임을 의미한다.

이런 사례는 여러분에게는 뭔가를 의미하는 신호가, 나에게는 다른 무엇을 의미하며, 또 다른 제3자에게는 아무것도 의미하지 않을 수도 있다는 것을 말해준다. 이런 대화는 그 경계가 모호한 여러 층으로 이루어져 있다. 하지만 각 층은 서로 연결되어 있다. 어떤 포식기생곤충은 초식곤충의 표시를 이용하며, 또 다른 포식기생곤충은 식물의 화학적 경고를 활용한다. 그러나 모든 포식기생곤충들은 자신의 대화를 초식곤충과 숙주식물 간의 대화에 연결시킨다.

곤충들의 집단 커뮤니케이션

수컷 호박벌은 특정한 비행경로를 따라 날아다닌다.[19] 선호하는 길이 있는 트럭 운전수처럼 수컷 호박벌도 그렇다. 수컷 호박벌은 날아다니면서 특정 물체에 화학물질(입술샘에서 뿜는 특유의 냄새)을 분출해 표시를 한다. 이 표시에 다른 수컷들이 반응한다. 냄새에 이끌리는 것이다. 냄새를 맡은 수컷들은 그 비행경로를 서로 공유한다(열대 수컷 호박벌의 경우 500마리 이상이 동일한 경로를 공유하며, 각 수컷은 경로 상에 있는 물체에 표시를 한다). 수컷들만 냄새를 맡는 것은 아니다. 암컷들도 같은 유혹을 느낀다. 한 물체에 남겨진 표시가 많으면 많을수록 암컷이 꼬일 가능성은 커진다. 일단 그곳에 내려앉으면 수컷과의 커뮤니케이션이 용이하고 짝짓기를 할 수 있기 때문이다. 요컨대, 암컷은 많은 수컷들의 흔적을 찾아 날아들게 되고 이는 짝짓기의 성공 가능성을 높인다. 이 커뮤니케이션에는 여러 참가자들이 등장하지만 주인공인 한 마리의 암컷과 한 마리의 수컷은 이를 알 턱이 없다.

호박벌, 개미, 꿀벌 같은 사회적 곤충들은 수천 마리의 개체가 참여하는 매우 복잡한 커뮤니케이션을 한다. 이 커뮤니케이션의 결과는 가장 놀라운 인간 기술의 업적에 비견될 정도다. 커뮤니케이션을 통해 이들은 먹이까지의 거리, 먹이의 성질, 집짓기에 적당한 굴의 크기를 판단한다. 그뿐이 아니다. 정교한 공기조절 시스템을 갖춘 복잡한 거주지, 수천 마리의 보금자리가 되는 도시까지 만들어낸다.

어떤 사람은 곤충의 커뮤니케이션이 기계적인 활동이라고 주장한다. 보잘것없는 조그만 뇌에 각인된 어떤 프로그램에 의해 커뮤니케이션이 실행되는 것뿐이라는 것이다. 그러나 곤충들의 커뮤니케이션이 많은 경우 '학습'에 의해 이루어지고 있다는 사실을 상기하면 이런 견해가 얼마나 근시안적인지 알 수 있다. 위의 사례들 외에도 곤충들이 상황에 따라 유연하게 적응하는 경우도 많다. 개미들과 일부 부전나비 애벌레들 간의 커뮤니케이션이 대표적이다.[20] 부전나비는 약 6천 종에 달하는 거대한 나비과에 속하는 곤충이다. 부전나비 애벌레는 등에 달콤한 즙을 내는 분비샘을 갖고 있는데, 몸을 떨어 화학물질을 분비하는 방식으로 개미들을 유인한다. 개미가 오면 부전나비 애벌레는 개미에게 달콤한 즙을 먹인다. 개미가 천적 포식기생곤충으로부터 부전나비를 보호해주기 때문에 부전나비 애벌레는 개미를 아주 잘 대접한다. 부전나비 애벌레가 개미들을 얼마나 열심히 유인하는지, 그리고 개미들에게 얼마나 많은 즙을 주는지는 애벌레가 느끼는 위험의 정도에 따라 다르다. 이 위험의 정도는 가까이에 있는 포식자의 수와 다른 애벌레의 수에 달려 있다. 개미는 많은 즙을 제공받을수록 더 적극적으로 부전나비 애벌레를 지켜준다. 식물도 이런 보상체계를 갖고 있다. 식물은 수분과 수정을 위해 곤충의 힘이 필요하다. 그 대가로 식물은 곤충에게 꿀을 제공한다. 식물은 자신에게 온 방문객이 자신을 얼마나 효과적으로 수분시킬지, 그에 따라 보상을 얼마나 줄지 등을 학습을 통해 안다.[21]

이 모든 대화에서 그 어떤 참여자도 신호의 의미를 이해(인간적 의미의 이해)할 필요가 없다(이들 중 일부는 식물처럼 뇌나 신경체계조차 없는 경우도 있다). 더욱이 이들은 자신들이 다른 개체와 커뮤니케이션하고 있는지도 모를 것이다. 이는 인간과 유사한 특징이다. 두 사람의 대화는 엄격히 말해 그 둘만이 참여하는 것은 아니다. 두 사람의 대화에는 과거에 다른 많은 사람들과 했던 대화와 커뮤니케이션, 두 사람과는 상관없는 또 다른 많은 사람들과의 커뮤니케이션이 상당 부분 개입되어 있다. 무엇을 어떻게 커뮤니케이션할 것인지에 대한 각자의 생각에 따라 그 대화에 적절한 행동, 말, 생각, 느낌이 결정된다. 이런 시각에서 볼 때, 가장 사적인 커뮤니케이션은 훨씬 거대한 인간의 대화 중 아주 사소한 부분에 불과하다.

미생물도 대화를 한다

커뮤니케이션은 각 개체 간, 같은 종들 간, 그리고 다른 종들 간에도 존재한다. 커뮤니케이션은 동물과 식물 간에도 이루어지며, 플랑크톤 같은 미생물 유기체도 커뮤니케이션을 한다. 플랑크톤의 세계에는 무수한 미세 동물들이 살고 있다. 그중 일부는 많은 세포를 갖고 초보적인 신경 시스템까지 갖추고 있으며, 다른 일부는 세포 하나만 갖고 있기도 하다. 플랑크톤의 세계에는 여러 식물들도 있는데, 그 대부분은 단세포 유기체에서 복잡한 녹조류에 이르는 조류藻類들이다. 이 미시세계에도 협력과 이용, 번영과 기아, 창조와 파괴의 스토리가 존재한다.[22]

이 미시세계의 거주자들도 생계를 꾸려나가야 한다. 친구들 간, 적들 간, 친구와 적들 간에 무수한 대화가 이루어지는 이유가 여기에 있다. 플랑크톤 세계에서는 크기가 작을수록 다른 동물들에게 먹힐 위험이 커진다. 어떤 동물은 플랑크톤 덤불 속에 숨어 있는 포식자에게 잡아먹히기도 한다. 이때 이 동물에게는 어두운 플랑크톤 덤불이 불길한 위험을 의미하며, 따라서 이 덤불을 피하게 된다. 또 포식자가 (자기도 모르게) 분비하는 화학신호에 반응하는 동물도 있다. 일종의 '운명의 악취'에 반응하는 것이다. 어떤 동물들은 이런 메시지에 매우 신기하게 반응한다. 포식자의 화학신호를 감지하면 몸 표면을 보호갑옷으로 바꾸고 가시나 이빨을 곤두세워서 자신을 떠다니는 요새로 변형시킨다. 말 그대로 자신의 모습을 바꾸거나 신체 방어무기를 만드는 것이다.

이 변형 과정이 너무도 급격해서 전문가들도 그 동물을 알아보지 못하는 경우가 많다. 이 떠다니는 요새는 분명한 메시지를 포식자에게 전한다. 이는 전쟁 시의 거대한 요새가 적군에게 전하는 살벌한 메시지와 비슷하다. 그러나 이런 변형에는 적지 않은 비용이 든다. 이는 인간이 요새를 튼튼히 짓고 경계를 강화하는 비용과 비슷해서 절대적으로 필요할 때만 지불해야 하는 비용이다. 주변에 포식자가 없으면 피식동물은 다시 원래의 모습으로 돌아온다. 세월의 흐름 속에서 동물들은 자신들이 느끼는 위험에 따라 반복해서 자신의 모습을 바꾸어나간다. 포식자와 피식자 간의 이러한 복잡한 커뮤니케이션의 결과, 피식동물들은 포식자의 존재 여부와 그 숫자까지도 알아채는 지혜를 갖게 된다. 갑옷을 입거나 가시를 곧추세우는 식의 대처는 이 과정에서 나왔다. 포식자도 가시를 곧추세운 피식자의 메시지를 읽으면 먹이를 쫓지 않는다. 포식자의 수와 위협이 감소하면 피식동물들은 다른 포식자가 나타날 때까지는 갑옷을 벗는다.[23]

하지만 이런 방어 커뮤니케이션은 커뮤니케이션 당사자 단둘(포식자와 피식자)일 경우에는 실패하기 쉽다. 예로 아주 작은 물벼룩들은 포식자가 주변에 나타나면 떼를 이룬다.[24] 그러면 포식자들은 먹을 만한 한 마리를 잘 골라내지 못한다. 하지만 떼로 모이면 그 대가를 치러야 한다. 수백 혹은 수천 개의 유기체가 한 곳에 모이면, 먹이가 부족해지고 굶주릴 위험에 처하게 된다. 따라서 포식자가 나타날 때만 떼를 이루는 것이 합리적이다. 미세한 플랑크톤들은 물속에서 퍼지는 포식자의 체취 속에 담긴 메시지를 읽는다. 그리고 자기 종들에게 포식자의 존재와 위치를 알리는 위험 신호를 보낸다. 그러면 아군 친구들은 가장 큰 신호가 온 곳을 향해 움직인다. 수천 개의 개체가 이렇듯 군집하면 유기체 무리가 형성되어 위험 상황이 제거되고, 위험 신호가 사라지면 무리는 다시 흩어진다.

단세포 박테리아 같은 미시적인 유기체도 커뮤니케이션을 한다. 이들은 신경 시스템은 없지만 정교한 분자신호로 커뮤니케이션을 한다. 이런 유기체로는 오징어 숙주 내부에서 발견되는 특이한 발광박테리아인 비브리오 피셔리Vibrio fischeri가 대표적이다.[25] 오징어 내부에는 많은 발광박테리아 세포들이 몰려와 하나의 작은 특별한 기관을 이룬다. 이 발광박테리아들은 오징어가 먹이를 쫓을 때 필요한 빛을 내준다. 야행성 포식자인 오징어는 이 발광박테리아를 이용해 바다 밑바닥을 뒤지고, 이 빛을 통해 달빛에 비친 자신의 그림자를 희석시킨다. 그럼으로써 오징어는 상위 포식자에게 자신의 존재를 알리는 신호를 차단한다. 그 대가로 발광박테리아는 숙주인 오징어로부터 먹이를 얻는다. 그런데 이 발광박테리아가 빛을 내려면 수백만 마리가 좁은 한 장소에 군집해야 한다. 한 박테리아가 다른 박테리아들이 탐지할 수 있는 화학신호를 분비하긴 하지만, 넓은 바다 속에서 그 신호는 곧 흩어지고 만다. 그러나 수백만 마리가 모이면 엄청난 화학신호가 나오게 되고, 그러면 이들 박테리아들은 주변에 동료가 얼마나 많은지 알 수 있다. 각 박테리아가 희미한 신호를 탐지하면 빛을 내지 않지만, 신호가 와글와글 밀려오면 각 박테리아는 빛을 내게 되고, 주변에 있는 동료들도 빛을 내기 시작한다.

박테리아들 간의 커뮤니케이션은 예외적인 현상이라기보다 하나의 규칙이다. 박테리아도 커뮤니케이션을 하는 게 분명하다. 예로, 많은 박테리아가 모이면 병을 전염시키지만 한 마리의 박테리아로는 어렵다. 병을 전염시키기 위해서는 수백 혹은 수천 마리의 박테리아가 필요하다. 그리고 한 마리의 박테리아는 주변에 동료들이 많다는 것을 감지하기 전까지는 홀로 전염 과정을 개시하지도 않는다. 일부 박테리아들은 미생물막biofilm이라고 하는 매우 빽빽한 군집을 형성하기도 한다. 이 미생물막은 적대적인 환경에서 군집에 참여한 각 박테리아들을 보호하는 기능을 하고, 박테리아들이 이런 환경을 이용할 수 있게 해준다. 미생물막의 한 사례는, 독자 여러분이 이를 닦지 않았을 때 생기는 박테리아 플라크다. 플라크는 일단 생기면 제거하기 어렵다. 플라크를 만든 박테리아들이 단단하게 결합되어 있기 때문이다. 플라크라는 미생물막 안에서 결합된 박테리아들은 그들의 주적(즉, 여러분과 여러분의 칫솔)에 대항해 스스로를 보호한다. 그러기 위해 박테리아들은 서로를 결합시키는 일종의 접착제를 분비한다. 분명한 것은 한 마리만 있을 때는 이런 접착제를 분비하지 않는다는 것이다. 따라서 접착제 분비 전에 박테리아들은 주변에 얼마나 많은 친구들이 있는지 파악하기 위해 커뮤니케이션을 한다. 주변에 충분한 친구들이 있으면 이들은 미생물막을 만들기 시작한다. 이들의 커뮤니케이션은 미생물막을 만드는 내내 계속된다. 그리고 이 미생물막 안에서 각 박테리아들은 각자 특별한 역할을 하는데, 인간사회와 마찬가지로 이런 노동 분업을 하기 위해서는 무수한 커뮤니케이션이 필요하다.

이런 모든 형태의 커뮤니케이션은 인간의 대화와 유사한 점이 많다.[26] 어떤 박테리아는 자신과 같은 종하고만 커뮤니케이션을 하는 반면, 또 어떤 박테리아(다언어 박테리아)는 다른 종의 박테리아와도 커뮤니케이션을 한다.[27] 신호 발신자가 신호를 보낼 의도가 없었을 수도 있다. 앞서 살펴봤듯이 물속을 떠다니는 녹조류 덤불과 그것이 작은 플랑크톤 피식생물에게 주는 메시지(덤불은 포식자가 숨어 있다는 메시지다)의 경우가 그렇다. 신호의 의미는 발신자뿐만 아니라 수신자가 만들고 결정하는 것이기도 하다. 예컨대, 암컷 호박벌에게 아주 큰 의미를 지닌 수컷 호박벌의 냄새 표시는 주변을 날아다니는 말벌들에게는 아무 의미도 없다.

커뮤니케이션은 물질과 의미의 상호작용

모든 커뮤니케이션에는 물질과 의미 사이의 설명하기 힘

든 역설적 관계가 존재한다. 물질과 의미는 동전의 양면처럼 서로 반대 위치에 있으면서도 서로 완전히 분리될 수 없다. 우리는 일상 대화를 나눌 때 흔히 대화 속의 정보나 핵심 개념을 중시한다. 게다가 우리는 대화를 하는 방법에는 거의 신경 쓰지 않고 대화를 주고받는다. 따라서 대화의 핵심 개념, 의미, 정보 들이 물질과 상관없이 스스로 생명력을 갖고 스스로 존재할 수 있는 것처럼 대화를 한다. 그런 이유로 모든 대화에 어떤 물질적 전달자(신호에 필요한 빛, 음파로 압축된 공기분자, 냄새나 맛 등의 화학신호 등)가 있다는 사실을 망각하는 경우가 많다. 실제로 대화에는 여러 물질이 개입한다. 사람의 머릿속을 떠다니는 내적 대화(이것은 신경막을 통해 이동하는 이온들에 의해 이루어지고 전달된다)에서부터 동료의 수를 판단하는 박테리아 세포의 대화에 이르기까지 모든 대화에는 물질이 개입한다. 대화의 핵심이라고 간주되는 것들(개념, 의미, 정보)과 물질이 별개라고 생각하기 때문에 물질의 중요성은 쉬이 간과된다. 하지만 물질은 의미에 큰 영향을 미친다. 물질 없이는 대화나 의미가 성립될 수 없고, 의미 변화에는 물질 변화가 필요하다.

반대로 의미가 물질에 영향을 미친다는 사실도 자주 무시되고 있다. 나는 복잡한 인간의 대화와 그 대화가 창조해낸 의미가 세상과 그 세상의 물질을 어떻게 바꿀 수 있는지에 대해 논의해왔다. 이런 원칙은 포식자의 화학적 신호를 해석하는 플랑크톤 유기체의 커뮤니케이션 같은 일부 비인간 커뮤니케이션에도 적용된다. 포식자의 신호에 대한 해석은 플랑크톤 유기체를 물속의 요새로 변형시켰다. 이와 같은 물질의 변형은 의미의 전달자인 신호에 반응한 결과다. 다음에 소개할 사례들은 '의미가 물질에 미치는 영향'이라는 물질과 의미의 관계에

관한 두 번째 측면을 보다 직접적으로 살펴본 것이다.[28]

눈: 세포들의 대화가 창조한 소우주

유기체의 탄생은 의미가 물질 변화에 얼마나 필수적인 역할을 하는지 잘 보여준다. 부모님의 사랑으로 수정된 후 여러분이나 나는 어머니의 자궁 속에서 10개월을 보냈다. 그 속에서 우리는 단세포에서 복잡한 다세포 유기체로 발전했다. 이 기간 동안 폐, 심장, 갈비, 뇌, 그리고 지금 이 책을 읽고 있는 눈 같은 신체 각 부분이 만들어졌다.

우리 눈의 형성 과정은 유기체와 유기체의 각 기관들이 어떻게 창조되는지 가장 잘 보여준다. 눈의 형성 과정에는 매우 복잡한 커뮤니케이션이 수반된다. 이 커뮤니케이션은 세포들이 태아 속에 갇혀 있다는 것만 제외하고, 박테리아 세포들의 커뮤니케이션과 매우 흡사하다. 눈은 신경관neural tube과 외배엽ectoderm이라는 두 집단의 세포들 간의 대화를 통해 형성되기 시작한다.[29] 신경관은 뇌와 척수가 만들어지는 세포 집단이고(기실, 눈의 형성에 관여하는 신경관 부분은 후에 뇌의 일부가 된다), 외배엽은 태아를 둘러싸고 있는 평평한 막(태아의 피부)을 형성한다.

수정하고 몇 주 후, 신경관 세포들은 인근의 외배엽 세포들에게 수천 개의 일련의 분자신호를 메시지로 보내면서 외배엽과 커뮤니케이션하기 시작한다. 신경관과 외배엽의 거리는 몇 밀리미터에 불과하기 때문에 신호는 수초 내에 외배엽에 전달된다. 외배엽에 전달된 메시지는 일종의 명령으로 '팽창하라!'는 것이다. 이런 메시지에 반응해 태아를 둘러싸고 있던 외배엽의 평평한 막은 태아의 표면에서 안쪽으로 팽창하기 시작해 전구 모양의 덩어리로 부풀어 오른다. 그런 후 이 덩어리가 외배엽에서 떨어져 나오고, 그것이 나중에 눈의 수정체eye lens가 된다. 수정체 형성 과정에서 수정체는 다시 신경관에 화학신호들을 보낸다. 이 신호들은 신경관에게 미래에 수정체가 될 자신의 주변에 컵 모양을 형성하라는 지시를 내리는 것이다. 이 신호들을 해석한 신경관은 이른바 안배optic cup, 眼杯라는 구조를 만들게 된다. 안배는 외배엽 및 형성 과정에 있는 수정체와 협력하여 빛을 감지하는 망막과 홍채, 그리고 빛에 초점을 맞추기 위해 수정체를 변형시키는 근육 등 눈의 여러 조직을 만드는 데 핵심적인 역할을 한다. 이런 모든 조직들은 그 형성 과정에서 다른 조직들을 형성하라는 신호를 서로 주고받는다. 눈의 외부를 덮고 있는 두꺼운 피부인 각막cornea은 수정체로부터 또 다른 신호를 받아 형성된다. 수정체는 안배와 수정체 자신 사이에 있는 투명한 덩어리인 유리체vitreous body에서 나오는 신호 등을 포함하는 추가 신호가 있어야 계속해서 수정체 형성 과정을 진행할 수 있다. 유리체는 수정체에게 수정체의 핵심 조직인 빛 투과세포(빛을 망막에 집중시키는 세포)를 만들라는 신호를 보낸다.

　얼핏 보기에 이런 과정이 몇 개의 세포가 몇몇 신호를 주고받는 다소 단순한 커뮤니케이션 같지만, 앞서 언급한 복잡한 전체 커뮤니케이션 과정의 극히 일부에 불과하다. 눈을 만드는 과정은 수백 명의 연주자가 참여하는 교향곡 연주와 같은 것이며, 그중 극히 일부만 우리가 현미경으로 관찰할 수 있다고 생각해보라. 각각의 눈 조직, 심지어 눈에 있는 각각의 세포 형태와 위치까지도 측정할 수 없을 정도로 매우 복잡하고 정교하게 조화를 이룬 대화의 결과다. 이 모든 과정은 외배엽이 팽창하면서 시작되고 눈이 완성될 때까지 계속 진행된다. 그리고 이런 대화는 눈의 기능을 유지하면서 여러분이나 내가 이 세상을 살아가는 내내 계속된다.[30]

눈의 경우처럼 심장과 심실, 뇌와 미로처럼 얽힌 뇌 주름, 폐와 프랙탈 나무 모양의 기도氣道 등 다른 모든 신체 부위도 그 기능을 위해서 관련된 부분끼리 서로 부단히 커뮤니케이션을 해야 한다. 각각의 신체 부위와 그 기능은, 매 순간 이 지구상에서 형성되고 있는 수억 개의 유기체 내부에서 끊임없이 진행되고 있는, 상상을 초월하는 복잡한 대화의 산물이다.[31]

기생과 숙주의 공생 커뮤니케이션

하나의 유기체가 만들어지기 위해서는 서로 다른 유기체들이 커뮤니케이션을 해야 하는 경우도 있다. 어머니와 태아 같은 서로 관련된 유기체들뿐만 아니라 그 관계가 결코 우호적이라고 할 수 없는 유기체들 간에도 커뮤니케이션이 필요하다. 그 대표 사례가 위치위드Witchweed와 숙주식물 간의 커뮤니케이션이다.

위치위드는 다른 식물의 양분을 빨아먹고 사는 기생식물이다. 위치위드의 숙주식물 중에는 수수나 옥수수 같은 곡물도 있다. 씨앗 위치위드는 자라면서 땅속에 거미줄처럼 뻗은 영양공급관을 키운다. 이 영양공급관을 숙주식물의 조직에 꽂아 양분을 빨아들인다. 수천 개의 위치위드가 하나의 숙주식물에 기생하기도 한다. 이런 고약한 흡혈식물에 걸리면 숙주식물은 죽음을 면치 못한다. 위치위드가 무성해지면 곡물은 물론이거니와 농부의 생계까지 위협받게 된다.

위치위드는 공기 중에 수천 개의 씨앗을 퍼뜨린다. 일부는 숙주식물 근처에 내려앉고, 다른 일부는 더 멀리 날아간다. 보통 식물처럼 위치위드의 첫 형성 단계도 발아다. 아이러니하게도 위치위드는 발아를 위해 숙주식물의 신호를 기다린다. 이는 단 하나의 화학신호이거나 복잡한 화학신호일 수 있다. 아무튼 이 기생식물에 잡아먹힐 미래의 숙주식물들은 저도 모르게 자신에게 불리한 신호를 흘리고야 만다(모든 유기체는 자신의 존재를 알리는 화학물질을 분비한다!). 위치위드에게 이 신호는 단 하나의 의미 즉 '발아할 수 있음!'이다. 위치위드는 발아씨앗으로 변한 후 새싹을 틔우고 땅속에 뿌리를 내린다. 숙주식물에서 멀리 떨어진 위치위드 씨앗은 숙주식물의 화학신호를 탐지하지 못한다. 이런 씨앗은 발아도 못 한 채 땅속에서 몇 년간 잠복해야 한다. 발아한 위치위드 풀은 광합성을 하지 못하기 때문에 숙주식물 없이 자립할 수 없다. 따라서 발아 후에는 주변의 숙주식물을 찾아야 하고, 이 구원자의 신호를 탐지하면 땅 밑에서 숙주식물 쪽으로 영양공급관을 뻗치는 것이다.

영양공급관은 숙주식물의 뿌리를 휘감는다. 그리고 숙주식물의 영양관 망에 침투한다. 숙주식물에 제대로 침투하기 위해서는 숙주식물이 보내는 화학 메시지를 꼼꼼하게 읽어야 한다. 놀랍게도 이 먹잇감의 메시지에는 구체적으로 자신의 어디를 침투해야 하는지, 침투 후 자신을 어떻게 빨아먹을 수 있는지에 대한 정보까지 담겨 있다.

이 커뮤니케이션은 숙주식물이 일방적으로 한 말을 위치위드가 엿듣고 이를 이용해먹는 방법이다. 여기서 위치위드가 성공적인 유기체가 되는 데는 숙주식물만 역할을 하는 것이 아니다. 위치위드도 숙주식물을 재조직하는 일을 해야 한다. 숙주식물을 위해 위치위드도 화학신호를 낸다. 이를테면 위치위드는 화학신호를 내어 숙주식물의 잎사귀 수 같은 조직 형성에 영향력을 행사한다. 이때 숙주식물은 위치위드의 신호에 반응하여 땅속에 더 많은 뿌리를 낸다. 이런 화학적 커뮤니케이션은 아직도 밝혀지지 않은 것이 많다. 하지만 분명한 사실은 이런 커뮤니케이션이 우리 생각보다 훨씬 복잡하다는 것이다. 위치위드의 이야기는 두 유기체의 커뮤니케이션이 어떻게 개체의 생존을 결정하는지 보여주는 대표적 사례다. 이것 말고도 자연에는 수많은 생존에 관한 스토리들이 존재한다.[32]

독자 여러분은 지금까지 제시한 생태 사례들을 '커뮤니케이션' 또는 '대화'라는 관점으로 보는 것에 여전히 어려움을 겪을 수도 있을 것이다. 그렇다면 내가 제시한 시각을 선택하는 데 장애가 되는 관념들을 자세히 검토해볼 필요가 있다. 그 '관념'이란 '대화와 대화 뒤에 이루어지는 세계의 변화는 서로 아무런 관련도 없고 매우 별개인 것처럼 보인다'는 것이다. 포식자와 스스로를 요새화하는 물벼룩의 신호에서 조화를 못 이루고 완전히 엇갈리는 다른 신호들은 없을까? 박테리아들이 물속에서 전구로 변하는 과정, 살아 있는 조직들이 교환하는 수천 개의 메시지와 그 조직들이 스스로 굵어지고 비틀어지고 꼬여서 어떤 완벽한 유기체로 변하는 과정은 서로 독립적이지 않을까? '세포나 조직의 변형'과 '대화'라는 두 현상은 서로 분리된 세계가 아닐까? 대화는 커뮤니케이션과 의미의 세계이고, 세포나 조직의 변형은 물질과 기계의 세계로서 서로 다른 세계는 아닐까?

이런 질문들은 의미와 물질의 역설적 긴장이라는 문제로 다시 돌아가게 만든다. 다시 말하지만, 의미와 물질은 동전의 양면처럼 서로 완전히 다른 것이다. 이는 쉽게 알 수 있다. 그러나 이 둘이 서로 완전히 다르면서도 동시에 불가분하게 연결되어 있다는 것은 쉽게 알아채기 힘들다.[33]

그러나 분자들의 자세한 움직임을 살펴보면 의미와 물질이 불가분하게 연결되어 있다는 것을 이해할 수 있다. 대화의 기저에서 이루어지는 분자들의 움직임을 보면, 지금까지 소개한 여러 대화들에는 분자들의 커뮤니케이션이 존재한다는 것을 알게 될 것이다.

분자들의 커뮤니케이션

지금까지 소개한 사례들, 즉 물벼룩이 받는 신호와 물벼룩의 변형, 부전나비 애벌레가 받는 신호와 애벌레의 과즙 분비, 해양 박테리아가 받는 신호와 박테리아의 발광, 외배엽이 받는 신호와 외배엽의 수정체 형성, 위치위드 발아씨앗이 받는 신호와 그것이 숙주식물로 침입하는 과정 사이에는 긴밀한 관계가 있다. 그런 긴밀한 관계는 유기체 내부에서 벌어지는 수많은 사건에 의해 형성된다. 아직은 이런 사건의 자세한 내용이 알려지지는 않았다. 하지만 이런 사건들이 각각 다른 커뮤니케이션 형태를 띠면서도 신호와 반응이 긴밀히 연계되어 있다는 점은 매우 비슷하다. 따라서 나는 여기서 모든 사례를 대표하는 한 가지 사례, 한 가지 사건에만 초점을 맞추겠다. 이 사건은 조금씩 다른 모습을 띠긴 하지만 모든 화학적 커뮤니케이션에서 공통으로 발생한다. 또한 이 사건은 물리적 접촉, 빛, 혹은 다른 물질적 전달체가 개입되는 커뮤니케이션에서 발생한다. 중요한 것은 이 사건과 다른 사건들은 모두 그 자체로 커뮤니케이션이라는 것이다. 따라서 위에서 소개한 모든 스토리에는 액자소설(주된 스토리 속에 또 다른 스토리가 포함되어 있는 소설—옮긴이)이나 마트료시카(인형 속에 작은 인형이 반복적으로 들어가 있는 러시아 인형—옮긴이)처럼 수많은, 그리고 복잡한 스토리들이 포함되어 있다.

우리가 검토할 사례는 화학신호에 반응해 두꺼워지는 조직(단단하게 결합되는 세포 집단)에 관한 것이다. 우리는 눈을 창조하는 대화를 이미 접했다(신경관은 조직들 사이의 체액으로 가득 찬 미세 공간을 가로질러 외배엽에 화학적 명령을 보낸다. 이 명령의 의미는 '팽창하라!'는 것이다). 조직 팽창은 최소한 두 가지 방식으로 발생한다. 하나는 세포들이 분열하여 동일한 세포들이 더 많아지는 것이고, 다른 하나는 세포벽에 있는 작은 문을 열어 수분을 흡수함으로써 세포들이 팽창하는 것이다.[34] 이 두 방식에 공통된 중요한 첫 단계는 신경관의 신호가 외배엽 세포 표면에 도달하는 것이다.

세포 표면은 세포를 외부세계와 분리시키는 매우 얇은 막으로 되어 있다. 여기에는 수많은 작은 블록들로 구성된 수용체receptor라는 분자들이 존재한다. 세포막 주변과 그 안에는 수용체와 별도로 수십억 개의 다른 분자들이 존재한다. 물 분자 같은 일부 분자들은 작지만, 다른 분자들은 수천 개의 원자를 가진 부피가 큰 단백질이다. 이런 단백질들이 존재하는 세포 표면은 러시아워의 지하철보다 훨씬 빽빽하게 분자들이 모여 있다. 매 순간 수십억 개의 분자들이 세포막에 부딪히며, 그들 중 많은 수는 세포막에 있는 수용체 분자와 부딪힌다. 이런 분자들 중 아주 일부가 세포에게 팽창할 것(굵어질 것)을 명령하는 분자 메시지들이다. 그리고 분자 메시지들 중 하나가 수용체에 부딪히면 수용체의 형태가 변한다. 이런 형태 변화가 한 세포의 메시지와 다른 세포의 반응을 연결시키는 핵심 단계다. 그런데 수용체가 의미 없는 다른 분자들과 그런 화학적 메시지를 가진 분자를 어떻게 구분할까? 이에 대한 부분적인 답은, 화학적 메시지를 가진 분자들은 수용체 분자들의 형태에 대응하는 음각의 특별한 형태(석고 모형의 주형과 비슷하다. 가령 수용체 분자는 ◖ 모양, 화학 메시지를 가진 분자는 ▶모양일 수 있다─옮긴이)를 띠고 있다는 것이다.

어느 지역에서는 불에 녹인 납을 찬물에 붓는 행사를 하면서 새해를 축하한다. 찬물에 응결되는 납의 기묘한 형태가 미래를 말해준다고 한다. 이런 납 모양처럼 세포막 안과 그 주변에 있는 분자들의 형태는 매우 복잡 다양하다. 같은 형태는 결코 없다. 따라서 다른 조직에서 이 세포에 도달한 분자 메시지는 자신에 맞는 형태의 수용체하고만 결합한다. 이렇게 결합한 메시지와 수용체는 인간이 만든 정교한 열쇠 세트보다 더 정교한 맞춤이 된다(물론, 형태가 전부는 아니다. 메시지에 대한 반응이 일어나기 위해서는 메시지 및 수용체의 전하electrical charge 같은 다른 특징들도 맞아야 한다). 반응, 즉 수용체의 형태 변화는 분자 메시지를 세포 팽창으로 직접 연결시킨다. 예로, 수용체 자체는 자기에 맞는 분자 메시지를 받은 후 형태를 바꿈으로써 세포막을 여는 통로 역할을 한다. 세포막은 적절한 화학적 메시지가 도착하기 전에는 굳게 닫혀 있다. 그러나 적절한 화학적 메시지가 도착하면 (수용체의 형태 변화에 의해) 세포막이 열린다. 그러면 이온이나 물 같은 작은 분자들이 세포로 들어가고, 그에 따라 세포가 팽창한다.[35]

세포 수의 증가로 조직이 두꺼워지는 경우에는 문제가 복잡해진다.

이 경우 수용체들은 메시지와 반응을 연결하는 여러 요인들 중 하나에 불과해진다. 큰 분자가 되기 위해 분자들은 세포막 외부 표면에서 세포 안쪽으로 돌출하기 시작한다(그러기 위해서는 먼저 세포막에서 분자들이 다른 세포가 보내온 메시지에 반응해야 한다). 세포 외부와 마찬가지로 세포 내부도 서로는 물론이고, 세포막에 부딪히는 크고 작은 수많은 분자들로 빽빽하다. 분자 메시지를 받은 수용체들은 세포 안쪽으로 돌출된 부분의 형태를 포함해서 자신의 형태를 바꾼다. 이때 세포 안쪽에 있는 수많은 분자들 중 일부는 변화된 수용체의 형태에 맞는 형태를 갖추고 있다. 그리고 수용체의 형태를 인식한 이런 분자들은 해당 수용체와 부딪힌 후 스스로 반응하기 시작한다. 세포 내부의 해당 분자들과 맞는 형태로 변한 수용체들은 이들 분자들에게 "형태를 바꾸라"고 명령하는 메시지가 된다. 그러면 그 메시지를 받은 세포 내부의 분자들은 자신의 형태를 바꾼다. 그리고 형태를 바꾼 이런 분자들은 다시 자신과 형태가 맞는 내부의 다른 분자들에게 메시지를 전하는 분자 메시지가 되며, 이런 과정을 거쳐 다른 분자들도 형태를 바꾸는 일이 계속된다. 세포가 분열되어 그 수가 증가하기 위해서는 이런 커뮤니케이션이 수백 번, 아니 수천 번 필요할 것이다. 그러나 '한 세포가 다른 세포의 형태를 인식하고 자신의 형태를 바꾼다'는 기본 원칙은 동일하다.

세포 표면에 빽빽이 들어찬 수백만 개의 수용체 모두가 동일한 것은 아니다. 즉, 세포 표면에는 수천 종의 수용체들이 존재하며, 각각의 수용체들은 모두 서로 다른 형태를 갖고 있고, 각각은 하나의 특별한 분자 메시지만을 인식한다. 그리고 어떤 종류든 한 종류의 수용체에 속하는 분자의 수는 수천 개 정도이다. 한 종류의 수용체는 한 종류의 분자 메시지를 인식하고 그 메시지와 결합한다. 다른 종류의 수용체는 이 분자 메시지와 결합하지 못한다. 다른 종류의 수용체들은 이 분자 메세지의 의미를 인식할 수 없다. 대신 다른 종류의 수용체들은 다른 종류의 분자 메시지들이 전하는 의미를 인식한다. 이들 다른 종류의 수용체들은 세포가 받아들여 반응하게 되는 수천 개의 분자 메시지들 중 자신에 맞는 다른 메시지들을 책임진다. 그리고 한 세포의 반응은 메시지 자체만큼이나 다양하다. 세포들의 반응은 다른 세포에 대한 메시지의 전달부터 신체를 통한 세포의 이동, 세포의 완전한 변형, 심지어 세포자살에 이르기까지 다양하다. 달리 말해, 세포들은 형태를 포함하는 정교한 분자들의 언어를 인식한다. 이런 언어는 여러분이 지금 읽고 있는 우리의 언어와는 매우 다르지만, 최소한 우리의 언어만큼이나 복잡하고 강력하다. 그 언어를 통해 모든 생명을 탄생시키기 때문이다.

나는 수용체와 메시지를 각각 자물쇠와 열쇠에 비유했다. 그러나 이런 비유는 사뭇 매력적이어서 오해를 불러일으킬 수도 있다. 일반적으로 사람들은 수용체가 개별 분자에 반응할지를 예측할 수 없다. 그 분자가 반응을 의도하는 메시지일 경우에도 그렇다. 달리 말해, 한 분자 메시지가 그와 조화를 이룰 수용체와 만나게 될 경로를 제대로 가고 있는 것인지 모른다면, 그 수용체가 반응을 할지 예측할 수 없다. 여러분이 예측할 수 있는 것이라곤 분자 메시지에 맞는 여러 동질적인 수용체들의 '평균적인' 반응뿐이다. 즉, 대부분의 수용체들이 형태를 바꾸겠지만, 그들 중 어떤 것이 형태를 바꿀지는 확신할 수 없다.[36] 그리고 전체적으로 한 세포의 반응은 훨씬 예측하기가 힘들다. 그러나 이 세포의 반응은 이전의 메시지들과 그 메시지들에 대한 이 세포의 반응에 의해 결정될 수 있다.[37] 개별 세포들이 한 메시지에 어떻게 반응할지는 같은 조직에서 함께 살아가는 세포 집단에서도 예측할 수 없다. 보통 우리가 예측할 수 있는 것은 '대부분의 세포들이 어떻게 반응할 것인가'이다. 따라서 이 같은 작은 분자세계에서도 우리는 인간의 커뮤니케이션이든 비인간의 커뮤니케이션이든 간에, 다른 모든 형태의 커뮤니케이션에서 공통된 한 가지 원칙을 찾을 수 있다. 그것은 타자가(혹은 상대방이) 어떻게 반응할지 불확실하다는 것이다. 따라서 열쇠와 자물쇠의 비유는 분자의 커뮤니케이션에 대한 기계적인 시각을 내포하고 있기 때문에 결함이 드러난다. 커뮤니케이션의 본질적인 불확실성은 개별 분자들의 커뮤니케이션에서도 분명하다.[38] 우리가 예측할 수 있는 것은 많은 수용체 혹은 세포들의 평균적인 반응뿐이다.

요약하면, 세포 혹은 유기체들의 커뮤니케이션과 그들의 (떠다니는 요새, 눈, 그리고 기생식물로의) 물질적 변형 사이에는 커뮤니케이션이 있다. 이런 형태의 커뮤니케이션에서는 세포, 조직, 유기체가 보낸 분자들이 메시지가 된다. 그리고 다른 분자들이나 수용체가 이런 메시지의 수용자가 된다. 여기서 각각의 분자 메시지는 수용체에 뭔가를 나타내고 의미한다. 최소한 그 의미는 '모양을 바꾸라'는 것이다.

분자를 커뮤니케이션하는 존재로 보는 것이 너무 대담한 발상일까? 물론 원한다면 이런 시각을 거부할 수 있고, 거부하는 것도 완전히 건전한 선택이다. 특히 유기체들 간의 대화, 이런 대화의 공통점, 그리고 이런 대화와 세계의 다른 사건과의 차이점에만 관심이 있다면, 분자가 커뮤니케이션한다는 시각을 거부하는 것은 사뭇 이해할 만한 선택이다. 즉, 이런 선택은 그 목적에 봉사하는 하나의 유용한 선택이다(그러나 이런 선택은 한 시각을 선택한 것에 불과할 뿐이며, 그 이상의 의미는 별로 없다. 다른 모든 선택의 경우와 마찬가지로 한 시각을 선택했다고 해서 그것이 곧 진리를 의미하는 것은 아니다). 이와 정반대의 선택은 수용체와 메시지 간의 상호작용을 커뮤니케이션의 한 형태로 보는 것이다. 모든 선택의 경우처럼 우리가 다른 시각을 버리고 한 시각을 선택하면 반드시 잃는 것이 있다. 예를 들어, 이 책에서 주장하는 시각(수용체와 메시지의 상호작용을 커뮤니케이션으로 보는 시각)을 선택하게 되면, 생물체의 커뮤니케이션과 무생물의 커뮤니케이션 간의 차이가 무엇인지 알 수 없게 된다. 그러나 모든 선택의 경우처럼 얻는 것도 있다. 이 책의 시각을 선택하면 우리는 적어도 우리를 둘러싼 세계에 대한 하나의 보완적이면서도 포괄적인 시각을 얻을 수 있다.

무생물의 커뮤니케이션

무생물도 커뮤니케이션을 한다. 커뮤니케이션 측면에서 무생물은 메시지와 반응 모두에 중요한 역할을 한다. 예를 보자. 로빈슨 크루소같이 무인도에 좌초된 사람이 있다. 그가 모래에서 사람 발자국을 발견했다면 섬에 다른 사람이 있다는, 혹은 있었다는 증거로 볼 것이다. 고고학 같은 학문도 이와 유사한 신호에 의존한다. 과거를 재구축하는 학문인 고고학의 성공 여부는 죽어서 분해된 고대 조상들이 남긴 신호를 잘 읽는 것에 달려 있다. 숙련된 고고학자는 조상의 신호를 읽어 수백만 년 전의 삶은 물론, 이와 관련된 흥미진진한 과거의 이야기들을 밝혀낸다. 이미 죽어 없어진 유기체의 흔적, 즉 무생물 커뮤니케이션의 가능성은 지구 곳곳에 널려 있다.

비인간 커뮤니케이션은 다른 많은 사례를 제공한다. 동물과 식물은 추워지는 밤과 짧아지는 낮을 겨울이 오는 신호로 읽는다. 이들은 동면하거나 낙엽을 떨어뜨리는 등의 다양한 방법으로 계절 신호에 대응한다. 별빛은 이동성 동물들을 안내하는 신호다. 수천 킬로미터 이상의 여정을 안내하는 표지판 역할을 해주기 때문이다. 별빛과 같은 무생물은 메시지를 전할 뿐만 아니라 반응도 한다. 인공위성, 무인 우주정거장, 혹은 행성 탐사선을 예로 들어보자. 지상관제 요원들은 이들에 신호를 보내 궤도를 바꾸고, 수억 킬로미터 떨어진 행성의 암석을 수집하며, 이 기계들을 자폭시키기도 한다. 일상적인 예로는 TV 리모컨과 전화 자동응답기가 있다. 내가 마지막으로 말하고 싶은 것은 이들의 대화 중 그 어느 것도 일방적인 것은 없다는 것이다. 환기장치, 온방장치, 냉방장치, 습도조절장치, 조명 등의 기계는 건물의 환경을 유지한다. 이런 기계들은 온도계, 동작 탐지기, 습도계, 컴퓨터들 간의 대화를 통해 인간의 개입 없이도 일을 척척 해낸다. 컴퓨터는 복잡한 계산을 할 줄 알며, 인간보다 계산을 훨씬 잘 수행할 때가 많다. 여기서도 커뮤니케이션 오류, 의도하지 않은 신호, 엿듣기, 기생성 같은 익숙한 문제가 등장한다.[39] 요약하면, 무생물도 메시지와 반응을 연결시켜주는 수많은 매개물이자, 더 나아가 대화의 파트너로서 많은 대화에 핵심적으로 참여한다.

과학은 대화다

학문은 인간이 질문을 하고 세계가 이에 반응하는, 인간과 세계 간의 커뮤니케이션이다. 학문의 대화는 수백 년 동안 우리 세계를 형성해왔다. 이런 이유로 학문의 대화는 이 책에서 중요하게 다뤄질 것이다.

예로 사회과학을 보자. 사회과학은 사회학, 경제학, 정치학 등 인간을 다루는 학문이다. 사회과학자들은 생물학자, 화학자, 물리학자 같은 자연과학자들보다 어떤 면에서는 유리하고 어떤 면에서는 불리하다. 사회과학자들은 연구 대상을 쉽게 조작할 수 없기 때문에 자연과학자들보다 불리하다. 한 경제나 사회를 조작하면 인간의 삶을 파괴할 수도 있다.[40] 요컨대, 소립자elementary particle를 분쇄(조작)할 수 있는 물리학자와 달리 사회과학자들은 주로 관찰에 의존해야 한다. 그러나 사회과학자들의 불리함은 한 가지 장점으로 상쇄된다. 경제학자, 정치학자, 사회학자는 머나먼 은하계를 연구하는 자연과학자들보다 쉽게, 그리고 직접적으로 대상을 관찰할 수 있다는 점이다. 사회과학자들은 정부, 회사, 그리고 결국은 인간에 대해 간단하게 질문할 수 있다. 이런 질문들은 많은 사람들과 나누는 대화와 같다. 과학이론에 관심을 가진 사회과학자가 있다고 해보자. 그는 "과학적 사실에 대한 사람들 간의 합의는 그 사실에 영향을 미치지 못하기 때문에 세계의 진행 경로에도 영향을 미치지 못한다: 이 명제에 동의하는가, 동의하지 않는가?"와 같은 여론조사를 할 수 있다. 그런 후 이 여론조사 결과를 가지고 "이런 식의 여론조사는 위 명제에 대한 사람들의 동의 여부에 거의 영향을 미치지 못한다: 이 명제에 동의하는가, 동의하지 않는가?" 하는 보다 심오한 질문을 할 수 있다.

이것을 대화로 보기란 그리 어렵지 않다. 자연과학은 어떤가? 생물학자의 단순한 실험 사례를 한번 생각해보자. 우리 집 부엌에는 남향인 창이 하나 있다. 창틀에는 화초들이 가득하다. 어느 날 나는 잎들이 모두 창 쪽을 향해 뻗어 있는 것을 발견했다. 이것이 나의 대화의 출발점이다.[41] 나는 "왜 화초 잎이 창 쪽을 향해 있을까?"라는 질문을 던졌다. 화초 잎이 창에 이끌린 것일 수도 있고, 창밖에 있는 다른 뭔가에 끌린 것일 수도 있다는 생각을 했다. 그래서 화초 하나를 반대방향으로 돌려놓았다. 이것이 내가 "창이 화초 잎을 끌어당기는가?" 하는 질문을 세계에 묻는 방식이다. 시간이 흐른 후 부엌에 가보니 화초 잎이 다시 창 쪽으로 뻗어 있는 것이 보였다. 이런 식으로 나는 화초를 가지고 실험할 수 있다. 여기서 다음 질문이 떠올랐다. "화초 잎이 창유리에 끌리는 건가, 창밖의 다른 무엇에 끌리는 건가?" 화초 잎이 창밖에 있는 내 자동차에 끌리는 것일 수도 있다는 생각이 들었다. 나는 차를 다른 곳으로 치우고 한 화초를 창 반대방향으로 돌려놓았다. 그런데도 화초 잎이 다시 창 쪽으로 방향을 바꾸었다. 생물학자는 이런 식의 대화를 아주 오래 진행할 수 있다. 그리고 마침내 '식물의 잎은 태양 빛에 이끌린다'는 결론에 이르게 되는 것이다. 이와 유사한 대화들이 지난 수백 년 동안 계속되어왔고, 수세대의 물리학자, 화학자, 생물학자들이 참여했다.

과학자들에게 공통된 한 가지가 있다면 그것은 이들이 세계에 질문을 던지고 세계로부터 그 대답을 듣는다는 것이다. 좋은 대화의 질문은 이전에 받은 대답들에 달려 있고, 다음 대답들은 이전의 질문에 달려 있다.[42]

인과론적 세계관의 한계

학문을 대화로 보려면 두 가지를 인정해야 한다.

첫째는 무생물도 커뮤니케이션에서 역할을 할 수 있다는 것, 둘째는 커뮤니케이션은 커뮤니케이션을 하는 존재들을 변화시킬 수 있다는 것이다. 어떤 커뮤니케이션은 참가자를 크게 변화시키지 못하지만 어떤 커뮤니케이션은 유기체를 창조하거나 세계의 흐름 자체를 바꾸기도 한다. 미미하든 심오하든 지금까지 소개한 모든 커뮤니케이션은 대화 상대를 변화시켰다. 내가 화초를 창과 반대방향으로 돌려놓았을 때, 아주 미세하게나마 나는 세계를 바꾼 것이다. 그리고 화초의 반응은 내가 세계를 보는 방식을 변화시켰고 나의 다음 질문에 영향을 미쳤다.

마찬가지로, 분자 메시지의 출현은 그 수용체를 변화시켰다. 이는 또한 분자 메시지의 운명도 바꿔놓았다. 우선 수용체에 도착한 분자 메시지는 이제 수용체에 들러붙게 되었다. 더욱이 수용체가 형태를 바꾸는 일을 마친 후에 세포는 그 수용체와 수용체에 붙은 분자 메시지를 재생 가능한 여러 부분들로 작게 쪼개기도 한다.

수용체와 메시지의 관계는 생명체에서 매 순간 발생하는 수많은 사건 속에 등장한다. 그 사건 중 상당수는 반응 파트너^{reaction partner}(수용체도 반응 파트너에 속한다)의 형태 이상의 많은 부분을 근본적으로 바꾸는 화학반응들이다. 이 과정에서 A분자나 원자가 B분자나 원자와 충돌한다. 이때 형태나 전하, 혹은 다른 면에서 A와 B가 맞으면 C로 변형된다. 이런 일은 공기 중, 차고 소각로, 심해, 비료공장, 별의 핵 등 그 곳에서 발생하는 모든 화학적 반응에서 일어난다. 이는 가장 작은 미시세계, 예컨대 전자나 양자 같은 아원자입자의 세계에서도 일어난다. 두 입자가 충돌했을 때 이 둘은 소멸되고 새로운 것(새로운 입자, 혹은 전자기파electromagnetic radiation)이 탄생된다.

이는 독창적이거나 특별한 설명이 아니다. 다만, 여기서 특별한 설명이 있다면 B가 A에, A가 B에 대해 의미를 갖고 있으며, 그 의미는 어떤 변형을 지시하는 것이고, 그런 지시에 대한 반응이 곧 변형이라는 것이다.

이런 시각을 선택하는 것이 힘들다면 그것은 우리가 인과론적 사고에 빠져 있기 때문이다. 톱니바퀴가 맞물려야 돌아가듯 한 사건은 다른 사건의 원인이거나 결과라는 식의 사고는 한 세계와 다른 세계의 거대한 대화가 세상을 창조한다는 생각을 받아들이기 힘들게 한다. 지금까지 여러분이나 나 자신, 그리고 우리 조상들은 의미는 바깥 세계가 아닌 우리 안에만 존재한다고 믿어왔다. 그래서 무생물도 의미를 주고받는다는 것, 의미가 우리 바깥에서도 우리와 상관없이 생성될 수 있다는 사실을 이해하기 어렵다. 이 때문에 많은 사건들이 대화의 결과라는 것, 대화 상대가 변화할 수 있다는 것, 대화 결과는 대화 참가자 모두에게 달려 있다는 것도 인정하기 힘든 것이다. 인과론적인 시각을 선택하는 것은 쉽다. 하지만 다른 선택도 있다는 것을 알아야 한다. 심지어 세계를 다스리는 것이 물질이 아니라 의미라는 시각을 선택하더라도, 우리를 가로막을 것은 (케케묵은 사고방식 빼고는) 아무것도 없다.

이와 관련해 20세기의 주요 학문적 발전을 잠시 살펴보자.

학문적 발전으로 인해 세계를 작은 기어와 톱니바퀴들로 이루어진 태엽시계로 보던 시각에 근본적 결함이 드러났다. 양자역학(양자물리학)의 등장으로 시계뿐만 아니라 그 안에 있는 기어와 톱니바퀴들도 모두 사라졌다. 물리학자들은 그것이 파동이든 입자든, 세상에서 가장 작은 물질의 본질은 우리가 그 물질에 대해 묻는 질문에 따라 달라진다는 사실을 발견했다. 이는 입자들과 한 물리학자, 그리고 그녀의 (원자핵 분열을 발견한 물리학자 리제 마이트너를 말함—옮긴이) 기계와의 대화 결과 밝혀졌다.

의미에 뿌리를 둔 세계관에는 근본적인 결함이 있을지 모른다. 만약 그렇다면, 기계에 뿌리를 둔 세계관 역시 결함이 있다. 기계에 뿌리를 둔 세계관을 자세히 살펴보면, 불확실성의 안개 속으로 녹아 사라지는 것처럼 주장들이 매우 은유적이고 불확실하다는 것을 알 수 있다.[43] 따라서 사람들이 기계적인 세계관을 선호한다고 해도, 그것은 그 세계관이 다른 시각보다 반드시 더 낫기 때문은 아니다.[44]

그런데 한 세계관을 버리고 다른 세계관을 선택해야 할 때는 언제일까? 그것은 어떤 구체적인 대화에서 다른 선택이 특별한 목적에 부응할 때이다. 기계적인 세계관도 완전히 버릴 필요는 없다. 기계적인 세계관은 물질이 세상 속에서 어떻게 움직이는지를 설명하는 데는 매우 훌륭한 관점이다. 우리의 대화가 내진주택을 짓거나, 비료를 만들거나, 온도계를 설계하는 일에 관한 것이라면, 기계적인 세계관이 가장 효율적인 선택이 될 수 있다. 그러나 스스로를 볼 수 없는 눈처럼, 그리고 다른 모든 세계관과 마찬가지로, 기계적인 세계관에는 근본적인 한계, 보지 못하는 사각지대가 있다. 그중 하나가 이 세계관에는 의미가 자리할 공간이 없다는 것이다.

이런 사각지대에서는 어떤 세계관도 작동하지 못한다.[45] 이런 문제를 피하기 위해 우리가 할 수 있는 것은 이런 사각지대를 보완하는 시각, 즉 기존의 세계관으로는 볼 수 없는 이런 사각지대에서 강한 면을 보이는 다른 시각을 택하는 것뿐이다. 여기서 내가 주창하는 시각은 동전의 또 다른 면인 바로 그런 보완적인 시각을 말한다. 이 보완적인 시각도 분명 사각지대는 있다(뭔가를 보려고 한다면 사각지대는 피할 수 없다). 그러나 이 보완적인 시각은 기계적인 시각과 반대로 아주 오랫동안 무시되었다. 이 보완적인 시각도 단지 하나의 시각에 불과하다는 것을 염두에 두면서도, 이 시각이 우리를 어디로 데려갈지 보기 위해 이 시각을 통해 세계를 보는 노력을 할 때가 된 것 같다.

의미에 기초한 세계관을 인간중심적인 시각이라고 비웃으면서 그것을 외견상 덜 인간중심적인 시각과 구분하는 것은 쉬운 일이다. 대화, 커뮤니케이션, 신호가 모두 인간적인 것이라고 말할 수 있을지는 모르겠다. 이것들은 우리를 세계와 이어준다. 분자, 원자, 그리고 아원자입자 들은 시험관의 불빛, 전기 탐지기에 나타난 전기흔, 강력한 현미경에 나타나는 흐릿한 영상 등의 신호를 통해 자기의 존재를 드러낸다. 세계에 대한 우리의 가장 직접적인 경험은 전적으로 신호에 의존하고 있다.

지금 이 글을 쓰고 있는 나의 경험을 예로 들어보자. 내게는 아무리 직접적이라 해도 글을 쓰는 행위에는 수백만 개의 미세한 대화(그중 여러분이 생각할 수 있는 대화가 나의 손가락과 뇌의 커뮤니케이션에 필요한 대화뿐이라 해도)가 필요하다. 따라서 의미에 관한 세계관을 수립하는 것은 다른 무엇보다도 가장 인간중심적인 것처럼 보인다. 그러나 잠깐! 다른 시각들, 심지어 정신이 개입되지 않은 원인과 결과의 연쇄작용으로 입자들이 끊임없이 충돌하는 것으로 보는 기계적인 세계관도 '인간중심적'인 것은 마찬가지다. 왜 그럴까? 사실상 기계적인 세계관도 당구공, 기어와 톱니바퀴, 그리고 물결 같은 일상적인 경험(여기에는 신호와 대화가 포함된다)에서 비롯된 은유에 기초해 현상을 설명하고 있기 때문이다. 그리고 원인과 결과처럼 모든 시각에 핵심이 되는 개념조차 일상사에서 파생된 것이다. 18세기의 철학자 데이비드 흄^{David Hume}이 일찍이 지적한 것처럼, 우리는 항상 원인과 결과의 관계를 통해, 결과에서 원인을 추론한다.[46] 결과는 원인을 나타내는 것, 원인이 낸 신호라는 것이다.[47]

우리의 일상적인 세계란 우리가 가진 모든 것을 말한다. 원인은 모든 결과의 배후에 있는 것이다. 일상적인 세계는 ('물질'과 '의미'는 말할 것도 없고) '세계'라는 의미조차 없는 세계다. 우리는 이 세계에 대해 결코 아무것도 말할 수 없다. 따라서 의미를 중심에 둔 세계관이 인간중심적이라면, 다른 세계관도 마찬가지다. 그러나 이를 인정해도, 어떤 특별한 목적에 가장 부합하는 시각을 선택해야 하는 문제, 우리에게 세계의 한 측면을 이해할 힘을 주지만, 다른 측면에서는 그러지 못하는 선택들과 같은 수많은 선택의 문제는 남는다.

여기서 내가 지지하는 시각은 또 다른 이유 때문에 단순히 인간중심적인 것이 아니다. 인간이 주변에 없다 해도 신호, 의미, 그리고 대화는 계속 존재한다. 분명 이런 시각은 다른 뭔가에 초점을 맞추고 있는 것이지만, 이 뭔가가 인간이 아닌 것만은 분명하다. 따라서 나는 이런 시각을 의미중심적^{logocentric} 시각이라고 부를 것이다. 의미중심적 시각은 의미와 정신에 초점을 두는 시각으로, 가장 일반적인 형태로 의미를 찾는 시각이다. 이 시각 안에서는 아무리 서로 완전히 다르고 분리되어 있다 해도 그 자체로 독자적으로 존립하는 것은 아무것도 없다. 모든 것은 다른 뭔가를 나타내며 그것과 관련되어 있다. 이

시각 안에서 세계는 무한한 신호의 네트워크로 이루어져 있다.[48] 여기
서 신호란 끊임없는 창조의 내적 대화 속에서 세계가 스스로에게 말
하는 방식이다.[49]

Chapter 2

자아와 타자의 패러독스

서로 사랑하되 얽매이지 말라.
사랑을 당신들 영혼의 해변 사이를 자유롭게 오가는 바다가 되게 하라.

― 칼릴 지브란

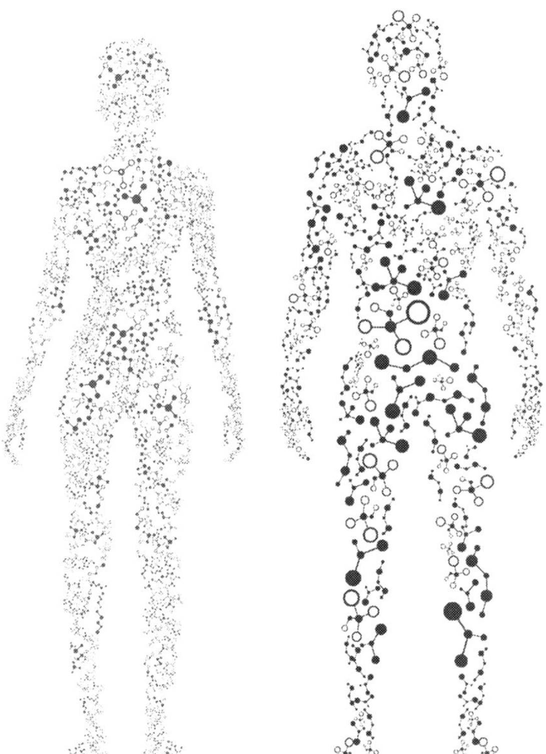

1941년 8월. 아우슈비츠 수용소에서 한 유대인이 14번 막사를 탈출했다. 한 명이 탈출하면 10명을 사형시키는 식으로 나치의 보복은 잔인했다. 14번 막사의 수용자 600명이 집합했다. 친위대 장교인 칼 프리츠 Karl Fritsch 는 공포에 떠는 수용자들의 얼굴을 훑었다. 이 나치 우두머리가 호명한 사람은 죽을 운명이었다. 이때 지목된 한 가족의 가장 프란치스 가조우니체크 Francis Gajowniczek 는 눈물을 흘리며 애원했다.

"제겐 아내가 있고 불쌍한 자식들도 있습니다. 제발 살려주세요."

그러자 다른 한 수용자가 줄 밖으로 나와서 말했다.

"저 사람 대신 내가 죽게 해주시오."

그는 프란시스코 수도회의 신부 막시밀리안 콜베 Maximilian Kolbe 였다.

그후 가조우니체크는 살았고 콜베 신부는 9명의 다른 희생자와 함께 고통스럽게 죽었다.[1]

이런 놀라운 자기희생 사례를 어떻게 설명해야 할까? 우리는 이런 이타주의보다 세속적인 행동을 하는 경우가 훨씬 많다. 하지만 부모들은 자식을 위해 놀라운 희생을 하기도 한다. 왜 그럴까? 희생정신이 강한 부모들에게 물어보면, 그 이유가, 자식의 안위가 자신들의 행복이기 때문이라고 답한다. 그렇다면 희생은 결국 이기적인 걸까?[2] 교사들은 어떨까? 이들은 그저 학생들이 배우고 자라는 모습을 보며 기쁨을 느끼는 걸까? 아니면 학생들과의 대화를 통해 얻는 것이 있어서 기쁨을 느끼는 걸까? 많은 사람들은 이런 질문에 대해 결국 자신을 위한 행동이 이 모든 것을 만드는 것이라고 생각하지만 많은 생물학자들은 그렇게 생각하지 않는다.

결국 부모들도 자식을 위하는 것만큼이나 자신들을 위해 희생하는 것이며, 교사들도 학생들을 위하는 것만큼이나 자신들을 위해 가르치고 있는 것이다.

# 진정한 이타주의는 존재하는가?

사람들이 정말 타인을 위해 행동하는 걸까? 아니면 결국 자기를 위한 걸까? 부모나 선생님의 행동처럼 이타적인 것처럼 보이지만 사실은 이기적인 행동들은 가르침을 통해 배우는 기쁨, 타인의 행복을 보는 기쁨, 보다 큰 대의를 위해 희생하는 기쁨을 느끼려는 아주 미묘한 것일지도 모른다. 자세히 들여다보면 이타주의에 대한 이런 질문은 보편적인 대답을 찾을 수 없는 탓에 우리를 혼란스럽게 만든다 (아주 정교한 심리학 실험으로도 아직 그 답을 찾지 못했다).[3] 이런 질문이 우리와 세계가 어떤 모습이어야 하는지에 대한 우리의 바람과 희망에 중요하다 해도, 자아와 타자의 드라마는 인간 영역보다 훨씬 거대한 생명의 영역에서도 중요한 역할을 하고 있다. 자아와 타자의 구분은 동물과 식물, 거대 생물체와 미시 생물체, 땅 위와 하늘과 물속 등에 사는 모든 두 유기체에 적용된다.

자신을 버리고 타자를 위해 행동하는 유기체가 있을까? 생명체 세계에 진정한 이타주의가 존재할까? 이번 장에서는 새끼를 위해 노예처럼 희생하는 동물 부모들, 자기 집을 지키기 위해 자기 몸을 폭파시키는 아교수류탄 개미, 전체를 위해 자신의 생명을 포기하는 식물 세포들의 놀라운 행동에 대해 한 가지 시각을 제시해볼 것이다. 이 시각에는 역설적 긴장이라는 관념이 들어 있다. 따라서 '유기체들 사이에 진정한 이타주의가 존재하는가?'에 대한 이 시각의 답은 다소 모호하다. 예로, 자신(여러분)과 타자(필자)를 동전의 양면이라고 해보자. 한편으로 보면 둘은 완전히 분리되어 있지만, 다른 한편으로 이 둘은 완전히 불가분의 관계다. 어느 한 시각이 다른 시각보다 더 타당하다고 할 수 없다. 따라서 자아와 타자는 역설적인 관계에 있다. '이타주의가 존재하는가?' 하는 질문은 이런 역설적인 상황 속에서 한쪽('동전의 양면은 분리되어 있다' 혹은 '동전의 양면은 불가분의 관계다'라는 시각 중 하나)을 선택해야만 대답을 할 수 있게 된다. 비록 그 선택이 아무리 제한적이고 부적절하며 결국엔 틀린 선택이라 해도 말이다.[4]

먼저, 동물 부모들이 자식과 친족을 위해 어떻게 행동하는지 살펴보자. 그 이유는 인간 부모들의 경우 대개 자식을 위해 이타적으로 행동하는 것처럼 보이며, 생물학자들이 동물 부모들의 행동에 대해 보다 많은 연구를 내놓았기 때문이다.

새끼 새들은 게걸스럽게 줄곧 먹이를 먹어댄다. 그래서 부모 새들은 둥지를 가꾸거나 자기가 먹을 지렁이를 잡는 것을 더 원할지라도, 새끼에게 먹이를 대느라 늘 분주하다. 부모 새의 희생은 가여울 정도로 인상적이다. 말리포올mallee fowl이라고 부르는 호주의 자색무덤새는 흙, 잔가지, 나뭇잎 등으로 만든 커다란 둔덕 속에 알을 낳아 묻는다.

이 둔덕은 자색무덤새가 묻어둔 알을 보호할 뿐만 아니라 나뭇잎 등을 분해해 알의 부화에 필요한 열을 만들어낸다. 수컷 자색무덤새는 8개월 이상이나 매일 5시간씩 둔덕의 온도를 살피는 데 전념하고, 태아의 최적 온도를 유지하기 위한 둔덕을 짓는 데 필요한 850kg의 재료를 운반한다. 이는 사람으로 치면 40톤을 운반하는 수준이다.[5]

이런 행동이 궁극적으로 자기희생적인 것은 아니다. 포식자를 자기 둥지에서 멀리 유인하기 위해 자기를 쉬운 미끼로 가장하는 위험까지 무릅쓰는 새들도 있다. 공동 서식지에 사는 동물들은 자신의 새끼와 서식지를 보호하기 위해 특히 대담한 수단을 발전시켜왔다. 예로, 캘리포니아 땅다람쥐는 자신의 지하 둥지로 접근하는 방울뱀을 향해 모래를 뿌려댄다. 또 다른 동물들은 공격자가 다가오면 높고 날카로운 경고음을 내기도 한다. 이 경고음은 포식자에게 '먹이'를 의미하기 때문에 정작 경고음을 내는 자신은 죽는 결과가 빚어진다.[6] 이런 자기희생은 아교수류탄 개미의 경우 매우 극단적이다. 아교수류탄 개미는 자신의 서식지를 지키기 위해 자살폭탄 공격을 감행한다. 커다란 분비샘을 폭파시켜 *끈끈한* 아교 성분을 분출하는 방식으로 침입자를 꼼짝 못하게 얽어매고 자신은 죽는다.[7]

이런 사례들은 이타주의와 관련해 두 가지를 시사한다.

첫째, 어떤 비용도 들지 않는 행동은 이타주의가 아니다. 여기서 비용은 여러 형태를 띤다. 그중에는 새들의 에너지(노동) 비용, 자신의 일을 포기하는 인간 부모의 시간 비용, 경고음을 내는 캘리포니아 땅다람쥐와 자살폭탄 개미처럼 죽음의 위험을 무릅쓰는 비용처럼 미묘한 것들도 있다.

둘째, 유기체들은 아무에게나 이타적으로 행동하지 않는다. 개미든 사람이든, 병사들은 자기 거주지나 국가를 위해서는 목숨을 바치지만 적을 위해 죽지는 않는다. 부모들은 자식을 부양하기 위해 열심히 일하지만 (최소한 일부러) 다른 이의 자식을 위해 희생하지는 않는다.[8] 바로 이와 같은 생각이 이타주의에 대한 생물학자들의 지배적인 시각이다. 그러나 생물학자들의 시각의 본질을 살펴보기 전에, 그들 대부분이 진화, 자연선택, 유전에 대해 어떻게 생각하고 있는지 먼저 살펴볼 필요가 있다.

진화 게임: 자원 다툼, 번식 투쟁, 유전자 복제

유기체는 어쩔 수 없이 다른 유기체나 외부세계와 상호작용을 해야 한다. 어떤 상호작용은 크게 득이 된다. 예로, 식물은 햇빛과 상호작용을 하면서 성장에 필요한 에너지를 얻는다. 부모는 자녀 양육을 위해 부모 상호 간에, 그리고 자녀와 상호작용을 한다. 이런 상호작용 이면에는 어두운 측면도 있다. 사마귀의 경우, 암컷은 수컷과 짝짓기를 하는 동안 수컷의 머리부터 먹기 시작한다. 암컷이 교미에는 협조하지만 동시에 교미 상대를 먹을거리로 취급하는 것이다. 적나라하게 말하면, 여성이 남성의 머리(이성理性)를 없애버리는 것인데, 이는 짝짓기에 불필요한 행동이다.

유기체들 간의 모든 상호작용이 이렇게 극단적인 것은 아니지만, 대부분은 두 가지 공통점을 갖는다. 첫째, 상호작용하는 두 유기체는 보통 충돌하는 이해와 일치하는 이해를 동시에 갖고 있다. 인간이든 아니든 부모와 자식 관계를 보자. 부모가 자식에게 쏟는 시간과 에너지는 부모가 잃어버리는 시간과 에너지다. 둘째, 다른 각도에서 보면, 한 유기체에게 좋은 것은 다른 유기체에게 나쁜 것이다. 외견상 아무런 해도 없어 보이는 상호작용을 생각해보자. 예로, 식물은 거의 무한한 자원인 햇빛으로부터 에너지를 흡수한다. 이런 상호작용이 누군가에겐 악영향을 미칠 수 있다. 식물들은 서로 햇빛을 받으려고 치열한 경쟁을 벌인다. 열대우림 지대에서 큰 나무의 잎사귀들은 수평선 이쪽 끝에서 저쪽 끝까지 하늘을 가리는 일종의 거대한 텐트를 이룬다. 햇빛이 땅에 닿기도 전에 이 텐트 같은 잎사귀들은 대부분의 햇빛을 흡수해버린다. 그러면 땅은 빛을 제대로 받지 못한다. 그 결과 땅 쪽에는 빛이 없어도 되는 식물들만 살아남고 그렇지 못한 식물들은 죽어 사라진다. 생존에 필요한 자원들인 빛, 물, 영양분, 먹이, 흙, 심지어 시간은 궁극적으로 유한하기 때문에, 내가 이런 자원의 혜택을 받는다면 (일부) 타자는 이런 혜택을 받을 수 없다. 다시 말해, 나의 이익은 곧 남에게 해가 될 수도 있다(따라서 땅, 석유, 식물종자, 바다 수역, 캐비아 등의 유한 자원을 두고 벌이는 인간들의 다툼은 타자의 혜택을 제한하는 일이다―옮긴이)

유기체들 간의 상호작용 중 특별한 한 가지가 있다. 바로 섹스다. 이는 번식reproduction을 위한 상호작용이다. 섹스는 '생물학적 종biological species' 개념과 깊은 관련이 있다. 정의상 섹스를 통해 종족을 번식할 수 있는 두 유기체는 생물학적으로 같은 종에 속해야 한다. 그리고 번식을 하려면 서로 가까운 곳에 있어야 한다. 한 종의 파리들이 미국 본토와 하와이에서 따로 떨어져 서식한다면 번식 기회는 거의 주어지지 않는다. 그렇다고 이 두 파리가 다른 종에 속하는 것일까? 그렇지는 않다. 이들은 한 종에 속해 있긴 하지만, 번식할 수 있을 만큼 가까이 살고 있는 유기체 집단인 군락population을 형성하진 못한다. 그런데 얼마나 가까워야 하는 것일까? 이는 유기체와 그를 둘러싼 세계에 달려 있다. 화초식물은 이동하지 못한다. 따라서 동종의 화초식물은 넓은 강을 사이에 두고 두 군락으로 나뉠 수 있다. 반면에 새들은 산맥, 호수, 사막을 넘어 수백 킬로미터 떨어진 곳까지 날아갈 수 있다. 따라서 새들 군락은 광대한 지역에 걸쳐 있다.

한 군락 안에 있는 유기체들은 서로 번식할 뿐만 아니라, 다른 유기체와의 경쟁보다 훨씬 더 격렬한 경쟁을 벌이기도 한다. 왜 그럴까? 그것은 이들의 생계 유지 방법, 라이프스타일(삶의 양식)이 비슷하기 때문이다. 같은 군락에 속한 식물들은 햇빛을 놓고, 동물들은 먹이를 놓고, 흙 속의 미생물들은 질소와 탄소를 놓고 서로 경쟁한다. 햇빛, 먹이, 미네랄, 물 등 자원이 부족해지는 순간, 경쟁은 치열해진다.

이런 경쟁은 어떤 영향을 미칠까? 질문에 대답하기 전에 먼저 번식에 대해 살펴보자. 번식에는 비용이 든다. 자식을 기르는 비용 말고도 많은 비용이 든다. 예로, 씨를 만들어야 하는 식물들은 공기 중에 있는 이산화탄소, 미네랄, 물 등을 포함한 에너지와 여러 물질을 필요로 한다. 식물이 얼마나 많은 씨를 만드느냐 하는 것은 그 식물이 이런 물질 자원을 얼마나 많이 얻을 수 있느냐에 달려 있다. 서로 이웃해 있는 같은 종의 두 식물을 보자. 이중 하나는 키가 커서 다른 녀석을 자신의 그늘 밑에 두고 있다고 해보자. 그늘 밑에 있는 식물은 에너지를 만드는 데 필요한(씨를 만들고 자손을 만드는 데 필요한) 햇빛을 덜 받게 된다. 한 식물이 다른 식물에 그늘을 드리우는 상황을 결정하는 것은 무엇일까? 한 식물이 더 일찍 자라 자기 자리를 확보할 수 있었던 '운' 때문일 수도 있다. 또는 자원을 빨아들이는 능력이 훨씬 더 뛰어났을 수도 있다. 광물을 캐는 능력이 뛰어난 채광기술을 가진 광산회사처럼 땅에서 미네랄을 빨아들이는 능력이 더 뛰어난 식물도 있을 수 있다. 더 많은 양분을 흡수하는 식물은 더 빨리 자란다. 두 식물이 같은 해, 같은 달, 같은 날 발아했다 해도 자원 흡수 능력이 뛰어난 식물이 더 빨리 자란다. 그러면 결국 이 식물은 다른 식물에 그늘을 드리워 햇빛을 차단한다.

생존 혹은 번식하는 능력이 다른 경우를 생물학자들은 유기체들의 '적합성fitness'이 다르다고 표현한다. 번식 능력도 중요하지만 생존 능력도 중요하다. 예로, 한 식물이 가뭄에 더 쉽게 말라비틀어지거나 염기성 토양에 더 빨리 죽을 수도 있는 것이다.

한 유기체의 특성은 여러 면에서 자신의 생존 및 번식 능력에 영향을 미친다. 동물들은 기생충을 막는 능력에서, 식물들은 독으로 적을 쫓기 위해 만들어야 할 분자 생산 능력에서, 다른 어떤 식물들은 곤충에게 자기 꽃을 과시하는 능력에서, 육식식물은 먹이를 유인하는 능력에서, 독화살개구리는 포식자를 몰아내는 피부 착색 능력에서, 거미는 거미줄을 칠 장소를 선택하는 능력에서, 대형 포식동물은 매복 능력에서, 모기는 얼마나 효과적으로 피를 빨고 달아날 수 있느냐 하는 능력에서, 바람가루받이 식물들은 자신의 꽃가루를 얼마나 잘 퍼뜨릴 수 있느냐 하는 능력에서 저마다 다를 수 있다. 각 유기체의 번식 및 생식 능력의 차이는 사실상 무한하다. 한 유기체가 어떤 특성을 갖고 있다고 상상해볼 수 있다면 우리는 그 특성이 생존이나 번식에 어떻게 도움이 될지도 상상해볼 수 있다. 따라서 적합성은 매우 강력한 개념이다.[9] 그런데 다른 어떤 개념과 마찬가지로 적합성이란 개념으로도 설명하지 못하는 경우가 있다. 가령 부모가 자식을 돕는 이유는 적합성이란 개념으로 설명하지 못한다. 이 개념에 대한 수정이 가해져야만 설명이 가능할 것이다.

또 다른 중요한 개념은 유전성heritability이다. 다른 토끼들보다 빠른 두 토끼가 새끼를 가졌다면, 이들의 새끼도 빠른 토끼로 자랄 가능성이 크다. 반대로 다른 토끼들보다 느린 토끼가 새끼를 가졌다면, 그 새끼들도 느릴 가능성이 크다. 그렇지만 이 사실을 백퍼센트 확신할 수는 없다. 빠른 토끼들도 느린 새끼를 낳는 경우가 있다. 그러나 평균적으로 빠른 토끼들은 빠른 새끼들을 낳는다. 유전성은 바로 이런 경향을 말하는 것이다. 요컨대 특별한 특징에서 자식이 그 부모를 닮는 경향이 있다면, 우리는 이런 특징을 유전적인 특징이라고 한다.[10]

그렇다면 여기서 '자연선택에 따른 진화evolution by natural selection'를 이루는 주된 구성 요소는 뭘까? 우선 진화에는 한 '군락'의 유기체들이 필요하다. 그리고 '생존과 번식 능력에 있어서' 이들 유기체들 간에 '차이'가 있어야 한다. 이런 차이들이 세대에서 세대를 거쳐 '유전될 때'마다 진화가 발생한다.

예를 들면, 한 식물 군락에서 이 모든 요소들이 제 역할을 할 때 어떤 일이 벌어질까? 일부 식물들은 토양 미네랄을 매우 잘 흡수하는 반면, 그러지 못하는 식물들도 있다. 당연히 토양 미네랄을 잘 흡수하는 식물들이 빨리 자란다. 이렇게 빨리 자라는 식물들은 그보다 늦게 자라는 식물들에 그늘을 드리운다. 따라서 늦게 자라는 식물들은 피우는 꽃이 적고 따라서 꽃가루도 더 적다. 뿐만 아니라 씨도 더 적게 생산한다. 그래서 전체적으로 이들은 자손을 더 적게 퍼뜨린다. 여러 세대가 흐르면서 빠르게 자라는 식물들에서 나오는 씨앗과 발아씨앗들이 증가한다. 그리고 이들의 발아씨앗 역시 더 빠르게 자라고, 발아씨앗 자신도 더 많은 발아씨앗을 생산하기 때문에 결국엔 빠르게 자라는 식물들이 그 군락지를 지배하게 된다. 바로 이것이 식물 군락의 자연선택에 따른 진화의 핵심이다. 이런 과정을 거쳐 식물 군락에서는 빠르게 자라는 식물들이 느리게 자라는 식물들을 수세대에 걸쳐 서서히 대체하게 된다.

인간의 유전과 유전적 근친도

이타주의에 대한 생물학자들의 시각을 살펴보기 전에 마지막으로 검토해야 할 문제는 유전의 원인과 관련된 것이다. 과연 유전을 가능하게 하는 것은 무엇일까? 부모에서 자식에게 전해지는 유전자genes와 유전물질genetic material이 그 답처럼 보일 수 있다. 그렇다면 지금까지 내가 왜 유전자에 대해 언급하지 않았을까? 그것은 지금까지 한 이야기에서는 유전자를 언급할 필요가 없었기 때문이다. 유전은 유전자를 필요로 하지는 않는다. 유전자 없이도 생명 자체는 존재할 수 있다. 지구 최초의 생명체는 유전자를 갖고 있지 않았을 것이다. 그러나 그 생명체는 유전을 했다. 만약 유전자가 꼭 있어야 했다면 우리 중 누구도 지금 여기에 존재할 수 없었을 것이다. 한편, 문화적 진화 같은 것도 있다. 문화적 진화도 유전자를 필요로 하지는 않지만 유전은 필요로 한다.[11] 그러나 유전자 없는 유전은 현재 살아 있는 유기체들 사이에선 예외적인 현상이다. 그리고 이런 사실을 볼 때, 유전자는 유전에 매우 중요한 요소다.

먼저 유전물질이 무엇이고 어디에 있는지 살펴보자. 유기체는 생명의 가장 작은 단위인 세포로 구성되어 있다. 일부 유기체들은 한 개의 세포로만 구성되어 있으며, 여러분이나 나처럼 수십억 개의 세포로 구성된 유기체들도 있다. 각 세포에는 해당 유기체의 동일한 복제 유전물질이 들어 있다. 이 유전물질은 DNA로 이루어진 수천 개의 유전자로 구성되어 있다. 세포를 하나의 기계라고 본다면(이렇게 생각하는 사람도 있는데, 이는 강력하지만 위험하기도 한 은유다), 각 유전자에는 세포라는 기계의 한 부분을 구성하라는 지시가 들어 있다고 할 수 있다. 세포의 각 부분 중 가장 중요한 것이 단백질이다(이런 단백질 중 하나인 수용체를 앞에서 간략히 살펴본 바 있다).

내가 주장한 대로 물질은 문자든, 혹은 다른 어떤 형태로든 간에 의미를 가질 수 있다. 그런데 DNA는 어떻게 의미를 전달할까? DNA는 긴 막대 모양의 분자로서, 뉴클레오티드^{nucleotide}라는 네 개의 서로 다른 블록으로 이루어져 있다. 이 블록은 A(유기화합물 아데닌^{adenine}), C(시토신^{cytosine}), G(구아닌^{guanine}), T(티민^{thymine})라는 문자로 표시된다. DNA가 전달하는 정보는 뉴클레오티드 A, C, G, T의 배열 순서에 있다. 이 뉴클레오티드들은 각자 자기만의 형태가 있다. 따라서 DNA는 정확성을 기하기 위해 '형태의 언어^{language of shape}'(형태로 대화하는 언어. 앞서 살펴봤던 세포의 수용체 단백질이 하는 언어와 유사하다)를 사용한다.[12] 그러나 우리에게 가장 익숙한 언어는 문자로 의미를 전달하는 문자언어이기 때문에 DNA를 일련의 문자열^{string of letters}로 표현하기 위해 각 뉴클레오티드에 A, C, G, T 같은 문자를 붙인 것이다.

얼핏 네 가지 문자 표기는 단순해 보인다. 도대체 이런 언어로 얼마나 많은 유전자를 구성할 수 있단 말인가? 일반적으로 유전자 하나는 1천 개 이상의 뉴클레오티드 문자로 구성된다. 어떤 물리학자는 우주에 존재하는 원자의 수를 계산할 수도 있다고 믿는데, 이 원자의 수는 0이 80개나 붙는 수보다 크다. 그런데 놀랍게도 이 원자의 수는 유전자 조합으로 만들어낼 수 있는 수와 비교할 때 별로 큰 것도 아니다. DNA 언어는 여러분이나 내가 상상할 수 있는 것보다 많은 유전자를 만들어낼 수 있다.

DNA와 유전자들이 한 유기체의 각 부분을 만드는 핵심이기 때문에 이들은 유기체의 외형과 행동에 영향을 미친다. 불행히도 우리는 많은 유전자들이 유기체들의 복잡한 특징, 예로 식물이 꽃가루를 퍼뜨리는 능력, 공작 깃털의 아름다움, 산도產道의 크기, 타인에 대한 관대함 등에 영향을 미친다는 것은 알고 있지만, 정확히 그리고 어떻게 영향을 미치는지는 모른다. 그러나 우리는 각 유전자가 어떻게 유전되는지, 이들이 세대를 거쳐 어떻게 전달되는지는 안다. 인간 세포를 포함해 많은 유기체들의 세포 안에는 수천 개의 유전자 각각의 복제본이 한 개가 아니라 두 개씩 들어 있다. 생물학자들은 한 유전자 안의 두 개의 복제본을 대립유전자allele(혹은 대립형질)라고 한다. 그러나 인간의 일부 세포들은 한 개의 복제본, 즉 한 개의 대립유전자만 갖고 있기도 한다. 남성의 정자세포와 여성의 난자세포가 그렇다. 한 남성과 한 여성이 아이를 갖는다는 것은, 한 개의 정자세포와 한 개의 난자세포가 결합해 수정하는 것이다. 그 결과로 만들어지는 세포인 수정란은 각 유전자별로 두 개의 복제본을 갖게 된다. 그리고 이 세포가 무수히 분열한다. 이 과정에서 수십억 개의 세포를 가진 아기가 만들어진다. 이 세포분열 과정에서 한 세포는 그 안에 있는 모든 DNA의 정확한 복제본을 물려준다. 결과적으로 아기의 세포들도 각각 두 개의 유전자 복제본을 갖게 되는데, 하나는 아버지에게서 받은 것이고 다른 하나는 어머니에게서 받은 것이다.

만약 우리의 모든 유전자가 이처럼 부모들로부터 유전된 것이라면, 왜 우리는 부모를 통해 아이의 특징이나 특성을 예측할 수 없을까? 첫째, 우리 몸속에 있는 대부분의 세포는(정자세포와 난자세포는 제외하고) 각 유전자별로 두 개의 대립유전자를 갖고 있다. 이 두 개의 대립유전자 중 어느 것이 정자세포 혹은 난자세포가 되는 걸까? 둘 중 하나가 그렇게 되겠지만, 그중 어느 것이 될지는 완전히 우연의 문제다. 우리의 몸 안에서, 두 개의 대립유전자 중 하나가 무작위로 선택되어 난자세포나 정자세포가 되는 것이다. 그리고 부모로부터 유전되었다 해도 두 대립유전자는 다를 수 있다. 따라서 모든 정자세포, 혹은 난자세포는 다르다. 수천 개의 유전자 각각의 경우에 두 대립유전자 중 하나를 무작위로 골라서 과연 얼마나 많은 정자세포를 만들 수 있을까? 그 수는 1천 개의 문자로 된 유전자 수보다 훨씬 많고, 따라서 우주에 존재하는 원자 수보다도 훨씬 많다.

가지각색의 유전이 일어나는 두 번째 이유는 세포들이 분열할 때 복제오류를 범하기 때문이다. 즉, 한 세포가 하나의 유전자를 복제할 때 이따금 실수를 하기도 한다. 세포의 일은 1천 개의 A, C, G, T 들로 이루어진 문자열을 정확히 복제하는 것이다. 이 과정에서 세포는 한두 개 문자를 건너뛰어 유전자를 원형보다 짧게 만들 수도 있고, 반대로 한두 개 문자를 더 추가함으로써 더 길게 만들 수도 있다. 이런 식의 실수가 일어나는 경우는 극히 드물지만, 여러분이나 나 같은 유기체들은 수천 개의 유전자를 갖고 있고, 각각의 유전자는 세포가 분열될 때마다 수정에서 탄생에 이르는 기간 동안 수없이 복제된다. 따라서 아주 드문 오류라 해도 이 과정에서 누적될 수 있으며, 그 결과 아기의 유전물질과 부모의 유전물질이 달라질 수 있다.

다양한 유전이 일어나는 이유가 불완전한 복제나 대립유전자의 무작위 선택 때문만은 아니다. 그보다 더 중요한 다른 이유는 유기체를 둘러싼 환경이 가지각색이기 때문이다. 부모가 경험했던 세계는 그 자식이 경험하는 세계와 다르다. 가장 명료한 사례가 일란성 쌍둥이들이다. 동일한 유전자를 가진 일란성 쌍둥이들은 비슷한 환경에서 자란다 해도 엄격히 말해 각기 다른 환경을 접하게 된다. 일란성 쌍둥이들은 선택하는 직업, 예기치 않은 질병, 살면서 겪는 많은 사건사고 측면에서 서로 다른 환경을 경험한다. 보통은 죽는 원인도 다르다.[13]

두 개의 유전자 복제본 중 하나를 하나의 세포에 넣어 그 세포를 자신의 경로로 보내는 식의, 번식에 내재된 단순한 유전 메커니즘은 중대한 결과를 낳는다. 이를 통해 관련된 두 유기체가 '유전적으로' 얼마나 가까운지 판단할 수 있는 것이다. 예로, 독자 여러분과 내가 형제라고 해보자. 그리고 어떤 유전자든 여러분의 몸에 있는 한 유전자(a라 하자) 복제본 중 하나($a1$이라 하자)를 살펴보자. 여러분은 이 복제본 $a1$을 우리의 부친(정자세포)이나 모친(난자세포)에게서 받은 것이다. 우선 여러분이 이 복제본 $a1$을 모친에게서 받았다고 해보자. 그런 후 내(여러분의 형제) 몸에 있는 동일한 유전자 a의 두 개의 복제본 중 하나를 보자(이 복제본이 어떤 것인지는 중요하지 않다). 이때 여러분의 형제인 내가 모친으로부터 $a1$을 유전받았을 확률은 얼마일까? 우리 모친의 몸은 그저 두 개의 복제본 중 하나를 각각의 난자세포에 무작위로 자리 잡게 했다는 점을 상기하면, 그 확률은 50%가 된다(어떤 유전자 복제본이든 내가 모친으로부터 그 유전자를 받을 확률은 50%이므로). 그런데 '여러분'이 이 유전자 복제본을 '부친'으로부터 받았다면 어떻게 될까? 이 경우 내가 부친으로부터 여러분과 동일한 유전자 복제본을 받을 확률은 얼마나 될까? 같은 이유로 확률은 50%가 된다. 여러분의 관점이 무엇이든 상관없이, 여러분과 내 몸에 있는 어떤 한 유전자의 복제본 하나가 우리 부모의 몸속에 있는 동일한 유전자 복제본에서 나왔을 확률은 50%이다. 이런 점에서, 형제들은 유전적으로 50%의 관련이 있다. 형제뿐만 아니라, 부모와 자식(50%), 조부모와 손자(25%), 사촌(25%)을 포함해 다른 친족의 경우에도 이와 비슷한 주장을 할 수 있다.

유전적 근친도^{genetic relatedness}(유전적으로 얼마나 가까운가를 나타내는 정도. 이 책에서는 '유전적 관련성'으로 표현하겠다－옮긴이)에 대한 계산 방법이 완벽한 것은 아니다. 이 계산 방법은 엄격히 한 시점에 한 유전자만을 대상으로 한 것이며, 평균 관련성만을 계산한 것이다. 예로, 일란성 쌍둥이가 아닌 두 형제도 부모로부터 동일한 유전자 복제본을 받을 수 있다. 이는 한 사람이 평생 동안 매주 로또복권에 당첨될 확률보다 더 실현 가능성이 없는 일이지만, 전혀 불가능한 것도 아니다. 이런 경우, 이 두 형제의 유전적 근친도는 100%이며, 두 형제의 유전적 근친도가 50%라는 앞의 일반적인 계산법은 틀리게 된다. 그러나 이런 결함이 있긴 해도 우리의 계산법은, 예컨대 '어떤 사람이 어떤 유전적 질병을 갖게 될 확률'을 예측하는 데 있어 종종은 매우 쓸모가 있다.

이타주의가 존재하는 이유

이러한 지식을 기초로 자아와 타자의 문제로 돌아가보자. 첫째, 이타주의는 자신이 비용을 부담하면서까지 타인을 이롭게 하는 행위다. 비용이 드는 행위가 나쁜 것이라면, 이타주의는 자신에게 나쁜 것이고 타자에게는 좋은 것이다. 둘째, 인간이나 비인간은 특별한 유기체, 특히 자기 자식을 위해 희생하지만, 그밖의 다른 모든 유기체를 위해 희생하지는 않는다. 이때 자기가 희생할 대상(수혜자)을 어떻게 선택할까?

사실, 이런 질문은 진정한 이타주의가 존재한다고 믿는 사람들의 머리에는 결코 떠오르지 않을 것이다. 그러나 생물학자들에게 이타주의란 결코 자명한 것이 아니다. 한 세기 이상 동안, 과학자와 비과학자를 포함한 많은 사람들은 생명체에 대해 한 가지 특별한 시각을 갖고 있었다. 편의상 이 관점을 '이빨과 발톱 시각tooth-and-claw perspective'(적자생존에 입각한 시각—옮긴이)이라고 하자. 여러분은 다음과 같은 말을 들어봤을 것이다. "모든 존재는 본질적으로 자신을 위해 산다", "생존을 위한 처절한 투쟁". 이런 말들은 자연선택이 종의 생존을 결정했다는 단순한 주장과는 다르다. 이빨과 발톱 시각에서는 경쟁적이고, 무자비하고, 대부분은 이기적인 행동을 떠올린다. 이런 시각으로는 누군가가 다른 누군가를 위해 이타적인 행동을 하는 이유를 설명하기 어렵다. 따라서 이 시각의 사각지대에서 '이타주의가 존재하는 이유는 무엇인가' 하는 질문이 당연히 따라온다.[14]

1960년대 초반 생물학자 빌 해밀턴Bill Hamilton은 부모의 이타주의를 포함해 다양한 이타주의에 대한 설명을 내놓았다.[15] 그중 핵심적인 첫 번째는, 유기체들은 '유전적 관련성이 있을 때' 서로 도우며, 유전적 관련성이 없는 유기체를 돕는 목적은 단 하나, 자기 자신을 위해서라는 것이다. 두 번째 설명은 첫 번째를 암묵적으로 해석한 것인데, 이타주의는 결국 이타주의를 가장한 이기주의라는 것이다.[16] 이 두 설명을 구분하기란 쉽지 않지만, 이 둘은 분명 다르다. 따라서 이 두 설명이 다르다는 것, 그리고 '이빨과 발톱 시각'이 보고 있는 것이 동전의 한 면뿐이라는 것을 살펴보도록 하겠다.

자연법칙으로 본 부모의 희생

이런 주장을 하기 위해 먼저 얼마나 많은 생물학자들이 이타주의에 대해 생각하는지 살펴보자. 이타주의의 근원에 대한 생물학자들의 대답은 두 가지 전제에 기초한다.

첫째, 유전자가 유기체의 행동에 영향을 미칠 수 있다는 것이다. 이런 전제에서 생물학자들은 다음과 같이 이타주의를 설명한다. 서로 다른 유전자 복제본인 대립유전자들은 서로 약간 다르다. 따라서 그 안에 들어 있는 정보로 만들어진 단백질 부분도 서로 다르다. 이렇게 서로 다르게 만들어진 단백질 부분은 행동에 다른 영향을 미칠 수 있다. 여기서 다르게 나오는 행동은 이기적일 수도 있고 이타적일 수도 있다. 요컨대, 한 유전자의 어떤 대립유전자들(이기적인 대립유전자들)은 이기적인 행동을 유발하고, 다른 대립유전자들(이타적인 대립유전자들)은 이타적인 행동을 유발한다.[17] 행동이 어떻든 간에, 한 군락에 있는 개별 유기체들은 이기적인 대립유전자를 품을 수 있고, 다른 유기체들은 이타적인 대립유전자를 품을 수 있다.

두 번째 전제는, 유기체에게 유리한 관점이 아니라 유전자에 유리한 관점에서 진화를 보는 것이다. 따라서 유기체가 여러 세대에 걸쳐 어떻게 변화하는지가 아니라, 한 군락의 이기적 혹은 이타적 대립유전자에 초점을 맞추고 이들 중 어느 것이 세대를 거듭해 계속 살아남는 지 살핀다.

새 군락의 이타주의를 사례로 이런 전제들을 살펴보자. 새 군락에 있는 일부 부모 새들은 이타적인 대립유전자를 가지고 있을 수 있다. 부모 새들은 새끼를 위해 가능한 한 최선을 다한다. 반면, 다른 부모 새들은 내킬 때만 새끼에게 먹이를 먹이게 하는 대립유전자나, 포식자가 둥지로 접근하는 위험한 상황에서도 새끼를 무시하게 하는 대립유전자를 가질 수 있다. 이런 대립유전자들은 세대를 거쳐 어떤 운명을 맞게 될까? 부모 새가 자기 목숨을 희생해 새끼를 구하는 극단적인 상황이 대립유전자들의 운명을 가장 잘 보여준다. 필요한 순간에 자기 목숨을 희생하게 만드는 부모 새의 대립유전자는 새끼를 살려서 그 새끼에게도 이어지지만, 새끼를 돌보지 않게 하는 대립유전자는 새끼를 죽임으로써 다음 세대로 전달되지 못할 것이다. 따라서 새끼를 위해 희생하게 만드는 대립유전자들은 세대를 거쳐 다음 세대로 전달될 확률이 더 높다. 단기적으로는 이기적인 행동이 부모 새에게 더 좋을 수 있다. 하지만 이기적인 행동은 새끼를, 더 나아가 이기적인 대립유전자도 죽게 만든다. 반면 이타적인 행동은 새끼를 살림으로써 이타적인 대립유전자가 살아남게 만든다. 따라서 유기체의 관점에서 이타적인 행동(부모 새의 희생)은 유전자의 관점에서 볼 때는 이기적인 행동(유전자의 존속)이다. 결국 유전자의 관점에서 볼 때, 이타적인 대립유전자는 이기적인 대립유전자가 되는 것이다.

이런 사례는 자아와 타자를 적절히 구별할 줄 알아야 한다는 것을 보여준다. 이는 부모와 새끼 중 어느 것이 '자아'에 속하고 어느 것이 '타자'인지를 구별하라는 것이 아니다. 중요한 것은 유전자와 유기체의 행동에 영향을 미치는 유전자(자아)와 유기체(타자) 간의 관계다. 이 둘의 관계에서 보면, 이기적인 대립유전자가 부모의 이타적인 행동을 유발한 것이다.

그렇다면 반대로 이타적인 대립유전자가 유발하는 행동은 어떤 것일까? 이타적인 대립유전자는 자신을 희생해 자신을 품고 있는 유기체(숙주 유기체)를 돕는 유전자다. 달리 말해, 이타적인 대립유전자는 숙주 유기체로 하여금 이기적인 행동을 하게 한다. 이 경우, 해당 숙주 유기체의 자손은 사라지고, 이타적인 대립유전자는 죽음이라는 궁극적인 대가를 치르게 된다. 따라서 이기적인 대립유전자가 이타적인 행동을 유발하는 것처럼 이타적인 대립유전자는 이기적인 행동을 유발한다.

이타주의에 대한 이런 시각은 유전적으로 가까운 부모와 자식에 기초한 것이다. 이런 시각은 부모가 한 군락 안에서 서식하는 유전적으로 관련 없는 다른 새끼가 아니라 자기 새끼를 돌보는 이유를 설명해준다. 이와 달리 유전적으로 관련 없는 타자를 위해 자기 목숨을 희생하는 경우를 생각해보자. 이런 식의 자기희생에 사용되는 대립유전자가 있다면 그 유전자는 숙주 유기체와 함께 소멸할 것이기 때문에 불운한 유전자라 하겠다. 이 유전자의 희생으로 살아남은 생존자는 유전적 관련성이 없기 때문에 희생된 유전자를 갖고 있지 않으며, 따라서 자기희생에 사용된 유전자는 이 생존자 몸속에 존재하지 않는다. 이와 반대로 타자에 대한 이기적인 행동은 이들 타자들이(결과적으로 그런 이기적인 행동 때문에 소멸될 수도 있지만) 그런 이기적인 행동을 하게 한 대립유전자를 갖고 있지 않다는 단순한 이유로 사멸하지 않을 수 있다.

그러나 부모와 자식만이 가족은 아니다. 사촌, 손자, 형제, 그리고 다른 많은 친족이 있다. 이들에게도 앞서 말한 논리가 똑같이 적용될까? 이들은 유전적 관련성이 있기 때문에 서로 도울까? 그렇다. 앞서 나는 친족들 사이에도 유전적 관련성의 정도(유전적 근친도)를 측정할 수 있다고 말했다. 두 친족이 유전적으로 가까울수록 서로를 위해 더 기꺼이 희생한다.[18] 리처드 도킨스Richard Dawkins 같은 생물학자들이 이런 점을 효과적으로 주장했기 때문에 여기서 더 살펴볼 필요는 없을 것 같다.[19] 다만, 이타주의에 대한 이런 시각은 확장된 친족관계에 적용했을 때 가장 강력해진다고 말하는 정도로도 충분할 것이다. 이런 시각으로 벌, 개미, 흰개미가 집을 지키기 위해 자기보다 몇 배나 큰 공격자에게 달려들거나, 자신의 몸을 폭파시키는 등 기꺼이 자신을 희생하는 이타적인 행동의 근거를 설명할 수 있다. 또한 곤충 수천 마리가 번식을 포기하고 한두 마리의 여왕들만 알을 낳는 이유도 설명할 수 있다. 또 뻐꾸기나 찌르레기 같은 기생조류가 다른 새 둥지에 알을 낳거나 랑구르원숭이와 사자 수컷들이 다른 수컷 새끼를 죽이는 것 같은 매우 이기적인 행위도 설명할 수 있다. 나아가 세이셸 휘파람새와 쌍살벌 같은 서로 다른 유기체들이 왜 그들의 성 비율(자식들의 암수 비율)을 바꾸는지 등 표면상 이타주의나 이기주의와는 아무 관련이 없어 보이는 현상까지도 설명할 수 있다.

유전자가 이기적으로 이타주의를 자극한다고 보는 이런 시각은 매우 설득력이 있다. 따라서 우리는 그런 시각이 단지 하나의 시각에 불과하다는 것을 망각하고 그 시각에 사로잡히는 경향이 있다. 그러나 이기적 유전자 시각에는 두 가지 한계가 존재한다. 이는 과학이 쌓아 올린 집의 지붕에 뚫린 두 개의 빗물 구멍과 같다. 우리는 빗물이 새는 천장을 쳐다보며 이 세계가 우리의 이론으로 보는 것보다 그리 편안하지만은 않다는 사실을 깨닫게 된다. 첫 번째 한계는, 개별 유전자들은 여러 세대에 걸쳐 원래 상태로 온전히 남아 있지 않은 것이 보통이라는 것이다. 한 대립유전자를 수세대에 걸쳐 추적하면, 세포가 저지르는 복제오류 때문에 이 유전자도 변한다. 시간이 흐르면서 유전자 자체가 변한다면 유전자가 자기 자신을 위해 유기체를 행동하게 만든다고 말할 수 있을까? 두 유전자 복제본이 같다고 할 수 있을 정도로 비슷한, 따라서 하나의 '자아'라고 말할 수 있을 때는 언제인가? 우리는 이를 여전히 알지 못한다. 두 번째 한계는 첫 번째보다 훨씬 심각한 문제인데 이것은, 단지 한 유전자에 의해서만 영향을 받는 행동은 실질적으로 없다는 것이다. 수많은 유전자, 아마도 수천 개의 유전자들이 행동에 영향을 미친다. 사실이 이런데도 생물학자들은 대부분의 행동에 가장 많은 영향을 미치는 유전자들을 고작 10개 정도 밝혀내는 일에도 몹시 힘들어한다.[20] 따라서 개별 유전자들이 세대를 거쳐 온전하게 남아 있다손 치더라도, 다수의 유전자들도 그럴 것이라고는 말하기 힘들다. 세대를 거칠 때마다 유기체들이 두 개의 대립유전자 중 하나를 자신의 정자세포와 난자세포 속에 넣음으로써 자기의 유전물질을 뒤섞는다는 점을 기억하자. 많은 유전자들이 행동에 영향을 미친다고 한다면, 이들 유전자들이 세대를 거칠 때마다 뒤섞이기 때문에, 이기적 유전자 시각은 그 힘을 잃고 만다.

죽음을 통한 불멸

유전적 관련성에 대한 이야기를 끝내기 전에 유전적 관련성이 가진 힘을 보여주는 놀라운 사례를 소개하고자 한다. 이는 20억 년 전에 발생한 일이자 모든 생명체들에 지대한 영향을 미친 사건이다. 여러분이나 나, 그리고 모든 사람들은 이 사건이 없었다면 존재하지 못했을 것이다.[21]

지구 탄생 초기에 생명체는 우리 같은 다세포 유기체가 아니었다. 당시는 박테리아와 유사한 단세포 유기체들만 살았다.[22] 이런 유기체들의 인생사를 한마디로 정리하면 '성장과 분열'이다.[23] 정확히 말해, 단세포 유기체는 일정 크기로 자라면 두 개의 딸세포daughter cell로 분열한다. 처음에 이 딸세포들의 크기는 모체세포보다 훨씬 작지만, 일정한 크기가 될 때까지 계속 성장한다. 그리고 일정한 크기가 되면 다시 두 개의 딸세포로 분열한다. 이 과정이 계속 반복된다.

군락지 안에서 어떤 단세포 유기체는 다른 유기체보다 빨리 성장한다. 이는 땅속에서 미네랄을 흡수하는 능력이 더 뛰어난 식물처럼 양분을 효과적으로 취하는 놈들일 수도 있고, 추위, 열기, 기근 따위로 살아남기 힘든 환경에서도 버티는 능력이 뛰어난 놈들일 수도 있다. 이런 특징은 유전되는 경우가 많다. 즉, 한 단세포 유기체가 빨리 성장하는 능력을 가졌다면 그 딸세포들도 더 빨리 성장할 가능성이 크다. 물론 모체세포보다 좀더 빨리, 또는 느리게 성장할 수도 있다. 하지만 빠르게 성장하는 녀석들이 더 빠르게 성장하는 자손을 낳기 쉽다.

그렇다면 빠르게 성장하는 녀석들은 얼마나 빨리 성장할까? 이는 자기 자신과 환경에 달려 있지만, 빨리 자라는 단세포 유기체는 몇 분마다 세포분열을 할 수도 있다. 이럴 경우 한 시간이면 수세대가 형성된다(인간의 한 세대가 약 20년임을 생각해보라). 빠른 성장 군과 느린 성장 군이 함께 사는 이 군락은 세월이 흐른 뒤 어떻게 변해 있을까? 대답은 간단하다. 빠르게 성장하는 유기체들이 자신의 군락을 지배한다. 군락을 접수하려고 느린 것들과 경쟁해 '훨씬' 빨리 성장할 필요도 없다. 예를 들어 보겠다. 느린 성장 군과 빠른 성장 군의 수적數的 비율이 50대 50이라고 해보자. 그리고 느린 성장 군들의 세포분열이 한 시간 걸리고 빠른 성장 군들이 59분 30초 걸린다고 해보자. 이는 겨우 1% 차이에 불과하다. 그런데도 빠른 성장 군들이 군락의 99%를 차지하는 데는 한 달도 채 안 걸린다. 따라서 단세포 유기체 군락에서 살아남기 위해서는 생존, 번식해야 할 뿐만 아니라 그것도 '좀더 빠르게' 할 필요가 있다.

최초의 생명이 탄생한 후 15억 년 이상이나 이런 식의 단세포 유기체의 성장 분열 게임만이 계속되었다. 그러다가 20억 년 전 다세포 유기체들이 등장해 게임의 룰을 바꿨다. 다세포 유기체들은 여러 면에서 단세포 유기체들과 달랐지만, 가장 결정적 차이는 다세포 유기체(여러분이나 나처럼)가 죽으면 그의 세포들도 함께 죽는다는 것이었다. 이런 죽음의 비극에서 살아남는 불멸의 세포가 있다. 그것은 바로 자손들에게 전해지는 정자세포와 난자세포이다. 이들을 제외한 다른 모든 세포들은 죽는다.

이제 빠르게 분열해야만 살아남을 수 있는 단세포 유기체의 입장을 생각해보자. 이 단세포 유기체는 '빠르게 분열하라'에만 매달릴 것이다. 이 단세포 유기체가 여러분이나 나 같은 다세포 유기체가 되기 위해서는 무엇을 포기해야 할까? 우선 단세포 유기체들을 만들어내는 분열을 포기해야 할 것이다.[24] 더 큰 문제는 생명 자체를 포기해야 한다는 것이다. 과연 그렇게 할 수 있는 존재가 있을까? 여기서도 다시 유전적 관련성이 답을 제공해준다.[25]

현존하는 녹조류 볼복스Volvox는 단세포에서 다세포 유기체로의 전환 과정을 극적으로 보여주는 예다.[26] 이 녹조류는 일반적인 녹조류라고 알려진 수초 덤불보다 훨씬 작다. 그래서 현미경으로만 관찰할 수 있다. 볼복스는 작은 웅덩이에서 광대한 호수까지 양분이 풍부한 물이 있는 곳이면 세계 어디든 서식한다. 볼복스 세포는 녹색이며, 세포 표면에는 매우 빠르게 끊임없이 회전하는 회초리 모양의 단백질 나선형 꼬리가 달려 있다. 편모라고 부르는 이 나선형 꼬리는 세포들이 헤엄칠 수 있는 프로펠러 기능을 한다.

다른 녹색식물처럼 볼복스도 햇빛과 이산화탄소, 미네랄을 통해 에너지물질building materials을 확보한다. 이들은 땅이 아니라 물에서 그 양분을 찾는다. 편모로 헤엄쳐서 물속을 떠돌며 생장에 필요한 양분을 찾는 것이 생존 방법이다. 그래서 움직이는 광산과 같다.

그런데 놀랍게도 볼복스 종의 형태는 매우 다양하다. 어떤 종은 세포분열을 통해 번식하는 단세포 유기체로 이루어져 있지만, 점질물mucilago이라고 하는 접착물질(젤리 같은 물질)로 결합된 4개의 세포를 가진 종도 있다. 이 세포 군집cell colony(우리는 이를 하나의 유기체로 볼 수밖에 없다)은 어떻게 번식할까? 우선 세포 4개가 각각 아주 크게 성장한다. 그런 후 한 번이 아니라 두 번 빠르게 분열함으로써 4개의 모체세포가 4개의 딸세포를 만든다. 이런 세포분열을 통해 모체세포와 마찬가지로 점질물로 결합된 4개의 세포로 이루어진 4개의 세포 집단이 나온다. 그런 후 이 4개의 세포 집단이 4개의 새로운 군집(유기체)으로 분리된다.

16개 혹은 32개의 세포로 이루어진 종도 있는데, 이들도 위와 비슷한 방식으로 번식한다. 이들도 각 세포가 매우 크게 자란 후, 16개 혹은 32개의 딸세포로 빠르게 분열한다.

많게는 2천 개의 세포로 구성된 어떤 볼복스 종은 세포분열과 군집 형성이 이와는 아주 다르게 진행된다. 세포들은 서로 같다 해도, 이 세포들이 형성하는 군집은 엄청나게 거대한 서식지가 된다. 이는 표면이 세포들로 뒤덮인 속 빈 풍선을 닮았다. 현미경으로 보면 이 거대한 풍선이 천천히, 아주 장엄하게 돌아가고 있다. 대부분의 세포들은 풍선 모양의 이 군집(이 군집을 유기체라고 볼 수밖에 없다고 했다) 표면에 있는 것으로 보인다. 그 이유는 그곳에 있어야 세포들이 편모를 가지고 이 거대한 서식지를 물속에서 이동시킬 수 있기 때문이다.

이 거대 군집은 세포들이 너무 많은 탓에 더 이상 단순한 세포분열로는 번식할 수 없다. 그래서 각 군집은 두 종류의 세포, 즉 번식하는 세포와 번식하지 않는 세포로 구성된다. 이 군집 유기체를 움직이는 표면의 세포들은 번식하지 않는 세포들이고, 풍선 안에 따로 떨어져 있는 세포들이 번식하는 세포다. 풍선 안에 따로 떨어져 있는 세포들은 거대한 풍선 안쪽에서 다시 작은 풍선들을 이룬다. 하나의 큰 풍선 안에는 이런 작은 풍선들이 수십 개씩 있다. 이 작은 풍선을 이루고 있는 번식세포들은 그들이 이루고 있는 작은 풍선들이 점점 커져 더 많은 세포들이 들어찰 때까지 성장과 분열을 한다. 이런 유기체(군집)가 생의 어떤 시점에 이르면, 거대한 '모체' 풍선이 터지면서 그 안에 있던 모든 작은 풍선들이 밖으로 튀어나온다. 거대한 모체 풍선(유기체, 군집)이 죽는 것이다. 그 후 밖으로 나온 작은 풍선들이 다시 그 안에 작은 풍선들을 가진 거대한 풍선으로 자라고, 일정 시점이 되면 터지면서(즉, 죽으면서) 가지고 있던 작은 풍선들을 내보내는 과정이 반복된다. 작은 풍선의 탄생은 큰 풍선의 죽음을 의미한다. 탄생이 죽음을 수반하는 것이다.

요컨대, 크기가 큰 볼복스 종에서 번식되는, 작은 풍선에 속하지 않는 세포들(표면에서 사는 수천 개의 세포들)은 죽는다. 생을 포기하는 것이다.

단세포 녹조류는 보다 큰 전체(군집)의 일원이 됨으로써 많은 것을 얻는다. 이런 군집의 삶의 패턴을 보면 이런 사실이 분명해진다. 단세포 녹조류 군집을 작은 잠수함이라고 생각해보자. 이 잠수함 녹조류들은 24시간 주기로 자신들의 필요에 따라 다양한 깊이로 잠수하거나 떠오른다. 낮에는 햇빛을 많이 받기 위해 가능한 한 물 표면 가까이에 있는 것이 좋다. 하지만 대부분의 양분은 깊은 물속에 있기 때문에 이들은 양분을 찾아 깊은 물속으로 들어간다. 깊은 호수에 서식하는 군집의 경우 물 표면과 물속을 매일 80m 이상 왕복하기도 한다.[27]

수천 개의 프로펠러 엔진을 가진 대형 군집들은 이런 왕복에 매우 유리하다. 정말 환상적인 수영선수라 할 수 있다. 어떤 군집은 수영을 해서 한 시간에 무려 5m까지 가기도 한다. 이런 속도가 뭐 그리 대단하냐고 할지 모르지만, 이들이 현미경으로나 봐야 할 정도로 미세한 생물이라는 점을 고려하자. 이들의 수영 속도를 무지개송어의 수영 속도로 환산하면 한 시간에 50km 이상을 수영하는 격이다.[28] 더욱이 큰 군집들은 공간이 더 많다는 이유로 양분을 더 많이 저장할 수 있다. 그리고 번식에는 자원이 필요하다. 따라서 결과적으로 큰 군집은 저장 공간이 적은 군집보다 더 많은 자손(작은 풍선)을 낳을 수 있다.

양분이 많은 호수에는 녹조류뿐만 아니라 위험도 많다. 이런 호수에는 많은 포식자들이 산다. 이들은 먹이를 얻기 위해 작은 녹조류가 사는 거대한 수역에 침투하는 미생물 동물들이다. 포식자들이 너무 많은 경우 이 어마어마한 양의 물이 며칠 내에 이들에 의해 걸러지는 경우도 있다. 그러나 이들도 큰 녹조류는 먹지 못한다. 따라서 이런 큰 잠수함(군집)은 포식자로부터 자기 자신을 보호하는 데 큰 도움을 준다.

이처럼 큰 군집은 작은 군집에 비해 이점이 많다. 그렇다 해도 '수천 개의 개별 세포들이 번식 중에 죽음을 감수하는 이유가 바로 이런 이점을 얻기 위해서'라는 것은 충분한 설명이 될 수 없다.

수천 개의 세포들이 죽음을 감수하는 이유를 우리는 유전적 관련성에서 찾을 수 있다. 한 군집 안의 세포들은 (아주 드물게 DNA 복제오류가 일어나는 경우를 제외하고) 동일하다. 이들은 유전적 관련성에서 인간 가족보다 훨씬 가깝다.[29] 인간 부모와 자식의 유전적 근친도가 50%에 불과한 반면, 이들 세포들의 유전적 근친도는 거의 100%에 가깝다. 하나 혹은 1천 개의 개별 세포들이 죽는다 해도 이들과 동일한 유전자 복제본은 계속 살아남는다. 그리고 이들은 잠수함의 일원이 됨으로써 자신들의 유전자가 계속 퍼뜨려질 가능성을 몇 배나 더 증가시킨다. 자아(세포)와 타자(유기체)는 동전의 양면처럼 서로 다르지만 공동 운명으로 연계되어 있다. 이는 그들의 유전적 근친도에 의해 형성된 연계다.

유전적 근친도와 이기주의

앞의 사례들은 유전적 관련성이 가진 거대한 힘을 생생히 보여준다. 유전적 관련성이 힘을 발휘하지 못했다면, 다세포 유기체들은 존재하지 않았을 것이다. 유전적 관련성을 공유한 유전자들은 운명을 *끈끈하게 엮어주는* 접착제와 같다. 부모 새의 자기희생에서부터 회전하는 풍선 녹조류의 자기희생에 이르기까지 지금까지 소개한 대부분의 자기희생은 유전적 관련성에서 비롯된 것이다. 한 유기체의 탄생은 모두 새로운 유전적 관계를 탄생시킨다.

유전적 관련성의 관점에서 보면, 생명의 희생마저도 한 세포의 유전자를 확산시키는 행위이므로 이기적인 행동이다. 그러나 이타주의를 *스스로를 돕는*(이기적인) 행위로 보는 것은 이타주의의 존재 이유를 협소하게 보는 시각이다. 보다 포괄적인 관점은 '이타주의자들은 유전적 관련성이든 그들의 운명 때문이든 그들과 관련된 타인들을 돕는다'는 시각이다. 타자에 대한 자아의 행동에 영향을 미치는 것은 궁극적으로 운명 관련성relatedness in fate이다. 곧 살펴보겠지만, 유전적 관련성이 없어도 자아와 타자의 운명은 서로 얽힐 수 있다. 자아가 타자에게 하는 모든 행동은 자아의 운명에도 영향을 미친다. 자아와 타자가 개별 존재로서 혼자 살고 죽는다 해도, 이들의 운명은 불가분하게 연결되어 있기 때문에 하나가 곤란에 처하면 다른 하나에게도 그 영향이 미친다.[30] 그리고 때로 그들의 운명이 너무 밀접히 연계되는 바람에 둘의 경계가 흐려져 하나가 되기도 한다.

자아와 타자 중 하나가 아니라 이 둘의 관계에 초점을 맞추면 분명 여러 혜택이 있다. 우선 이타주의를 둘러싸고 전개되고 있는 신랄한 논쟁을 줄일 수 있다. 또 이타주의를 이해하는 데 있어 이기적 유전자 시각보다 훨씬 더 포괄적인 시각을 얻을 수 있다. 그러나 늘 그렇듯 시각을 바꾸려면 뭔가를 포기해야 한다. 이런 점에서 우리가 보다 포괄적인 시각을 얻기 위해서는 자아와 타자의 차이가 둘의 관계보다 중요하다는 시각을 버려야 한다. 그리고 동전의 한 면이 동전 자체보다 중요하다는 시각을 버려야 한다.

자아-타자의 구분을 뛰어넘는 거대한 운명의 사슬

대부분의 유기체들은 유전적으로는 관련이 없지만 운명은 서로 불가피하게 연계된 경우가 적지 않다. 곤충과 꽃의 관계는 이를 잘 보여준다.[31] 곤충과 꽃은 유전적 관련성이 전혀 없다. 이들은 서로 다른 종에 속한다. 더욱이 하나는 동물이고 하나는 식물이다. 동물과 식물은 서로 가장 다른 유기체이다. 하지만 꽃과 벌, 벌새, 나비의 관계는 누구나 잘 안다. 꽃은 벌이나 나비에게 먹이를 제공하고, 벌과 나비는 꽃의 번식을 돕는다는 것을 모르는 사람은 거의 없다. 둘은 서로 완벽히 의존적인 관계다.

일부 곤충과 식물 들의 삶은 우리가 알고 있는 것보다 훨씬 더 밀접하게 연결되어 있다. 무화과나무(정확히는 돌무화과나무 sycamore fig tree)와 이들의 수분 매개체인 무화과말벌 fig wasp의 사례는 곤충과 식물의 운명이 얼마나 긴밀하게 연계되었는지를 보여준다. 무화과나무의 꽃은 나중에 무화과열매가 되는 딱딱한 배상체 안에 들어 있다. 이 배상체에는 한쪽 끝에 작은 구멍이 있다. 암컷 무화과말벌은 이 구멍을 통해 배상체 안으로 들어가려고 한다. 그러나 구멍이 너무 작아 배상체 안으로 들어가기가 무척 힘들다. 진입에 성공했다 하더라도 좁은 구멍을 통과하면서 날개나 촉수 같은 신체 부위를 잃는다. 그러나 배상체 안으로 들어가기만 하면 이런 신체 부위는 더 이상 소용이 없어지기에 날개를 잃는 것이 큰 문제는 아니다. 일단 배상체 안에 진입한 암컷 말벌은 단 한 가지 일에만 몰두한다. 그것은 배상체 안에 작은 구멍들을 뚫고 알을 낳는 것이다. 그 동안 이 암컷은 꽃을 수분시키며, 그러곤 죽는다. 이 암컷이 낳은 알에서 부화한 첫 자손은 수컷 무화과말벌이다. 이들은 부화하자마자 이 배상체 표면 아래에 있는 부화하지 못한 암컷 말벌을 찾기 위해 배상체를 뒤지기 시작한다. 부화하지 못한 암컷을 찾으면, 수컷은 그 암컷을 향해 작은 터널을 뚫고 그 터널을 통해 암컷과 교미한다. 교미를 마친 수컷은 배상체를 갉아서 바깥세상으로 연결된 큰 구멍을 만들어놓고는 죽는다. 수컷 무화과말벌의 삶은 그리 화려하지 않다. 그런 후 젊은 암컷이 부화하면 죽은 수컷이 만들어놓은 구멍을 통해 바깥세상으로 나간다. 이 과정에서 암컷은 무화과나무 꽃가루를 묻혀 나간다.

무화과나무와 무화과말벌은 서로에게 전적으로 의존하는 삶을 산다. 무화과나무는 번식을 위해서만 무화과말벌이 필요한 것은 아니다. 무화과열매는 수컷 무화과말벌이 무화과열매 배상체에 구멍을 다 뚫어야 익는다(암컷 말벌도 그 전에는 부화하지 않는다). 자아(무화과나무)와 타자(무화과말벌)를 분리해서 보면 이들의 삶은 설명할 수 없다. 이 둘은 물론 유전적으로도 전혀 관련이 없다. 그렇지만 이 둘의 '운명'은 그 무엇보다 강하게 연결되어 있다.

다른 꽃과 곤충에서도 이런 긴밀한 관계가 존재한다. 타자가 없으

면 자아의 운명도 종말을 고한다. 그러나 곤충과 꽃의 관계야말로 '유
전적 관련성이 없는 운명 관련성'을 보여주는 가장 생생한 사례다.[32]
다른 운명 관련성 사례도 우리 주위에서 많이 찾아볼 수 있다. 유전적
으론 전혀 관련이 없지만 A 유기체가 B 유기체에게 전적으로 의존하
는 사례가 너무 많아서 B 유기체를 연구하지 않고는 A 유기체에 대해
연구하는 것이 불가능한 경우도 많다. 진딧물이 개미에게 꿀을 분비해
주고 그 대가로 개미가 진딧물을 보호해주는 것처럼 서로 이웃해 사는
운명의 짝들도 있다. 클로버와 알팔파 같은 식물은 공기 중의 질소를
흡수하도록 돕는 박테리아와 함께 산다. 이들은 하나가 다른 하나의
몸속에 사는 운명의 짝들이다.

운명의 짝들 여럿이 연쇄적인 공생관계로 연결되는 경우도 있다.
나무를 먹고사는 흰개미, 흰개미 내장에 서식하는 단세포 미생물, 이
미생물에 붙어사는 편모세포 간의 관계가 그것이다. 나무를 먹고사는
흰개미는 자기 내장에 서식하는 작은 단세포 미생물에 의존해 나무를
소화시킨다. 미생물들이 나무를 작은 조각으로 분해하여 흰개미의 소
화를 돕는다. 그 대가로 흰개미는 이 미생물들에게 먹이를 제공한다.
이 미생물의 표면을 자세히 살펴보면 회초리 모양의 작은 편모들로 뒤
덮여 있다. 녹조류의 편모처럼 이 편모들도 미생물이 흰개미의 찐득찐
득한 창자 안을 이동할 수 있도록 프로펠러 역할을 한다. 좀더 자세히
살펴보면 또 다른 놀라운 사실이 발견된다. 이 미생물에 붙어 있는 편
모가 미생물을 이동시키면서 그 대가로 먹이를 받아먹는 단세포 유기
체라는 것이다.

이런 공생관계를 이타주의 혹은 이기주의로 설명할 수 있을까? 한
곤충이 꽃가루를 옮기는 것은 식물에게는 좋은 일이지만 곤충에게는

에너지가 소모되는 일이다. 이런 사실만 놓고 보면, 정의상 이 곤충은 이타적으로 행동한 것이다. 한 식물이 꿀벌에게 꿀을 준다고 할 때, 꿀을 만드는 일도 에너지가 필요한 일이다. 마찬가지로 이 사실만 보면 이 식물은 이타적으로 행동한 것이다.[33] 그러나 이 곤충과 식물은 그렇게 행동함으로써 혜택도 받는다. 그렇다면 이들의 행동은 이타적인 것일까, 이기적인 것일까? 이기주의를 가장한 이타주의일까? 아니면 이타주의를 가장한 이기주의는 아닐까? 이를 구별하는 것이 필요한 일도 아니고 도움도 되지 않는다. 하나의 운명과 다른 하나의 운명을 분리할 수 없기 때문이다. 이런 운명 공동체에서는 자아가 해를 입으면 타자가 위험해진다.

그러나 유전적으로 관계없는 '일부' 유기체들의 운명이 서로 얽힐 수는 있어도 '다른 많은' 유기체들의 경우는 자아와 타자가 누리는 혜택이 서로 다르며, 심지어 정반대일 수 있다고 주장할 수도 있다.[34] 예컨대 많은 유기체들은 살기 위해 서로를 해치고 죽인다는 것이다. 그러나 서로가 서로를 죽이는 유기체들조차도 자아와 타자, 이 둘의 결합된 운명에 대해 귀중한 사례를 제공한다.[35]

우리는 타자와 함께 살면서 타자로부터 먹이를 얻고 그 몸에서 번식까지 하는 기생충들을 잘 알고 있다. 얼핏 보면 기생충은 혜택만 얻고 숙주는 비용만 부담하는 것으로 보인다.

그러나 조심하자. 많은 기생충들은 우리가 보는 것과 다르다. 인간에게 심각한 질병을 일으키는 아주 작은 미생물인 선모충^{Trichinella spiralis}과 편모충^{Trypanosoma lewisi}의 사례를 보자. 이들은 생쥐도 전염시킨다. 그런데 이들은 생쥐에게 아주 이상한 영향을 미친다. 이들에게 전염된 일부 생쥐들은 전염되지 않은 생쥐들보다 더 살이 찌고 더 오래 산다. 오래 사는 생쥐들은 이들 미생물이 생산한 비타민 B¹ 같은 물질의 혜택을 얻는 것이 분명하다.

말라리아를 일으키는 원충류 미생물protozoan microbe은 또 다른 사례로 주목된다. 말라리아가 창궐하는 일부 지역에서 원충류 미생물에 전염된 사람들은 심장병의 주요 원인인 고혈압에 덜 시달린다. 가장 놀라운 사례는 게와 가재의 친척뻘쯤 되는 시모토아 엑시구아Cymothoa exigua라는 작은 등각류다. 이 기생충은 장미돔이라는 물고기의 입속으로 들어가서 물고기의 혀를 먹어치운다. 여기까지는 가장 혐오스러운 자연의 행위에 속한다고 볼 수 있다. 그런데 이 기생충은 혀를 먹어치운 후에도 아주 오랫동안 물고기의 입속에서 혀 역할을 하면서 물고기의 먹이잡이를 돕는다.

모든 기생충들이 숙주에게 혜택을 주는 것은 아니다. 그렇지 않은 기생충들도 많다. 하지만 숙주를 이용해먹는 정도가 아주 심한 경우에도 자신(기생충)이 타자(숙주)에게 혜택을 주는 경우도 적지 않다. 교미 중에 암컷이 수컷을 먹어치우는 사마귀처럼 자아와 타자가 서로를 맹렬히 공격하면서도 동시에 서로에게 봉사하는 경우도 많다. 숙주를 이용하기만 하는 기생생물의 경우에도 자아와 타자의 강한 유대가 둘을 결합시킨다. 예로, 한 나비 종의 애벌레 안에 알을 낳는 완벽한 기생생물인 말벌이 있다고 해보자. 어느 해에 이 말벌이 숙주 나비의 애벌레를 샅샅이 찾아내어 그 안에 모두 알을 낳았다고 해보자. 그래서 나비 군락 하나를 완전히 없애버리고 수많은 자손을 얻게 되었다. 여기까지만 보면 이는 완전히 자기만을 취한 행위다. 그런데 과연 그럴까? 이 듬해 이 말벌의 자손들은 어디에다 알을 낳아야 할까? 물론 알 낳을 곳이 전혀 없다. 숙주가 모두 사라지면 이 말벌의 자손들도 모두 사멸

해버린다. 이 말벌은 타자를 없앰으로써 자기마저 없애버린 것이다.[36]

　이런 상호파괴적인 상호작용이 자연에서 일어나고 있을까? 실제로 있다 해도 그런 사실을 알아내기 전에 자아와 타자가 모두 공멸해버릴 것이기 때문에 이런 사실을 알아내기란 쉽지 않다. 그러나 완벽한 상호파괴적인 상호작용이 실제로 자연에서 일어나고 있는가 하는 질문에 대해서는 어느 정도 답변이 가능하다. 그것은 기생생물이 어떻게 숙주를 변화시키는지를 관찰하면 된다.

　여기서는 전 세계적으로 유행했던 에이즈 사례가 가장 적합하다. 에이즈는 20세기 초 사하라 남쪽의 아프리카 지역에서 발생했다. 유인원에서 인간으로 전해진 바이러스가 그 원인이다.[37] 이 바이러스는 유인원에게는 전혀 해를 입히지 않지만 사람에게 전해지면 가히 치명적이다. 의학 문헌에는 숙주를 바꾼 기생생물이 새로운 숙주를 죽임으로써 숙주 군락을 파괴하는 엇비슷한 사례들이 많이 소개된다. 그런데 여기서 살아남은 숙주가 있다면 이 숙주와 기생생물은 여러 세대에 걸쳐 계속 상호작용을 하게 된다. 그리고 시간이 가면서 기생생물이 숙주에게 가하는 해가 줄어드는 경우도 많다. 기생생물이 숙주에게 주는 피해 중 일부는 불가피한 것일 수도 있다. 이런 피해는 자원을 취하려는 기생생물의 최소한의 필요이거나, 아니면 기생생물이 이동하는 데 따른 불가피한 부산물일 수도 있다. 예로, 설사는 숙주에게는 불쾌하고 종종은 위험하지만, 기생충에게는 한 내장에서 다른 내장으로 이동하는 (멋지다고는 할 수 없지만) 중요한 수단이기도 하다.

　기생충과 숙주의 운명이 시간이 갈수록 강하게 결속되는 사례는 실험실에서도 가끔 재현된다. 박테리아의 경우가 그렇다.[38] 인간에 기생하는 박테리아 자신도 기생충을 갖고 있다. 이 기생충이 박테리오파지

bacteriophage(박테리아 분해 바이러스, 살균 바이러스)다. 이들은 박테리아를 전염시키고 그 안에서 번식한 후 다시 다른 박테리아(해당 박테리아의 자손이나 전혀 새로운 박테리아)로 옮겨가 전염시킨다. 텍사스 주립대학교의 짐 불Jim Bull은 동일한 박테리아 군락 안에서 여러 세대에 걸쳐 박테리오파지를 증식시켰다. 그 결과 박테리오파지가 숙주 박테리아에 가하는 해는 갈수록 줄어들었으며, 이로 인해 박테리오파지가 있어도 박테리아들은 갈수록 더 빨리 성장했다. 여러 세대가 지나면 기생생물과 숙주는 운명을 공유하는 공동 운명체가 된다. 삶을 살아가면서 자아가 타자에게 가하는 해가 줄어들수록 이 둘은 더욱 잘 살게 된다. 둘의 운명이 결합되기 때문이다.[39]

숙주와 기생충의 결합

두 유기체의 운명이 얼마나 밀접하게 결합될 수 있을까? 지금까지 살펴본 가장 긴밀한 관계는 유전으로 이어진 관계다. 일반적으로 숙주와 기생충은 유전적 관련성이 없다. 그러나 이 둘이 유전적으로 관련되는 것은 물론, 서로 합쳐 하나가 되는 경우도 있다.

어떤 세포는 인간 세포를 포함한 다른 세포 안에서 산다. 그 대표 사례가 치명적인 눈병인 트라코마trachomas를 유발하는 클라미디아Chlamydiae와 티푸스typhus를 유발하는 리케차Rickettsiae이다. 이 기생생물들은 숙주인 인간 세포 안에서 분열하여 세포의 에너지와 영양분을 앗아간다. 리케차와 클라미디아는 숙주를 떠나서 살 수 없다. 이처럼 기생생물이 숙주에 전적으로 의존하게 되면, 숙주를 죽이는 것은 자살 행위나 다름없다. 따라서 운명이란 측면에서 볼 때 숙주에 전적으로 의존하는 기생생물은 다른 기생생물보다 숙주와 훨씬 더 밀접한 관계에 있다. 무화과말벌의 경우, 일정 기간만 숙주에서 살기 때문에 숙주와의 운명 관련성을 놓고 보면 리케차나 클라미디아보다 약하다고 할 수 있다.

리케차나 클라미디아를 뛰어넘는, 극히 밀접한 관계를 맺는 세포들도 있다. 가장 대표적인 것은 다세포 유기체가 나오기 전, 적어도 15억 년 전부터 관계를 맺기 시작한 두 개의 세포다.[40] 최초에 이 두 세포는 기생관계였으며, 운명 관련성에 있어 리케차나 클라미디아와 비슷한 수준이었다. 당시에는 하나의 작은 세포가 큰 세포 안에서 살기 시작했다. 작은 세포가 큰 세포의 영양분을 흡수하면서 큰 세포를 이용했거나, 아니면 큰 세포에게 이용당했거나 둘 중 하나다. 시간이 가면서 두 세포는 서로 의존했다. 둘 중 하나가 분열할 때마다 다른 세포도 분열할 필요가 있었다. 따라서 다른 세포를 죽이는 것은 결국 자기 자신을 죽이는 꼴이 되고 말았다. 두 세포의 상호작용은 오늘날까지도 계속되고 있지만, 그 상호작용은 더 이상 기생적인 것이 아니다. 그리고 이 상호작용은 지금 우리가 알고 있는 생명과 생명 진화의 열쇠가 되었다. 우리 같은 생명체의 각 세포에는 그보다 작은 세포에서 유래된 작은 구조가 있다. 그것이 바로 미토콘드리아다. 미토콘드리아는 지금까지도 세포의 특징들을 보여준다. 즉, 세포막이 있고, 자신만의 DNA를 갖고 있으며, 이 DNA로부터 자신의 단백질 중 일부를 만들어내고 있다.

우리의 운명과 우리 몸 안에 있는 미토콘드리아의 운명은 어떻게 연결될까? 첫째, 미토콘드리아는 우리 세포들이 필요로 하는 에너지를 만들어낸다. 미토콘드리아는 우리의 발전소가 되었고, 따라서 우리 세포의 필수적인 한 부분이 되었다. 그래서 미토콘드리아가 손상되면 심각한 병을 얻고 심지어 죽기까지 한다. 둘째, 미토콘드리아는 난자 세포를 통해 다음 세대로 전달된다. 미토콘드리아는 숙주세포를 결코 떠날 수 없다. 이들은 성장과 분열에 필요한 여러 기초 물질^{building block}을 주변 세포들로부터 얻는다. 셋째, 과거엔 미토콘드리아의 유전자였던 많은 유전자들이 주변 세포의 DNA를 구성하게 되었다. 따라서 원래는 미토콘드리아의 것이었으며 미토콘드리아를 만드는 데 필수적이었던 이 유전자들은 이제 더 이상 미토콘드리아의 것이 아니다. 세포가 이런 유전자를 가지고 미토콘드리아의 일부분을 만들면, 미토콘드리아는 세포로부터 그 부분들을 가져와야 한다. 이런 세 가지 관계를 통해, 우리의 세포와 미토콘드리아는 아주 강하게 결합되었다. 둘은 함께 유전되고, 서로의 생존에 필수적인 존재가 되었으며, 심지어 유전자까지 교환하게 되었다. 둘은 진정으로 하나가 된 것이다.

관계의 대가

이런 사례들은 유전적으로 관련 없는 유기체들, 심지어 서로 해를 끼치는 유기체들일지라도 운명적으로 서로 얽혀 있음을 보여준다. 관계가 밀접할수록 자아와 타자가 분리될 가능성은 적어진다. 그리고 자아와 타자가 하나가 될 때 이타주의와 이기주의를 분리해야 한다는 주장도 공허해진다.[41] 그러나 이런 사례를 염두에 두고 다음 질문을 해보자. 기생관계에서 협동이 보다 자주 일어나지 않는 이유는 뭘까? 기생충들이 독립적으로 살아가는 종보다 아마 몇 배는 많을 것이다. 도대체 왜 이렇게 기생이 만연하는 걸까?

'기생충'이란 개념은 인간의 집단 선택에 의해 만들어졌다. 우리 인간들은 "기생충이란 다른 유기체로부터 자원을 얻고 그 유기체와 가까이에서, 혹은 그 안에서 사는 생물이다"라는 개념에 합의했다. 하지만 폭넓은 시각에서 보면, 대부분의 생물은 '기생'한다. 육식동물은 그의 먹이가 되는 동물의 기생충이다. 초식동물은 그의 먹이가 되는 식물에 엄청난 해를 끼친다. 죽거나 썩어가는 생물에 의존해 살아가는 흙 속의 많은 유기체들(동물, 곰팡이, 박테리아)도 서로에게서 자원을 얻는다. 피상적으로 보면 가장 해를 끼치지 않는 삶을 살아가는 식물도 마찬가지다. 다른 식물에 그늘을 드리우는 식물은, 그늘 속의 식물에게 아무것도 보답하지 않고 생존에 필수적인 자원인 햇빛을 얻는 일종의 기생충이다. 모든 생물은 자원을 필요로 한다. 따라서 그 자원을 다른 생물로부터 얻거나, 다른 생물과 경쟁하여 혹은 다른 생물을 죽이고 그 자원을 얻는다. 따라서 모든 생물은 기생적이다. 한 유기체에게 좋은 것이 다른 유기체에게는 해가 되기 때문이다. 그러나 서로 치명적인 적들조차 궁극적으론 운명적으로 연계되어 있다. 바로 이것이 자아와 타자의 역설의 핵심이다.

이런 역설적 긴장이 있다는 것은 분명하지만, 왜 많은 유기체들이 불필요하게 다른 유기체들에게 해를 끼치는지는 아직도 분명치 않다. 기생충이 숙주에게 해를 입힘으로써 자신에게 해를 입힌다면, 왜 기생충들은 그런 사실을 알아채지 못할까? 타자에게 더 잘해주면 나에게도 더 좋을 수 있다. 그런데 왜 그렇게 하지 않는 걸까? 예로, 기생말벌이 숙주인 애벌레에 아주 적은 해만 끼쳐서 애벌레가 계속 생존, 번식하면 어떻게 될까? 그렇게 했다면 기생말벌은 자신과 타자에 똑같이 봉사하게 되었을 것이다. 그런데 왜 그렇게 하지 않을까?

표면적으로 보면 여기에는 타자에게 해를 끼칠 수 있는 방법만큼이나 많은 이유가 있다.[42] 기생충이 그저 최선의 이익을 못 보고 근시안적일 수도 있다(우리 인간도 다른 유기체를 근시안적이라고 비웃을 입장은 아니다).[43] 또 다른 기생충들은 그들의 미래를 제한하게 된 어떤 과거의 짐을 지고 있을 수도 있다. 숙주에 완전히 의존하게 된 결과 자아와 타자에게 최선이 될 수 있는 일을 할 능력을 잃게 된 경우가 그렇다.

그러나 이런 피상적인 이유들에 집착하다 보면 '기생으로 인한 피해는 새로운 혁신의 기회를 얻기 위해 지불하는 대가'라는 보다 보편적인 원칙이 가려질 수 있다. 그것은 다세포 유기체의 진화에서 정교한 사회(곤충 사회든, 인간 사회든)의 진화에 이르는 자아와 타자의 새로운 만남과 관계를 위해, 그리고 궁극적으로는 열린 세상이 나아가는 경로에 영향을 미칠 기회를 얻기 위해 지불하는 대가다.

죄수의 딜레마: 배신과 협력의 득실

자아–타자에 관한 생물학적 견해와는 다른 관점이 경제학과 사회심리학에서 나왔다. 이는 한 가지 중요한 점에서 생물학적 견해와 비슷하므로 살펴볼 필요가 있다. 그것은 자아와 타자가 별개의 존재지만 서로 결합된 존재로 본다는 것이다. 이런 경제학 및 사회심리학적 견해가 사람을 관찰 대상으로 제시된 것이긴 하지만, 암컷 이구아나들이 알 낳을 굴을 두고 다투는 행위에서부터 수컷 똥파리들이

한 무더기의 쇠똥을 떠나 다른 쇠똥, 그리고 궁극적으로는 암컷을 찾아 나서는 행위에 이르기까지 광범위한 동물 행동을 설명해준다.[44] 이 견해는 지구상에서 매일 수없이 전개되는 게임에서도 드러난다. 게임의 결과는 사람, 기업, 정부, 그리고 국가의 운명을 결정한다.

이런 게임의 본질을 다음과 같은 가상 사례에서 살펴보자. 당신과 친구가 함께 남의 집에 들어가 큰돈을 훔쳤다. 경찰은 두 사람을 유력한 용의자로 체포했지만 절도 증거가 없다는 것이 골칫거리였다. 둘이 범행을 부인하면 각각 징역 1년을(나+친구 형량=2년) 선고받을 터였다. 떨어진 독방에 갇혀 있는 두 사람에게 경찰은 서로 모르게 유혹적인 제안을 했다. 친구를 배신하고 자백한다면 당신은 석방시켜주고 공범 친구는 6년의 최고형을(나+친구 형량=6년) 받게 될 거라고 했다. 하지만 둘 다 범행을 자백할 경우 두 사람 모두 4년 형을(나+친구 형량=8년) 선고받을 터였다.

당신이라면 어떤 선택을 하겠는가? 이런 질문은 우리를 딜레마에 빠지게 한다. 당신은 범행을 자백할 수 있다. 당신 입장을 유리하게 꾸미며 모든 것은 친구가 주도한 일이고 당신은 그저 친구의 유혹으로 가담했다고 말할 수도 있다. 친구가 입을 다물어준다면 당신은 풀려날 것이다. 이는 가장 행복한 시나리오다. 하지만 이런 행운이 쉽게 오지는 않는다. 친구가 당신과 같은 생각으로 당신을 배신한다면 둘은 각기 4년을 살아야 한다. 게다가 내가 입을 다물었는데 친구가 당신을 배신한다면 나 홀로 6년 형을 살아야 하는 최악의 시나리오가 기다리고 있다. 그렇지만 둘 다 신의를 지켜 자백을 안 한다면 둘 다 가장 짧은 1년 형만 살면 된다.

이 상황을 '배신'과 '협력'이라는 키워드로 정리해보자. 둘이 협력

(당신과 친구의 협력을 말한다)하면 가벼운 1년 형을, 당신이 배신하고 공범이 협력하면 당신은 석방되고 공범은 6년 형을, 반대로 공범이 배신하고 당신이 협력하면 당신은 6년 형을 받고 공범은 석방된다. 둘 다 배신하면 둘 다 4년 형을 받게 된다.

이런 상황을 '죄수의 딜레마prisoner's dilemma'라고 한다. 나의 결정 결과가 타자의 결정에 달려 있지만, 내가 사전에 타자의 결정을 알 수 없는 상황에서 중대한 결정을 내려야 하기 때문에 딜레마가 아닐 수 없다. 두 사람이 상충되는 이해를 갖고 있지만, 상대방의 의도를 모르는 현실 상황에서 이런 일이 발생한다. 협력하면 두 당사자 모두 혜택을 보게 되지만(합계 2년 형), 하나가 상대방을 배신하면 둘 다 협력할 때보다 작은 혜택이긴 하지만 배신자는 혜택을 본다(합계 6년 형). 그리고 둘 다 협력하지 않으면 모두 최악의 결과를 맞게 된다(합계 8년 형).

이런 딜레마의 당사자가 꼭 사람만은 아니다. 기업, 군대, 정부 같은 조직도 당사자가 될 수 있다. 예로, 전쟁 일보 직전의 두 나라는 평화를 유지함으로써 혜택을 볼 수 있다. 그러나 한 국가가 선제 공격으로 다른 국가를 괴멸시키면 약간의 인명과 자원 피해가 있기는 하겠지만 훨씬 많은 것을 얻을 수 있다. 두 국가가 동시에 전쟁을 선포한다면 서로 파괴함으로써 둘 다 큰 피해를 보게 된다. 딜레마가 발생하는 이유는 한쪽이 다른 쪽의 계획과 자원을 모르기 때문이다. 군비 경쟁, 근로계약 협상, 의회 대립, 기업 협상 등 다른 많은 상황도 이런 게임의 견지에서 볼 수 있다. 그러나 여기에는 복잡한 요인들이 종종 있다.

첫째, 이 게임은 한 번이 아니라 여러 번 진행된다. 이혼 협상이든 군비 경쟁이든 협상에는 여러 단계가 있기 때문이다. 이 각각의 단계가 한 번의 게임이 된다. 그리고 두 당사자가 어떻게 협상을 했든 간에

게임이 끝나도 상대방(적)과의 갈등은 여전히 존재하는 게 보통이다. 분쟁 당사자들(국가, 경쟁하는 기업, 아이에 대한 공동 양육권을 가진 이혼 부부 등)은 아마도 계속 공존해야 할 것이다. 그들의 미래는 각 협상 단계에 달려 있다.

둘째, 각 게임은 게임 참가자의 미래와 협상의 미래에 모두 영향을 미친다. 여러분이 이전 게임에서 협력하지 않았다면, 다음 게임에서는 상대방이 배신할 수도 있다. 그러나 여러분이 이전 게임에서 협력했다면, 다음 게임에서 상대방이 협력할 수도 있다.

셋째, 협상은 시한이 없는 것이 보통이다. 수개월, 수년, 혹은 수십 년 걸릴 수도 있다. 예로 한 회사가 적자 상태라면 노사 간 임금 협상은 결론을 내지 못하고 지지부진하게 전개되는 매우 괴로운 과정이 될 것이다. 두 당사자의 이데올로기 노선이 서로 확연히 다를 경우 군축 협상 역시 무한정 진행될 수 있다. 보건, 시민 자유, 국방 지출 등 협상 쟁점이 뭐든지 간에 정당들의 입법 협상 역시 지난한 과정을 거친다.

사회심리학자들은 이런 게임 상황에서 사람들이 어떻게 행동하는지 관찰한다. 이들은 두 사람이 게임을 한 번이나 미리 정해진 횟수만큼, 혹은 게임 수를 알려주지 않고 게임을 하게 하는 실험을 설계하고 시행한다. 이들은 또한 어떤 한 전략이 다른 전략보다 우월한지, 그래서 게임 참가자들에게 전체적으로 보다 큰 혜택을 주는지 아닌지를 파악하려고 한다. 미시간 주립대학교의 로버트 액설로드Robert Axelrod 교수는 죄수의 딜레마 게임에서 최선의 전략이 무엇인지 알고자 했다. 그래서 그는 대부분이 게임 이론가인 다른 학자들에게 컴퓨터 토너먼트 게임에 참여해달라고 제안했다.[45]

액설로드는 각 참가자들에게 죄수의 딜레마 게임을 하기 전에 전략을 하나씩 제출하라고 요청했다. 어떤 전략은 "상대방이 어떤 행동을 하든 나는 협력하지 않을 것이다"(전략 1), 혹은 "상대방이 어떤 행동을 하든 나는 협력할 것이다"(전략 2)라는 식의 기계적인 규칙을 정했다. 어떤 전략은 "첫 게임에서는 협력한다, 그러나 상대방이 협력하지 않으면 나는 다음 게임에서 복수하기 위해 협력하지 않겠다, 반대로 상대방이 협력하면 나는 다음 게임에서 협력하겠다"(전략 3)와 같이 다소 복잡한 규칙을 적용했다. 액설로드는 이런 전략들을 컴퓨터로 돌려 각 전략들을 서로 대결시켰다. 그런 후 어떤 전략이 일반적으로 가장 성공적인지 분석했다. 즉, 전략들이 서로 대결했을 때 어떤 전략이 게임 참가자에게 가장 큰 혜택을 주는지 확인했다.

액설로드의 연구에서 얻은 교훈은, 게임 참가자들이 얼마나 많은 게임을 할지 모를 때보다 하게 될 게임 수를 알고 있을 때 더 많이 배신했다는 것이다. 그리고 게임을 단 한 번만 하게 될 경우 배반할 확률이 가장 높았다. 그러나 게임을 얼마나 많이 하게 될지 모를 경우엔 어땠을까? 이 경우 게임이 10번, 1,000번, 혹은 끝없이 진행될 수도 있다. 그래서 죽을 때에야 끝나는 평생의 게임이 될 수도 있다.

이런 상황에서 보편적으로 인정된 최선의 전략은 셋 중 마지막 전략(전략 3)이었다. 맞대응 전략, 혹은 상응행동전략tit-for-tat strategy이라고 불리는 이 전략은 "네가 한 게임에서 협력할 때마다 나는 다음 게임에서 협력해 보답할 것이고, 네가 한 게임에서 협력하지 않으면 나는 그에 대한 보복으로 다음 게임에서 협력하지 않겠다"는 전략이다.

이 상응행동전략은 게임 수를 정하지 않고 하는 게임에서 거의 모든 전략을 이기는 아주 우수한 전략이었다. 게임 참가자들이 언제나 협력하는 전략은 열악한 전략에 속했다. 이 전략은 배신하는 사악한

적에게 대응하기엔 매우 취약하다. 항상 배신하는 전략도 마찬가지로 열악한 전략이었다. 자기 발등을 찍는 전략이었고, 둘이 협력하면 더 많은 이익을 얻기 때문이다.

이런 것들이 자아와 타자에 대한 이야기와 어떤 관련이 있을까? 이 게임에서 자아와 타자는 서로 커뮤니케이션조차 할 수 없는 그들만의 세상에 갇힌 죄수이다. 만약 거대한 조직이나 국가들이 이런 게임을 한다면, 결정 뒤에 숨어 있는 사람들은 서로의 존재조차 모를 수 있다. 그러나 나의 모든 결정은 타자에게 큰 영향을 미치기 때문에 이들의 운명은 서로 결부되어 있다. 더 많은 게임을 할수록 그들의 관계도 더 길게 지속되고 관계의 진정성도 커진다. 단 한 번만 게임을 하게 될 상대방을 만났을 경우, 교활하고 적대적인 도박을 하면 보상을 받겠지만, 오랫동안 여러 번 게임을 하게 될 상대방에게 그런 행동을 하면 둘 모두에게 치명적이며, 둘 모두의 미래를 파괴하게 된다. 장기적인 관계에서 자아와 타자는 서로 배신하지 않고 협력하는 것이 좋다. 그것이 타자를 돕는 행동일 뿐일지라도 서로 보복함으로써 상황을 악화시키는 최악의 비극을 막는 길이다.

관계의 보편성: 자아와 타자는 분리될 수 없다

상응행동전략의 행동 원리를 '너를 위해 이렇게 한다. 그러니 너도 나를 위해 이렇게 하라'는 식의 위장된 이기주의로 볼 수도 있다. 하지만 한 참가자가 아닌, 양쪽 참가자들 간의 관계를 중시하는 시각에서 상응행동전략을 보자. 죄수의 딜레마 상황에서 과연 무엇이 두 당사자를 따로 분리해서 볼 수 있을까? 예로, 핵무기 경쟁을 하고 있는 두 적대 국가를 따로 분리해서 문제를 볼 수 있을까? 그 무엇이 이 두 국가의 운명보다 강하게 결부될 수 있을까? 핵미사일을 발사하는 쪽은 대학살을 유발하고, 세계를 방사능에 오염된 황무지로 만들며, 자국을 포함한 인류를 절멸시킬 위험을 무릅쓰는 것이다.

자아와 타자의 관계를 강조하는 시각이 전혀 새로운 것은 아니다. 다음 글을 이기주의를 주창하는 글이라고 비난할 사람은 거의 없을 것이다.

> 네가 싫어하는 것을 남에게 하지 말라. 이것은 모든 것을 초월하는 법이며, 나머지 법령은 모두 이 법의 해설서다.
>
> —탈무드

> 이것이 의무의 전부이니, 내게 고통스러운 것을 남에게 하지 말라.
>
> —마하바라타(고대 인도의 대서사시)

이 경구들은 광활한 지역을 여행해온 우리의 종착점이다. 우리는 여행하면서 다세포 유기체의 한 부분이 되기 위해 죽음을 무릅쓰는 세포들, 숙주에 붙어살면서도 숙주의 생존에 자신의 운명을 거는 기생충들, 상대를 위해 위험을 무릅쓰는(유전적 관련성이 있든 없든 간에) 유기체들, 그리고 전 세계적으로 영향을 미치는 결정으로 연결된 인간들을 만났다. 지금까지의 여행은 높은 곳을 날며 전체적인 윤곽만 본 것에 불과하다. 이번 장의 사례들도 지구라는 행성에서 생명이 시작된 후 존재하게 된 무수히 많은 자아와 타자의 관계들을 힐끗 살펴본 것에 불과하다. 이 각각의 관계에는 '자아와 타자가 관계를 맺을 때(둘이 아무리 분리되어 있다손 치더라도) 공동 운명이 형성된다'는 동일한 원리가 적용된다. 공동의 유전자들이 공동 운명을 책임지는 경우도 있지만 다른 많은 경우는 그렇지 않다.

인간 영역으로 갈수록 가능한 관계의 스펙트럼은 놀라울 정도로 넓어진다. 공동의 국적, 공동의 언어, 공동의 종교, 공동의 가치, 공동의 직업, 공동의 문화, 이 모든 것들이 (아니 이보다 더 많은 공동의 것들이) 인간의 운명을 하나로 묶는다. 어떤 사람은 회사, 국가, 종교 따위의 한 조직에 자신을 완전히 바친다. 또 어떤 사람은 어떤 비전을 위해 자신의 삶을 기꺼이 희생한다. 이들은 다른 사람의 기억, 가치, 행복 속에 계속 살아 있다면 그걸로 만족한다. 또 어떤 사람은 타인의 감정을 공감하는 삶을 중시하기도 한다(심리학자들에 따르면 '공감한다'는 것은 나와 타인의 관계를 형성하는 일이다).

타자와 관계 맺는 자아의 능력에 한계가 있을까? 나바호 인디언의 노래에 표현된 다음과 같은 관점을 한번 생각해보자.

산, 나는 그 산의 일부가 된다네…
풀과 전나무, 나는 그것의 일부가 된다네.
아침 안개, 구름, 강물, 나는 그것의 일부가 된다네.
들판, 이슬방울, 꽃가루…
나는 그것의 일부가 된다네.

자아와 타자의 관계를 형성하고 이를 인식하는 인간의 능력은 거의 무한하다.[46]

자아와 타자는 또한 분리된 존재다

　　이런 희망적인 생각에 함몰되지 않도록 이 원리(관계의 보편성 원리, 즉 모든 것이 관련되어 있다는 원리)가 보지 못하는 중요한 사각지대를 하나 지적하고자 한다. 그것은 이런 시각이 전체로서의 동전만 볼 뿐이지 동전의 두 면을 보지 못한다는 점이다. 다시 말해, 자아와 타자의 관계를 모든 것의 상위에 놓을 경우, 이는 자아와 타자 중 어느 한쪽만 강조하는 것만큼이나 한계가 있다.

　　모든 것이 관련되어 있다면 왜 자아와 타자라는 관념을 유지할까? 왜 세계는 서로 분리된 독립적인 대상들로 이루어져 있다는 관념을 버리지 않는 걸까? 그 이유가 방금 불과 몇 초 전에 떠올랐다. 나는 책상에 발가락을 심하게 부딪쳤는데 엄청 아팠다. 그런 고통스러운 경험은 자아와 타자가 서로 운명적으로 관련되어 있다 해도 동시에 완전히 분리된 존재라는 것을 생생하게 깨우쳐준다.

　　생명체들 간에 존재하는 무수한 파괴적 관계들은 이런 원칙을 잘 보여준다. 그런 관계들을 앞에서 살펴본 바 있으며, 뒤에서 또 보게 될 것이다. 이런 파괴적인 관계는 무수히 많다. 예로, 애벌레를 기어 다니는 도시락쯤으로 삼는 기생충들, 이기적으로 분열해서 숙주를 산 채로 먹어치우는 암 종양들, 동족을 지키기 위해 침을 쏘고 그 과정에 자기 내장을 뽑아내는 꿀벌들, 수백만 명의 목숨을 앗아가고 자신까지 파괴하는 페스트균 등이 포함된다. 인간은 어떤가? 모든 인간의 생명은 동물이든 식물이든 다른 생명을 죽이는 데서 유지되기 때문에 아무리 관계의 보편적 원리에 헌신하는 인간이라 해도, 인간 존재 자체가 갖는 파괴적인 관계에서 자유로울 수는 없다. 엄격히 말해, 우리가 산다는 것은 일종의 살생 행위다.

　인간의 파괴적 관계를 가장 잘 보여주는 예는 전쟁에 참여하는 나라들이다. 전쟁은 수백만 명을 죽이고 수세대 동안 이룩한 업적을 파괴한다. 이 견원지간은 결국 피에 굶주렸던 분노에서 고통스럽게 깨어나는데, 이때는 어떻게 해서 그런 분노가 터지게 되었는지도 모르는 경우가 많다. 흔치 않은 경우지만 과거의 짐이 정치적 분쟁을 지속시키는 경우도 있다. 20세기에 수십 년에 걸쳐 지속되었던 남한과 북한, 그리고 동독과 서독의 분쟁이 그 예다. 이러한 분쟁은 수많은 사람들을 비참한 지경으로 내몰았다. 이 분쟁 사례는 인간이야말로 자아와 타자가 관련되어 있다는 것을 무시하는 장본인이자, 자아와 타자에 대한 아주 근시안적인 견해를 가진 장본인일지도 모른다는 것을 보여준다. 우리의 논의선상에서 보면, 결국 이런 분쟁 사례는 자아와 타자는 아무리 밀접하게 관련되어 있다 해도 동전의 양면처럼 서로 완전히 분리되어 있음을 말해준다. 그렇다고 해서 우리가 오랫동안 생물학 사상을 지배했던 시각, 즉 자아를 타자 위에 놓는 시각을 계속 유지해야 한다는 건 아니다. 정말 어려운 과제는 이런 시각들의 균형을 유지하는 것, 그들 사이에서 적절한 시각을 택하는 것, 자아와 타자의 긴장을 받아들이는 것, 그리고 이 둘이 동일하지만 분리되어 있다는 역설을 받아들이는 것이다.

　다시 한 번 묻지만, 자아와 타자가 서로를 해치는 파괴적인 관계는 왜 존재하는 걸까? 그것은 창조의 기회를 얻기 위해 지불하는 대가다. 과거의 역사를 보면, 자아와 타자의 관계가 처음엔 아무리 보잘것없고 위험해 보여도 그 후 경이로운 창조로 진화하는 경우가 많았다. 15억 년 전 어떤 기생세포가 다른 세포의 일부분이 되어 에너지를 공급하지 않았다면, 수많은 다른 세포들이 생명을 포기하고 다세포 유기체의 일부분이 되지 않았다면, 우리가 수정란에서 인간으로 분화되는 동안 수십억 개의 다른 세포들이 생명을 포기하지 않았다면, 그리고 우리를 기르고 보살피고, 또 우리가 아는 모든 것을 가르치기 위해 부모들이 많은 것을 희생하지 않았다면, 우리 중 그 누구도 지금 여기에 존재할 수 없었을 것이다.

Chapter 3

부분과 전체의 패러독스

너희가 여기 내 형제 중 지극히 작은 자에게 한 것이 곧 내게 한 것이니라.
— 마태복음 25장 40절

헤엄치는 대장균 Escherichia coli 박테리아를 현미경으로 본 적이 있는가? 만약 보지 못했다면 꼭 한번 보기를 권한다. 아마 깊은 인상을 받을 것이다. 대장균은 주변의 죽어 있는 것들과는 그 모습부터가 다르다. 간신히 보일락 말락 한 점 모양에서 거대한 바위 모양에 이르기까지 환상적으로 살아 움직이는 섬 같다. 대장균은 한 방향으로 날쌔게 돌진하다 잠시 멈춘 후 어디로 갈지 결정하지 못한 듯 불규칙적으로 구르다가, 다시 날쌔게 돌진하고, 멈추고, 구르기를 반복한다. 대장균은 헤엄칠 때는 하나의 '전체'가 움직이지만 이 전체를 이루는 것은 수십억 개의 분자 '부분들'이다.[1] 분자 일부는 헤엄치는 데 절대적으로 필요하다.

대장균이 헤엄칠 때 전체와 부분 중 어느 것이 더 중요할까? 둘 중 하나는 그저 신기루에 불과할까? 부분은 전체에 영향을 미치지만, 전체도 부분을 형성할 수 있나? 이번 장에서는 헤엄치는 박테리아, 형태를 바꾸는 아메바, 그리고 육식성 해양 유기체 군집들이 부분과 전체의 관계를 보여줄 것이다.

부분과 전체가 어떻게 관련되는지에 관한 연구는 학술적인 문제만은 아니다. 이 문제의 답을 풀면 이 세계에서 우리의 위치를 선택하는 데 도움이 되고, 우리의 행위가 어떻게 이 세상을 만드는지도 볼 수 있다. 즉 부분과 전체의 관계를 알면, 우리 삶을 지배하는 것이 사회(보다 큰 전체)인지 아니면 우리의 유전자(보다 작은 부분)인지, 그리고 우리가 어느 정도나 삶을 통제할 수 있는지 파악하는 데 도움이 된다. 다음에 제시된 사례들은 몇 가지 일반 원칙들을 보여준다. 이 원칙들 중 영원한 하나의 원칙은, 부분과 전체의 관계에 관한 문제에 답하기 위해서는 '선택'을 해야 한다는 것이다.

생명은 무수한 ‘부분’으로 축조된 ‘전체’

1장에서 나는 세포들이 분자 메시지와 수용체 단백질을 통해 어떻게 대화하는지 소개했다. 수용체 단백질과 기타 단백질들은 전체와 부분을 연구하는 데 좋은 시발점이 된다.

단백질은 아미노산이라는 작은 기초물질로 구성되어 있다. 각 아미노산에는 우주선의 도킹 지점과 비슷한 두 부분이 있는데,[2] 이곳에서 다른 아미노산과 연결된다. 이렇게 연결된 두 개의 아미노산은 쇠사슬 고리처럼 단단하게 결합된다. 그리고 두 아미노산에 존재하는 나머지 도킹 지점에 제3의 아미노산이 붙고, 이 제3의 아미노산의 남은 도킹 지점에 또 다른 아미노산이 붙을 수 있다. 이런 식으로 수백 혹은 수천 개의 아미노산이 연결된 긴 체인이 만들어진다. 이 체인이 바로 단백질이다.

단백질에는 모양이 다른 20종류의 아미노산이 있다. 이 아미노산

체인은 비틀어지고 굽어질 수 있다. 또 매우 복잡하거나 기괴한 3차원 모양으로 접힐 수도 있다. 이런 유연성은 아미노산의 자체 특성에서 나온다. 쇠사슬 고리처럼 연결된 두 개의 아미노산이 굽어지고 비틀어질 수 있기 때문이다. 이러한 아미노산의 유연성과 3차원 형태는 단백질이 제 기능을 하는 데 필수적인 요소다. 예로, 수용체 단백질은 3차원 형태로 접혀야 전달된 분자 메시지를 읽을 수 있다.[3]

어떤 단백질은 공 모양으로 접히고 어떤 단백질은 막대 모양으로 접힌다. 통, 꽈배기, 주먹 모양으로 접히는 단백질도 있다. 그러나 단백질 모양과 관계없이, 일부 아미노산은 단백질 안에 숨어 있고 다른 많은 아미노산은 단백질의 표면을 형성한다. 단백질 표면의 모습은 20개의 아미노산 중 어떤 것이 표면에 나오느냐에 따라 크게 달라진다. 그러나 단백질 표면은 항상 촘촘하며, 깊고 낮은 계곡으로 분리된 높은 정상과 완만한 언덕 모양을 하고 있다. 표면 아미노산의 형태에 따라 단백질에는 울퉁불퉁한 윤곽이 형성되는데, 큰 윤곽 안에는 그보다 작은 윤곽들이 형성된다. 그 결과 단백질의 최종 모습은 매우 복잡한 형태를 띤다.[4] 살아 있는 모든 세포들 안에 수백만 개씩 들어 있는 이런 단백질 형태는 우리가 알다시피, 생명을 유지해주는 역할을 한다. 이런 형태들(즉, 단백질)은 분자 간 대화를 가능하게 하고, 화학반응을 촉진하며, 세포의 지지대 역할을 하고, 다른 분자들을 운반한다.

단백질에서 전체(단백질, 체인)와 부분(아미노산, 고리)의 관계는, 사회와 인간 같은 다른 행태의 전체와 부분의 관계보다 이해하기 쉽다. 그것은 '유연한 분자 고리'라 할 수 있는 부분(아미노산)들 간의 관계가 훨씬 단순하기 때문이다. 여기서 단백질 전체에 관한 중요한 질문 하나가 나올 수 있다. 이에 대한 답변은 부분과 전체의 관계를 이해하는 데 큰 도움이 된다. 이 질문은 단백질이 아닌 전체에 관한 질문이며, 생물학자들은 이 질문을 수십 년 동안, 철학자들은 수세기 동안 하지 못했다. 그 질문은 다음과 같다. "단백질의 기능은 어디에서 나오는가?(전체로서의 단백질에서 나오는가, 부분인 아미노산에서 나오는가?)" "단백질의 아미노산 중 어떤 것이 그런 기능을 책임지는가?" 하는 것이다.

특히 나는 모든 생명을 유지시키는 화학반응을 촉진하는 효소^{enzyme} 단백질을 대상으로 이 질문을 해본다. 유기체들은 성장을 촉진하고 먹이나 빛을 유용한 에너지로 바꾸는 분자 구조^{molecular brick}를 만들기 위해 효소를 이용한다. 한 개의 효소는 한 개 이상의 분자를 결합시키고 분자의 모양을 바꿈으로써 분자들 간의 화학반응을 촉진한다. 효소는 여러 분자들(즉, 부분들)을 결합, 분해, 재조직한다. 여기서 분자들은 단백질 자체보다 '훨씬' 작은 경우가 많고, 단백질 표면에 서로 연이어, 그리고 아주 나란히 붙어야 한다. 이 분자들이 붙는 위치는 (아미노산 표면에 의해 형태가 만들어진) 단백질 표면에 의해 결정된다. 이 분자들은 매우 작기 때문에 한 개나 몇 개의 핵심 아미노산에만 붙는다. 이 핵심 아미노산들은 표면을 맞추기 위해 서로 근처에 있어야 하긴 하지만, 아미노산 체인 상에서 서로 이웃한 채로 연결되어 있을 필요는 없다. 이를테면 모양이 다른 고리들로 연결된 쇠사슬 체인을 공 모양으로 감았다고 생각해보자. 그 체인의 어떤 두 고리가 체인을 편 상태에서는 서로 멀리 떨어진 것이라도 공 모양으로 감으면 표면에서 서로 인접할 수 있다. 우리의 분자들은 이런 식으로 인접한 몇 개의 표면 아미노산에만 붙는다.

표면 아미노산 몇 개의 형태와 위치가 작은 분자들의 결합 위치를 결정한다면, 이런 몇 개의 아미노산만이 단백질의 기능에 중요한 역할

을 하는 것일까? 이들이 우리 질문에 대한 답일까? 그런 것처럼 보인
다. 그러나 이 핵심 아미노산들이 어떻게 그들의 위치를 차지하게 된
걸까? 무엇이 이들의 위치를 정해서 다른 분자들의 위치를 결정하게
만든 것일까? 쇠사슬 체인을 말아 공 모양으로 만들었을 때, 표면을
형성하는 것은 그 체인의 작은 부분, 즉 몇 개의 고리뿐이다. 이는 단
백질의 경우도 마찬가지다. 대부분의 아미노산은 단백질 내부에 묻히
게 된다. 이런 내부 아미노산 중 어느 하나가 단백질 기능에 중요한 역
할을 하는 것은 아닐까? 표면의 아미노산만이 중요하기 때문에 그렇
지는 않은 것 같다. 그러나 공 모양의 체인을 펴서 고리를 한 개 빼낸
다음 나머지 고리를 이은 후 다시 공 모양으로 감았다고 해보자. 이전
공 모양의 체인에서 서로 인접했던 두 개의 표면 아미노산이 다시 인
접하게 될까?

분자생물학자들은 제거된 혹은 개조된 아미노산을 가지고 단백질
을 처리함으로써 이 질문에 답해왔다. 이런 식으로 단백질을 처리하면
단백질의 형태를 바꿀 수 있다. 다른 모양으로 접힐 수 있고, 두 개의
작은 분자들이 나란히 붙은 아미노산들이 서로 분리되거나 공 모양의
단백질 안으로 들어갈 수도 있다. 우리의 질문에 아주 직접적으로 답
한 것은 아니지만 어느 정도 답이 된 것 같다.

이런 점에서는 효소 단백질도 예외가 아니다. 효소에 관한 내용은
세포를 지탱하고 세포에 형태를 부여하는 단백질이면 모두 적용된다.
이런 많은 단백질들은 텐트를 지탱하는 폴대처럼 세포가 무너지지 않
도록 긴 막대 모양을 형성한다. 각 막대는 단백질 부분들로 이루어진
일종의 기둥이 된다. 이때 단백질 표면 대부분은 기둥의 벽돌처럼 다
른 벽돌들(즉, 다른 단백질 분자 구조)에 둘러싸이게 된다. 단지 한 개의

아미노산만 바꿔서 단백질 구조의 표면을 바꾸면, 단백질 기둥은 구부러지고 불안정해지거나 상태가 악화돼서 그 모양을 거의 유지하지 못한다. 그리고 단백질 내부의 한 아미노산을 바꾸면, 그 영향은 연쇄적으로 단백질 표면까지 미치게 된다. 그러면 단백질이 접히는 방식이 변하고 따라서 단백질 분자 구조의 표면이 일그러진다. 결국 전체가 하나의 분자 구조로 기능하는 데는 전체(단백질)를 이루고 있는 '모든' 부분들(모든 아미노산들)이 중요한 역할을 한다.[5]

따라서 단백질의 기능을 '개별' 아미노산으로 환원해 설명하는 것은 불가능하다. 그렇다면 우리는 모든 단백질의 전체적 형태만 중요하다고 생각해야 할 것이다. 벽돌이 직각 모양이면 된다고 한다면, 그 벽돌이 점토로 만들어졌는지, 콘크리트로 만들어졌는지, 아니면 플라스틱으로 만들어졌는지는 중요하지 않을 것이다. 효소의 경우, 이러한 가능성을 하나의 구체적인 질문으로 바꿔 물을 수도 있다. 즉, 단백질과 완전히 다른 분자들, 요컨대 (효소처럼) 완전히 다른 부분들을 가졌지만 다른 분자들의 반응을 촉진할 수 있는 모양이 비슷한 분자들이 존재할 수 있는가? 존재한다. 단백질 효소처럼 다른 분자들을 반응하게 하는 리보핵산RNA, 즉 리보자임ribozyme이 바로 그것이다.[6] 그러나 이들의 기초물질은 단백질의 아미노산과 매우 다르고 DNA의 디옥시뉴클레오티드deoxynucleotide 기초물질과 매우 유사한 리보뉴클레오티드ribonucleotide다.

이런 사례를 가지고 '부분은 잊어라, 중요한 것은 전체다. 중요한 것은 오직 전체적인 형태뿐이다'라는 시각을 선택할 수도 있다. 그러나 조심하자! 두 개의 다른 분자들을 반응하게 하는 한 개의 특별한 분자(단백질이든 RNA든)를 골라보자. 단지 하나의 구체적인 분자여야 한다. 그런 후 그것의 부분들을 바꿔라. 이는 전체를 바꾸는 것이고 따라서 전체의 기능을 바꾸는 것이다. 모든 구체적인 사물들을 봐도 전체는 그 부분들에 의존한다. 잠시 이 책에서 눈을 떼고 주변을 돌아보자. 세계를 구성하고 있는 구체적인 사물들을 볼 수 있을 것이다.

이런 논의를 계속해서 진행할 수도 있다. 그래서 단백질이나 다른 물질의 특성을 설명함에 있어 부분을 강조하는 시각과 전체를 강조하는 시각, 그 어느 시각이든 한쪽을 지지하는 주장을 쌓고 쌓고 또 쌓아 올릴 수 있다. 사실 어떤 전체와 부분(인간의 몸 vs 그 부분들, 또는 사회 vs 사회의 구성원들)의 관계를 설명할 때, 이런 일련의 주장들이 수백 년 동안 계속 되풀이되어왔다. 그러는 동안에도 부분이 더 중요한지, 전체가 더 중요한지에 대한 답은 명확히 제시되지 않았다.

거기에는 한 가지 이유가 있다. 부분 혹은 전체 중 하나가 우선해야 한다고 주장하면 우리가 앞에서 보았던 것과 같은 악순환의 함정, 즉 궁극적으로는 역설과 모순에 빠지기 때문이다. 따라서 부분이나 전체 중 하나를 우선시하기보다 부분과 전체가 같은 동전의 두 면이며, 완전히 분리되어 있지만 분리될 수 없다는 시각을 고려해야 한다. 전체를 바꾼다는 것은 그 전체의 부분들을 바꾼다는 것을 의미한다. 또 부분들을 바꾼다는 것은 전체를 바꾼다는 것을 의미한다. 전체와 부분은 이처럼 특별한 관계를 맺고 있으며, 이 특별한 관계를 설명하면 한 단백질의 기능이 어디에 있는지에 대한 결정적인 답은 없어진다. 즉, 부분이나 전체 중 어느 하나를 답으로 제시할 수 없는 것이다. 이런 시각을 선택하려면 부분 혹은 전체가 우선한다는 시각을 버리고 부분과 전체의 관계 속에 수반된 긴장과 함께 살아가야 한다. 이런 긴장은 두 정반대의 시각 중 하나를 선택함으로써만 해소될 수 있다. 그 선택이 아무리 제한적이고 궁극적으로는 틀렸다 해도 말이다. 이번 장의 사례들은 이런 부분과 전체의 긴장을 잘 보여줄 것이다.

부분은 전체를, 전체는 부분을 결정한다

우리는 흔히 다음과 같은 가정을 한다. '작은 부분들은 큰 부분보다 전체와 덜 관련된다', '가장 작은 부분들은 전체를 형성하는 데 있어 큰 부분들과 동등한 파트너가 될 수 없다', '가장 작은 부분들은 결코 동전의 또 다른 한 면이 아니다'.[7] 예로, 한 가족 혹은 공동체의 일원인 한 사람은 전체에 쉽게 영향을 미칠 수 있지만, 이 사람 몸 안에 있는 세포는 어떨까? 혹은 그 세포 안에 있는 단백질은 어떨까? 이들도 전체인 공동체에 영향을 미칠까?

이러한 문제를 탐구하기 위해 나는 앞의 효소 사례에서 효소를 가장 작은 부분들로 분해했다. 전체, 즉 하나의 단백질이 효소와 효소에 의해 결합된 A와 B라는 작은 두 분자로 이루어져 있다고 해보자. 이 전체의 변화가 A와 B의 화학반응에 어떤 영향을 미칠까? 분자 A와 B 그리고 단백질의 아미노산 부분들은 그보다 훨씬 작은 부분들, 즉 질소, 산소, 탄소 같은 원자들로 이루어져 있다. 한 아미노산의 특징들(형태, 전하, 그리고 다른 아미노산과 연결되는 능력)은 이런 원자 부분들에 의해 결정된다. 따라서 분자 A와 B의 특성들도 이런 원자 부분들에 의해 결정된다. 한편, 이런 원자 부분들도 원자의 핵을 형성하는 양성자와 중성자 그리고 원자의 껍질을 형성하는 전자 같은 소립자 부분들을 가지고 있다. 양성자, 중성자, 그리고 전자의 수는 원자의 질량, 크기, 안정성 그리고 원자가 형성할 수 있는 화학적 결합 같은 원자의 특성을 결정한다.

나는 앞에서 한 아미노산 띠를 이루는 부분들을 제거하면 단백질의 형태가 바뀐다고 말한 바 있다. 그러나 한 개의 아미노산만 변화시키는 식의 아주 작은 변화(아미노산을 이루는 원자 중 하나를 변화시키는 방식)를 주면 어떻게 될까? 이런 변화도 전체에 똑같이 영향을 미칠까? 그렇다. 그 근본적인 이유는 아미노산에서부터 가장 작은 원자에 이르기까지, 한 단백질을 이루는 모든 부분들은 형태를 갖고 있기 때문이다. 따라서 아미노산의 한 부분을 더 큰 부분으로 바꾸면 아미노산 형태가 커지고, 그러면 단백질이 다른 모양으로 접히게 된다. 그리고 아미노산의 한 부분을 보다 작은 부분으로 바꾸면 아미노산에 공간이 생겨 아미노산이 그 안으로 밀려들어가 형태가 작아진다. 그러면 단백질의 표면이 변하고 그에 따라 단백질은 보다 작은 형태로 접히게 된다. 비슷한 주장이 분자 A와 B의 경우에도 적용된다. A와 B 중 하나에 변화가 생기면 이들이 단백질 표면과 이루고 있던 조화가 파괴되고, 따라서 이들을 결합하는 단백질의 능력도 파괴된다.

개별 원자의 구성 요소인 전자, 양성자, 중성자에서 발생하는 가장 작은 변화들도 예외는 아니다. 전자 혹은 양성자는 음전하와 양전하를 갖고 있다. 이런 소립자들을 변화시키는 것은 (최소한) 원자의 전하를 변화시키는 것이다. 이런 변화는 큰 영향을 미칠 수 있다. 그런 변화가 있은 후, 이전에는 양전하를 가진 작은 분자를 끌어당겼던 효소가 이제는 이 분자를 밀어내고 화학반응을 막을 수 있는 것이다.

그러나 중성자는 전하가 없다. 그러므로 위의 주장은 중성자에는 적용되지 않는다. 원자에 중성자를 붙이거나 제거하면 그 원자와는 다른 질량을 가진 그 원자의 동위원소^{isotope}가 나온다. 이 동위원소가 한 분자 속으로 들어가면, 그 분자는 미세하게 질량이 변한다(효소 같은 큰 분자의 경우에는 100만 분의 1보다도 작은 정도로).

이런 작은 질량의 변화도 큰 차이를 만들어낼 수 있다. 이런 차이는 두 개의 분자 A와 B를 결합시키는 우리의 효소 단백질 사례에서 가장 잘 확인할 수 있다. 이 효소가 두 형태의 A 중 하나를 선택할 수 있다고 해보자. 이 두 형태의 A 중 하나는 그 안에 있는 한 원자가 무거운 동위원소를 갖고 있어서 다른 것보다 무겁다. 여기서 A와 B를 결합시키는 반응은 문틀에 문을 끼우는 과정과 유사하다. 여러분들도 문틀에 문을 끼워본 적이 있을 것이다. 문틀에 문을 끼우기 위해서는 먼저 힘들게 문을 들어 올린 후 그것을 조심스럽게 내려 문틀에 끼워야 한다. 그러기 위해서는 에너지가 필요하다. A와 B를 결합시키는 것도 마찬가지다. 만약 두 형태의 A 중 선택한 A가 중성자 한 개의 무게만큼이라도 더 무거운 것이라면, 단백질은 A와 B를 결합하는 데 더 많은 에너지를(문틀에 더 무거운 문을 끼울 때와 마찬가지로) 필요로 한다. 그리고 무거운 A와 B를 결합하는 데 충분한 에너지가 없는 경우도 있다. 이 경우, 만약 이 단백질이 가벼운 동위원소 A와 B는 결합시킬 정도의 에너지가 있다면, 이 단백질은 무거운 동위원소 A는 건드리지 않고 놔둔다.

바로 이것이 동위원소 분별^{isotope fractionation}('동위원소 분류'라고도 한다)이라는 현상의 한 예다. 즉, 둘 사이에 아주 미세한 질량의 차이밖에 없다 해도, 효소는 다른 동위원소보다 어떤 한 동위원소를 더 선호한다.[8] 동위원소 분별은 생명체의 조직 구성에도 영향을 미친다. 이런 조직을 만드는 효소가 조직의 기초물질로서 어떤 특정한 동위원소들을 더 선호하기 때문이다. 요컨대, 중성자같이 작은 분자의 한 부분들에 변화가 발생하면 전체 유기체의 원자 구성에 영향을 미칠 수 있다. 이 사례는 다른 수많은 경우에도 적용된다. 연속된 체인에서는 원자에서부터 유기체까지 그리고 그보다 훨씬 큰 전체까지 가장 작은 부분들이 가장 큰 전체와 연결되어 있다. 이로써 우리가 생각할 수 있는 가장 작은 부분들도 전체에 영향을 미칠 수 있다.[9]

반대로, 전체도 가장 작은 부분에까지 영향을 미칠 수 있다. 예로, 단백질은 다른 분자들을 변형시킬 뿐만 아니라 스스로 변할 수 있다. 어떤 단백질은 자신의 아미노산 중 하나에 몇 개의 원자들을 더 붙이고, 어떤 단백질은 자신을 조각내서 스스로 파괴하기도 한다. 우리가 제대로 인식하지 못하지만 우리 일상사에도 분명 이런 일(전체가 가장 작은 부분에까지 영향을 미치는 일)이 벌어진다. 예컨대, 정부는 여러분에게 세금을 내라고 한다. 여러분은 원하지 않지만 어쩔 수 없이 군대에 가기도 한다. 또 회사 규정 때문에 여러분은 매일 아침 정시에 출근한다. 이처럼 모든 종류의 사회 규칙은 여러분에게 어떤 특정한 행동(다른 문화나 다른 행성에서 온 이방인은 이해할 수 없는 행동)을 하게 한다. 전체로서의 사회가 부분으로서의 여러분에게 영향을 미치는 것이다.

부분과 전체의 상호성

이 모든 것이 의미하는 바는 부분과 전체의 관계는 동전의 양면처럼 상호적이라는 것이다. 부분과 전체는 분리되어 있지만 분리될 수 없으며 안정, 파괴, 창조의 과정에 동등한 파트너가 된다. 이러한 부분과 전체의 상호관계(서로가 서로를 형성하는 관계)는 효소 단백질이나 인간사회뿐 아니라 모든 전체와 부분에 적용된다. 극히 서로 다른 대상들도 이런 관계에 있다.

가장 극적인 사례는 물리학에서 찾아볼 수 있다.[10] 이 사례는 한 입자물리학자와 그의 도구(즉, 전체), 그리고 실험 대상인 가장 작은 입자(즉, 부분)들 간의 관계에 관한 것이다. 입자물리학의 한 분야인 양자역학의 기본 견해는 매우 작은 것(세계를 구성하는 기본 입자)들은 이중적인 성격을 갖고 있다는 점이다. 이 기본 입자(소립자)들은 실험자, 즉 도구를 가진 물리학자가 그것에 대해 어떤 질문을 던지느냐에 따라 파동 혹은 입자로 보일 수 있다. 이런 의미에서 전체(물리학자와 그의 도구)는 세상에서 가장 작은 것(소립자)의 성격에 영향을 미칠 수 있다. 반대로, 그런 실험에서 입자가 어떻게 움직이느냐 하는 것도 전체에 영향을 미친다. 입자는 도구의 상태, 그 물리학자의 뇌 속에서 교차하는 온갖 커뮤니케이션, 그리고 아마도 세상에 대한 물리학자의 시각에 (그리고 다른 과학자들의 시각에도) 영향을 미친다.[11]

무엇이 박테리아를 헤엄치게 하는가?

이제 생명체 전체의 영역으로 들어가보자. 생명체가 무엇인지 설명하기란 쉽지 않다. 하지만 생명체를 인식하는 방법은, 현미경 속에서 재빠르게 움직이는 박테리아만 봐도 아주 분명하다. 박테리아의 열정적인 움직임이 어떤 목적인지는 아직도 분명하지 않다. 헤엄치는 박테리아를 보면 한 영리한 작은 유기체가 생각난다기보다 잃어버린 열쇠나 안경을 찾으러 사무실을 이리저리 헤매고 다니는 나의 어수선한 모습이 떠오른다. 하지만 박테리아의 수영에는 나의 오락가락하는 동선이 아닌 일정한 양식이 있다. 박테리아를 그렇게 움직이게 하는 것은 무엇일까? 이에 대한 답은 전체와 부분의 관계에 대해 많은 것을 말해준다.[12]

대장균 박테리아와 그 외의 많은 박테리아들은 가는 곱슬머리나 와인따개처럼 생긴 편모로 헤엄을 친다.[13] 이 편모를 현미경으로 보면 세포당 10개까지 붙어 있는 뻣뻣한 단백질 막대다. 이 편모들은 배의 프로펠러처럼 아주 빠르게 회전하면서 박테리아가 물속을 헤엄쳐 가도록 이끌어준다. 그러나 박테리아의 가장 중요한 이동이 앞으로 나가는 것이라 해도 그게 이동의 전부는 아니다. 화살처럼 오직 앞으로만 가는 차를 상상해보라. 이 차는 다음 커브 길에서는 더 이상 이동하지 못할 것이다. 그리고 사실 차는 운전이 되지만, 놀랍게도 박테리아는 운전이 되지 않는다. 박테리아는 오직 앞으로만 간다. 그렇다면 이들은 어느 곳으로 가게 되는 걸까?

대장균 박테리아의 편모는 시계방향과 시계반대방향으로 회전한다. 이중 시계반대방향으로 회전하는 경우에만 박테리아가 앞으로 간다. 시계반대방향으로 회전할 때, 세포의 모든 편모는 한 방향으로 도열해서 다 같이 세포를 앞으로 나가게 한다. 편모가 시계방향으로 회전하면 이와 정반대 방향, 즉 세포를 뒤로 이동시키는 것 아니냐고 생각할지 모르지만, 그렇지 않다! 편모가 시계방향으로 회전하면 박테리아는 완전히 다른 식의 움직임을 보인다. 즉, 편모가 시계방향으로 회전하면, 박테리아는 어디로 갈지 방향을 정하지 못한 것처럼 불규칙적으로 구른다. 그러다 적당한 곳에 멈춘 후, 반복해서 다시 불규칙적으로 구른다. 이때 편모는 한 방향이 아니라 여러 방향으로 향해 있으며, 각각의 편모가 각각의 방향으로 밀기 때문에 박테리아는 앞으로 나가지 못하고 구르기만 한다.

그런데 헤엄치는 박테리아는 시계방향 편모 회전과 시계반대방향 편모 회전 사이를 빠르게 오간다. 편모가 시계반대방향으로 회전할 때는 곧장 앞으로 나간다. 그런 후 편모는 잠시 멈췄다가 이번엔 시계방향으로 회전하기 시작한다. 그러면 박테리아는 구른다. 그러다 편모가 다시 회전방향을 바꾸면 박테리아는 다시 앞으로 나간다. 그러나 불규칙적으로 구른 탓에 다시 전진하는 방향은 완전히 무작위적이 되고, 따라서 박테리아는 그전과는 전혀 다른 방향으로 움직이게 된다. 대부분의 박테리아는 '적당한 곳에서 구르기와 앞으로 가기'라는 두 가지 이동 방법만 알고 있다. 이건 무작정 앞으로 가는 것보다 한 단계 높은 수준임에 분명하다. 그러나 이것만 가지고는 박테리아가 어디를 어떻게 가는지 밝히기 어렵다. 따라서 우리가 놓치고 있는 정보를 찾기 위해서는 먼저, 박테리아가 움직이는 이유를 찾아야 한다.

박테리아는 성장과 분열을 위해 에너지와 에너지물질을 공급할 먹이가 필요하다. 대부분의 박테리아는 우리가 먹는 것보다 훨씬 단순한 먹이로도 생존할 수 있다. 이들의 먹이는 자당sucrose 같은 설탕, 글리세롤glycerol 같은 알코올, 혹은 구연산citric acid 같은 산acid처럼 단지 몇 종류의 분자로만 구성되어 있는 것들이다. 그러나 일단 박테리아가 잠시 한 장소에 머물면, 그곳에서 모든 먹이를 소비한 후 다시 먹이를 찾아 나서야 한다. 박테리아는 주변에서 먹이를 찾는 일에 매우 뛰어나다. 우리가 멀리 떨어진 부엌에서 풍기는 음식 냄새를 맡을 수 있는 것처럼, 박테리아는 한 곳에 머물러 쉬면서도 주변으로 흘러가는 몇몇 먹이분자를 탐지해낼 수 있다.

여러분이 한밤중에 잔뜩 굶주린 상태에서 인가라고는 전혀 없는 광활한 사막 한가운데에 떨어져 있다고 해보자. 그때 희미하지만 어디선가 풍겨오는 맛있는 음식 냄새를 맡았다. 누군가가 모닥불에 고기를 굽고 있는 게 분명하다. 그러나 소리도 불빛도 보이지 않고 바람도 모닥불 위치를 찾는 데 아무런 도움이 되지 않는다. 이 순간 여러분의 눈과 귀는 아무 쓸모가 없다(박테리아는 눈과 귀가 없다). 이럴 때 여러분은 어떻게 하겠는가? 아마도 음식 냄새가 더 강하게 나는 방향을 찾으려 할 것이다. 단서가 부족한 상태에서 여러분은 한 방향으로 움직이기 시작할 것이다. 음식 냄새가 더 강해지면 계속 그쪽으로 갈 것이고, 음식 냄새가 약해지면 방향을 바꿀 것이다.

박테리아도 정확히 이런 식으로 움직인다. 먹이 냄새를 맡으면 박테리아는 그 즉시 움직이기 시작한다. 아무 방향이나 곧장 일직선으로 나간다. 이때 가능성은 두 개다. 정확한 방향으로 가서 먹이에 접근하거나, 엉뚱한 방향으로 가서 먹이로부터 멀어지거나 둘 중 하나다. 냄새가 강해지면 그 방향이 옳은 것이고, 그러면 박테리아는 계속 일직선으로 간다. 반대로 먹이 냄새가 약해지면 그 방향은 틀린 것이다. 그러나 박테리아는 틀린 방향에서 벗어나기 위해 간단히 자신을 조종할 수 없다. 이때 박테리아는 편모 회전방향을 시계방향으로 바꿔 구르기 시작하면서 아무 곳으로 방향을 바꾼 후, 다시 편모 회전방향을 시계반대방향으로 바꿔 앞으로 나간다. 이렇게 해서 바뀐 방향은 그 전 방향과는 전혀 다른 방향이 될 수 있고, 옳은 방향이 될 수도 있다. 그러면 박테리아는 계속 그 방향으로 나간다. 바뀐 방향이 또다시 틀린 방향이 될 수도 있다. 이 경우 박테리아는 구르고 다시 앞으로 나가기를

반복한다. 그래서 마침내 먹이를 찾는다.[14]

이런 식으로 먹이를 찾는 것은 무척 비효율적으로 보인다. 그러나 다른 힌트가 없는 상황이라면, 인간도 이와 비슷하게 움직일 것이다. 다른 힌트가 없는 상황에서는 이 방법만이 가능한 유일한 방법이다. 사막에서 길을 잃었다면 여러분이 할 일은 네 방향 중 하나를 택하고 다시 방향을 바꾸는 일 정도지만, 헤엄치는 박테리아는 스스로 원하는 방향으로 바꿀 수 없기 때문에 훨씬 더 복잡한 작업을 수행해야 한다.

생존을 위한 박테리아의 수영은 (우리가 알고 있는) 박테리아의 가장 단순한 의도적 행동 중 하나다.[15] 박테리아의 이런 행동을 (생명체의 모든 의도적인 행동에 대한) 하나의 은유로 활용할 수 있다. 의도적인 행동은 모든 생명체의 특징이다. 내가 말하는 모든 의도적인 행동이란 먹이, 짝, 피난처, 일을 찾는 것에서부터 군축 협상, 회사 설립, 선거 출마 같은 매우 복잡한 행동에 이르기까지 모든 것을 포함한다. 모든 의도적인 행동에는 목적이 있고, 이 목적을 달성하기 위해서는 선택을 해야 한다.[16] 이런 공통점을 염두에 두고 다음과 같은 질문을 해보자. 박테리아가 헤엄치는 방향을 바꾸기로 '선택'했다면, 박테리아의 어떤 부분이 그런 선택을 책임진 걸까? 박테리아에 다른 부분보다 더 중요한 그런 부분이 과연 있을까? 이 질문에 답하기 위해서는 박테리아의 수영을 좀더 자세히 살펴봐야 한다.

자신의 목적을 향해 헤엄치는 분자들

대장균 박테리아의 편모는 단백질 분자들로 이루어진 정

교한 장치인 분자모터molecular motor에 의해 구동된다. 이 분자모터는 전기모터와 매우 흡사하게 고정자와 회전자로 이루어져 있다. 고정자는 편모를 세포벽에 매달아 고정시키며, 회전자는 그 편모를 회전시킨다. 이 분자모터는 대단히 인상적이다. 이 모터는 세포를 1초에 세포 길이 10배까지 앞으로 밀고 나간다. 커다란 편모에 비해 작지만 아주 효율적이고 강력해서 회전 rpm은 15,000에 이르고, 반 회전하기도 전에 본능적으로 회전방향을 바꿀 수 있다.

이 분자모터가 언제, 어떻게 방향을 바꾸는지 살펴보기 위해서는 박테리아가 먹이분자를 어떻게 탐색하는지 알아야 한다. 박테리아는 먹이분자를 둘러싼 세포벽 안의 단백질 수용체를 통해 먹이분자를 탐색한다. 탐색 원칙은 앞서 살펴본 수용체와 분자 메시지의 화학적 대화와 매우 유사하다. 먹이분자가 박테리아 옆을 흘러가다 박테리아 세포의 수용체와 부딪히면 그곳에 달라붙고, 그러면 수용체의 형태가 변한다(그리고 잠시 후 먹이분자는 다시 떠내려갈 수 있고, 그러면 수용체는 원래 형태로 돌아간다). 한 박테리아의 세포벽에는 먹이분자를 기다리는 수천 개의 수용체들이 있다. 박테리아 세포가 먹이 있는 곳에 접근하면, 더 많은 먹이분자들이 이들 수용체에 부딪히고, 그러면 더 많은 수용체들의 형태가 변한다. 박테리아 세포가 먹이로부터 멀어지면 정반대 현상이 벌어진다. 즉, 먹이에서 멀어질수록 더 많은 수용체들이 원래 형태로 돌아온다.

수용체들의 형태가 변할 때 무슨 일이 벌어질까? 우리가 앞서 살펴본 사례처럼, 세포 내부의 단백질이 이런 형태 변화를 탐지한다. 이 단백질을 CheA라고 부른다.[17] CheA가 변화된 수용체에 맞는 표면을 가졌다고 생각해보자. 그러면 이 단백질은 이런 변화를 알아채고 그에 맞춰 자신의 형태를 변화시킨다. 먹이분자가 없는 상태에서 CheA는 특별한 종류의 효소 단백질이다. 그것은 두 작은 분자들이 반응하지 않게 하는 대신 작은 분자 하나(인산염 phosphate)를 CheY라고 하는 다른 단백질에 붙이기 때문이다. 그렇게 인산염이 붙은 CheY를 변형 CheY 단백질, 혹은 CheY-P 단백질이라고 부를 수 있다(여기서 P는 인산염을 뜻한다).

그런데 수용체가 먹이와 만난 것에 반응하여 CheA의 형태가 변하면, CheA는 더 이상 CheY를 CheY-P로 변형시킬 수 없다. 이것은 매우 중요한 일인데, 그것은 CheY-P가 먹이에서 박테리아의 수영으로 이어지는 행동 체인에서 굉장히 중대한 고리 역할을 하기 때문이다. CheY-P는 세포를 통해 자유롭게 유영하다가 가끔씩 편모를 구동시키는 분자모터와 부딪히는데, 이때 분자모터에 특별한 영향을 미친다. 분자모터가 시계반대방향으로 회전해 박테리아를 앞으로 나가게 하고 있으면, CheY-P는 분자모터의 회전방향을 시계방향으로 전환시켜 박테리아를 구르게 만든다. 이것을 CheY-P가 분자모터의 방향 전환 레버 형태와 정확히 일치하는 형태 변화의 견지에서 생각할 수 있다. 요컨대, CheY-P가 분자모터의 방향 전환 레버와 부딪힐 때, 그 레버는 반대방향으로 전환된다. 그런데 CheA의 형태가 변하면 CheY를 CheY-P로 변형시키지 못하기 때문에 레버 전환이 멈추고, 박테리아는 기존 방향으로 계속 진행한다.

박테리아가 먹이가 있는 곳을 향해 헤엄친다면, 갈수록 많은 먹이분자가 세포벽에 도달하고, 그러면 더욱 많은 수용체의 형태가 변하며, 그에 따라 세포 내부에서 점점 더 많은 수의 CheA 단백질이 그 형태를 바꾼다. 그리고 CheA가 그 형태를 바꾸면 (편모가 회전방향을 바꿔 박테리아를 구르게 만드는) CheY-P가 만들어지지 않기 때문에 편모의 분자모터는 방향을 바꾸지 않는다.[18] 따라서 박테리아는 계속해서 먹이를 향해 곧장 나아간다. 반대로 박테리아가 틀린 방향으로 헤엄치고 있으면, 형태가 변하는 수용체가 점점 적어지고, 그러면 CheA 단백질이 자유롭게 CheY-P를 만든다. 그 결과 갈수록 더 많은 CheY-P가 분자모터의 방향 전환 레버에 부딪히고, 그러면 분자모터는 반대로 돌고 따라서 세포는 구르기 시작한다. 그러다 잠시 후 CheY-P 분자가 분자모터에서 떨어지면, 분자모터는 회전방향을 바꿔 세포를 앞으로 헤엄치게 한다. 충돌하는 수많은 분자들(먹이, 수용체, CheA, CheY, 분자모터)의 이런 식의 '형태의 대화'는 거의 동시에, 즉 아주 빠르게 발생하기 때문에 박테리아는 초당 여러 번 방향을 바꿀 수 있다.

내가 앞서 말한 부분과 전체에 관한 모든 내용도 이와 마찬가지다. 어떤 부분과 전체를 택하든 이들은 동전의 양면과 같아서, 완전히 분리되었지만 분리될 수 없다. 부분과 전체는 서로에게 영향을 미친다. 세포 안의 CheY-P의 양은 박테리아의 진행 방향에 영향을 미친다(이 행동 체인의 다른 모든 부분들도 마찬가지로 이에 영향을 미친다). 반대로 박테리아의 진행 방향이 옳은지 틀린지 하는 것도 세포 안의 CheY-P의 양에 영향을 미친다.

여기서 '박테리아를 움직이는 것은 무엇인가?'라는 핵심 질문으로 다시 돌아가보자. 보다 정확히, 박테리아의 방향을 바꾸는 것은 무엇인가? 위의 설명에 따라 CheY-P가 박테리아의 방향 전환에 가장 핵심적인 부분이라고 주장할 수 있다. CheY-P가 분자모터에 부딪혀야만 박테리아가 구르기 때문이다. 그런데 CheA는 어떤가? 결국 CheY-P를 만드는 것은 CheA 아닌가?(물론 CheA가 직접 방향을 바꾸는 것은 아니다) 또 수용체가 핵심적인 부분임에 틀림없다고 주장할 수도 있다. 수용체가 형태를 바꾸지 않으면 CheA가 CheY-P를 만들지 못하기 때문이다. 그러나 먹이분자도 잊어서는 안 된다. 먹이분자가 수용체에 부딪히지 않으면, 아무런 일도 일어나지 않기 때문이다. 마지막으로 분자모터가 있다. 분자모터가 없다면 박테리아는 계속 한 방향으로만 갈 것이다.

이런 대답들은 각 부분에만 초점을 맞춘 것이다. 그러나 또 다른 답변들도 가능하다. 예로, 이런 모든 분자들이 함께, 요컨대 전체로서의 박테리아가 방향을 바꾸는 것이라고 주장할 수도 있다. 혹은 박테리아라는 전체보다 훨씬 큰 전체에 주목할 수도 있다. 가령, 우리의 박테리아가 먹이가 있는 곳을 발견하기 전에 다른 박테리아들이 먼저 그것을 발견했다고 해보자. 우리의 박테리아가 먹이를 향해 더듬더듬 나가는 동안 먼저 먹이를 발견한 다른 박테리아들이 먹이를 다 먹어치울 수 있다. 결국 우리의 박테리아가 먹이가 있던 곳에 접근할수록 먹이 냄새는 약해지고, 따라서 우리의 박테리아는 다른 곳으로 방향을 바꾼다. 이 경우 우리는 다른 박테리아들이 우리 박테리아의 방향을 바꿨다고 할 수 있다. 마지막으로, 여러분이 박테리아를 움직이게 하는 게 무엇인지 연구하는 과학자라고 해보자. 이때 여러분이 연구를 위해 박테리아 근처에 먹이를 놓으면 여러분은 박테리아가 그 먹이를 향해 나가는 모습을 보게 된다. 그런 후 여러분이 그 먹이를 치우면, 박테리아는 방향을 정하지 못하고 구르기 시작한다. 이때는 여러분이 박테리아의 방향을 바꿨다고 할 수 있다.[19]

우리의 핵심 질문에 대해 이처럼 저마다 다른 대답을 할 수 있다. 그러나 이들 중 어느 것도 정답이 아니다. 각 대답은 여러 유효한 시각

중 하나에서 나왔기 때문이다. 여러분이 선택하는 시각은 여러분이 '원하는 과학적 대화'에 의해 결정된다. 헤엄치는 박테리아에서 다른 외부 분자들의 역할을 연구하고 싶다면, 여러분은 박테리아 주변에 그런 분자들을 보내 연구할 수 있다. 그러면 여러분은 이들 분자 중 일부는 박테리아의 진행방향을 바꾸지만 다른 일부는 그러지 못한다는 사실을 발견하게 된다. CheY-P의 역할을 연구하고 싶다면, 여러분은 CheY-P를 가진 세포들을 CheY-P가 없는 세포들과 비교할 수 있다. 그러면 여러분은 CheY-P가 박테리아의 방향 전환에 영향을 미친다는 사실을 발견하게 된다. 박테리아들의 상호작용에 초점을 맞춰, 다른 박테리아들이 한 박테리아의 진행방향에 어떤 영향을 미치는지 연구할 수도 있다. 이런 모든 시각들은 유효한 선택이다. 그러나 이런 시각들은 '여러분이 선택한 특정한 대화 안에서만' 그리고 '특정한 질문에 대한 답으로서만' 의미를 가질 뿐이다.[20]

유전자와 행동 메커니즘

헤엄치는 박테리아가 부분과 전체를 설명하는 여러 선택 (시각)들을 제공해주었음을 쉽게 알 수 있었다. 하지만 다른 분야에서 우리는 그런 선택들이 타당한지를 쉽게 알 수 없는 경우가 있다. 우리는 전체 대 부분의 관계에서 한 시각만을 진리라고 극구 옹호하는 경우가 많다.

그 이유는 우리의 선택이 우리 삶에 영향을 미치기 때문이고, 특히 걸린 이해관계가 클수록 더 그러하다. 다음 질문을 생각해보자. '지능을 결정하는 것은 무엇인가? 몇 개의 유전자인가, 모든 유전자인가, 아니면 우리를 둘러싼 환경(부모 · 스승 · 몸의 영양 상태 · 우리의 소득으로 구현된 환경)인가? 이런 질문은 다음 질문과 유사하다는 점을 기억하자. '무엇이 박테리아를 특정 방향으로 헤엄치게 하는가? 한 단백질인가 아니면 다른 박테리아들인가?' 여기서 내가 선택하는 시각은 나의 이해관계에 따라 다르다. 이 질문에 대해 정책 결정자(혹은 정책 결정자의 선거를 돕든 사람)가 선택하는 시각은 수천, 수백만 명에게 영향을 미칠 수 있다. 지능이 떨어지는 사람을 위해 더 나은 교육에 투자할 것인가, 혹은 그들을 쓸모없는 인간으로 치부하고 방치할 것인가? 환경 개선을 위해 소득 불평등을 해소할 것인가, 아니면 부자가 더 부자가 되도록 내버려둘 것인가? 모든 사람들의 건강을 개선할 것인가, 아니면 우리의 자원을 능력 있는 사람들에게만 집중할 것인가? 이런 문제들에 직면해 우리가 택하는 시각은, "일부 사회구성원들의 교육 수준이 낮고, 가난하고, 아픈 이유는 그들의 열악한 유전자(지능을 낮게 만들고 따라서 잘못된 선택을 하게 한 유전자) 때문이다. 그러므로 우리가 그들을 위해 할 수 있는 것은 아무것도 없다"라고 생각하느냐 아니냐에 달려 있다.[21]

우리는 지금까지 박테리아의 헤엄이나 인간의 지능 등을 살펴보면서 유전자 문제를 확실히 다루지는 않았다. 그렇다면 박테리아의 헤엄에서 유전자들이 어떤 역할을 하는지 살펴보자. 이 과정에서 내가 말하는 것이 인간의 이타주의와 지능 같은 복잡한 문제에도 적용될 수 있는지 생각해보자.

수용체에서 CheA 및 CheY 그리고 분자모터에 이르는 전체적인 먹이 관련 정보 탐지와 전달 체인은 단백질로 이루어져 있다. 나는 이미 단백질이 어디에서 나오는지 말한 바 있다. 유전자 내부의 정보를 가지고 세포가 단백질을 만든다. 그 방법은 다음과 같다.

유전자는 A, C, G, T로 표시되는 네 개의 뉴클레오티드로 이루어져 있다. 반면 단백질은 20개의 아미노산으로 이루어져 있다. 단백질을 만드는 과정에서 세포는 세 개의 유전자 문자들을 한 그룹으로 읽고 이를 아미노산으로 번역한다. 예컨대, ATGGGA…(이 순서가 수천 개까지 계속될 수 있다)로 배열된 유전자 부분이 있다고 해보자. 단백질을 만들 때 세포는 앞의 세 글자, 즉 ATG를 메티오닌^{methionine}이라고 하는 하나의 아미노산으로 번역한다. 이어서 세포는 다음 세 글자 GGA를 글리신^{glycine}이라고 하는 다른 아미노산으로 번역한다. 이런 식으로 세포는 메티오닌 다음에 글리신이 오는 아미노산 체인, 즉 단백질을 만든다. 계속해서 세포는 그 다음 세 개의 뉴클레오티드 그룹을 또 다른 아미노산(X라 하자)으로 번역하고 이 X를 단백질 체인에 붙여 메티오닌-글리신-X 체인을 만든다. 이런 과정이 계속 반복되면서 세 개의 뉴클레오티드로 구성된 각각의 문자열 그룹은 어느 특정 아미노산으로 지정된다.

박테리아에는 수용체 단백질, CheA, CheY 등을 포함해 수영에 관여하는 단백질 각각에 상응하는 유전자가 하나씩 있다.[22] 그러나 한 박테리아는 많은 수용체 단백질과 많은 CheA 및 CheY 단백질을 갖고 있다. 그렇다면 이 박테리아는, 예를 들어 수용체만큼 많은 유전자를 갖고 있는 걸까? 그렇지 않다. 박테리아는 단 한 개의 유전자만 갖고 있다. 여러 수용체를 만들기 위해 세포는 이 한 개의 유전자에 들어 있는 정보를 여러 번 번역한다.

그렇다면 유전자들은 박테리아의 (그리고 우리의) 행동에 어떤 영향을 미칠까? 이 질문에 답하기 위해서는 두 개의 박테리아를 비교하는 것이 가장 좋다. 한 군락에서 두 개의 박테리아를 골라 한 개의 단백질, 예컨대 분자모터 부분의 단백질과 그 단백질을 만드는 유전자에 초점을 맞춰보자. 이 두 박테리아의 경우, 분자모터 단백질을 만드는 유전자형질(대립형질)이 약간 다를 수 있다. DNA 문자열 상에서 한 문자 차이 정도로 이 두 유전자의 형질이 아주 미세하게 다를 수 있다. 그러나 이런 미세한 차이조차도 분자모터의 아미노산에 변화를 가져올 수 있고, 그러면 두 박테리아의 분자모터 형태도 달라진다. 그러면 이 두 분자모터 단백질 중 하나는 다른 것보다 모터를 더 느리게 회전시키거나, 회전방향 전환 신호인 CheY-P를 조금이나마 더 쉽게 인식할 수도 있다(한 열쇠를 복제한 두 개의 복제열쇠를 생각해보자. 그중 하나는 자물쇠와 잘 맞고 다른 하나는 뻑뻑한 경우가 있다). 이런 약간의 차이는 박테리아의 삶에 큰 영향을 미친다. 가령, 느린 모터 혹은 방향 전환 레버가 뻑뻑한 모터를 가진 박테리아는 먹이에 닿기도 전에 연료(에너지)가 바닥날 수 있다.

이런 의미에서 유전자는 행동에 영향을 미친다. 유전자(대립형질, 대립유전자)의 차이가 박테리아의 헤엄에 차이를 만든다. 유전학자들은 이런 내용을 가지고 박테리아의 헤엄에 중요한 역할을 하는 세포들(즉, 부분들)을 해부한다. 그 세포의 역할을 밝히기 위해, 유전학자들은 유전자, 예컨대, 분자모터 단백질을 만드는 유전자를 바꾸기도 한다. 유전학자들은 '이런 변화가 분자모터에 어떤 영향을 미치는지'를 묻고 박테리아의 반응에서 그 유전자의 역할을 추정한다. 이런 연구 방법은 매우 효과적이다. 유전자와 유기체의 관계에 대해 우리가 알고 있는 거의 모든 내용은 이 방법으로 얻은 것들이다.

그러나 언제나 그렇듯 아무리 효과적인 시각이라 해도 위험한 사각지대는 존재하기 마련이다. 그렇다면 이 연구 방법의 사각지대는 어디에 있을까? 우리는 이를 이미 살펴본 바 있다. 이 연구 방법은 CheY-P(혹은 수용체, 아니면 먹이분자)가 박테리아의 방향을 바꾸는 가장 중요한 부분이라고 주장하는 시각과 동일한 사각지대를 갖고 있다. 분자모터는 박테리아의 헤엄을 부분적으로만 책임지며, 다른 단백질들(각자 자신의 유전자를 가진 단백질)도 분자모터와 똑같이 중요하다는 것을 유념하자. 두 개의 헤엄치는 박테리아는 서로 다른, 예컨대 하나는 빠르고 다른 하나는 느린 수용체 대립유전자를 가질 수 있다. 빠른 대립유전자에서 번역된 단백질은 먹이분자에 더 잘 접근하거나 형태를 보다 빨리 바꿀 수 있다. 게다가, 두 마리의 서로 다른 박테리아는 하나는 빠르고 다른 하나는 느린 CheA 유전자를 가질 수 있다. 그러면 하나는 다른 것보다 수용체 형태를 더 쉽게 인식하게 된다. 이와 동일한 논지가 CheY 유전자의 대립유전자에도 적용된다.

같은 방법으로 헤엄치는 두 마리의 박테리아가 있다고 해보자. 즉, 이 두 박테리아는 같은 시간에 먹이에 도달할 수 있다. 그런데 이 둘 중 하나는 느린 수용체 대립유전자와 빠른 CheA 및 CheY 대립유전자를 가졌지만, CheY-P에 부딪혔을 때 방향 전환이 느린 분자모터를 가졌다고 해보자. 그리고 다른 한 마리는 빠른 수용체 대립유전자와 느린 CheA 및 CheY 대립유전자를 가졌지만, 매우 빠르게 방향을 전환하는 분자모터를 가졌다. 그러나 전체적으로 이 두 박테리아는 똑같이 헤엄을 잘 치고, 각자의 상대적인 강점과 약점은 서로 상쇄될 수 있다.

이제 두 박테리아 중 한 마리가 다른 것보다 헤엄을 더 잘 치는 경우를 생각해보자. 한 마리는 느린 수용체, 빠른 CheA 및 CheY, 그리고 느린 분자모터 대립유전자를 가졌지만 전체적으로 먹이에 먼저 도착하는 녀석이라고 해보자. 다른 한 마리는 빠른 수용체, 느린 CheA 및 CheY, 그리고 빠른 분자모터 대립유전자를 가졌지만 앞의 녀석보다 먹이에 늦게 도착하는 녀석이다. 그런데 이런 유전자 중 앞의 박테리아를 먼저 먹이에 도착하게 만든 것은 어떤 유전자일까? 느린 모터를 만든 유전자일까? 만약 그렇다면 정말 놀라운 일이 아닐까? 빠른 수용체를 만든 유전자? 아마 그럴지도 모른다. 빠른 수용체가 빨리 움직이는 데 더 유리할 수 있기 때문이다(그러나 빠른 수용체를 가진 박테리아도 먹이에 늦게 도착할 수 있다). 따라서 일단 한 유전자에만 초점을 맞추는 협소한 시각을 버리면, 한 유전자에 행동의 책임을 돌리는 시각은 정답이 아니라는 것을 알 수 있다.[23]

박테리아의 헤엄에 대해 내가 앞서 말했던 내용은 유전자에도 똑같이 적용된다.[24] 하나의 유전자가 전체 행동에 책임이 있다는 시각은 전적으로 타당하다. 그러나 여타의 다른 유전자에 초점을 맞추는 시각도 마찬가지로 타당하다. 그러나 서로 다른 유전자 조합으로도 동일한 유기체를 만드는 경우에서 볼 수 있듯이, 이런 각각의 시각은 한계도 있다. 이런 각각의 시각은 한 특별한 단백질이 헤엄을 책임진다고 주장하는 시각만큼이나 한계가 있다. 이런 한계는 지적인 행동, 위험 감수 혹은 폭력적 행동 등과 같은 인간 행동의 경우보다 헤엄치는 박테리아의 경우에 훨씬 더 인정하기 쉽다.

이런 한계 때문에 우리는 '전체와 부분은 같은 동전의 양면과 같다. 전체와 부분은 완전히 분리되어 있지만, 이중 하나만 설명해서는 어떤 생명체도 이해할 수 없다. 전체와 부분은 불가분하게 연계되어 있다'는 시각으로 다시 돌아갈 수밖에 없다. 이런 시각을 택하는 것은 전체와 부분의 역설적 긴장을 인정하는 것이다. 전체의 어떤 부분을 택해서 본다고 할 경우, 한 시각에서 보면 그 부분으로 전체의 행동을 설명할 수 있지만 또 다른 시각에서 보면 설명할 수 없다. 이런 긴장은 어떤 대상을 보는, 그리고 그것을 이해하는 하나의 진정한 방식이 존재한다는 우리의 선입견에 역행하는 것이다.

그러나 이런 긴장이 근본적이라는 것을 인정함으로써 우리가 얻는 것은 과연 무엇일까? 첫째, 우리는 풀 수 없는 문제들은 옆으로 제쳐놓음으로써 풀 수 있는 문제들을 더 효과적으로 공략할 수 있다. 부분과 전체에 대해 생각하는 사람들 대부분은 두 진영 중 하나에 속한다. 하나는 전체를 강조하는 '전체주의자'들이고 다른 하나는 부분을 강조하는 '환원론자'들이다. 전체주의자들이 이런 긴장을 인정한다면, 부분의 중요성을 인정하면서 부분을 이해하려는 과학자들의 노력을 더 이상 무시하지 않을 것이다. 반면, 부분의 중요성을 강조하는 사람들(그중 많은 수가 과학자들이다)이 다른 선택의 타당성을 인정할 수도 있다. 우리가 한 견해를 진정한 견해라고 주장하는 것을 멈추고 다른 견해도 선택할 수 있음을 인정하면, 우리는 유연하게 선택할 수 있는 능력을 갖게 된다. 그러면 우리는 우리 인간들이 관심을 갖는 문제들, 예컨대 국가의 자원을 가장 효과적으로 배분하는 방법, 국민들을 교육시키는 방법, 그리고 국민들의 지성을 제고하는 방법처럼 섬세한 결정이 필요한 문제들을 해결할 수 있는 시각을 더 쉽게 선택할 수 있다.

뇌 없는 지능: 무엇이 유기체인가?

앞에서 말한 내용은 세계를 (서로 다른) 전체와 부분으로 분리하는 우리의 능력에 관한 것으로 '우리는 언제 전체를 전체라고 부르는가?' 하는 질문으로 자연스레 이어진다.

헤엄치는 박테리아의 경우, 전체와 부분의 경계는 비교적 분명해 보인다. 모든 전체의 경우에도 그럴까? 우리는 언제 세포를 세포라 부르고, 유기체를 유기체라 부르며, 공동체를 공동체라 부르고, 종을 종이라 부르는가? 다음 사례들은 유기체보다 큰 전체를 가지고 이런 문제를 탐구한 것이다. 그러나 그 핵심 교훈(어떤 질문에 답할 때 우리의 선택이 중요하다는 교훈)은 크기에 관계없이 모든 전체에 적용된다.

점균류slime molds는 신기한 삶의 양식life style을 가진 유기체다.[25] 점균류는 일생을 거의 단세포 아메바로 성장, 분열하는 데 보낸다. 점균류 아메바는 뭉툭한 촉수를 앞으로 뻗었다가 다시 뒤로 오므리면서 끝없이 형태를 바꾼다. 촉수를 뻗었다 오므리는 이유는 박테리아처럼 먹이를 취하기 위해서다. 움직이는 동안 물 분자들을 삼켜 소화시킨다. 하지만 먹이가 충분하지 않으면 어떻게 할까? 좋은 때가 오기만을 기다릴까?

점균류 아메바의 경우 아주 다른 일이 벌어진다. 여러분의 손바닥보다 작은 지역에 수백, 수천 마리의 아메바가 운집한 군락이 형성된다. 굶주림이 시작되면 일부 아메바들은 화학신호의 일종인 분자를 방출하기 시작한다. 시간이 갈수록 점점 더 배고픈 아메바들은 똑같은 분자신호(앞서 살펴본 분자 메시지와 같다)를 낸다. 맨 처음 굶주리기 시작한 아메바의 위치가 어디냐에 따라 어떤 지점은 다른 곳보다 분자신호가 조금 더 많을 수 있다. 아메바들은 이런 분자신호의 냄새를 맡고 신호가 가장 밀접한 지역을 향해 기어간다. 그러는 사이에 갈수록 더 많은 동일한 신호를 낸다. 신호에 대한 아메바의 반응(신호를 향해 기어가는 일)에는 신호와 수용체 간의 화학적 대화가 필요하다.

이로써 1백여 마리에 이르는 아메바가 서로를 향해 기어가고, 마침내 군락의 모든 아메바가 서로를 향해 기어간다. 그야말로 대소동이 벌어진다. 이런 대소동이 과연 무엇에 좋을까? 이런 북새통을 벌이는 데는 이유가 있다. 몸부림치는 아메바들의 덩어리는 달팽이 같은 '슬러그slug'라는 하나의 생명체로 변형된다. 이 슬러그는 상추를 갉아먹는 진짜 달팽이보다 훨씬 단순한 유기체다. 이것은 근육도, 뼈도, 신경체계도 갖고 있지 않다. 따라서 각 부분들을 조율하는 이 생명체의 능력은 그야말로 진기하다.

잠시 후 한 마리가 기어갈 수 있는 곳보다 훨씬 멀리 간 아메바 슬러그는 이동을 멈춘다. 그러고는 한쪽 끝을 땅에서 들어 똑바로 세운다. 그런 후 위쪽 끝을 계속 부풀려 크고 둥근 전구 모양으로 만들고, 아래쪽은 가는 버팀대 모양으로 만든다. 이 전구 안에서 수많은 아메바들이 마지막으로 한 번 그 형태를 바꾼다. 이제 이들은 기아와 가뭄에도 생존할 수 있고, 바람이나 물을 타고 먼 곳까지 갈 수 있는 튼튼하고 가벼운 세포인 포자spore로 변한다. 버팀대와 전구 부분을 통틀어 자실체fruiting body, 子實體(균류의 포자를 만드는 조직—옮긴이)라고 한다. 마지막으로 전구 부분이 터지면서 포자들이 사방으로 흩어져 각자의 목적지로 날아간다. 그리고 받침대 부분의 세포들은 죽는다. 먹이가 있는 곳에 내려앉은 하나의 포자는 혼자 성장, 분열하는 한 마리의 아메바로 변형된다.

점균류 아메바는 삶이 각박해지면 단일 세포들이 서로 힘을 합해 보다 살기 좋은 곳으로 가서는 포자를 통해 자신의 종자를 퍼뜨린다. 이런 독특한 특징 때문에 흥미로운 질문들이 많이 제기되었다. 점균류 아메바들은 죽는 받침대보다 포자로 살아남는 자실체가 되기 위해 서로 경쟁을 할까? 받침대 세포들이 생을 포기하는 대가로 뭔가 충분한 혜택을 받기나 하는 걸까? 그렇다면 그 혜택이란 무엇일까? 이런 질문들은 우리가 다루는 주제의 다른 여러 측면들과 관련된다. 이제 다음 질문을 생각해보자. 여기서 유기체는 어떤 것일까? 아메바일까 아니면 슬러그일까?

뭉쳐야 사는 생명들: 생명 단위는 개체인가, 군집인가?

같은 질문을 하게 만드는 또 다른 사례도 있다.[26] 히드라충류 hydrozoan는 해파리나 말미잘과 가까운 수상동물이다. 많은 히드라종은 말미잘처럼 단단한 표면에 붙어 있는 폴립 형태로 생을 살아간다. 각각의 폴립은 0.5mm 크기로 기괴하지만 물속의 아름다운 나무처럼 생겼다. 가운데가 빈 근육질의 받침대(몸통)는 땅에 단단히 붙어 있고, 가운데가 텅 빈 공간이 있는 윗부분에 줄기가 사방으로 뻗어 있다. 그 텅 빈 공간이 히드라충류의 입과 위다. 히드라충류는 육식생물이다. 줄기처럼 뻗어 있는 윗부분은 위와 연결된 입 주변의 촉수들이다. 히드라충류는 조류에 따라 흔들리는 촉수로 근처를 지나는 작은 동물을 낚아챈다. 그런 후 촉수 표면의 세포들이 치명적인 화학물질을 발사해 먹잇감을 빠르게 죽여버린다. 마지막으로 폴립이 그 먹이를 빨아들여 끈적거리는 액체 상태의 영양물질로 변형시킨다. 폴립은 이 액체에서 성장과 번식에 필요한 에너지를 얻는다.

히드라충류의 폴립들은 서로 다른 방법으로 번식할 수 있다. 어떤 종은 수컷과 암컷 폴립이 있어서 정자세포와 난자세포를 물속에 분사한다. 정자와 난자가 수정되면 한 곳에 정착하기 전까지는 일정한 시간을 각자 자유롭게 헤엄치는 새로운 세대가 탄생하게 된다. 또 다른 종에서는 영양 상태가 좋은 폴립이 그 밑 부분에 두세 개의 작고 속이 빈 뭉툭한 곁가지들을 만들고, 이 곁가지들은 작은 뿌리처럼 물 바닥을 따라 자라면서 속이 빈 튜브 형태로 변한다. 그리고 적절한 때가 되면 이 곁가지들 윗부분에 작은 눈이 생기고, 이 눈이 자라면서 받침대, 위, 입, 촉수를 가진 하나의 완전한 폴립이 된다. 새 폴립과 모체 폴립은 바닥에 뻗어 있는 속 빈 튜브를 통해 계속 연결되는데, 이 튜브를 통해 둘의 위가 연결되어 있다. 새 폴립이 충분히 성장하면, 다시 이런 과정이 되풀이된다. 빈 튜브를 통해 서로 연결된 (1백 개 이상의 폴립이 모여 있는) 히드라충류 군집이 형성되는 데는 불과 몇 주밖에 걸리지 않는다.

어떤 히드라충류는 이 두 방법을 혼용하기도 한다. 이들은 두 종류의 폴립으로 군집을 형성한다. 하나는 작은 먹이를 잡아먹는 포식자 폴립이고, 또 하나는 촉수나 위가 없는 번식폴립이다. 번식폴립의 유일한 생의 목적은 정자세포와 난자세포를 분사하는 것이다. 일단 정자가 난자를 만나면, 새로운 폴립이 만들어지고 이 새 폴립은 새 군집을 찾는다. 이런 식으로 폴립 군집은 계속 성장한다. 그러다 일정한 시점이 되면, 군집의 모든 폴립이 죽는다. 그래서 정자와 난자를 통해 번식한 후손 군집에서만 폴립은 그 생을 이어간다.

그렇다면 여기서 어떤 것이 전체 유기체일까? 폴립일까 아니면 이들이 모인 군집일까? 여기서 군집이라고 말한 것은 유기체가 폴립이란 것을 이미 암시하고 있는 것이다. 결국, 폴립은 매우 독립적인 단위의 유기체이며, 특히 군집을 형성하지 않는 히드라충류에서는 더더욱 그렇다.

그러나 폴립이 유기체라는 답만이 유일한 답은 아니다. 폴립 군집도 하나의 유기체라고 할 수 있다. 유기체란 혼자서는 생존할 수 없는, 그리고 다 함께 전체의 생존과 번식을 돕는, 서로 다른 부분들로 이루어진 생명체라고 할 수 있다. 이런 부분들은 박테리아가 헤엄치도록 만드는 여러 단백질들과 우리의 내부 장기를 만드는 여러 조직 덩어리들만큼이나 서로 다를 수 있다. 번식폴립은 분명 이와 같은 개념의 '부분'에 꼭 들어맞는다. 먹이활동을 할 수 없는 번식폴립들은 혼자서는 살 수 없다. 그리고 이들은 분명 군집의 재생산에 기여하고 있다. 그러나 먹이활동을 하는 폴립은 어떨까? 이들은 혼자서 생존할 수 있다. 그런데 이들이 군집의 번식에는 어떻게 기여하는 것일까?

다음 장면을 상상해보자. 그날은 신통치 않은 날이었다. 그날 군집에서 먹이를 잡은 것은 단 하나의 폴립뿐이었다. 이 폴립은 자신의 성장에 쓰기 위해 이 먹이를 저장할 수 있다. 더 성장하면 훨씬 더 큰 먹이를 잡을 수 있고, 그러면 이 폴립은 폴립 숲에서 가장 큰 폴립이 될 수도 있다. 그런데 이 폴립은 번식을 못 한다. 자기가 성장할수록 다른 먹이활동 폴립들은 굶주리게 된다. 결국엔 이 불임의 근육질 폴립도 죽고 만다. 아직 알려지지 않은 이유로 이 폴립은 번식폴립이 죽자마자 사실상 죽게 된다. 불임의 먹이활동 폴립에게는 번식폴립이 유일한 번식 수단이기 때문이다.

따라서 먹이를 자기 몸에 저장하는 것은 근시안적인 전략이다. 성공적인 먹이활동 폴립이 되려면 어떻게 해야 할까? 먹이를 저장하는 대신 이 먹이활동 폴립은 일종의 먹이펌프가 된다. 자기의 근육질 위를 리드미컬하게 움직여 액체 상태가 된 먹이를 자신과 연결된 튜브를 통해 이웃 폴립들에게 전달한다. 이웃 폴립들도 먹이가 들어온 것을 느끼자마자 펌프질을 시작해 먹이를 다시 이웃 폴립들에게 전한다. 그래서 마침내 군집의 모든 폴립들이 펌프질을 한다. 이를 통해 먹이활동 폴립과 번식폴립이 다 같이 음식을 나눈다.

폴립 개체와 군집은 뇌 비슷한 것을 전혀 갖고 있지 않다. 폴립은 먹이사냥을 돕는 몇 개의 세포를 갖고 있을 뿐이다. 이들은 신경 시스템을 통해 자신의 행동을 조절하지도 못한다. 각 폴립은 대부분 자기 세계 속에서 살아간다. 그러면서도 군집을 위해 행동할 수 있다.

우리가 '전체는 상호의존적인 부분(인간의 장기와 같은)들을 필요로 한다'는 시각을 선택하면, 점균류 아메바 슬러그와 폴립 군집은 유기체에 해당한다. 그러나 이것만이 '전체란 무엇인가?'라는 우리의 질문에 정답이 될까? 그건 아니다. 완전히 다른 시각을 선택할 수도 있기 때문이다. 예로, 하나의 전체는 다른 전체들과는 다를 것, 즉 그만의 독립성과 독자성을 갖고 있을 것을 전체의 조건으로 요구할 수 있다. 이런 조건은 박테리아, 그리고 여러분이나 나 같은 전체에는 적용될 수 있다. 그러나 이런 조건은 점균류 아메바 슬러그나 폴립 군집에는 적용되지 않는다. 왜냐하면 두 군집이 만나 그 경계가 확장되면서 하나가 되는 경우도 있기 때문이다.

다른 시각에서는 전체의 진정한 부분들은 전체를 희생하면서까지 서로 경쟁해서는 안 된다는 것을 조건으로 내세울 수 있다. 그러면 점균류 아메바는 전체가 될 수 없다. 개체로서 점균류 아메바들은 먹이를 두고 심한 경쟁을 하며 포자를 가장 잘 퍼뜨릴 수 있는 자실체의 정상 위치를 차지하기 위해 다툰다. 대조적으로 폴립들은 이런 조건에 딱 들어맞는 것처럼 보인다. 그러나 폴립들도 예상치 않게 아주 격렬한 경쟁을 할 수도 있다.

폴립 군집은 흔들리는 촉수들이 나무줄기 모양을 하고 있는 하나의 빽빽한 숲과 같다. 서로 이웃하고 있는 폴립의 촉수들이 거의 서로 닿아 있는 것이다. 그래서 한 폴립이 먹이를 품으면, 이웃 폴립들은 그 먹이의 존재를 느낀다. 그러면 이들은 자신의 근육질 몸통을 구부려서 자신의 촉수로 그 먹이를 빼앗으려 한다. 이로 인해 한 폴립이 승리해서 먹이를 먹어버릴 때까지 몇 시간이고 먹이 쟁탈전이 벌어지기도 한다. 이런 상황에서는 뇌가 있는 게 분명 도움이 될 것이다. 왜냐하면 승리한 폴립은 다퉈서 얻은 먹이를 액체로 만들어 그 즉시 이웃 폴립들에게 나눠주기 때문에 뇌가 있다면 쓸데없이 먹이를 두고 다투지는 않을 것이다.[27] 이런 식의 경쟁이, 폴립이 군집의 한 부분이라기보다는 각자 독립적인 유기체라는 것을 의미할까?

다른 많은 사례들은 전체를 분명히 규정하기 위해서는 선택이 필요하다는 것을 보여준다. 예로, 딸기 같은 군집식물들은 우리에게 꽤 익숙한데, 이들은 땅 밑 줄기를 통해 증식한다. 이런 땅 밑 줄기는 땅 표면 바로 아래에서 옆으로 자라면서 본줄기에서 멀어진다. 뿌리와 달리, 이런 땅 밑 줄기는 땅 위 식물로 자랄 새싹을 내기도 한다. 따라서 땅 위에서는 서로 별개의 식물처럼 보이는 모체딸기와 새 딸기가 사실은 광대한 땅 밑 줄기 망을 통해 연결된 하나의 딸기인 것이다. 여기서 유기체는 어떤 것인가? 땅 위 부분들과 땅 밑 줄기들은 세포분열로 생졌기 때문에 이들은 서로 연결되었을 뿐만 아니라 유전적으로 거의 동일하다. 우리는 이들을 하나의 전체라고 해야 할까? 그럴 수 없을지도 모른다. 왜냐하면 이 전체의 각 '부분들'이 서로 햇빛을 두고 경쟁하는 것은 물론, 서로 독립적으로 생존하고 번식할 수 있기 때문이다.

더 친숙한 사례는 군집을 이루고 사는 꿀벌, 개미, 흰개미 같은 사회적 곤충들이다. 예컨대 이들 각 개체는 속한 계급이 다르다. 어떤 것은 일꾼이고 어떤 것은 병사 역할을 한다. 이들은 식량을 모으고, 새끼를 기르며, (종종은 건축학적으로 경이롭기까지 한) 집을 짓고, 서식지를 지키는 일에 서로 협동한다. 그리고 번식은 일부 개체만 하고, 다른 모든 개체들은 보다 큰 대의를 위해 자신의 목숨을 바친다. 이들 곤충 '무리'는 하나의 유기체인가 아니면 군집인가? 만약 하나의 유기체라면, 무엇이 그것의 부분 조직인가? 만약 이것이 하나의 전체라면, 무엇이 그것의 부분들인가? 개별 곤충들인가 아니면 우리가 계층이라고 부르는 집단인가?

무엇을 전체로 볼 것인가? 결국 선택의 문제

이런 사례들은 진짜 전체가 무엇인지에 대한 여러 의견을 발생시킨다. 어떤 사람은 각 폴립이 아니라 폴립 군집을 전체라고 볼 것이고, 어떤 사람은 아메바 슬러그를 전체로 보지는 않지만 곤충 군집은 전체로 보기도 할 것이다. 또 어떤 사람은 박테리아 같은 유기체들만 진정한 전체로 볼 것이다.

이런 선택은 전적으로 자신의 몫이라는 걸 기억하자. 이 문제에 있어 진실은 하나가 아닐 수 있다.

그렇다고 여러분의 선택이 완전히 자유이고, 여러분이 뭘 선택하든 문제없다는 것은 아니다. 기실 자유롭게 선택할 수 있다는 것은 선택할 힘을 가졌을 때 우리가 빠지기 쉬운 가장 위험한 함정이다. 우선, 여러분은 어떤 선택을 할 수밖에 없을 것이다. 그리고 선택을 할 때 중요한 것은 여러분이 중요하고 가치 있다고 생각한 것(과거의 선택에 영향을 받은 어떤 시각)일 것이다. 그리고 많은 사람들이 여러분의 선택에 동의하면, 그 선택은 그만큼 힘을 갖게 된다.

폴립이나 다른 유기체 등 지금까지 내가 설명한 유기체의 관점에서 볼 때, 이는 어떤 의미를 가질까? 여러분은 선택을 함으로써 의미 있는 대답을 하게 되는 질문들을 할 수 있다. 펌프질하는 뇌 없는 위와 불임의 곤충들은 왜 서로를 돕는 것일까? 이 질문에 대해서는 군집을 전체로 볼 때만 답을 할 수 있다. 선택이라는 고도의 기술은 과거의 선택들이 선택된 이유를 인식하고, 그중 하나에 매달리는 것이 아니라, 칼날 위에 선 것처럼 그 선택들 사이에서 균형을 유지하는 일이다.

진화의 역사를 복원하기 힘든 중대한 이유

전체는 자신을 외부세계와 분리하는 경계선을 갖는다. 이 경계선은 여러분과 나를 분리하는 시간적, 공간적 경계선 따위를 말한다. 여러 전체들의 경우, 이런 경계선은 뚫을 수 없는 두꺼운 벽돌담 같은 것이 아니라, 스며들기 쉬운 얇은 막과 같다. 정확한 시각에서 보면, 이런 경계선은 전부 사라질 수도 있다. 생물학적 종 같은 전체의 사례에서 이런 경계선을 살펴보도록 하자.

박테리아는 거대한 군집을 이루며 산다. 정원의 흙을 한 수저만 퍼도, 그 안에는 수백 종의 박테리아가 들어 있다.[28] 한 수저의 흙에는 지구상의 인구보다 많은 박테리아가 들어 있을 수도 있다. 그야말로 작은 우주라 할 수 있다. 이 박테리아 사회에는 살인적인 경쟁에서부터 자기희생적인 협력에 이르기까지 모든 유형의 삶의 양식이 존재한다. 군비 경쟁, 빌붙어 사는 이들, 공동생활, 속임수, 협동 노동 등 인간만의 특징이라고 생각하는 모든 삶의 양식이 존재한다. 박테리아 사회에 대한 책을 쓴다면 인간사회에 관한 것만큼이나 많은 책을 쓸 수 있다. 그런데 여기서 나는 박테리아 사회의 여러 측면 중 '유전자를 교환하는 박테리아'의 이상한 재능에 초점을 맞추려 한다.

박테리아 개개의 식습관은 무척 다양하다. 유당 같은 설탕을 먹고 사는 박테리아가 있는가 하면, 산acids을 아주 좋아하는 박테리아도 있고, 미네랄이나 동료 박테리아의 배설물, 혹은 죽은 박테리아를 먹고 사는 박테리아도 있다. 박테리아들은 왜 이렇게 저마다 식습관이 다를까? 그것은 단백질, 그리고 궁극적으로는 유전자 때문이다. 먹이를 소화하려면 유용한 화학적 형질로 변형시키는 효소 단백질이 필요하다. 이 효소를 만들어내는 유전자가 부족하면, 박테리아는 가장 화려한 연회에서도 굶어 죽을 수밖에 없다. 또한 유전자와 효소는 박테리아가 산소 주변에서 살 수 있는지(많은 박테리아는 그렇게는 못 산다), 한 박테리아 군집이 침입자의 화학적 공격에 버티거나 바이러스 기생충을 물리칠 수 있는지 등 박테리아가 가진 특성들에 영향을 미친다.

박테리아도 유전자 복제본을 자손에게 물려준다. 다른 유기체들처럼 자신들의 삶의 양식에 필요한 유전인자를 대물림한다. 그에 덧붙여 아주 특이한 재능을 갖고 있기도 하다. 이들은 세포들 사이에서 유전자를 전달하기도 하고, 심지어 다른 종의 세포들에게 유전자를 전달하기도 한다. 다른 세포들로부터 유전자를 기증받거나 죽은 박테리아의 DNA를 흡수해서 세포들 사이에 유전자를 전달하기도 한다. 전달된 유전자는 살아가는 데 도움을 줄 수 있다. 예로 전달된 유전자는 박테리아가 어떤 먹이를 소화시키거나, 화학적 공격을 물리치거나, 혹은 치명적인 바이러스를 견디게 해준다. 이런 유전자 교환 능력이 얼마나 이상한 것인지 이해하려면, 여러분이 다른 생명체로부터 유전자를 넘겨받는다고 상상해보면 된다. 가령, 여러분이 다른 생물에게 햇빛을 통해 필요한 에너지를 만드는 유전자를 받고, 소아마비 같은 질병에 면역력을 주는 유전자를 받고, 나무를 먹고도 살 수 있게 해주는 유전자를 받는 것과 같다.[29]

유전자 전달은 박테리아의 생존을 돕지만, 박테리아 종들의 경계를 흐리게 한다. 여기서 종에 대해 한번 살펴보자. 사물을 범주로 분류하는 것은 우리 세계를 조직하고 이해하는 필수적이다. 우리는 깨어 있는 동안 매 순간 사물을 분류하며 살아간다. 그렇지 않은 삶은 상상하기 힘들다. 주변을 돌아보면, 여러분이 자동적으로 이름을 매기고 분류하는 수많은 사물들이 있다. 인간에게 명명 불가능한 것이란 없다. 이것이 우리가 세상을 이해하는 방식이다. 우리의 망막을 원이나 막대 같은 단순한 형태로 분류하는 것에서부터 '할머니', '바나나 스플릿'(디저트의 일종), '소립자' 같은 복잡한 정신적인 범주를 분류하는 것까지 거의 무한해 보인다.

방대한 생명체를 분류하는 것도 이와 다르지 않다. 박테리아 종이 인간, 점균류 아메바, 단백질 같은 전체와 달라 보여도 실은 그렇지 않다.

이 모두는 쉴 새 없이 움직이는 우리의 마음에서 생겨난 개념들이다. 내가 여기서 말하고 있는 모든 것, 그리고 어느 누가 말하고 있는 모든 것은, 우리의 마음의 선택에 의해 만들어진 범주에 기초한 것이다.

그런데 '살아 있는 세포', '종' 같은 범주의 경우, 다른 범주들과 차이가 존재한다. 즉, 유기체를 '종'으로 분류하는 것에는 더 의식적인 노력이 필요하다. 생명체를 분류하는 방법은 사실상 거의 무한하기 때문이다. 유기체를 형태, 색깔, 맛에 따라 분류할 수도 있고, 부속물(다리, 비늘, 편모)의 수와 종류에 따라 분류할 수도 있으며, 알을 낳는 능력으로도 분류할 수 있다. 자연주의자들은 다양한 생명체들을 분류하는 최선의 방법을 찾기 위해 수세기 동안 노력해왔다. 그 결과 많은 학자들이 생명의 나무^{The tree of life}에서, 즉 진화의 역사에서 해당 유기체가 차지하는 위치를 보여주는 것이 최선의 방법이라는 데 동의했다. 이런 분류는 생명체에 대한 우리의 지식을 정리해줄 뿐만 아니라, 두 유기체가 생명의 나무에서 같은 줄기에 속하는지 아닌지를 말해준다. 이런 식으로 분류하면 유인원은 생쥐, 파리, 혹은 박테리아보다 인간에 더 가까운 동물이다. 인간과 유인원의 공통 조상이 인간과 생쥐, 파리, 혹은 박테리아의 공통 조상보다 더 최근까지 살아 있었다는 이유 때문이다. 그러나 이런 생명의 나무를 기준으로 생명체를 분류하는 과정에서 한 가지 과제가 발생했다. 그것은 생명의 역사 자체를 복원하는 일이다.

지구상에 수백만 종의 생물이 존재한다는 점을 고려하면, 이 과제는 그리 쉽지 않다. 19세기에는 분명 불가능한 일이었을 것이다. 그러나 지금은 그렇지 않다. 관건은 DNA와 유전자에 접근하는 일이다. 생명의 역사를 복원하기 위해 분열하는 세포가 DNA를 전달할 때 가끔씩 저지르는 복제오류를 이용할 수 있다.

어떤 유전자든 세대를 거쳐 전달되는 유전자가 하나 있다고 해보자. 한 세대에 DNA 문자열 중 한 문자가 변할 가능성은 극히 적다. 그런데 유전자는 수백, 수천, 수백만 세대를 거쳐 전달되면서 변할 수 있다. 유전자의 여정을 살펴보면, 세대를 거칠수록 DNA 문자열에 많은 변화가 생기는 것을 볼 수 있다. 이런 변화가 발생한 횟수는 그 유전자가 존재했던 시간에 비례한다. 이는 한 유전자의 DNA 변화 수를 가지고 시간을 측정할 수 있음을 의미한다. 예로, 한 유전자가 복제오류로 인해 100만 년마다 1%의 DNA 문자가 변한다고 해보자. 그 유전자가 생긴 이후 10%의 DNA 문자가 변했다면, 그 유전자는 1천만 년 동안 존재한 것이다.[30] 따라서 유전자는 엄청난 과거의 시간을 측정해줄 수 있는 분자시계 역할을 한다.[31]

이런 점을 염두에 두고 박테리아나 다른 유기체 군락을 생각해보자. 군락은 가끔씩 흩어지기도 한다. 초파리 몇 마리가 폭풍에 실려 북아메리카에서 하와이로 흘러가기도 하고, 빙하가 생기는 바람에 한 군락이 흩어지기도 하며, 기근이 찾아온 사막에서 동물들이 자살적인 탈출을 감행하여 온갖 고초를 겪고 새로운 목초지를 찾는 경우도 있다. 화산 폭발, 홍수, 산의 융기도 군락을 흩어놓는다. 처음엔 일시적이지만 이런 이별이 수천 년 혹은 수백만 년 지속되면서 영구화되는 경우도 많다. 그러다 흩어졌던 군락이 운 좋게 재결합한다 해도 이미 그때는 서로 많이 달라져 있기도 한다. 예로, 교미를 통해 번식하는 유기체의 경우, 한 암컷이 수컷에 더 이상 끌리지 않는 경우도 있다. 이는 암컷이 그 수컷의 냄새나 구애의 노래를 더 이상 '섹시'하게 느끼지 않기 때문이다. 오랜 이별로 모양이 달라진 생식기가 짝짓기를 방해하기도 한다. 짝짓기를 할 때 한 군락의 정자가 다른 군락의 난자를 뚫고 들어가지 못하기도 하고, 새끼를 낳아도 기형적이 되는 경우도 있다.

흩어진 군락들에서 (독립적으로 진행되고 누적된) 돌연변이 때문에 많은 차이가 생기는 것이다. 돌연변이는 DNA 문자열을 무작위로 바꾸기 때문에, 같은 유전자였다 해도 서로 독립적인 두 군락의 유전자를 다르게 바꾼다. 따라서 다시 결합했다 해도, 두 군락은 서로 독립적으로 진화하게 된다. 두 군락에 속하는 각 개체는 이제 더 이상 같은 종이 아니다. 이렇게 해서 두 개의 새로운 생물학적 종이 형성되는 것이다.[32]

오늘날 살아 있는 두 종은 아무리 다르다 해도 공통 조상을 갖는다. 조상들은 아주 먼 옛날 한 군락에서 살았다. 생명의 나무를 복원하는 일은 이 공통 조상이 언제 살았는지 밝히는 것이다. 이 조상은 이미 오래전에 죽은 존재다. 수십억 년에 이르는 '생명의 역사'의 돌무덤 속에서 어떻게 조상을 추적할 것인가? 이 질문에 답하는 데는 앞서 소개한 분자시계가 도움이 된다. 공통 조상을 가진 두 종은, 조상이 같은 많은 유전자 쌍(첫째 종에서 하나의 유전자, 두 번째 종에서 또 하나의 유전자를 갖고 만든 쌍)을 갖는다. 이 한 쌍의 유전자에서 각 유전자는 나머지 유전자와는 독립적인 시간을 가진 분자시계다. 여기서 우리는 이 두 유전자의 DNA 문자열이 몇 번 변했는지 비교해서 공통 조상이 살았던 시기를 계산할 수 있다. 이런 계산 원칙은 생명체를 분류하려는 생물학적 노력의 초석이 되었다. 만약 이런 원칙이 없었다면, 많은 종의 기원은 깊은 시간의 심연 속에 묻힌 채 밝혀지지 않았을 것이다.

유혹을 느낄 정도로 간단하긴 하지만, 이 원칙이 실패하는 경우도 있다. 특히 박테리아가 그렇다. 종이 다른 두 박테리아의 유전자를 비교했더니 DNA 문자가 30% 다르다는 걸 발견했다고 해보자. 그러면 이 종들은 수백만 년 전에 처음 등장했다는 결론을 내릴 수 있다. 그런데 이 두 박테리아에서 대단히 놀라운 공유 유전자를 발견할 수도 있다. 이 공유 유전자가 동일하다면, 이는 이 종들이 최근에 형성되었다는 것을 의미한다. 그런데 두 유전자 중 하나는 거짓말을 하고 있는 게 분명하다. 이들의 공통 조상은 수백만 년 전에 살았거나 바로 어제 살았거나 둘 중 하나지, 수백만 년 전과 어제 모두 살아 있었던 건 아니기 때문이다. 이 문제의 답변은, 동일한 쌍의 유전자들 중 하나는 최근에 종들 사이에서 '전달된' 유전자라는 것이다.[33]

박테리아들이 벌이는 유전자 교환은 역사를 복원하는 생명의 나무 작업에 심각한 문제를 야기한다. 유전자 교환이 자주 일어났다면, 그들의 과거를 복원하는 일은 너무나 어렵다. 더구나 지구에는 식물과 동물 종을 합한 것보다 많은 박테리아 종이 존재한다. 불행히도 박테리아의 유전자 교환은 흔히 일어난다. 유전자 교환은 거의 박테리아들의 습관이다. 그래서 수백 개, 심지어 수천 개의 교환된 유전자를 가진 박테리아는 이들 세계에서는 예외 현상이 아닌, 아주 일반적인 일이다.[34]

이것은 대단히 어려운 난제임을 암시한다. 다른 종한테서 1천 개의 유전자를 받은 한 박테리아의 '진정한' 진화의 역사는 무엇이냐는 것이다. 이 박테리아는 생명의 나무 어느 위치에 속하는 걸까? 박테리아에게 그런 생명의 나무가 있기는 한 걸까? 이 박테리아 종 전체를 어떻게 봐야 할까? 만약 박테리아가 단백질 부분만 교환했다면, 이런 질문이 제기되지는 않았을 것이다. 이런 질문이 제기된 이유는 이들이 다른 종끼리 유전자를 교환하기 때문이다. 사실 유전자는 다른 것들보다 훨씬 안정되어 있다. 그렇기에 수천 년이 지나도 그 정체성은 그대로 유지된다(물질의 측면과 의미의 측면 모두에서). 또한 유전자들은 박테리아에 독특한 삶의 양식을 부여한다. 우리는 유사한 삶의 양식을 가진 것은 유사한 진화의 역사를 가진 것으로 본다. 그러나 엄청나게 이뤄지는 박테리아들의 유전자 교환으로 인해 이런 생각은 여지없이 깨지고 만다.

이런 문제는 박테리아 종뿐만 아니라 개별 박테리아에도 상존한다. 두 박테리아가 1천 개의 유전자를 교환했다면 두 박테리아 사이에 있던 어떤 경계가 흐려지진 않을까? 여기서 폴립 군집, 점균류 아메바, 사회적 곤충의 경우와 마찬가지로 '전체 유기체란 무엇인가?' 하는 문제가 다시 등장한다.

개별 박테리아에 적용하든 박테리아 종에 적용하든 간에, 이 질문의 답은 동일하다. 요컨대, 이 '전체'는 인간이 선택해야 존재할 수 있는 것이다. 이 말의 의미는 인간의 선택이 자의적이라거나 적절치 않음을 얘기하는 것이 아니다. 가령, 여러분이 어떤 우물물이 인간의 배설물로 오염되었는지 알고 싶다고 해보자. 이 물을 마시면 죽지 않을까? 답을 알기 위해서는 병을 일으키는 유기체를 알아야 한다. 병을 일으키는 박테리아를 그렇지 않은 박테리아와 구분할 수 있는 한, 여러분은 병을 일으키는 박테리아가 얼마나 많은 유전자를 교환했는지에 대해서는 관심을 갖지 않는다. 따라서 무수히 많은 유전자 교환으로 만들어진 '전체' 박테리아, '전체' 유기체의 문제를 규명하기는 더욱더 어렵다. 이런 이유로 '전체를 어떻게 볼 것인가' 하는 우리의 선택이 중요하다는 것이다.

혹은 우리에게 독이 되는 중금속을 먹고사는 박테리아가 있다고 해보자. 여러분은 그런 박테리아를 이용해 과거에 광산으로 오염된 땅을 정화할 수도 있다. 여기서 여러분이 해야 할 일은 중금속을 먹는 박테리아를 잘 구별해내는 것뿐이다. 이런 선택은 역사를 복원하는 데도 유용하다. 예로, 유전자를 가지고 박테리아를 분류한다고 해보자. 결국, 박테리아에 삶의 양식과 정체성을 부여하는 것은 이런 유전자들이다. 여기서 역사를 복원하기 위해서는 한 유전자를 선택할 수 있다. 그러나 어떤 역사를 복원할 것인가? 여러분이 현미경으로 보는 박테리아의 역사는 아니다. 왜냐하면 그 박테리아는 다른 박테리아들로부터 받아들인 부분들(즉, 유전자들)의 모자이크이기 때문이다. 따라서 우리가 복원할 수 있는 것은 유전자의 역사와 뒤섞인 삶의 양식의 역사 정도일 것이다.[35]

모호한 종의 경계

앞서 우리는 생물학적 종의 개념(서로 섹스를 통해 번식할 수 있는 유기체)을 살펴보았다. 섹스를 통해 번식하는 유기체들을 분류하는 데는 이런 생물학적 종의 개념이 필수적이다. 하지만 이 개념은 우리가 하는 식의 섹스는 전혀 모르는 박테리아에는 적용되지 않는다. 불행히도 이런 종의 개념은 우리가 살펴본 다른 개념들이 가진 모든 한계를 공유하고 있다.

불모의 평원 위로 수킬로미터나 솟아 있는 울퉁불퉁한 산맥을 상상해보자. 시간이 가면서 산맥 옆구리가 패여 산맥 여기저기에 몇 개의 깊은 계곡이 생겼다. 이런 산맥 옆구리—계곡 바닥과 암석 지대인 산

윗부분의 중간 지대—에 섹스를 통해 번식하는 작은 동물 종(도롱뇽, 뱀, 혹은 다람쥐 중에서 원하는 것을 택하자)이 살고 있다. 아주 추운 기후에는 살 수 없는 이 동물 종은 한 계곡에서 다른 계곡으로 산등성을 넘어갈 수 없다. 또한 산맥을 둘러싸고 있는 불모의 평원이나 포식자가 도사리는 평원을 가로질러 갈 수도 없다. 그러나 이들은 산맥 옆구리에서 사는 삶에 잘 적응했고, 따라서 그곳에 머물렀다. 그러는 사이에 이들은 산맥 주위의 각 계곡에 한 군락씩 몇몇 집단을 형성하게 되었다.

이 군락들은 같은 종에 속하는 걸까? 이를 확인하기 위해서는 두 군락에서 한 개체씩 가져와 그들이 교미를 통해 번식할 수 있는지 살펴봐야 한다.[36] 이때 인접한 계곡에 거주하는 두 군락 출신의 개체들은 쉽게 번식해서 많은 새끼들을 낳고, 이 새끼들도 곧 자기 새끼들을 갖는다. 이들은 생물학적으로 분명 같은 종에 속한다. 그러나 놀랍게도 멀리 떨어진 계곡에서 가져온 두 개체는 교미를 통해 번식하지 못한다. 자손을 낳지 못하거나, 자손을 낳아도 기형이거나 불임이다.

생물학자들은 이런 식의 군락을 이루고 있으면서 종 분화가 나타나는 종을 '고리 종ring species'이라고 부른다. 서로 고립된 여러 군락들이—산맥을 고리 모양으로 둘러싸고 있는 계곡이건, 여러 섬으로 이루어진 군도건 간에—고리처럼 연이어 서식하고 있기 때문에 붙인 말이다. 캘리포니아 시에라네바다의 색이 화려한 미주도롱뇽 군락, 북유럽과 남아메리카의 재갈매기, 티베트 고원의 버들솔새가 이런 고리 종에 속한다.[37] 이들 종은 인접한 군락의 개체끼리는 번식을 할 수 있지만, 먼 군락의 개체들끼리는 번식을 못 한다.

이런 고리 종에서 종은 무엇일까? 인접한 두 군락끼리는 번식을 할 수 있다 해도, 그리고 이들 군락이 한 종에 속한다 해도 먼 군락끼리는 번식을 할 수 없다. 요컨대 생물학적 종 개념에 따르면, 먼 군락은 서로 다른 종이다. 여기서 생물학적 종 개념은 완전히 마비된다. 이 문제를 아무리 비틀고 돌려봐도, 기계적인 종 개념을 적용해서는 이 유기체들을 제대로 분류할 수 없다. 따라서 이 시점에서는 여러분 스스로 판단할 수밖에 없다. 여러분이 선택해야 하는 것이다.

생명체를 분류하는 이 두 방법(공통의 유전자 역사나 공통의 번식을 기준으로 하는 종 분류법)이 가진 한계 때문에, 무엇이 전체인지를 정하고 생명체를 분류하기 위해서는 선택이 불가피하다. 그리고 이런 한계 때문에 (비록 생명체에만 해당되는 것이긴 하지만) 보다 일반적인 원칙 하나가 등장하게 된다. 그것은 '적절한 시각에서 보면, 어떤 전체든 그 경계는 사라진다'는 것이다. 이 원칙은 큰 것(인간과 그 사회)에서부터 작은 것(분자와 원자)까지 지금까지 내가 말한 모든 것, 그리고 내가 말할 수 있는 모든 것에 적용된다.[38] 세계를 분류할 목적으로 경계를 지으려면 우리가 의식하든 의식하지 않든 간에 항상 선택을 해야 한다.

일단 우리가 그런 선택을 하면, 전체와 그 부분들의 관계, 그리고 이 관계가 어떻게 한 물체의 특성 혹은 한 유기체의 행동을 만들어내는지에 관한 다른 많은 질문이 떠오른다. 이런 질문에 답할 때도 역시 선택이 핵심 역할을 한다. 나는 단백질과 헤엄치는 박테리아 같은 몇 개의 사례로 이를 보여줬다. 그러나 선택이 중요한 역할을 한다는 원칙은 내가 이야기하지 않은 모든 부분과 전체에도 똑같이 적용된다. 예컨대, 빛을 받기 위해 고생하는 작은 나무들을 질식시켜버리는 큰 나무들의 잎사귀, 수백만 명의 사람들을 죽이는 극히 작은 기생충들, 가족을 파괴하는 경제 불황, 농부에게 타격을 주는 외래 해충들, 누군가의 차고에서 싹트기 시작한 기술 혁명, 자기 크기보다 수십억 배는 큰 동물의 행동을 조종하는 아주 작은 유전자들, 이런 모든 전체와 부분들에도 같은 원칙이 적용된다. 부분과 전체는 한 동전의 양면과 같다. 이 둘은 완전히 분리되어 있지만 분리될 수 없다. 왜냐하면, 자세히 살펴보면 어떤 부분이라도 전체를 형성할 수 있고, 그 반대의 경우도 마찬가지이기 때문이다.

세계를 여러 전체(종)들로 분류할 때도 선택을 해야 하는 것처럼, 부분과 전체의 관계를 이해하고 싶다면 선택을 해야 한다. 즉, 어떤 특정한 질문들을 하기로 (선택)했다면, 혹은 어떤 특정한 대화를 하기로 (선택)했다면, 어떤 특정한 시각을 선택해야 한다. 이런 선택이 자의적인 것일까? 그렇기도 하고, 안 그렇기도 하다. 자의적인 이유는 다른 누군가가 다른 질문을 선택했을 수 있기 때문이고, 자의적이지 않은 이유는 어떤 대화를 하는 데 있어 어떤 선택들은 다른 선택들보다 유용하기 때문이다. 우물물을 마실 때 병을 일으키는 박테리아를 확인하기 위해 유전자, 단백질 모터, 혹은 회전하는 편모에 대해 물을 필요는 없다. 그러나 박테리아의 헤엄, 삶의 양식, 혹은 진화의 역사를 연구하기 위해서는 그런 것에 초점을 맞춰야 한다.

전체와 부분에 대해 이야기하면서 나는 세계를 분류하는 대화, 과학적 대화, 그 외 다른 대화들에 초점을 맞추었다. 이런 대화들은 과학자들의 선택이 세상을 어떻게 바꾸는지를 잘 보여준다. 그러나 내가 설명한 원칙들은 실제로 거의 모든 인간의 선택에도 적용된다. 그리고 여러분이 하는 모든 선택은 여러분이 세상을 어떻게 바라보았는지에 달려 있다. 여러분이 좋고 나쁘다고 생각하는 것, 옳고 그르다고 생각하는 것, 여러분의 정치적 성향, 여러분이 살고 싶은 삶, 여러분이 자신과 가족을 위해 갖고 있는 꿈과 희망, 이 모든 것은 여러분의 어린 시절부터 시작된, 심지어 (회전하는 아주 작은 엔진을 갖고 자신의 운명을 향해 나아가는 작은 세포로 거슬러 올라가는) 여러분의 조상 때부터 시작된, 여러분이 세상을 살아가는 양식(즉, 삶의 양식)에 기초한다.

접히는 단백질이나 헤엄치는 박테리아의 경우, 내가 제안한 시각들에 쉽게 동의할 수 있을 것이다. 그러나 이런 시각들은 여러분과, 여러분이 이 세상에서 하고 있는 역할에도 적용된다. 여러분은 여러분의 삶을 여러분의 능력, 여러분의 유전자, 혹은 여러분(그리고 여러분의 사회)을 초월한 어떤 힘에 떠밀려가는 것으로 보는 견해를 선택할 수도 있다. 그리고 자신의 운명은 자기 스스로 개척해가는 것이라는 견해를 선택할 수도 있다. 부분과 전체 중 그 어느 것도 서로를 완전히 지배하지 못한다. 그리고 이 둘 사이의 공간은 활짝 열려 있다.

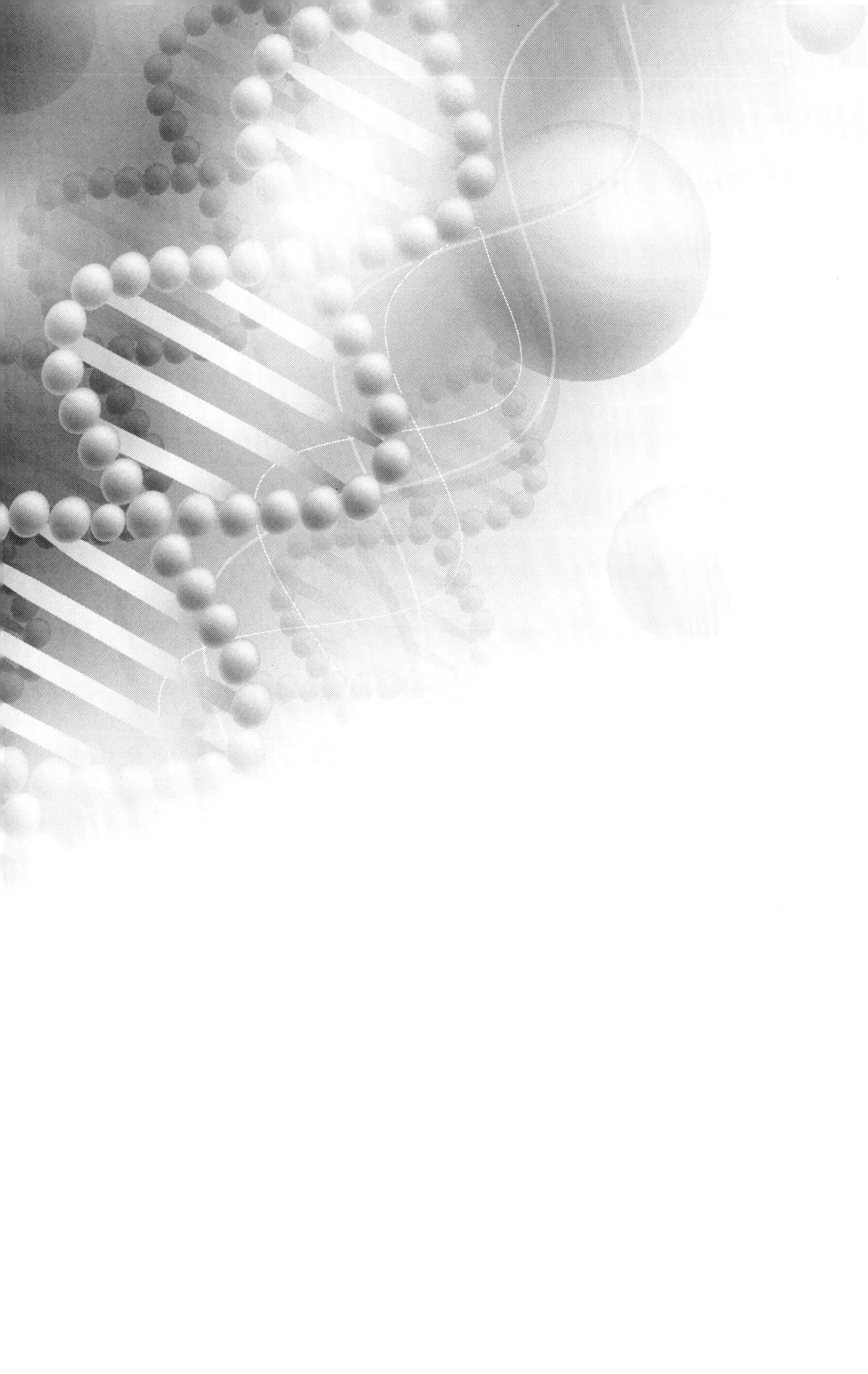

Chapter 4

번영과 멸종의 패러독스

매년 미국인 100만 명이 사망한다. 100만 명 중 1만 명에서 1만 2천 명은
칼에 찔려 죽거나 총에 맞아 죽거나 익사하거나 교수형 당하거나 독을 마시고 죽거나
혹은 이와 유사한 폭력적인 죽음을 맞는다. 이리 호Erie Lake 철로에서는 23명에서 46명의 사람들이 죽는다.
이들을 뺀 나머지 사람들, 그러니까 총 987,631개의 주검이 침대에서 나온다!
그러니 실례지만, 난 그렇게 죽을 확률이 높은 침대는 사양한다. 나한테는 철로가 딱이다.

— 마크 트웨인, 〈위험한 침대 The Danger of Lying in Bed〉

역사의 필연이든, 거대한 외교적 구상이든, 혹은 경제정책에 대한 극단적인 견해든,
그 무엇이든 간에 확신 뒤에는 늘 엄청난 불행이 닥쳐왔다.

— 케네스 애로

여러분의 삶은 위험한가, 안전한가? 혹시 당신은 비행기 조종사인가, 경찰관인가? 아니면 안정된 회계사인가, 평범한 회사원인가? 천장이 여러분 머리로 무너져 내린다는 생각이 든 적이 있는가? 무섭게 변하는 세상에 대해 어떤 느낌을 갖는가? 전해 내려오는 전통을 보존하고 싶은가, 아니면 전통을 버리고 싶은가? 젊은이들이 외계인처럼 느껴지는가? 아니면 젊음의 무모함을 포용하고 문화적, 정치적 혁신을 수용하는가?

위험을 무릅쓴다는 것은 변화를 수용한다는 것이다. 반대로, 현상을 유지하려는 것은 현상에 안주한다는 것이다. 혹은 현상이 안전해 보이기 때문에 현상 유지를 원하는지도 모른다. 여러분은 위험을 무릅쓰고 살 수 있는가? 현상에 안주하는 것이 때로는 위험하지 않은가? 때로는 위험을 무릅쓰는 것이 더 안전하지 않은가? 이번 장에서는 서로 긴장관계에 있는 위험과 안전, 그리고 변화와 안정이라는 대립적인 요인들을 다루고자 한다.

우리가 이런 긴장을 최초로 발견한 사람은 아니다. 우리보다 앞서 다른 사람들이 이런 긴장을 발견했다. 따라서 먼저 이들이 무엇을 깨달았는지 살펴보고, 이런 긴장이 불러일으킨 시각에 대해 생각해보려 한다. 기실, 우리가 살펴볼 시각은 '삶이라는 모험'에 관한 것이다. 즉 이 모험에 어떤 위험이 뒤따르든 간에 결국 이 모험은 자유, 이를테면 '구속에서 벗어나는 자유', '삶의 양식을 선택할 자유', 그렇게 '선택한 삶의 양식을 허용하는 세상을 창조할 자유'를 가져다준다는 시각이다.

생존을 위한 러시안룰렛 게임

박테리아를 연구하려면 고형 젤리를 넣은 배양접시에 박테리아를 기르면 된다. 먹이가 든 고형 젤리 속에서 박테리아는 헤엄을 칠 수 없기 때문에 한곳에 머물 수밖에 없다. 그러곤 육안으로 보일 만큼 군집이 커질 때까지 계속 분열한다. 뾰루지만 한 크기의 군집에는 수억 마리까지 모여 살 수 있다. 사람 손바닥만 한 배양접시에 수백 개의 군집이 들어설 수도 있다. 이 모두가 한 개의 박테리아에서 번식한 후손들이다.

식욕이 왕성한 박테리아 군집은 급속히 분열해 이틀 만에 또 하나의 군집을 만들 수 있다. 수백만 마리의 박테리아들은 주변에 있는 먹이를 빠르게 소비한다. 이로 인해 형성된 지 며칠 만에 군집은 굶기 시작한다. 그러나 다행히도 박테리아는 굶주림을 면하기 위해 정교한 전략들을 개발했다. 그중 하나는 러시안룰렛 게임과 비슷한 전략으로,

이 전략을 택한 박테리아들은 죽음을 무릅쓰고 도박을 한다.

박테리아 각각은 수천 개의 유전자를 가진 긴 DNA 끈을 갖고 있다. 이 끈은 군집의 조상 박테리아 세포로부터 복제에 복제를 거듭해 만들어진 것이다. 그러나 이 복제는 완벽하지 않다. 군집 구성원들의 유전자를 비교하면 DNA가 다른 경우도 있다. 예로 대부분의 박테리아가 G를 가지고 있는 집단에서 T를 가지고 있거나, 대부분이 A를 가지고 있는데도 C를 가지고 있는 박테리아들이 있다. 이는 어떤 DNA 문자든 간에 무작위로 발생한다.[1]

따라서 한 군집에 한 유전자의 변종들이 있을 수 있다. 그런 변종들은 얼마나 될까? 그 수는 군집의 먹이 공급과 군집의 나이에 달려 있다. 박테리아가 1억 마리인, 나이가 어리고 먹이가 풍부한 군집에는 각 유전자마다 50개의 변종이 존재한다.[2] 이 군집과 크기는 같지만 더 나이 든 군집에는 각 유전자마다 수천 개의 변종이 존재할 수 있다. 오래된 군집은 세포분열이 많이 안 일어나더라도 DNA 변종이 가히 폭발적으로 형성된다. 이런 군집의 세포들은 DNA 복제보다 살아남는 데만 매달린다. 이들의 DNA는 'DNA 복구 단백질^{DNA repair protein}'이라는 특정 단백질의 변화 때문에 매우 급격히 변한다.[3]

굶주리는 세포든 잘 먹는 세포든, 모든 세포의 DNA는 자신의 분자 코드를 손상시키는 요인들에 항상 노출되어 있다. 어떤 요인은 외부에서 침투한다. 가령, 자외선 같은 고에너지 방사선에서 나오는 입자들은 세포의 원자로 들어가 그 구조를 바꿔버린다. 또 다른 요인들은 내부에서 나온다. 세포들이 끊임없이 방출하는 노폐물이 바로 그것이다. 이는 공장과 발전소에서 배출되는 폐기물과 비슷하다. 세포에서 방출되는 일부 노폐물은 매우 위험하다. 이 노폐물은 활성산소^{free radical}(유해산소, 유리기)라 불리는 반응성이 매우 큰 분자들이다. 이 활성산소는 거의 모든 분자, 심지어 자기 자신마저 파괴한다. 활성산소에게 'DNA 문자'란 여느 분자처럼 단지 분자일 따름이다. 따라서 활성산소는 DNA 문자와 반응하여 그것을 바꾸고, 그리하여 유전자 정보까지 바꾼다.

DNA를 손상시키는 외부 요인과 내부 노폐물을 그대로 내버려두면 이들은 DNA 분자, 즉 DNA 문자들을 서서히 변화시켜 결국엔 해독 불능의 문자로 만들어버린다. 이렇게 변한 DNA는 다른 아미노산을 가진 단백질이나 다른 모양으로 접히는 단백질로 변한다. 이런 변화로 인해 많은 단백질이 제 기능을 못 하게 되고, 이로써 치명적인 결과가 발생한다. 예로, 많은 단백질은 필수적이고 지속적으로 세포 유지 기능(섬세한 세포막과 다른 단백질들을 보호하고 DNA가 파괴될 위험으로부터 세포 골격을 보호하는 기능. 이는 굶주리는 세포에게도 필요한 기능이다)을 하는데, 이런 기능을 상실하면 세포가 죽고 만다.

따라서 세포들은 이런 파괴적인 변화를 막아야 한다. 그래서 DNA 복구 단백질들의 도움을 받아 DNA 변화를 저지한다. 살아 있는 세포들은 모두 DNA 복구 단백질을 갖고 있다. 복구 단백질의 임무는 DNA 오류를 알아내서 그것을 수리하는 일이다. 먹이가 풍부하고 번성하고 있는 박테리아 군집의 경우, DNA 복구 단백질은 대부분의 DNA 변화를 수리한다. 그러나 기아에 허덕이는 군집의 경우에는 사정이 다르다. 굶주리는 세포들은 다른 오류를 수리하는 동안 새로운 오류를 만들어내는 매우 열악한 복구 단백질을 만들어낸다.[4] 그 결과 굶주리는 세포들은 갈수록 DNA 변화가 누적되고 이 때문에 DNA 변화가 가속화된다.

안 그럴 것 같지만, 이런 열악한 DNA 복구의 이면에도 어떤 체계가 있다. 그것은 전 재산을 걸고 하는 도박과 같다.[5]

세포가 먹이분자를 에너지와 에너지물질로 바꾸려면 효소가 필요하다. 그러나 기아 상태의 세포에겐 이런 효소가 쓸모없다. 하지만 굶주리는 세포의 효소가 군집 주변의 일부 영양분이 풍부한 분자를 먹이로 '인식'해서 그것을 유용한 분자로 변형시키면 그 분자는 세포의 먹이 역할을 한다. 이런 분자는 굶주리는 세포의 문제를 해결해준다. 그러나 세포가 그런 분자를 먹이로 '보지' 못하는 한, 이 분자는 존재하지 않는 것이나 마찬가지다. 따라서 굶주리는 세포는 일부 효소의 표면이 이런 분자의 표면을 먹이로 인식하기에 적합하게 바뀔 필요가 있다.

굶주리는 세포는 자기의 DNA를 무작위로 바꿈으로써 단백질 내용을 바꾼다. 이런 행동은 자기 단백질을 걸고 도박하는 것이나 마찬가지다. 이렇게 단백질 내용이 변하면 대부분의 경우 효소는 기능을 상실한다. 그러나 아주 일부 효소는 일종의 유레카 경험을 한다. 즉, 새로운 먹이를 소화시킬 수 있는 능력을 가진 효소가 되는 것이다.[6] 이런 식으로 변한 세포는 성장, 분열할 수 있는 능력을 갖게 되는 반면, 다른 모든 세포들은 굶어 죽는다. 그리고 살아남은 세포(박테리아)는 수백만 마리로 증가할 새로운 군집의 조상이 된다.[7]

이를 다음 상황에 비유해보자. 어떤 개발도상국의 10억 인구가 석유 수급 위기에 처했다. 필요한 휘발유를 그 누구도 구할 수 없다. 그런데 이들은 나처럼 차에 문외한일 수도 있을 것이다. 이들은 문제 해결을 위해 제멋대로 엔진을 개조한다. 부품을 꺼내 새 부품을 끼우고 자기 방식대로 엔진을 바꾸면 바이오오일이나 알코올처럼 풍부한 대체연료로 차가 달릴 수 있을 거라고 생각하고, 모두 그렇게 했다.

그러나 그렇게 하면 엔진을 망칠 확률은 매우 높은 반면, 성공할 확률은 매우 낮다.[8] 제멋대로 새 엔진을 만든 경우, 그 성공 확률이 얼마나 될지는 전혀 계산할 수 없다. 그러나 박테리아 군집의 경우, 단백질 내용을 바꾸는 도박에 성공할 확률은 계산할 수 있다. 10억 마리의 박테리아를 대상으로 연구하면 그 결과를 알 수 있다. 10억 마리의 박테리아 군집(인구가 많아 먹이가 부족한 오래된 군집)에 그들이 모르는 낯선 먹이를 주고 몇 마리가 살아남는지 관찰하면 된다. 먹이가 풍부한 1억 마리의 박테리아 군집(젊은 군집)에서는 새 먹이를 먹이로 받아들이기까지는 몇 년이 걸릴 것이다. 그러나 기아로 죽느니 도박을 감수해야 하는 10억 마리의 박테리아는 새 먹이를 인식하는 데 하루도 걸리지 않을 것이다.[9]

굶주리는 세포들의 도박은 앞서 말했던 다른 여러 긴장들에 몇 가지 시사점을 준다. 예로, 각각의 세포("자아") 입장에서는 DNA 복구를 중단하면 문제에 직면할 가능성이 매우 높다. 즉, 죽을 가능성이 크게 높아진다. 그러나 전체 군집("타자") 차원에서는 그런 도박이 한 세포라도 살려 새 생명의 씨앗을 남기는 것이므로 매우 큰 혜택이 될 수 있다. 이처럼 세포와 군집의 운명은 아주 긴밀하게 연계된다.

안전에 내재된 위험

이제 다음 질문을 해보자. 위와 같은 세포의 시각에서 볼 때, 무엇이 위험하고 무엇이 안전한 것인가? DNA 복구 단백질을 유지하는 것이 분명 안전하다. DNA를 복구할 수 있는 세포들은 파괴되는 부분들 때문에 죽지는 않을 것이다. 그러나 DNA 복구 기능을 유지하는 일은 매우 위험하기도 하다. 세포가 도박을 하지 않는 것은 기존의 먹이를 다시 구할 수 있음을 암묵적으로 가정한 것이다. 먹이를 다시 구할 수 있다면 도박할 가능성은 없다. 반면에 DNA 복구를 중단하는 것은 분명 매우 위험하다. 이 경우 궁극적으로 그 세포를 파괴할 수도 있다. 그러나 그렇게 하는 것이 유일하게 안전한 행동일 수도 있지 않을까? 그렇게 하는 것이 기아를 끝내고 새 생명을 형성하는 유일한 생존 전략이 될 수도 있다.[10]

결과적으로 볼 때, 지난 30억 년 동안 박테리아 생존에 도움이 되었던 안전한 전략은 죽음에 직면했을 때 도박을 하는 것이었다. 몇몇을 제외한 모든 박테리아가 굶어 죽을 게 분명한데도 박테리아들은 이런 전략을 추구한다.[11] 하지만 이런 사실도 '무엇이 안전하고 무엇이 위험한가?' 하는 질문에 정답을 주지는 못한다. 박테리아의 이런 유서 깊은 전략도 오늘 이후로는 더 이상 들어맞지 않을 수도 있다. 내일 일을 누가 알겠는가?

한 개의 정답은 존재하지 않는다고 생각하자. 위험과 안전은 서로 반대지만 동전의 양면처럼 분리될 수 없다고 생각하자. 얼핏 보기에 안전해 보이는 것도 그 안에는 우리가 계산할 수 없는 위험이 도사리고 있으며, 적절한 각도에서 봤을 때 위험한 것도 안전한 천국을 제공해줄 수 있다.

그러나 하나의 정확한 각도, 하나의 궁극적이고 진정한 시각은 없을까? 이런 질문에 대한 답은 '없다'라고 생각하자. 박테리아든 사람이든 시각의 선택은 전적으로 결정을 내리는 당사자의 몫이라고 생각하자. 위험과 안전은 우리가 앞서 살펴봤던 것과 유사한 역설적 긴장 관계에 있다. 아무리 부적절한 것으로 밝혀진다 해도 오직 선택만이 이런 긴장을 해소할 수 있다.

먼저 선택이 중요하다는 시각에 가장 반대되는 주장부터 살펴보자. 박테리아가 도박을 할 때 죽을 위험이 얼마나 되는지 계산하기 위해, 우리가 그들에 대한 충분한 지식을 갖췄다고 해보자. 이를테면, 어떤 먹이가 있고, 얼마나 자주 새 먹이가 등장하며, 박테리아가 어떤 효소를 만들어내고, 이런 효소가 어떻게 먹이분자를 인식하는지 따위 말이다. 박테리아가 죽을 확률을 계산하는 것이 좀더 복잡하긴 하겠지만, 기본적으로 포커, 주사위, 동전 던지기에서 패할 확률을 계산하는 것과 별반 다르지 않다(동전 '앞면'에 세 번 연속으로 돈을 거는 것은 세 번 중 한 번만 돈을 거는 것보다 더 위험하다). 상황을 완전히 알고 있으면 위험을 파악할 수 있다. 따라서 우리는 최소한 '원칙적'으로는 위험을 정확히 평가할 수 있다. 위험을 파악하는 데는 선택이 필요하지 않다.

이런 주장엔 어떤 문제가 있을까? 첫째, 가장 분명한 것은 '위험'은 '가치'의 문제라는 것이다.[12] 위험한 결정을 할 때 잠재적인 이익 혹은 손실(위험)을 감수하는 이유는 그 결정이 결정자에게 중요한 가치를 갖기 때문임이 분명하다. 박테리아의 도박은 그들에게 가치 있는 도박일 수 있다. 둘째, 결정자가 아닌 제3자의 시각으로 보는 것은 사실 기만이다. 사람이든 박테리아든 결정자의 시각에서, 그리고 결정자의 위험 평가 능력의 견지에서 문제를 봐야 한다. 셋째, 완전한 정보(결정을 내리는 데 중요한 모든 것)를 갖는 것은 사람이든 박테리아든 원칙적으로도 불가능하다.

불완전한 정보의 문제를 살펴보기 위해 인간의 의사결정 과정을 들여다보자. 결정 사항은 모든 사회구성원에 영향을 미치는 광범위한 문제다. 예컨대, 일기예보에 근거해 추수 일 결정하기, 값비싼 그림의 보험료 결정하기, 집짓기에 안전한 장소 결정하기, 석유를 캐기 위해 시추

할 곳 결정하기, 주식 매수가 결정하기, 전쟁 위험성 결정하기 따위다. 의사결정이론, 위험분석, 보험수학, 그리고 게임이론에서는 이런 사항을 포함한 여러 문제를 계산하려는 문헌들을 대량 생산해내고 있다.[13]

다행히도 이중에서 우리의 논의와 관련된 논점은 얼마 안 되기 때문에 여기서 살펴볼 수 있겠다. 첫 번째 논점은, 동전 던지기 같은 이상적인 확률 게임과 삶의 결정들을 구분하는 것이 중요하다는 것이다. 일부 위험분석학자들은 위험과 불확실성이란 관념으로 이 둘을 구분한다.[14] 위험과 관련된 결정에서는 동전 던지기나 룰렛 게임을 할 때처럼 확률이 이미 정해져 있다. 따라서 해당 문제에 대한 완전한 정보를 가진 셈이다. 그러나 불확실성과 관련된 결정에서는 정해진 확률이 없다. 예로, 지진이나 선거 결과, 주식시장을 예측할 때는 확률이 아니라 불확실성 속에서 결정을 내려야 한다.

위험은 확률을 알고 있는 경우에만 계산할 수 있다. 이런 모든 계산은 좀더 복잡하긴 하지만 확률 게임에서 확률을 계산하는 것과 본질적으로 같다. 그러나 실제 삶의 결정은 이와 매우 다르다. 삶의 결정은 위험을 계산할 수 있는 확률 게임이 될 수 없다. 우리가 그에 관한 확률을 알고 있는 척하는 경우가 있긴 하지만, 날씨부터 시작해서 타인의 행동에 이르는 수많은 변수들 때문에 확률을 알아낼 수 없다. 위험과 불확실성을 구분해 말하자면, 모든 실제 삶의 결정에는 불확실성이 도사리고 있다고 하겠다. 하지만 나는 이 책의 목적상 확률과 관련된 위험은 물론 불확실성까지 포괄하는 말로 "위험"이란 말을 사용하려고 한다.

계산할 수 있는 위험과 실제 삶의 결정 사이에 깊은 골이 존재한다는 것을 처음 인식한 사람은 존 메이너드 케인스^{John Maynard Keynes}와 노벨경제학 수상자인 케네스 애로$^{Kenneth Arrow}$ 같은 경제학자들이었다는 건 우연이 아니다. 경제적 결정은 모든 사람의 삶에 중요할뿐더러 많은 불확실성을 내포하고 있지만, 결정의 결과는 돈을 벌거나 잃는 것으로서 비교적 단순하다는 특징이 있다. 그러나 우리가 접하게 될 다른 많은 결정들은 그 결과가 훨씬 복잡하다.

계산할 수 있는 확률 게임은 실제 삶의 결정에 지침이 될 수 없다. 그러나 어리석게도 우리는 종종 지침이 될 수 있다고 생각한다. 그로 인해 우리는 결정을 내리기 위해 어떤 정보를(아무리 불완전한 정보라 해도) 사용하는 것을 좋아한다. 케네스 애로의 일화가 이런 딜레마를 잘 보여준다. 제2차 세계대전 중 애로는 미 공군의 기상예측관으로 일했다. 그런데 장기 기상예보가 제비뽑기로 당첨자를 뽑은 숫자만큼이나 맞지 않는다는 사실을 발견했다. 그래서 애로의 기상 팀은 상관에게 자신들을 해임시켜줄 것을 요청했다. 하지만 상관의 대답은 이랬다. "사령관께서도 기상예보가 엉망이란 걸 알고 있다. 그러나 사령관께서 작전 계획을 수립하기 위해서는 기상예보가 필요하다."[15]

두 번째 논점은, 결정을 내리는 지침이 되는 정보가 모두 과거의 것이라는 것이다. 주식 매수 결정과 그로 인한 경제적 손실의 위험을 예로 들어보자. 어떤 사람은 직감으로 주식을 매수한다. 그러나 대부분의 사람들(특히 전문 투자가들)은 미래의 위험을 예측하기 위해 그 주식의 과거 정보를 사용한다. 그것은 해당 주식의 과거 실적, 회사의 과거 이익 대비 현재 주가 비율, 주식의 과거 주가 변동 정도를 나타내는 주가 변동성 따위다. 과거를 토대로 미래의 위험을 판단하는 것이다. 그리고 이런 모든 정보를 갖고도 미래의 위험을 제대로 평가하지 못하는 경우가 많다. 그래서 주식중개인들이 '과거 실적이 미래의 결과를 보장해주지는 않는다'라고 주문처럼 말하는 것이다. 더욱이 과거의 정보들이 실패하는 사례는 주식시장 붕괴에서만 등장하는 게 아니다. 적극적으로 주식을 운용하는 주식 펀드의 경우를 보자. 주식 펀드의 펀드매니저들은 한 주식을 보유했을 때의 위험을 평가하는 대가로 보수를 받는다. 그런데 대부분의 주식 펀드는 전문가들이 펀드를 운용하는데도 시장 평균보다 못한 수익을 낸다.[16] 과거의 주식 실적에 기초한 평균적 결정이 제비뽑기보다 나은 게 없는 것이다.

과거의 경험이 미래의 결정에 지침으로 활용되는 곳이 금융시장뿐만은 아니다. 삶의 모든 영역에서 과거의 경험이 미래의 결정을 위한 지침으로 사용된다. 확률 게임에서도 마찬가지다. 결국 과거의 경험이 동전 앞면이 나올 확률은 2분의 1이라고 말해주는 것이다. 그러나 우리가 가진 게 그것뿐이긴 하지만 과거는 미래를 전망하는 데 형편없는 지표임이 분명하다.

많은 인간의 게임에서 결정의 결과는 분명하다. 이런 사실은 돈을 벌거나 잃을 수 있는 주식시장처럼 복잡한 게임에도 적용된다.[17] 반면, 자연에서 행해지는 많은 게임의 결정들은 굶주린 박테리아에게 새 먹이를 소화할 수 있는 능력이 생기는 것처럼 예기치 않은 결과를 가져오기도 한다. 이런 게임의 결과는 게임 자체를 바꿀 수 있고, 심지어 새로운 게임을 창조하기도 한다. 유기체들이 수십억 년 동안 해왔던 유전적 도박을 생각해보자. 이런 유전적 도박의 결과로 서로 다른 위험에 직면해 있는, 따라서 서로 다른 게임을 벌이는 100만 개 이상의 종이 나왔다.

이런 논의를 종합하여 나는 안전과 위험이 (어떤 각도에서 보면 정반대처럼 보이지만) 동전의 양면처럼 서로 불가분하게 연계되어 있다는 시각을 주장한다. 외견상 안전한 결정을 함으로써 지불해야 할 대가는, 자신이 택한 안전 그 자체에 예기치 않은 위험이 도사리고 있다는 것이다. 반대로 위험한 결정을 했을 경우, 그러지 않았다면 빠질 수 있었던 치명적인 상황에서 벗어날 기회를 얻을 수도 있다. 결과적으로 무엇이 위험하고 무엇이 안전한가에 대한 결정은 불가피하게 선택의 요소를 포함하고 있다. 결국 박테리아나 인간 결정자가 아니면 과연 누가 그런 판단을 하겠는가? 둘 중 누구도 원칙적으로조차 위험을 계산할 수 없다면, 과연 누가 그 위험을 계산할 수 있겠는가?[18]

도박을 하는 박테리아와 우리는 결정의 결과를 예측할 수 없다는 점에서 공통점이 많다. 사실 근시안적인 인간보다 도박하는 박테리아가 더 나아 보인다. 살아 있는 박테리아는 지난 30억 년 동안 옳은 결정만 했던 주식중개인처럼 보인다. 이 박테리아는 단 한 번도 잘못된 주문을 하지 않았다. 어떤 주문이든 잘못된 주문을 한 번이라도 했다면 그것은 박테리아 종의 절멸을 의미했을 것이기 때문이다. 그러나 주식중개인처럼 박테리아의 다음 주문이 틀릴 수도 있다. 과거에는 효과적인 결정("절망적인 굶주림 속에서는 DNA 복구를 중단하라")이었다 해도 그것이 앞으로도 계속 효과적이리라는 보장은 없다.[19]

승률이 희박한 게임은 혁신 기회

굶주린 박테리아의 도박은 극단적이거나 예외적 사례가 아니다. 생물학 전체에 같은 원칙이 적용된다. 예로, 종들 간 여러 변종들의 흥미로운 차이를 보자.

우선 DNA 복제오류, 외부 방사능, 내부 노폐물 등의 다양한 이유로 DNA가 변할 수 있다는 점을 상기하자. 세포들은 복구 단백질을 이용해 DNA 변화를 복구한다. 따라서 어느 정도 돌연변이를 통제한다. 흥미로운 점은 돌연변이의 빈도(각 세대에 나타나는 돌연변이의 수)가 종마다 무척 다르다는 것이다.[20] 어떤 유기체는 다른 유기체보다 돌연변이 빈도가 몇 천 배나 낮다. 박테리아 종은 서로 비슷한 유기체지만 종들 간의 돌연변이 비율이 몇 배나 차이 나는 경우도 있다. 대체적으로 한 미생물이 가진 DNA와 유전자가 많을수록 각 유전자가 세대당 발생시키는 돌연변이 수는 적어진다.[21]

그 이유에 대한 한 가지 설명은, 많은 유전자를 가진 유기체는 많은 단백질을 갖게 되는데, 개개 단백질이 파괴되면 그 유기체가 죽을 수도 있다는 것이다. 대부분의 DNA 변화는 단백질을 파괴하고 단백질이 파괴되면 유기체가 죽을 수 있기 때문에 더 많은 단백질을 가진 유기체일수록 보다 적은 돌연변이를 택하게 된다는 것이다.[22] 그러나 돌연변이 빈도가 달라지는 실제 이유가 무엇인지에 대한 논의는 우리의 대화에서 부차적인 것이다. 더 중요한 것은 위험과 관련된 의문이다. 요컨대, 세포들이 DNA 복구를 통제할 수 있다면, 모든 유기체들에서 돌연변이가 똑같이 드물게 나타나야 하지 않을까?

얼핏 보기에 가능한 한 적은 돌연변이만 허용하는 것이 안전해 보인다. 오늘날 살아 있는 모든 유기체들은 생을 살아가는 성공적인 전략을 구사하고 있다. 박테리아의 삶의 양식은 지금까지 박테리아가 살아남았다는 점에서 (30억 년 이상이나) 거의 성공적이었다. 그런데 왜 성공적이었던 단백질을 바꾸는 걸까? 왜 단백질의 기능을 파괴할 수도 있는 돌연변이를 허용하는 걸까?

첫 번째로 가능한 설명은, 유기체들은 모든 DNA 변화를 복구할 수 없다는 것이다. 유전자를 수리하려면 시간과 에너지가 필요하다. 너무 많은 유전자를 수리하다 보면 먹이를 찾는 등의 필수적 활동에 필요한 시간과 에너지를 너무 소비하게 된다. 그러나 어떤 유기체들은 분명 다른 유기체들보다 많은 돌연변이를 수리한다. 따라서 비용이 모든 걸 설명해주는 답은 아니다.[23]

두 번째로 가능한 설명은, 한 유기체의 삶의 양식이 영원히 성공적이라는 보장은 없기 때문이란 것이다. 유기체를 둘러싼 세상은 끊임없이 변하며, 실제로 지난 30억 년 동안 그래왔다. DNA 변화를 별로 허용하지 않는 유기체라도 더 낫고 성공적인 삶의 양식을 발명할 수 있지 않을까 해서 조금씩이라도 항상 도박을 한다.[24] 따라서 굶주리는 박테리아 군집이 보여주는 극단적인 행동 원칙은 다른 많은 유기체들에도 적용될 수 있다. 부유한 투자자가 훨씬 더 부자가 될 수 있는 것처럼 성공적인 삶의 양식을 가진 유기체들이 훨씬 더 성공적일 수 있다. 그러나 '더 좋은 것'은 '좋은 것'의 적이다. 생명체들은 이런 원칙을 구현하면서 희박한 이익을 얻기 위해 도박꾼의 위험을 택한다. 삶의 양식이 악화된(비성공적으로 변한) 굶주리는 박테리아는 도박이 혁신적으로 생명을 구해주지나 않을까 해서 다른 유기체들보다 더 열심히 도박을 할 뿐이다.[25]

생존 투쟁이 낳은 삶의 양식

지금까지 우리는 돌연변이가 삶의 양식을 변화시킨다는

것을 살펴봤다. 그러나 삶의 양식 자체는 어떻게 변하는 걸까? 그런 변화에 따르는 기회와 위험은 또 무엇일까? 이런 문제들을 살펴보기 전에 어떤 삶의 과제든지 여러 방법으로 해결할 수 있다는 것, 그리고 성공적인 많은 해결책들은 다른 해결책의 성공에 기초하고 있다는 것을 생각해보라.

에너지를 얻는 일이 그 생생한 사례다. 한 유기체가 이용할 수 있는 에너지가 많을수록 더 빨리 성장, 번식할 수 있다. 예로 식물은 에너지를 얻기 위해 수많은 전략을 활용한다. 이들의 전략 성공 여부는 주로 햇빛에 달려 있다. 한 식물이 이용할 수 있는 햇빛이 많을수록 더 잘 자라고 번식할 수 있다. 가능한 한 많은 햇빛에 접근하기 위해 많은 식물들은 하늘을 향해 자란다. 그러기 위해서는 중력과 바람에도 버틸 수 있는 지지대가 필요하다. 지지대를 만들기 위해 많은 식물들은 강한 몸통을 만들며, 강한 몸통을 만들기 위해서는 많은 에너지와 에너지물질이 필요하다. 그런데 에너지 일부를 아낄 수는 없을까? 에너지를 아끼면서도 더 많은 햇빛에 접근할 수는 없을까? 그럴 수 있다. 다른 나무의 단단한 몸통에 의지하면 된다. 이런 대안적인 전략을 추구하는 대표적인 식물은 포도 같은 덩굴식물이다. 덩굴을 만드는 데 필요한 에너지는 단단한 몸통을 만드는 데 필요한 에너지보다 적다. 따라서 덩굴식물들은 빨리 자라고 햇빛에 더 빨리 접근할 수 있다.

그러나 기생식물은 에너지를 얻기 위해 완전히 다른 전략으로 대응한다. 기생식물의 뿌리는 다른 식물의 에너지 수송로에 침투해 에너지를 얻는다. 이렇게 하면 자신이 힘들여 빛 에너지를 구할 필요가 없다.

또 다른 사례는 질소 같은 필수 미네랄을 얻는 과제다. 식물들 대부분은 토양의 미네랄을 통해 질소를 얻는다. 문제는 많은 토양에 질소가 부족하다는 데 있다. 이를 해결할 방법이 있을까? 물론 있다. 식물 주변의 공기는 70%가 질소다. 그러나 대부분의 식물들은 공기에서 질소를 추출하지 못한다. 하지만 완두콩, 대두 같은 콩과식물은 공기 중의 질소에 접근할 수 있다. 이 과정에서 이들은 공기에서 질소를 캐낼 수 있는 뿌리혹박테리아^{Rhizobia}와 팀을 이룬다. 뿌리혹박테리아는 콩과식물의 뿌리에 서식하면서 그곳에서 영양분을 얻고 공기 중의 질소를 식물이 이용할 수 있는 형태로 변형시킨다. 질소를 얻을 수 있는 세 번째 전략은 식충식물이 추구하는 전략이다. 육식인 식충식물들은 풍부한 질소원인 동물을 잡아먹는다. 그런데 좀더 자세히 살펴보면 질소를 얻기 위한 이런 각각의 전략도 다양한 방법으로 추구될 수 있다. 이를테면 불운한 희생자들을 그들의 소화액에 넣어 익사시키거나, 강력한 즙으로 마취시키거나, 끈끈한 아교로 포획하거나, 꽃잎 혹은 잎사귀 안에 가둬 잡을 수도 있다.

지구상에 존재하는 수많은 종들은 삶을 꾸려가는 방식, 에너지를 얻는 방식, 포식자에게서 도망치는 방식, 먹이를 쫓는 방식, 동면이나 이주를 통해 살아남는 방식 등으로 구별된다. 종들 간에 이런 방식들이 서로 겹쳐지기도 하면서 생명체가 삶을 꾸려가는 전략은 엄청나게 많아진다. 그리고 삶을 꾸려가는 훨씬 많은 방법들이 다시 이런 전략들에 기초해 얻어진다. 우리는 몇몇 사례에서 이렇게 구축된 (삶의 양식의) 구조 중 어느 한 부분을 살펴봄으로써 삶의 양식이 어떻게 변하는지 연구할 수 있다.

안전과 위험의 패러독스

돌연변이로 인해 유기체와 그의 삶의 양식은 시간이 가면서 천천히 변한다. 개별 유기체 차원에서 볼 때 이 변화에는 분명 위험이 도사리고 있다. 박테리아의 엔진을 멈추거나 독성 바이러스의 발육을 막는 변화 같은 것들은 유기체를 손상시킨다. 그러나 새로운 먹이를 소화하거나 먹이 잡는 능력이 새로 생긴다면 이는 분명 이로운 것이다. 그런데 이도저도 아닌 '중립적 변화neutral change'(해당 유기체에 이득도 손해도 주지 않는 변화—옮긴이)는 유기체에 전혀 영향을 끼치지 못한다.[26] 돌연변이가 몰고 올 결과에 대해 유기체는 거의 또는 전혀 예측할 수 없다.[27] 그러나 유기체가 선견지명을 갖고 있다면, 해로운 변화는 막고, 중립적 변화에는 관심을 갖지 않으며, 이로운 변화는 받아들이려 할 것이다.

얼핏 보면 그런 것 같다. 그러나 여기엔 함정이 있다. 요컨대 한 유기체가 '충분한' 선견지명을 갖고 있다면 어떤 변화가 좋은 것이 될지, 나쁜 것이 될지를 쉽게 평가할 수 있다. 이때 짚고 넘어가야 할 주의사항 중 하나는 처음 발생했을 때는 아무런 영향도 미치지 않는 중립적 변화의 경우다. 처음엔 중립적인 변화였다고 해서 그것이 영원히 중립적으로 남아 있으리란 보장은 없다. 수백만 년 후에는 이 변화 중 일부가 갑자기 치명적으로 변할 수도 있다.[28]

박테리아와 인간의 세포는 성장, 분열을 위해 서로 매우 유사한 분자들(일부는 단백질, 또 다른 일부는 작은 먹이분자들)이 필요하다. 박테리아 세포는 미네랄과 당분 같은 작은 기초물질로 이런 분자들을 만든다. 그러나 우리 인간 세포는 그러지 못한다. 우리 몸에 필수적이며 복잡한 분자인 비타민을 우리는 생산하지 못한다. 그래서 우리 세포는 우리가 섭취한 음식으로 10종 이상의 비타민을 만들어주는 박테리아가 필요하다. 박테리아는 비타민 분자를 만들어내는 필수 효소를 갖고 있지만, 우리는 그렇지 못하다. 왜 그럴까?

생명의 역사를 거슬러 올라가면, 박테리아와 우리의 공통 조상인 단세포 유기체가 나온다. 박테리아처럼, 우리의 조상은 비타민을 생산할 수 있었다. 그러나 인간과 박테리아의 역사가 갈라진 후 어느 시점에서 인간은 이런 능력을 상실했다. 돌연변이가 발생하여 비타민 생산에 필요한 유전자를 파괴했기 때문이다. 그러나 우리는 비타민을 만드는 유전자 없이도 살 수 있었다. 필요한 비타민을 음식으로 섭취할 수 있었기 때문이다. 비타민 생산 유전자 없이도 살 수 있었기 때문에 우리 조상들은 그런 돌연변이에 관심을 갖지 않았다. 비타민 생산 기능의 상실은 삶의 양식에 딱히 변화를 주지 않는 중립적인 변화, 중립적인 돌연변이였다.[29]

차고를 온갖 보물(도구, 장난감 등) 창고로 만든 사람이라면 쓸데없는 것은 다 버리라는 단순한 원칙이 절실하게 느껴질 것이다. 그래서 사람들은 쓰레기가 되어버리는 그런 보물들을 주기적으로 청소한다. 유전자들도 주기적으로 그런 청소를 당한다. 잉여 유전자가 된 불필요한 유전자들은 그런 유전자를 파괴하는 돌연변이를 통해 청소된다.

비타민 생산만이 제거되어야 할 유일한 삶의 양식은 아니었다. 가장 인상적인 청소 사례는 기생충, 특히 우리 세포 안에 사는 기생충들에서 발생했다. 숙주였던 우리 세포들은 원래 기생충들에게 약간의 비타민과 삶의 필수품 대부분을 제공해주었다. 그러다 우리 세포들이 비타민을 생산하지 않게 되자, 일부 기생충들은 자신의 단백질 기초물질을, 또 일부 기생충들은 자신의 DNA 기초물질을 생산할 수 없게 되었다. 이로써 일부 기생충들은 자신의 세포벽을 만들 능력을 잃었고, 또 일부 기생충들은 호흡할 능력, 즉 산소를 사용해 에너지를 만드는 능력을 잃게 되었다. 또 일부 기생충들은 에너지를 만드는 능력을 모두 잃었다. 그리고 일부 기생충들은 이런 능력 중 상당 부분을 잃었고 이와 함께 수천 개의 유전자도 잃었다.[30] 이런 모든 변화를 겪고도 이후 기생충들은 행복하게 살았다. 숙주가 영양분과 에너지를 직접 제공하는 한, 이런 변화는 중립적이었기 때문이다.

물질적 서비스 외에도, 많은 동물 숙주들은 (자신의 감각기관을 통해) 기생충들에게 보고 듣고 이동할 수 있는 능력을 제공했다. 따라서 기생충들은 이런 능력들도 안전하게 제거했다. 가장 많은 능력을 제거한 기생충들은 최소한의 번식 능력만 갖게 되었다. 그래서 이들의 몸은 가느다란 먹이 튜브를 통해 숙주의 영양분을 받아먹는 (정자나 난자를 생산하는) 조직 덩어리로 변했다.

인간 질병을 일으키는 기생충들 중 아주 특별한 청소 사례가 발생했다. 결핵을 일으키는 결핵균Mycobacterium tuberculosis은 여러 약물에 저항력(내성)을 갖고 있었는데,[31] 이 내성은 의사가 더 이상 해당 약물을 처방하지 않자 약물에 저항하던 내성 유전자들이 필요 없게 되면서 빠르게 사라져버렸다. 이때 내성을 잃은 것은 삶의 양식이 중립적으로 변한 것이라 할 수 있다.

기생충들만 낡은 삶의 양식을 버리는 것은 아니다. 독립생활 유기체들, 예로 항상 어두운 지하 동굴에 사는 동물들도 그렇다. 이들은 볼 필요가 없기 때문에 시력을 잃는다. 땅으로 올라온 물고기들은 아가미를 잃었다. 구멍 속에 사는 유기체들은 다리를 잃었고, 평형을 유지할 필요가 없는 경우에는 꼬리도 잃었다. 결국 개별 단백질에서부터 복잡한 기관에 이르기까지 한때는 필수적이었던 것들이 빠르게 제거되었다. 이런 제거는 모두 중립적일 수 있다.[32]

이런 중립적인 변화가 위험이나 안전과는 어떤 관계일까? 세상이 변하지 않고 그대로 있다면, 아무런 관련도 없다. 그러나 세상이 변한다면 크게 관련된다. 그리고 세상은 항상 변한다. 여러분 차고에서 버려도 되는 보물은 어떤 것인가? 무엇을 버려야 할지 고르기 힘들 것이다. 어느 날 차가 고장난다면, 오래된 스케이트보드가 필요할 수도 있다. 몇 년 동안 먼지를 뒤집어쓰고 있는 볼링공은 굉장히 비싼 제품이 아닌가? 아이들이 언젠가는 그 공을 쓸지도 모른다.

이처럼 어떤 유기체가 버린 부분이 어느 날 다시 필요하게 될지도 모른다. 쓸모없다고 생각하고 버린 대가가 죽음으로 돌아오는 경우도 많다. 예로, 결핵균은 약물이 투여되지 않으면 약물의 효능을 무력화시키는 능력을 버릴 수도 있다. 이는 그 능력을 버려도 삶의 양식에 영향을 미치지 않기 때문에 중립적인 변화다. 그러나 많은 세대가 지나 의사들이 다시 그 약물을 사용하려 할 수도 있다. 이때 운동이나 먹이를 숙주에 전적으로 의존하는 그 기생충(결핵균)은 어떻게 될까? 숙주가 자신을 지키는 법을 배워서 그 기생충을 몰아내거나 면역 시스템을 통해 쫓아낸다면 어떻게 될까? 이때 생식기만 빼고 아무것도 없는 기생충을 상상해보자. 이 기생충이 숙주에서 쫓겨나면 어떻게 될까?

처음 사례로 돌아가보자. 비타민 결핍도 죽음을 초래할 수 있다. 비타민 A 결핍은 (비타민 A가 부족한) 쌀을 주식으로 하는 지역에서는 공중 보건상 매우 심각한 문제다. 이런 지역에서 비타민 A 결핍은 시력 상실과 죽음을 초래할 수 있다. 전 세계에서 약 10억 명이 이런 비타민

A 결핍에 시달리고 있다. 비타민 A 생산 능력을 제거한 것은 수백만
년 전 우리 조상에게는 중립적인 것일 수 있었다.[33] 그러나 오늘날 비
타민 A 결핍으로 죽어가는 사람에게는 그 변화가 중립적일 수 없다.

중립적 변화와 혁신

위 사례들은 변덕스러운 세상의 여러 변화 중 그 어떤 것
도 중립적인 변화를 치명적인 것으로 바꿀 수 있음을 보여준다. 그 반
대도 가능하다. 원래는 이도저도 아닌 중립적인 변화가 아주 소중한
혜택을 가져다줄 수 있다. 그 사례로 꿀벌, 잠자리, 말벌 등 곤충이 날
게 된 이유를 살펴보자.

새와 박쥐가 어떻게 날게 되었는지는 이미 잘 알고 있을 것이다. 이
들의 조상은 본래 네 발로 걸었는데, 그중 두 앞발의 모양이 점차 변했
다. 처음엔 앞발로 활공을 하다가 차츰 비행을 할 수 있는 넓은 날개로
진화했다. 그러나 곤충의 날개는 새나 박쥐의 날개와는 아주 다르다.
이들의 날개는 발에서 변형된 것이 아니다. 날 수 없는 곤충이나 날 수
있는 곤충 모두 여섯 개의 발을 갖고 있기 때문인데, 이들 발이 과거와
같이 여섯 개라는 사실은 날개가 발에서 변형된 것이 아님을 말해준
다. 더욱이, 새나 박쥐의 날개는 골격구조상 포유류의 앞발과 매우 비
슷한 반면, 곤충의 날개는 포유류의 발과는 전혀 다르다. 그렇다면 곤
충의 날개는 어떻게 생겨난 걸까?

어떤 이들은 파리 같은 곤충의 등에 있던 쓸모없는 각질판이 날개
가 되었다고 생각한다. 보통 날개같이 복잡한 특징이 하루아침에 만들

어지지는 않는다. 그러나 털, 여분의 손가락, 피부 각질판이 생기고 자라는 작은 변화들은 일상적으로 일어난다. 이런 변화들은 중립적인 한 수용된다(중립적이라 해도 예기치 않게 사용하는 일이 생기지 않는다면 결국 다시 사라진다). 또 어떤 이들은 물에 살던 곤충의 조상들(바다가재와 새우의 친척뻘쯤 된다)이 호흡에 사용했던 다리 부속기관이 날개가 되었다고 주장한다. 이런 부속기관의 원래 용도가 무엇이었든 간에, 그 원래 용도는 나는 것과는 아무런 관련이 없었다. 요컨대, 이런 것들이 생겨난 것은 '비행'이라는 삶의 양식과 관련해서 중립적인 것이었다.[34]

등의 각질판이나 다리 부속기관에서 생겨난 변화들이 어떻게 비행으로 이어진 걸까? 이런 변화들은 비행과 관련해 그 역시 중립적이었던 일련의 소소한 단계들을 거쳐 비행으로 이어지게 되었다. 확실히 알 수는 없지만, 그 첫 단계는 다음과 같았을 것이다. 깃털처럼 가벼운 곤충은 물 위에서 살 수 있다. 이들은 가라앉지 않고 물 위를 걷는다. 물 위를 걷기 위해서는 다른 활동에 사용할 수도 있었던 에너지를 사용해야 한다. 많은 에너지를 보유하는 방법 중 하나는 에너지를 덜 쓰는 것(덩굴식물의 사례)임을 앞서 살펴본 바 있다. 똑같은 원리가 곤충에도 적용된다. 바람이 많은 날, 물에 사는 곤충은 등의 각질판을 돛처럼 이용해 물 위를 미끄러져 다니면서 에너지를 아낄 수 있었다. 이때의 각질판을 날개판wingflap이라고 부를 수 있다(바람이 없는 날에는 다른 곤충들처럼 물 위를 걸어야 한다). 일단 이런 용도로 날개판을 갖게 되면, 날개판은 더 변하기 시작한다. 날개판 표면이 넓어지면서 더 빠른 항해가 가능해진다. 그리고 날개판에 붙은 근육들은 바람 방향과 맞도록 날개판을 움직인다. 몇 세대가 흐르면 이 근육들은 날개판을 앞뒤로 움직여 곤충을 추진시킬 수 있을 정도로 강해진다. 마침내 곤충은 바람과 날개판 근육을 이용해 하늘로 도약하게 된다.

개별적으로는 하늘을 나는 능력과 관련해 중립적이었던 일련의 작은 변화들이 하늘을 나는 거대한 혁신을 일으켰다. 물론 이런 변화들 중 어떤 것도 완전한 재앙이 될 수 있었다. 날개판이 너무 크면 물 밖에 있는 적의 서식지까지 밀려갈 수도 있고, 햇빛을 받아 반짝거리면 포식자들에게 자신을 먹어달라고 광고하는 꼴이 될 수도 있다.[35]

대량 멸종이 던지는 메시지: 영원히 안전한 삶은 없다

중립적 변화만이 예상치 못한 방향으로 가는 것은 아니다. 이로운 변화도 그럴 수 있다. 계속 성공적인 길을 걸어왔던 삶의 양식이 갑자기 절벽 아래로 떨어질 수도 있다. 사실 충분한 시간이 흐르면 성공적이었던 거의 모든 삶의 양식도 처참하게 실패한다. 그러나 불행히도 '나쁘게 되어버린 좋은 변화'를 찾아내기란 매우 어렵다. 그런 변화를 겪었던 유기체들이 대부분 죽어버렸기 때문이다. 지금은 이들의 남은 자취만이 이런 무시무시한 진실을 살짝 보여주고 있을 뿐이다.[36]

10억 년도 더 전에 지구 생명체는 심오한 변화를 겪었다. 분열하는 세포들에서 다세포 유기체들이 출현한 것이다. 초기의 다세포 유기체들은 좀 이상했다. 이런 사실은 약 6억 년 전에 형성된 동물 화석 군에서 밝혀졌다. 이 화석에는 오늘날 살아 있는 익숙한 얼굴들도 있지만, 우리가 알고 있는 생명체와는 완전히 다른 이상한 형태의 유기체들도 많았다. 우리가 상상할 수 있는 모든 형태를 상자에 넣고 마구 흔들어 전혀 새로운 형태를 만든 것처럼, 편형동물, 갑각류, 곤충, 물고기의 특징들이 마구 섞여 있었다.

정말 기이하고 놀라운 것들이 나왔다. 버섯 모양을 한 5개의 눈에 진공청소기 호스를 닮은 코, 노를 닮은 15개의 지느러미를 가진 외계인 모양의 녀석, 앞쪽에는 전구 모양의 머리가 뒤에는 뭉툭한 코가 달려 있으며 관절 없는 14개의 다리가 있고 등에는 꿈틀거리는 7개의 촉수가 붙어 있는 특이한 녀석,[37] 화장실용 펌프 막대를 닮은 몸통을 가지고 땅에 붙어 있으며 아래쪽에는 항문과 입이 나란히 있는 튤립 모양의 녀석 등 다양했다. 이들 외에도 많은 환상적인 동물들이 (인간이 지구에서 살아온 기간보다 훨씬 긴) 수백만 년 동안을 지구에서 살았다. 이들의 화석은 지구 곳곳에서 발견되었다. 따라서 어떤 기준으로 봐도 이들의 삶의 양식은 매우 성공적이었던 게 분명하다. 그러나 결국 이들은 역사의 폭풍에 날려 모조리 사라지고 말았다.[38]

지구는 자기 자식들의 죽음이 낯설지 않다. 지구는 거대한 죽음, 즉 지구 생명체의 반 이상을 죽인 대량 멸종을 다섯 번이나 겪었다. 희생자 중에는 우리에게 익숙한 것도 있다. 전 세계 기념품 가게와 바다 밑바닥에서 흔히 찾아볼 수 있는 삼엽충을 보자. 약 3억 년 전 지구의 바다에는 바다가재와 새우, 그리고 곤충의 친척뻘쯤 되는 삼엽충으로 가득했다. 그때까지도 삼엽충은 가장 성공한 수중생물이었을 것이다. 그러나 이들도 2억 2,500만 년 전에 있었던 대량 멸종의 희생자가 되어 한 마리도 남지 못했다. 이 당시 밀어닥친 전 지구적 재앙으로 다세포 생명체는 거의 멸종되고 말았다. 해양생물의 95%와 지상생물의 70%가 이때 사라졌다.

우리에게 가장 익숙한 멸종 사례는 아이들이 좋아하는 공룡이다. 공룡 멸종의 원인이 무엇인지는 아직도 확실치 않다. 6,500만 년 전 유카탄 반도에 떨어진 거대한 운석이 묵시록적인 기후변화를 가져와 공룡이 멸종했을 수도 있다. 또 포유류의 등장과 같은 보다 점진적인 변화로 공룡이 사라졌을 수도 있다. 우리는 그때 멸종한 생물이 공룡만이 아니라는 사실을 알고 있다. 당시 지구상에 존재했던 종의 약 60%(수백만 종)가 공룡과 함께 사라졌다.

공룡의 대량 멸종에는 다른 대량 멸종에서도 발견되는 한 가지 특징이 있다. 그것은 멸종이 선택적으로 일어났다는 것이다. 어떤 생명체는 멸종했지만, 또 어떤 생명체는 살아남거나 더 번성하기까지 했다. 공룡, 연체동물, 그리고 대부분의 지상식물들은 사라졌고, 양치류, 포유류, 공룡 외의 파충류는 잘 살아남았다.

대량 멸종은 스펙터클한 생명의 드라마다. 하지만 이는 영겁의 세월 동안 진행되어온 수많은 멸종 드라마 중 한 편에 불과하다. 이 보이지 않는 멸종 드라마는 생명의 존재와 함께 시작되었으며, 지금도 진행되고 있다. 이 멸종의 총 희생자 수는 다섯 번의 대량 멸종 희생자보다 당연히 훨씬 많다.

과거가 말해주는 생명의 이야기는, 지금까지 지구상에 존재했던 종들 중 99.9%가 사라졌다는 것이다. 따라서 과거의 성공(또는 현재의 성공)이 미래의 성공을 보여주는 지표는 결코 아니다. 과거의 성공(또는 현재의 성공)은 오히려 미래의 실패를 의미할 수도 있다. 과거에 사라진 종들은 어떤 변화를 통해 성공적인 삶의 양식을 꾸려왔던 것들이다. 멸종의 원인이 기후든, 적이든, 운석이든 간에 처음엔 성공적이었던 삶의 양식이 결국에는 실패했다. 성공적인 삶의 재앙적인 실패는 위험과 안전, 실패와 성공이 상반된다 해도 필연적으로 연계되어 있다는 것을 보여준다.

화석만이 메시지를 전해주는 것은 아니다. 최근에 멸종한 종들도 우리에게 메시지를 전한다. 인간에 의해 부지불식간에, 혹은 해충을 죽이기 위해 의도적으로 옮겨 온 외래종의 희생자들을 살펴보자. 대표 사례가 호주와 인도네시아가 원산지인 갈색나무뱀Brown tree snake이다. 이 뱀은 20세기 중반 괌으로 가는 군 비행기를 타고 밀항하는 데 성공했다. 괌에 도착한 이 음흉한 포식자는 토착 조류 상당수를 거의 멸종시켰다. 갈색나무뱀의 출현으로 열대우림 토착 조류의 성공적인 삶의 양식이 불과 몇 년 만에 폐기물이 되어버렸다.

또 다른 사례는 나일농어Nile perch다. 갈색나무뱀이 밀항할 시기에 사람들은 나일농어를 빅토리아 호수로 가져왔다. 고갈되어가는 토착 물고기의 자리를 메우기 위한 것이었다. 그러나 역효과였다. 토착 물고기의 경쟁자이자 포식자였던 나일농어가 200종 이상의 토착 물고기들을 멸종시켜버렸던 것이다.

남아메리카가 원산지인 부레옥잠Water hyacinth(물 백합의 일종 — 옮긴이)은 불과 12일이면 군락지가 두 배로 커질 정도로 빨리 자라는 수중식물이다. 한때 부레옥잠은 그 아름다움 때문에 미국에서 매우 인기 있는 연못 식물이었다. 그러나 지금은 세계에서 가장 악명 높은 수중 잡초가 되었다. 부레옥잠은 잎이 너무 무성하여 다른 식물들을 질식시킬 뿐만 아니라 강과 호수의 길을 막아 배의 운행을 방해했다.

또 다른 사례는 1937년 타히티의 식물원에 들어온 자주색 잎을 가진 장식용 나무 미코니아Miconia다. 이들은 미코니아 열매를 먹은 새들이 씨앗을 야생 숲으로 퍼뜨리면서 번성했다. 무성해진 잎은 타히티의 광대한 지역을 덮었고 토착 나무들의 생존을 위협하고 있다. 또 이란이 원산지인 인도몽구스Indian mongoose는 1800년대 후반 쥐를 퇴치하기 위해 모리셔스, 피지, 하와이로 들여오게 되었다. 아주 빠른 이 포유류 포식자는 쥐뿐만 아니라 토착 조류, 파충류, 양서류까지 멸종시켰다.[39]

이런 사례는 수없이 많다. 수천의 외래종들이 인간과 함께 퍼져나가면서 다른 종과 그들의 삶의 양식을 제거하고 있다. 이는 애초에 삶의 양식을 창조했던 이로운 변화란 것이 얼마나 일시적인지 잘 보여준다. 외래종은 거주지 파괴와 함께 이른바 여섯 번째 대량 멸종이라는 문제를 불러일으키고 있다. 여러분은 여섯 번째 '멸종'을, 끊임없이 변화하는 세계가 초래할 결과를 암시하는 또 다른 '은유'로 생각할 수 있다. 그런 결과를 미리 생각할 수 있는 우리조차 그런 결과를 제대로 예측할 수 없다면, 다른 유기체들은 오죽하겠는가?

수백만 종의 멸종 생물들이 들려주는 무시무시한 이야기는 계속 변화하는 삶의 양식 속에서 위험과 안전의 긴장관계를 잘 말해준다. 영원히 안전한 삶의 양식도 영원히 위험한 삶의 양식도 없다. 이는 오늘날 살아 있는 많은 유기체들의 삶의 양식도 마찬가지다. 이들의 삶의 양식 중 대다수가 자기파괴적 측면을 갖고 있다. '효과적인' 삶의 양식을 가진 기생충들이 숙주를 파괴하는 것이 그 대표적 사례다. 이런 자기파괴적 특징은 종종 부작용이 있는 변화, 가령 숙주를 바꾸는 기생충 등을 통해 나타난다. 약점이 없거나 궁극적으로 사라질 가능성이 없는 삶의 양식이란 존재하지 않는다.

'살아 있는 화석'이 말해주는 것: 모든 생명은 일시적이다

변화하는 세상은 가장 위대한 혁신조차 즉시 재앙으로 바꿀 수 있다. 그리고 우리의 행성은 끊임없이 변화하고 있다. 대륙들은 지구 표면을 쉬지 않고 움직인다. 북극의 사막은 열대의 늪지가 되고, 열대의 늪지는 북극의 사막이 된다. 끊임없이 움직이는 대륙의 표면에서 기후는 계속 변화하여 온난기에서 빙하기를 오간다. 이런 상황에서 유전자 도박에 성공한 새로운 유기체들이 계속 등장한다. 그런 혼돈 속에서 생명체들에게 가능한 유일한 전략은 일정한 속도를 유지하는 것이다. 아무리 위험하다 해도 지속적인 변화가 유일한 도피처처럼 보일 수 있다. 그러나 늘 그렇듯, 위험과 안전에 관련된 경우 겉으로 보이는 것은 진실이 아니다. 짙은 안개 속을 항해하는 배처럼, 대부분의 유기체들은 보이지 않는 미래를 향해 계속 변화한다. 그러나 소수의 유기체들은 닻을 내린 채 온갖 역경을 무릅쓰고 버티면서 시간을 보낸다.

은행나무는 지구상에서 가장 오래된 씨앗식물로, 2억 7천만 년 전 처음 출현했다. 고풍스러운 아름다움을 가진 잎맥으로 쉽게 구별할 수 있는 은행나무는 삼엽충과 공룡의 멸종을 포함해 몇 번의 대량 멸종을 거치면서도 거의 변하지 않았다. 독일 식물학자 엥겔베르트 켐퍼 Engelbert Kaempfer가 일본에서 은행나무를 발견한 1691년까지 서구인들은 이 나무가 멸종했다고 생각했다.

오랜 기원을 갖고 있으면서도 수억 년 동안 거의 변치 않은 모습을 지닌 은행나무 같은 생물을 우리는 종종 '살아 있는 화석 living fossil' 이라고 부른다. 이들은 친척이 거의, 혹은 전혀 없으며, 제한된 지역에서만 살고 있는 경우가 많다. 매우 희귀한 살아 있는 화석 중에는 땅을 정복했던 초기 척추동물의 친척뻘쯤 되는 총기어류 라티메리아 latimeria ('실러캔스'라고도 한다)도 있다. 이 심해 물고기는 멸종된 걸로 여겨졌지만 1938년에 재발견되었다. 역시 심해에 거주하는 바다나리 sea lily도 1890

년에 재발견되었다. 도마뱀을 닮은 파충류 원시도마뱀^{Sphenodon}, 원시 연체동물 네오필리나^{Neopilina}, 투구게^{Horseshoe crab}, 연분홍 꽃을 피우는 목련도 아주 오래 버텨온 소수의 종에 속한다.

이렇게 오랫동안 변치 않고 생존할 수 있었던 어떤 성공 비결이 있을까? 아마도 없을 것이다. 살아 있는 화석들은 저마다의 사연으로 오랜 시간을 버텨왔다. 투구게는 팔방미인형이다. 전문가 수준은 아니지만 어쨌든 잘 걷고 수영도 잘하고 굴도 잘 파서 숨는다. 투구게는 만능 선수다운 생활양식으로 세상의 요구에 잘 대처하며 살았을 것이다. 그외에 살아 있는 화석들은 험난하긴 하지만 안전한 환경을 제공하는 깊은 바다 같은 곳에 도피처를 둔 덕분에 오래 버틸 수 있었다. 원시도마뱀은 복권 당첨자처럼 운 좋게도 경쟁자가 거의 없는 환경에서 생존한 탓에 지금까지 살아남았다.[40] 이들이 변치 않고 오랫동안 버텨온 이유가 무엇이든, 살아 있는 화석들은 변화하는 세상에서 살아남을 수 있는 분명한 방법이 변화하는 것만은 아니라는 사실을 말해준다. 또 살아 있는 화석의 수가 적다는 것은 보수주의 전략도 안전하지 않다는 것을 보여준다.

생명 진화의 방향은 있는가?

도박하는 박테리아, 주식중개인, 일시적으로만 성공적이었던 혁신적인 삶의 양식, 그리고 화석이 들려주는 생명의 역사. 이 모두는 같은 것을 말하고 있다. 결국 서로 반대에 있는 위험과 안전은 매우 다른 것이다. 그러나 둘 중 하나가 없으면 다른 것은 존재할 수 없고, 둘 중 하나가 있는 곳에는 반드시 다른 하나가 있기 마련이다.

위험과 안전의 문제에서 확실한 지식이란 존재하지 않는다. 이는 단순히 우리의 기술이나 정신의 한계 때문만은 아니다. 어떤 한 생명체의 결정이 안전한 것인지, 위험한 것인지 하는 문제에 답하기 위해서는 선택을 해야 한다. 그리고 이런 선택의 장단점은 나중에야 분명해진다. 기실 하나의 정답은 존재하지 않는다.

그러나 정말 크게 생각한다면 '역사가 전반적으로 한 방향, 더 나은 방향으로 나아간다'는 입장에서 위험과 안전 문제에 확실한 정답(지식)이 없다는 생각에 반대할 수도 있다. 역사가 좋은 방향으로 진보한다는 시각에서 보면, 우리 조상들이 많은 전투에서 패했다 해도, 우리 후손들은 결국 전쟁에서 승리할 것이다. 결국 세상은 더욱 호의적이고 이롭고, 보다 좋은 곳이 될 것이다. 지금 우리가 직면한 모든 불확실성은 그 과정에 나타나는 일시적인 문제에 불과하다. 결국 세상은 좋은 집이 될 것이기 때문이다.

이런 시각은 우리의 근심을 덜어주기 때문에 사뭇 유혹적이다. 이처럼 역사를 목적 지향적으로 보는 시각이 우주목적론cosmic teleology이다.[41] 생명과 진화가 아무리 멀더라도, 그리고 우리에게 아무리 수수께끼 같다 하더라도 어떤 목표를 향해 나아간다면, 생명과 진화는 우주적으로 목적 지향적이다. 만약 진화가 더 나은 방향으로 이루어진다면, 세계는 궁극적으로 안전한 곳이 될 것이다. 종종 큰 실수도 있겠지만, 궁극적으로 모든 것은 잘될 것이다. 모든 것이 지금까지 진행되어온 방식으로 보면 인간이 중간에 모두 죽을 수도 있겠지만 말이다.[42]

역사에 방향이 없다는 것을 아무도 증명할 수는 없지만, 우주목적론은 취약하고 또 계속 힘을 잃어가고 있다. '기린의 목'이라는 사례에서 그 이유를 보자. 사바나 초원의 우아한 백조 같은 기린의 조상들은 원래 큰 사슴을 닮았다. 기린의 조상들이 서식하던 일부 군락에서 몇 마리가 다른 놈들보다 좀더 긴 목을 갖고 있었다. 상대적으로 목이 긴 몇몇은 높은 나무까지 입을 갖다 대어 많은 잎을 먹을 수 있었고, 따라서 더 나은 삶을 살게 되었다. 당연히 자손도 더 많이 낳았다. 생존에 유리한 긴 목이 유전되면서 자손들도 긴 목을 갖게 되었다. 따라서 세대가 갈수록 긴 목을 가진 기린 조상들이 더 많아졌다. 이런 과정이 1,500만 년이라는 상상하기도 힘든 긴 시간 동안 진행되면서, 처음엔 작은 변화였던 것이 쌓이고 쌓여 오늘날처럼 긴 목을 가진 기린이 일반적이 되었다.[43]

이런 설명이 우주목적론자가 주장할 법한 기린의 역사다. 이런 경로가 최선의 삶의 양식을 가져다주기 때문에 유일한 방식이라는 것이다. 이런 생각엔 어떤 문제가 있을까? 첫째, 기린은 긴 목이라는 삶의 양식만큼이나 성공적인 다른 삶의 양식을 취할 수도 있었다. 예컨대, 기린의 조상들은 왜 나무를 올라가는 기술은 습득하지 않았을까? 나무를 올라가는 것이 높은 나무를 먹고사는 것보다 경제적인 방법일 수 있다. 나무에 올라가서 먹이를 취하는 동물들은 아주 잘 살고 있다. 코끼리의 경로로 가는 것은 또 어땠을까? 커다란 덩치로 봤을 때 기린들은 코끼리처럼 힘들이지 않고 큰 나뭇가지를 뜯어내거나 나무를 비틀어 넘어뜨릴 수도 있었다. 코끼리는 기린보다 훨씬 목이 짧지만, 큰 나무를 뜯어먹고 사는 데 별 어려움이 없다. 기린의 조상들은 왜 기생적인 삶의 양식을 발전시키지 않은 걸까? 기생생활은 대부분의 생물들이 공유하는 성공적인 삶의 양식인데 말이다.

결국 긴 목을 갖게 된 것은 성공적인 삶으로 가는 여러 경로 중 하나다. 더욱이 과거 역사를 통해 볼 때, 결국 긴 목은 성공적이지 않은 삶의 양식이 될 것이다(나무 타기를 하는 탐욕스러운 먹이 경쟁자가 나타나거나, 다른 어떤 불운으로 인해). 게다가 긴 목이 결코 문제가 없는 것도 아니다. 긴 목 때문에 기린은 오래 달리지도, 빠르게 달리지도 못한다. 따라서 강력한 앞발차기나 뒷발차기로 공격자를 물리쳐야 한다. 이런 발차기를 하다가 기린은 본의 아니게 자기 새끼를 죽이기도 한다.[44] 그리고 기린이 물을 마시는 걸 본 적이 있는가? 우스꽝스럽게 다리를 벌려 머리를 땅으로 박고 물을 먹는 장면은 정말 괴로워 보인다. 더욱이 이 자세로는 은밀하게 접근하는 포식자들에게 대처하기 힘들다. 무엇보다 긴 목을 빠르게 이동하는 혈액은 머리에 치명적인 압력을 가한다. 그래서 기린은 머리에 혈압이 오르는 것을 막는 정교한 메커니즘을 가져야 했다.

기린 이야기로 볼 때, 한 생명체가 이용하고 있는 삶의 양식이라고 해서 마냥 성공적인 양식이라고만은 할 수 없다. 그럼에도 생명체의 일부 경로는 예측 가능한 것도 있다. 고래는 (소와 비슷한) 발굽이 갈라진 지상 포유류가 기원이다. 이런 고래와 물고기는 여러 면에서 다르다. 물고기는 아가미로 호흡하지만 고래는 폐로 호흡한다. 또 물고기는 수유를 하지 않지만, 고래는 새끼에게 젖을 먹인다. 이 외에도 고래와 물고기는 많은 점에서 다르다. 하지만 한 가지 중요한 특징을 공유하는데, 그것은 바로 유선형 체형이다. 빠르게 이동하는 모든 수중 유기체는 에너지를 아끼기 위해 유선형 몸을 가져야 한다(잠수함 어뢰를 황소 모양으로 만들지 않는 이유를 생각해보라). 마찬가지로 하늘을 나는 동물들은 양력揚力(위로 떠오르는 힘―옮긴이)이 필요한데 새, 박쥐, 곤충의 날개는 모두 이런 양력을 제공한다. 새와 박쥐의 날개는 팔이 변형된 것이고, 곤충의 날개는 다리나 등의 각질판이 기원이다. 그러나 기원이 다른데도 새, 박쥐, 곤충의 날개는 모두 모양이 비슷하다. 그것은 날개가 동일한 공기 역학으로 작동하기 때문이다. 햇빛에서 에너지를 얻는 유기체들은 효과적으로 햇빛을 받기 위해 외부 표면, 즉 우리가 잎이라고 부르는 태양 열판이 넓어야 한다. 지상의 대형 유기체들은 몸이 무너지는 것을 막기 위해 코끼리의 웅장한 척추나 삼나무의 거대한 몸통 줄기 같은 커다란 지지대가 필요하다.

이 외에도 예측 가능한 특징들은 많다. 수중역학, 광학, 공기역학, 정역학 같은 물리학 원칙으로 볼 때, 생명의 방향이 분명히 보일 때도 있다. 그러나 이런 예측 가능한 사례의 경우에도 예측할 수 없는 한 가지가 있다. 캥거루와 기타 유대류의 삶의 양식은 호주에서만 진화되었다. 그 이유는 뭘까? 생물학자 존 메이너드 스미스^{John Maynard Smith}가 의심한 것처럼 "왜 영양들은 뿔이 있는데 새는 없을까?" 그 이유를 우리는 아직 모른다.

이처럼 개별 생물의 삶의 양식 차원에서 볼 때, 진화가 어떤 목적을 향해 진행된다는 목적론적 시각은 틀리다는 것이 드러난다. 그런데 전체 생명을 놓고 볼 때의 우주목적론적 시각은 어떤가? 다윈 이후로 우리가 배운 많은 것, 예로 유전자물질을 걸고 하는 유기체들의 도박이나 기생충들의 대성공을 봤을 때 전체적으로 우주목적론은 신뢰하기 어렵다. 예컨대, 기생충들의 천국이 다른 모든 생명체에 좋은 세상은 아니다. 유기체들이 갔던 진화의 막다른 골목, 이전엔 결코 존재한 적이 없었던 대안적인 삶의 양식들, 그리고 한순간뿐인 성공 등은 모두 최종 목적이란 없음을 말해준다.

생명체들이 분명하게 가는 것처럼 보이는 방향도 자세히 살펴보면 어떤 목적지가 아니다. 생명체 자체의 복잡성을 예로 들어보자. 생명체가 갈수록 복잡해지고 있는가? 생명체들이 보다 복잡한 유기체가 되어 보다 복잡한 군집에서 살고 있는가? 외견상 복잡성이 증가하고 있는 것으로 보이기 때문에 순진하게 그렇다고 대답할 수도 있다.[45] 30억 년 전에는 단순한 단세포 생명체가 지구를 지배했고, 그 후 다세포 유기체가 나타났으며, 그 다음 인간이 나타난 것은 갈수록 생명체가 복잡해지고 있다는 증거라고 주장할 수 있다. 그러나 자세히 보면 이런 시각에는 문제가 많다.

우선 '복잡성complexity'은 부정확한 개념으로 악명이 높다. 생명체의 복잡성을 측정했던 지금까지의 모든 연구에는 결함이 있다. 예로, 어떤 과학자들은 '질서'를 복잡성의 지표로 제시한다. 이들은 생명체의 역사에서 질서가 증가했다고 주장한다. 하지만 그렇지 않다. 생명체의 많은 부분들이 아주 무질서한 반면, 수정 같은 무생물의 세계가 오히려 매우 질서 있는 모습을 보인다. 반복적인 패턴으로 배열된 수십억 개의 분자인 수정은 생명체는 아니지만 대단히 질서 있다. 한 유기체가 가지고 있는 신체 부분의 수나 서로 다른 종류의 세포 수를 복잡성으로 보는 경우도 있지만, 거대한 쓰레기 더미 안에는 인간의 몸에 있는 세포들만큼이나 많은 종류의 쓰레기가 있을 수 있다. 마찬가지로 신체 부분의 수도 복잡성을 측정하는 좋은 지표가 될 수 없다. 그리고 생명체의 절반이 기생충이라는 사실도 잊지 말자. 필요한 능력과 신체 부분을 숙주가 제공해주기 때문에 기생충에는 여러 능력과 신체 부분(단백질이든 그보다 더 큰 부분이든 간에)이 없다. 따라서 생명체의 절반이 오히려 더 단순해져가고 있다고 할 수 있다.

조직 형태, 통합성, 차별성 같은 다른 지표들도 부분의 수나 질서보다 복잡성을 더 잘 나타내는 성공적인(혹은 보편적인) 지표라는 것이 아직까지 입증되지 못했다.[46] 그리고 우리가 복잡성을 측정하는 방법에 동의할 수 없다면, 시간이 가면서 복잡성이 증가했다고 어떻게 말할 수 있겠는가? 현재로서는 복잡성에 대한 기준이 사람마다 다 다른 것 같다.[47]

생명의 목적은 있는가?

가까이 혹은 멀리서 봐도 생명체의 경로에 어떤 목적이 있는 것 같지는 않다. 그렇다면 생명체는 일정한 목적 없이 그저 시간에 따라 흘러가는 것일까? 그럴 가능성이 있다. 그런데 생명체가 가는 경로가, 인간을 보다 간단하게 파악할 수 있는 경로를 벗어난 것이라면 어떻게 하나? 즉, 생명체의 경로가 어떤 목적의 정반대로 가는 것이라면 어떻게 하나?

요컨대, 생명체의 경로가 물고기의 형태나 새의 날개에서 볼 수 있는 예측 가능성, 규칙성, 법칙성을 감소시키는 방향으로 흘러가고 있다면 어떻게 되는 걸까? 역사적인 것, 우연적인 것, 개별적인 것들이 점점 더 중요해지면 어떻게 될까? 이제부터 이야기하는 주장들은 그럴 가능성을 지지하는 것들이다. 이는 삶의 양식에 존재하는 '헌신과 구속', 헌신과 구속이 창조할 수 있는 새로운 '기회와 자유'라는 위험 및 안전과 관련된 서로 정반대되는 개념들의 관계를 보여준다.

삶의 양식을 바꿔서 새로운 삶의 양식에 적응하는 유기체들은 기회를 잡는다. 하늘을 나는 것은 땅을 기고 걷던 익숙한 경로에서 벗어나는 것이며, 따라서 위험이 뒤따른다. 광합성, 지상에서의 삶, 기생생활도 그렇다. 삶의 양식의 변화가 급격할수록 유기체는 그 변화 앞에서 위태로워진다. 삶의 양식을 함부로 바꾸는 것이 재앙이 되는 경우가 종종 있기 때문이다. 예로, 한 유기체의 폐나 다리를 못 쓰게 만들어서 더 이상 지상에서 살 수 없게 만드는 갑작스러운 유전자 변화는 재앙이 될 것이다. 유기체가 성장에 필요한 기초물질을 더는 생산할 수 없다거나, 살던 곳에서 더는 살 수 없다거나, 어떤 음식도 더는 소화시킬 수 없다면 어떻게 될까? 생식기만 남은 극단적인 기생충들이 그런 능력을 상실한 대표적 사례지만, 독립적인 박테리아를 포함해 어떤 유기체라도 이런 사례가 될 수 있다. 독립생활을 하는 일부 박테리아는 특별한 먹이를 필요로 하고, 또 일부는 산소가 풍부한 환경 같은 특별한 조건을 필요로 한다. 이들은 미래의 변화 경로를 가로막는 특별한 삶의 양식에 갇혀 있다. 자신의 삶의 양식에 구속되어 있는 것이다.

이는 출구 없는 감옥에 비유할 수 있다. 구속에서 쉽게 탈출하지 못하거나 더 이상의 변화를 허용하지 않는 감옥 말이다. 그러나 이는 동전의 한 면이다. 인간 삶에서 가져온 다음과 같은 비유는 동전의 다른 면 즉, 그런 구속이 창조할 수 있는 자유를 잘 보여준다.

트랜지스터와 IC 집적회로는 20세기의 획기적인 혁신들이다. 두 혁신은 컴퓨터를 소형화했고, 인간 삶은 유례없이 변했다. 우리는 트랜지스터와 IC 회로에 전적으로 의존하는 삶을 살게 되었다. 이 둘은 우리가 매일 사용하는 세속적인 기계(커피머신, 토스터, 시계 등) 속에서든, 우리를 지배하는 거대 기업과 정부 속에서든, 우리 삶 깊숙이 파고들어 있다. 그러나 컴퓨터로 하는 계산만이 유일한 계산은 아니다.[48] 수천 년 전 그리스인들은 별자리와 일조 시간을 예측하기 위해 정교한 기계컴퓨터를 사용했다. 사실 전자컴퓨터가 쏟아져 나오기 전에 대부분의 계산은 기계적 혹은 전기기계적 원리에 의존했다. 그런데 전자기술 대신 이런 기술들이 지배적이 되지 못한 이유는 뭘까? 가장 일반적인 대답은 기계컴퓨터를 소형화하는 것이 어려웠기 때문이다. 그러나 과연 전자기술이 다른 모든 기술보다 본질적으로 뛰어날까? 그렇지는 않다. 일부 대안적인 계산 기술에는 빛, 커뮤니케이션하는 분자, 심지어 소립자까지 사용한다. 빛, 분자, 소립자를 사용하면 컴퓨터를 훨씬 더 소형화할 수 있다. 그리고 가장 오래됐으면서도 가장 강력한 컴퓨터, 즉 세포들의 대화를 이용하는 컴퓨터인 '뇌'는 또 어떤가?

분명히 계산할 수 있는 기술과 방법은 대단히 많다. 그러나 우리는 지금 전자컴퓨터 단 하나에만 매달리고(헌신하고) 있다. 그 헌신의 이유를 살펴보는 것도 흥미로울 것이다. 전자컴퓨터의 역사는 일반적인 컴퓨터(폰 노이만von Neumann 컴퓨터로 알려진다) 설계 방식, 운영체계의 기준, 프로그래밍 언어, 커뮤니케이션 프로토콜과 기술의 발전 과정을 포함해 적잖이 복잡하다. 그러나 나는 우리가 전자컴퓨터로 계산하는 이유가 아니라, 전자컴퓨터에 대한 헌신이 가져온 혁명 같은 한 가지 결과에 초점을 맞추고자 한다.

전자컴퓨터 혁명이 일어나기 전에는 정보(편지, 서류, 이미지)를 지구 저편으로 전달하는 데 2주일 혹은 두 달까지 걸렸다. 그러나 혁명 후 커뮤니케이션은 거의 즉각 이루어지게 되었다. 이런 혁명은 세계무역을 촉진시켰을 뿐 아니라 교육혁명을 일으켰고, 오지의 사람들도 정보 경제에 참여할 수 있게 해주었다. 원격 의료가 가능해지면서 멀리 있는 의사가 환자의 병을 치료할 수 있게 되었고, 쇼핑에서부터 시간 관리에 이르기까지 우리의 삶이 혁명적으로 변했다. 한 가지 계산 방식에 구속된 것이 오히려 기회가 된 것이다. 요컨대 구속의 장벽에서 전혀 예상치 못한 혁신과 창조로 가는 자유의 꽃이 피어오르게 된 것이다.

전자컴퓨터 같은 혁신이 구속을 낳고, 구속은 새로운 기회를 창조하며, 새로운 기회는 다시 새로운 구속을 만들고, 새로운 구속은 다시 새로운 기회를 창조하는 과정이 이어지고 있다.

유기체의 삶의 양식도 마찬가지다. 어떤 종이 한 삶의 양식에 구속되면 전에는 없었던 기회가 열린다. 지상으로 처음 올라온 척추동물들은 생의 많은 시간을 여전히 물속에서 살았다. 이들은 흐느적거리는 지느러미를 팔다리처럼 사용해 뒤뚱거리며 땅을 기어 다녔다. 일단 지상으로의 이주가 완료되자 이들은 삶의 혁신을 경험하게 되었다. 거친 땅을 능숙하게 꿈틀거리며 기어가는 뱀, 엄청난 속도로 먹이를 쫓는 표범, 나무 사이를 잽싸게 이동하는 원숭이 등이 등장했다. 심지어 이런 이주는 하늘을 정복하는 길을 열어주었다.

이와 관련된 또 다른 사례는 태양에너지다. 20억 년 전 한 유기체가 도박에서 승리해 태양에너지를 이용할 수 있는 능력을 갖게 되었다. 이런 성공과 함께 태양에너지를 이용할 줄 아는 삶의 양식(에 대한 구속) 덕분에 미생물 녹조류에서부터, 수백만 평방킬로미터의 땅을 빽빽이 뒤덮은 열대우림이 등장했다. 이보다는 덜 혁명적이지만 다양한 혁신 사례들이 우리 주변에 있다. 예로, 식물은 동물이 자신의 몸을 먹어치우는 것을 방어하기 위해 혁신이 필요했다. 그래서 많은 식물들이 독성 화학물질을 분비하기 시작했으며(이에 대응해 일부 동물들은 그 독성물질을 중화시키는 법을 익히게 되었다), 또 다른 식물은 가시를 내놓기 시작했다(이에 대응해 일부 동물들은 가시에 찔리지 않기 위해 가죽같이 질긴 입을 갖게 되었다). 또 다른 식물은 씨앗에 두꺼운 갑옷을 입히기도 했다(이에 대응해 일부 동물들은 그런 갑옷을 깨는 법을 익히게 되었다).

땅이든 물이든 나무든, 서로 다른 대륙에 사는 생명체들은 삶의 양식에 대한 구속이 어떻게 기회로 변하는지 잘 보여준다. 아프리카, 아메리카, 오세아니아처럼 서로 분리된 대륙에 사는 지상 유기체들은 수억 년 동안 서로 떨어져 살았다. 깊은 바다로 분리되어 살던 이들은 서로 독립적으로 진화했다. 그런데도 공통점이 존재한다.[49] 물고기는 어느 곳에 살건 유선형이고, 식물의 잎은 하늘을 향해 있다. 영양분을 운반하는 것이든, 산소나 물을 운반하는 것이든, 신체 내부의 수송망은 나무 형태를 띠고 있다. 이런 유사점이 있긴 하지만 각 대륙의 유기체들은 저마다 다르고 독특한 삶의 양식들을 갖고 있다. 가장 잘 알려진 사례는 호주 대륙의 캥거루와 코알라, 그리고 남북아메리카 대륙의 아르마딜로이다. 이보다 덜 유명한 동물은 공중을 날아다니는 독특한 삶의 양식을 가진 보루네오 열대우림의 나무뱀, 개구리, 도마뱀이다. 그리고 피를 빨아먹는 뱀파이어박쥐는 아메리카 대륙에서만 발견된다. 방목된 포유류에 몰려드는 곤충을 잡아먹고 사는 황로는 원래 기원이 신대륙이다. 바다뱀들은 인도양과 태평양에서만 서식한다. 이런 유기체들은 생명체가 아주 다양하게 진화한다는 것을 보여주는 살아 있는 증거들이다.[50]

따라서 삶의 양식에 대한 구속과 이에 따른 기회는 한 동전의 양면이다. 헌신과 구속은 기회를 낳고, 그 뒤에는 자유가 뒤따른다. 그런데 자유에는 구속이 필요하다. 무엇에서 벗어나는 것이 자유이기 때문에, 자유는 벗어날 그 '무엇'(즉, 구속)이 필요한 것이다. 반대로 그렇게 해서 얻은 자유로 자유롭게 선택하는 것은 그 선택에 대한 헌신과 구속을 창조한다.

인간적인 것이든 비인간적인 것이든 어떤 헌신과 구속도 절대적이지는 않다. 탈출구 없는 감옥이란 없다. 한 삶의 양식에 대한 구속은 그에 어울리는 미래의 경로들이 있긴 하지만, 그렇다고 다른 경로를 차단하는 건 절대 아니다. 이는 한 삶의 양식에 대한 헌신이 파기된 사례들에서(종종 예외적이긴 하지만, 언제나 뚜렷한) 분명하게 드러난다. 예로, 대부분의 새들은 하늘을 날지만, 일부는 다시 땅으로 내려와 걷는 삶을 선택했다. 대부분의 지상동물들은 땅 위에 머물지만 일부는 물로 돌아갔다. 대부분의 식물들은 땅에서 질소를 얻지만, 일부는 질소 공급 박테리아를 통해 공기에서, 혹은 자신이 잡아먹은 동물에서 질소를 얻는다.

인간과 인간의 제도도 예외는 아니다. 민주주의에 기여하는 헌법을 가진 나라들도 가끔은 독재자를 뽑기도 한다. 기업들은 어떤 제품과 서비스(어떤 기계, 회계 프로그램, 계약한 하청·원청 업체)에 헌신하지만 나중엔 큰 대가를 치르고 그런 헌신을 폐기해버리는 경우가 있다.[51] 우리 주변을 본다면, 사람들은 이혼, 계약 파기, 자녀 유기 등으로 타인에 대한 헌신을 버린다. 타인에 대한 한 사람의 헌신은 자유를 낳고 혼자서는 접근하기 어려운 삶의 영역을 열어준다. 그러나 이는 '자아'를 ('타자'가 형성한 삶의 양식에) 구속시키는 결과를 초래한다. 결국 '자아'는 한때 이런 헌신과 구속이 아무리 절대적으로 보였다 해도, 다시 그런 헌신과 구속을 버리는 경우가 종종 있다.

안전과 위험, 어떤 선택을 할 것인가?

인간과 비인간이 하는 도박의 성격이 아주 다르다고 주장하면서, 둘의 헌신을 본질적으로 동일하다고 보는 시각은 너무 피상적이라고 비판할 수도 있다. 사람들은 다른 사람, 제품, 기술, 이념에 헌신함으로써 도박을 한다. 특별한 기술에 배팅(도박, 헌신)한 회사가 실패했다 해도 그 회사는 파산(죽음)할지언정 회사 직원들은 여전히 살아 있다. 반면 비인간 유기체의 실패한 도박은 죽음을 의미한다.

분명 이런 차이가 인간과 비인간의 근본적인 차이로 보일 수도 있다. 그러나 다른 시각에서 보면, 오히려 그런 차이야말로 피상적인 것이고, 둘 사이에는 아주 깊은 유사점이 있다. 이는 사회든 회사든, 개별 유기체든 간에 생존을 위해 도박하는 모든 주체들의 미래가 불확실하다는 점을 고려하면 더욱 분명해진다.

오늘의 세상이 단세포 유기체들이 살았던 30억 년 전보다 더 안전하고, 더 예측 가능하며, 덜 위험할까? 우리가 하는 배팅(우리의 미래와 벌이는 게임)이 유전자물질을 무작위로 바꾸는 식의 도박을 하는 박테리아의 배팅보다 안전할까? 우리가 하는 많은 도박이 다른 유기체들이 하는 도박보다 훨씬 위험할 수 있다. 우리의 도박은 종국엔 우리 목숨뿐만 아니라 우리의 행성까지도 파괴할 수 있기 때문이다.

인간의 삶의 양식을 살펴보자. 다른 유기체들처럼 우리는 에너지를 필요로 하고 폐기물을 만들어낸다. 그러나 우리는 다른 동물들보다 더 오래 덜 고생하며 더 건강한 생을 산다. 이런 혜택을 누리는 것은 기술 덕분이다. 그러나 여기에도 치러야 할 대가가 있다. 우리는 다른 유기체들보다 더 많은 에너지가 필요하고 폐기물도 더 많이 배출한다. 따라서 우리는 우리의 삶을 유지해줄 수 있는 특별한 기술들에 배팅할 필요가 있고, 이런 기술들 중 많은 것이 우리뿐만 아니라 우리 행성의 생명에도 영향을 미친다. 우리는 박테리아보다 훨씬 거대한 규모로 도박을 하고 있는 것이다.

핵에너지는 우리를 화석연료로부터 해방시킬 수도 있지만, 동시에 지구를 오염시킬 수도 있다. 핵에너지의 음울한 형제인 핵무기는 말할 것도 없다. 방사능 누출과 핵폐기물 문제로 인해 여론은 핵에너지에 등을 돌리고 있다. 그러나 서로 대립하는 전문가들의 의견이 분분한 데서 알 수 있듯이, 핵에너지의 위험성을 단번에 판단하는 것은 불가능하다. 어떤 사람은 핵에너지가 우리의 에너지 문제를 해결해주는 장기적으로 유일한 방안이라고 주장하는 반면, 어떤 사람은 핵에너지를 악마의 화신으로 보고 있다. 휘발유 차 같은 운송 기술은 어떤가? 휘발유 차가 유발하는 대기오염 문제에서 볼 때, 전기배터리 차나 하이브리드 차로 바꾸는 것이 더 좋은 선택인 것처럼 보인다. 그러나 차의 전기배터리에는 독성 중금속이 들어 있다. 그리고 전기배터리를 생산하고 이를 재활용하기 위해서는 엄청난 에너지가 소모된다. 이 과정에서 그런 에너지 자체를 생산하는 문제, 그리고 그런 에너지가 대기오염을 유발하는 문제는 여전히 남는다. 10억 대의 전기차가 돌아다닌다고 해보자. 이 경우 대기오염의 주범이 차에서 전기를 생산하는 발전소로 바뀔 뿐, 대기오염은 여전히 문제로 남는다. 또 수십억 명이 살집을 짓는 문제를 생각해보자. 일부 지역에서는 나무가 여전히 중요한 건축 자재다. 이 경우 어느 정도 숲을 베어야 지구 생태계가 파괴되지 않을까? 인간이 대량 생산하는 건축자재들에 눈에 보이지 않는 부작용은 과연 없을까?

수십억 명의 운명에 영향을 미치는 도박은 단지 일부에 불과하다. 그보다는 약하지만 매우 위험한 도박에는 경제정책, 정부, 그리고 (심지어) 종교에 대한 집단 선택이 있다. 이 부문에 관해서는, 돌아다니는 사람들만큼이나 많은 의견이 분분하지만, 무엇이 정말 좋은 선택인지에 대해서는 확실한 답이 없다. 따라서 장기적인 삶과 죽음의 문제로 볼 때, 우리의 입장은 박테리아의 입장과 별반 다르지 않다. 요컨대 우리는 우리의 도박의 결과를 사후에는 알겠지만 미리 예측할 수 없다. 한때는 합리적이었던 선택이 나중에 묵시록적인 재앙을 가져올 수도 있다. 한 박테리아의 도박은 자기 목숨을 바치는 수준인 데 비해, 우리는 지구 자체를 파괴할 힘을 갖고 있다. 생명이 지금처럼 위험에 처한 적은 그 어느 때도 없었다.

서로 반대라고 생각했겠지만, 안전과 위험이 밀접하게 연결되는 것은, 아직 알려지지 않은, 그리고 알 수 없는 미래를 통해서이다. 동전의 양면처럼 안전과 위험은 서로 없이는 존재할 수 없다. 미래에 대한 확실한 지식이 존재하지 않기 때문이다. 어떤 선택이 위험한지 아닌지 하는 질문에는 하나의 정답이 없다. 겉으로는 안전해 보이는 것도 커다란 위험을 잉태하고 있을 수 있다. 왜냐하면 우리는 그것의 안전성을 (미래에 대한 열악한 지침에 불과한) 과거를 통해 평가하기 때문이다. 극단적으로 위험한 것이 유일한 도피처가 될 수도 있다.

절대적인 안전과 확실성을 인정하지 않기 때문에 이런 시각은 분명 불안정하다. 그러나 이런 시각은 우리에게 자유의 세계와 존엄을 선사한다. 이런 시각은 우리를 기계보다 우월한 존재로 보면서, 알 수 없는 미래에 대한 자유, 특히 무서운 결과가 올 수 있을지라도 우리에게 미래를 선택할 수 있는 자유를 준다. 분명 이런 미래는 우리의 과거의 선택 때문에 우리를 구속할 것이다. 그러나 이런 구속은 자유와 기회를 가져다준다. 그리고 우리의 선택에 따른 어떤 미래를 창조한다.

삶과 죽음의 패러독스

지우는 손만이 진실을 쓸 수 있다.
— 마이스터 에크하르트

방금 전 나는 빠진 머리카락 한 올―또 하나의 낙엽―을 책상 밖으로 치웠다. 최근 들어 머리카락이 점점 많이 빠지고 있다. 한 주가 다르게 머리빗에 끼는 머리카락이 늘고 있다. '나'라는 나무에서 계속 잎이 떨어지고 있는 중이다.

떨어지는 낙엽과 빠지는 머리카락은 단지 외면적으로만 유사한 현상이 아니다. 이런 과정을 거쳐 사람은 대머리가 되고 나무는 겨울을 준비하기 때문이다. 이것은 또한 창조되는 만큼 파괴되고, 태어나는 만큼 죽는 유기체가 모두 겪는 과정이기도 하다.

나뭇가지를 보면 사이사이에 작은 혹처럼 튀어나온 마디를 볼 수 있다. 이 마디는 잎이 나오는 싹이 있던 부분이다. 이 마디는 또한 나뭇잎을 가지에 붙이는 아교(접착제) 역할을 하는 (얇은 띠를 이룬) 세포들의 집이기도 하다. 봄에는 폭풍도 나뭇잎을 나무에서 떼어내지 못한다. 그러나 가을이 되면 산들바람에도 낙엽이 떨어진다. 계절이 가면서 어떤 변화가 일어난 걸까? 그렇다. 아교 띠를 이루고 있던 세포들이 죽는 것이다. 아교 띠 세포들이 거의 사라지면, 나뭇잎은 자기

무게도 견디지 못하고 나무에서 떨어진다.

나무와 다르게 머리카락은 모낭 속에서 형성된다. 자라는 머리카락 줄기를 보호하고 머리카락이 나오는 세포들을 품고 있는 조직의 외피 부분이 바로 모낭이다. 모낭은 성장기, 퇴화기(이때 많은 모낭이 죽는다), 휴면기(이때 머리카락이 빠진다)의 3단계 주기를 거친다. 몇 개월의 휴면기를 거친 후 모낭은 다시 새 머리카락을 기른다. 그러면 3단계 주기가 되풀이된다. 모낭이 성장기에 있는 시간이 머리카락의 길이를 결정한다. 사람의 두피에 있는 모낭은 같은 머리카락을 몇 년간 기를 수 있지만, 눈썹의 모낭은 단 몇 개월이면 퇴화하기 시작한다. 머리카락의 죽음에 전조 단계라 할 수 있는 퇴화기에는 (머리카락 줄기를 모낭에 붙이는) 세포들이 대량으로 죽는다.

나뭇잎 마디의 아교 띠 세포나 모낭세포들이 죽는 이유가 단지 늙었기 때문이라고 할 수도 있다. 합리적인 생각이다. 결국 영원한 것은 없으니 말이다. 그런데 왜 나뭇잎 마디의 아교 띠 세포나 모낭세포들만 늙어 죽을까? 나무와 인간의 몸에 있는 수십억 개의 다른 세포들은 왜 나이가 많이 들어도 죽지 않는 걸까? 결국 나뭇잎의 아교 띠 세포와 모낭세포들은 늙어서 죽는 게 아니란 사실이 밝혀졌다. 이들의 죽음은 노화에 따른 죽음이 아니라 자살이다. 나뭇잎 마디의 아교 띠 세포들은 죽기 전에는 상태가 아주 좋다. 그러나 시간이 되면, 이들은 폭탄 같은 파괴력을 가진 복잡한 단백질 기제를 활성화시킨다. 이 단백질 기제는 세포를 말 그대로 산산조각 낸다. 모낭세포들도 비슷한 기제를 이용해 집단자살을 한다. 나무가 겨울을 준비할 때 낙엽이 떨어지는 것을 본 나는 '빠지는 머리카락은 무슨 징조일까?' 하고 생각했다.

세포자살: 매 순간 일어나는 죽음과 탄생

세포의 자살은 흔히 '세포예정사programmed cell death' 혹은 '아포토시스apoptosis'라고 알려져 있다. 아포토시스는 '떨어지는 잎새'를 뜻하는 그리스어에서 유래한 말이다.[1] 세포자살은 세포의 탄생이나 분열만큼 일상적인 현상이다. 빠지는 머리카락이나 떨어지는 나뭇잎을 보면서, 유기체가 부분들을 버릴 때, 혹은 휴면과 죽음을 준비할 때 세포자살이 일어난다고 주장할 수도 있지만, 이는 진실이 아니다.

오히려 세포자살은 유기체 형성의 필수 과정이다. 동상을 조각하는 일은 대리석 블록을 쪼아내어 원재료의 대부분을 제거하는 작업이다. 이와 비슷하게, 한 유기체를 만드는 일은 세포들, 종종은 대부분의 세포를 제거하는 작업이다. 그러나 자연이 유기체를 만드는 방법은 중요한 한 가지 점에서 다르다. 조각이 독특하고 우아한 창조에만 초점을 맞춘다면, 자연은 창조와 파괴, 두 가지 모두에 초점을 맞춘다. 그래서 대리석 블록을 준비하는 일(원재료를 만드는 세포분열)과 조각하는 일(원재료에 형태를 만들기 위한 세포의 죽음)이 항상 동시에 일어난다. 다음 이야기들은 이런 원칙이 모든 생명체에 어떻게 적용되는지 보여준다.

모든 대형 유기체들은 생존을 위해 정교한 수송망에 의존한다. 나무도 마찬가지다. 나무는 물과 미네랄을 뿌리에서 잎으로 수송한다. 잎은 물과 미네랄을 가지고 에너지물질을 만든다. 우리의 혈관처럼 나무의 수송체계도 액체 상태의 대량 에너지물질(물과 영양분)을 운반하는 속이 빈 튜브들로 이루어져 있다.[2] 속이 빈 튜브들은 어떻게 생기는 걸까? 나무들이 자라면서 텅 빈 공간을 남기고 세포벽을 만든 걸까? 아니다. 나무가 어린 묘목일 때 이 튜브들 안에는 원래 세포들로 꽉 들어차 있었다. 그런데 나무가 자라면서 튜브 속에 있던 세포들이 자살해 속이 비게 된 것이다. 세포들의 희생으로 생을 꾸려갈 수 있는 영양분 수송망이 만들어진다.

어머니의 자궁 속에서 우리의 손이 만들어지는 과정도 유사하다. 처음에 자궁 속에서 만들어진 손가락은 극히 치밀한 세포 층으로 결합되어 붙어 있다. 마치 삽이나 오리발 같은 모양이다. 그러다 나중에 손가락을 붙여놓고 있던 세포들이 죽는다. 나무의 튜브를 채우고 있던 세포들처럼 이 세포들도 자살한다. 그렇지 않으면 기형 손가락(즉, 합지)을 갖고 태어나게 된다. 세포의 희생이 없었다면 여러분의 손은 물고기의 지느러미 같은 형태였을 것이다.

우리의 손이 유연한 도구인 것은 손가락이 떨어져 있기 때문만은 아니다. 손을 유연하게 사용하기 위해서는 손가락을 독립적으로 움직일 수 있을 뿐만 아니라 서로 조화롭게 움직여야 한다. 이런 원칙은 조화가 필요한 모든 신체운동에 적용된다. 각 신체 부위를 움직이는 근

육은 우리의 명령을 정확히 따라야 한다. 이런 명령의 물질적 형태는
뇌에서 신경(살아 있는 전선)을 거쳐 근육으로 이동하는 전류electric
current다. 근육당 수백만 개나 되는 근육세포들은 각각 하나의 신경세
포와 붙어 있다. 이때 하나의 신경세포에 전달된 전기신호가 신경세포
에 붙어 있는 근육세포에 오그라들라고 명령하면, 그 근육세포는 혼자
오그라든다. 그러나 댄서가 도약하고, 요가 수행자가 기묘한 형태로
몸을 꼬고, 음악가가 깊은 감정을 얼굴에 표현하기 위해서는 수천 개
의 근육세포가 조화를 이뤄야 한다. 우리 손가락도 독립적으로 움직일
수 있으면서도 서로 조화를 이뤄야만, 내가 지금 이 글을 쓰고 여러분
이 책장을 넘길 수 있다.

우리의 손처럼 복잡한 일을 가능하게 해주는 살아 있는 신경망(커뮤
니케이션 네트워크)이 어머니의 자궁 속에서 만들어진다. 처음엔 이 신
경망도 마구 뒤엉켜 있었다. 이때 신경망을 구성하는 각 근육세포는
하나가 아니라 여러 개의 신경세포를 갖는다. 따라서 각 근육세포는
여러 신경세포에게서 뒤엉킨 메시지를 받는다. 어떤 신경세포는 오그
라들라고 명령하고, 또 어떤 세포는 움직이지 말라고 명령하는 식이
다. 이 문제를 해결하지 않고 태어나면, 우리는 통제할 수 없는 근육
경련에 시달리게 된다.

다행히 우리의 몸은 출산 즈음하여 이런 혼란을 해결한다. 바로 수
백만 개의 신경세포 자살을 통해서다. 각 근육세포에 붙어 있던 신경
세포들 중 하나만 남고 모두 죽는다. 이들의 자살은 혼재된 메시지를
막아 신체 움직임을 제대로 통제할 수 있게 해준다. 애초에 복잡하게
얽혀 있던 신경세포들은 정교한 신경망을 만드는 재료 역할을 했을 뿐
이다.

애초에 풍부한 원재료를 가지고 형체를 만든다는 '원칙'은 사람의 '행동'을 관장하는 세포뿐만 아니라 사람의 '지각'을 관장하는 세포에도 적용된다. 사람의 눈이 대표 사례다. 아주 촘촘한 망인 광수용체세포들 light-sensitive cells과 신경세포들 덕분에 지금 여러분이 이 책을 읽을 수 있다. 망막이 형성될 때 망막에 있던 약 90%의 세포들이 자살을 한다. 똑같은 원칙이 신경 시스템을 통해 뇌에서 커뮤니케이션하는 수많은 신경세포들에도 적용된다. 신경 시스템이 만들어질 때 신경세포의 3분의 2 이상(수십억 개의 세포)이 죽는다.[3] 궁극적으로 이들 세포들이 죽음으로써 우리는 이 책을 포함해 주변의 세상을 볼 수 있다. 과학저술가였던 루이스 토머스 Lewis Thomas(대부분의 생을 의사 생활과 가르치는 일에 헌신한 생물생태 사상가. 《세포의 생활》, 《메두사와 달팽이》 등 생물학과 생물 행태에 관한 뛰어난 철학적 과학 저술을 남겼다—옮긴이)는 이런 현상을 다음과 같이 말했다. "내가 태어났을 때는 살아남은 것보다 더 많은 것이 이미 죽어버렸다."[4]

한 유기체의 형태와 기능의 완전한 변형, 즉 변태 metamorphosis는 수 세기 동안 많은 사람들을 사로잡은 현상이다. 나비로 변하는 애벌레가 이를 가장 극적으로 보여준다. 하지만 다른 많은 유기체에서도 볼 수 있다. 가장 잘 연구된 변태는 개구리로 변하는 올챙이다. 개구리로 변하는 과정에서 올챙이는 지상의 생활양식을 새로 받아들이고 몸 형태도 완전히 바꾼다. 가장 눈에 띄는 현상은 꼬리가 사라지는 것이다. 올챙이 꼬리는 헤엄칠 때 필수적인 부분이지만 개구리로 변하는 과정 중에 다리가 나오면서 사라지고 만다. 동시에 다른 많은 변형도 진행된다. 예로, 올챙이 때는 주로 식물을 먹었지만, 개구리가 되면 잡식성 포식자가 된다. 따라서 육식동물의 내장과 초식동물인 소의 내장이 서로 다른 만큼이나 개구리와 올챙이의 소화관도 다르다. 변태 과정에서 올챙이의 내장은 가장 급격한 변화를 겪는다. 그리고 올챙이 때 필요했던 아가미는 버려지고 완전한 폐가 갖춰진다. 따라서 올챙이에서 개구리로의 변태 과정에서 수백만 개의 세포가 죽는다. 특히 올챙이 몸의 절반을 차지했던 꼬리가 없어질 때 가장 많은 세포들이 죽는다. 죽을 운명의 세포들은 모두 자살하며, 죽은 후에는 해당 유기체의 새로운 에너지물질로 변형(재활용)된다.

이런 모든 사례들은 유기체의 형성과 관련된 것이다. 일단 완성되면 변하지 않는 조각품과 또 다른 점 하나는 많은 유기체들은 살면서 계속 자기 몸을 바꾼다는 것이다. 눈에 잘 보이진 않지만 끈질기게 진행되는 이런 변화에는 대부분 세포자살, 그리고 자살세포들의 다른 세포들로의 교체 과정이 포함되어 있다. 여러분과 내 몸에서 매일 100만 개 이상의 세포들이 자신의 목숨을 바치고 있다.[5]

자살세포들 중 일부는 전체에 위험이 될 수 있는 세포들임에 분명하다. 암세포가 될 수도 있었고, 심각한 DNA 손상을 초래할 수도 있었으며, 어떤 바이러스에 감염될 수도 있었을 것이다. 그러나 이들을 제외한 많은 세포들은 아주 정상적인 세포들이며, 이들 정상적인 세포들의 자살은 살아 있는 조각품을 유지하는 과정의 일부분일 뿐이다. 이들의 자살 규모는 어마어마하다. 여러분 몸속에서 1년간 죽는 세포들의 무게를 합하면 여러분의 몸무게와 같다.[6]

세포의 대화: 자살 명령과 자살 수용

세포들은 어떻게 자살을 하는 걸까? 자기가 죽을 때를 어떻게 아는 걸까? 거의 모든 경우처럼, 세포자살 과정에도 커뮤니케이션이 등장한다. 그런데 누가, 무엇이 커뮤니케이션을 한다는 건가? 그 주인공은 바로 세포들이다. 대부분의 세포들은 다른 세포들한테서 자살하라는 메시지를 듣고 자살한다.[7] 이런 커뮤니케이션에는 많은 분자들이 개입하지만, 그 과정은 본질적으로 우리가 살펴본 다른 많은 대화와 동일하다.[8] 세포자살에 이르는 세포들 간의 대화는 눈을 조각하는 대화, 발달 과정에 있는 뇌와 신체 표면 간의 대화와 유사하다. 이는 또한 박테리아의 표면에서 먹이분자와 수용체 단백질이 서로 상호작용하는 방식과도 유사하다.

이런 대화들처럼, 세포자살에 이르는 세포들의 대화도 두 개의 분자로 시작된다. 우선 세포들 중 하나가 그 표면에서 분자 메시지를 방출한다(이를 죽음의 키스라고 하자). 그리고 다른 세포는 그 분자 메시지를 받아들이는 수용체 단백질을 갖고 있다(이를 자살 수용체라고 하자). 다른 수용체와 비슷하게, 이 자살 수용체도 세포벽의 일부로서 세포의 내부와 외부를 이어주는 부분이다. 죽음의 키스와 자살 수용체는 플러그와 소켓처럼 서로 결합할 수 있는 형태를 갖는다.[9] 죽음의 키스와 자살 수용체가 만나면, 둘의 보완적인 형태가 그들을 서로 결합시키고, 그에 따라 자살 수용체의 형태가 변한다. 자살 수용체의 형태 변화로 인해 세포 안으로 돌출된 자살 수용체 부분들의 형태가 변한다. 그러면 세포 안에 있는 다른 단백질들은 이 형태 변화가 전하는 무시무시한 의미를 인식하고 그에 반응해 형태를 바꾼다. 아직 메시지를 전달

받지 않은 또 다른 단백질과 결합할 수 있는 보완적인 형태로 바뀌는 것이다. 이런 식의 형태 변화 과정이 다른 단백질들로 계속 파급되어 나간다.

이렇게 계속 파급되는 형태 변화는 궁극엔 세포의 죽음에 이르게 된다. 변화된 단백질 중 일부가 세포를 자르는 칼이 되기 때문이다. 이들 단백질이 새로운 형태를 갖게 되면 그들을 활성화된 효소 단백질로 바꾸는 새로운 표면이 만들어진다. 이런 각 효소 단백질은 각자 다른 화학반응을 일으키지만, 이 모든 화학반응은 세포 부분들을 파괴한다는 한 가지 공통점을 갖고 있다. 어떤 효소 단백질은 다른 단백질을 파괴하고, 또 어떤 효소 단백질은 세포의 DNA를 파괴한다. 세포의 모양을 유지해주는 정교한 기초 구조인 세포 골격을 파괴하는 효소 단백질도 있고, 세포를 외부와 분리해주는 세포막에 폐기물을 쌓는 효소 단백질도 있다.[10]

죽어가는 세포를 현미경으로 보면, 어떻게 자살하게 되었든 간에 말 그대로 세포가 조각조각 찢어지는 것을 볼 수 있다. 하나의 세포 몸체와 분명한 경계를 가진 자율적인 개별 세포가 세포벽 잔해들 내부에서 작은 방울 모양의 파편들로 폭발하는 것이다. 죽음의 키스로 시작해서 세포의 죽음으로 끝나는 이 과정은 20분도 채 걸리지 않는다. 이렇게 세포가 죽으면 보통 주변의 세포들이 그 시체 잔해를 먹고 그것을 미래의 세포 탄생에 재활용한다.

이런 세포의 죽음이 정말 자살일까? 결국 세포의 죽음에는 세포들 간의 커뮤니케이션이 필요하다. 아포토시스를 세포자살로 부르는 것은 물론 시각의 문제다. 그러나 죽은 세포 '자체'가 자신의 죽음을 유발하는 파괴적인 기제를 갖고 있다는 것을 유념하자. 다른 세포들은

그 세포를 직접 죽이는 게 아니라 그 세포의 자살을 유발하는 메시지를 전할 뿐이다.[11]

요컨대, 늙어 죽거나 외부의 손상으로 죽는 것과 다른 이런 세포 죽음은 살아 있는 신체 조각품(생명체)이 스스로를 만들고 유지하는 과정에 수없이 발생한다. 죽음은 창조의 필수불가결한 요소다. 수십억 년 전 생명이 처음 시작된 이래 창조를 위한 죽음은 어디서든 매 순간 계속되고 있다.

끝없이 되풀이되는 파괴와 창조

유기체가 세포들로 만들어진 살아 있는 조각품이라면, 세포는 분자들로 만들어진 살아 있는 조각품이다. 세포 내부에서도 창조와 파괴가 진행된다. 세포들도 태어나고 죽는다. 이 과정에서 세포를 이루는 요소들도 끊임없이 창조되고 파괴된다.

세포의 가장 많은 부분을 차지하는 단백질을 예로 들어보자. 1분마다 하나의 세포는 3천 개 이상의 동일한 단백질을 복제해낸다. 이 모든 단백질은 복잡한 아미노산 띠로 이루어져 있다. 한 세포가 수천 종의 단백질을 갖고 있다는 것을 고려하면, 1분마다 그 세포가 창조하는 단백질 수는 수백만 개가 된다. 그러나 이들 단백질은 영원히 살지 못한다. 인간의 기준으로 봤을 때 그렇게 오래 살지도 않는다. 오래 살아봤자 며칠이며, 많은 경우 단 몇 분밖에 못 산다.

그렇다면 단백질의 생은 어떻게 끝나는 것일까? 소수의 단백질은 그 기능을 멈추면서 일종의 자연사를 하지만, 대부분의 단백질은 자연사로 죽지 않는다. 다른 단백질, 즉 효소 단백질의 파괴 작용으로 죽임을 당하는 게 대부분이다. 세포와 달리 대부분의 단백질은 자기 파괴적이지 않다.[12] 따라서 단백질도 세포처럼 살 때와 죽을 때가 있다. 단백질의 수명도 자신 안에, 즉 단백질에 정체성을 부여하는 아미노산 띠에 적혀 있을 수 있다. 일부 단백질의 경우, 그런 메시지는 아미노산 띠의 첫 번째 아미노산에 담겨 있다. 요컨대, 수명이 긴 단백질은 알라닌alanine이나 프롤린proline 같은 아미노산으로 띠가 시작된다. 반면, 수명이 짧은 단백질은 리신lysine이나 이소류신isoleucine 같은 아미노산으로 띠가 시작된다.[13] 이런 아미노산들은 단백질에게 자기 동족을 파괴하라는 신호를 내는 역할을 한다.

몸에 있는 수많은 세포들처럼, 세포 안에 있는 수많은 부분(단백질)들은 끊임없이 분해되고 대체된다. 이런 과정이 아주 쓸데없는 일처럼 보이기도 한다. 매 분 수백만 개의 복잡한 분자(단백질)들을 만들어내면서, 왜 동시에 또 다른 수백만 개의 분자(단백질)들은 없애는 걸까?

세상이 끊임없이 변하기 때문이다. 즉, 먹이는 항상 변한다(우리가 먹는 음식 메뉴는 거의 항상 바뀐다). 헤엄치는 박테리아는 주변의 액체에서 먹이를 구하고, 식물 뿌리는 주변의 토양에서, 그리고 우리 몸의 세포는 혈액에서 먹이를 구한다. 그러나 세포 형태와 관계없이, 세포의 먹이는 끊임없이 바뀐다. 먹이가 바뀌면 단백질, 즉 새 먹이분자를 에너지로 바꾸는 효소 단백질을 바꿔야 한다. 따라서 세포는 기존의 단백질을 파괴하고 새 먹이분자를 인식할 수 있는 새로운 단백질을 만든다. 먹이가 부족한 세포조차 기아를 대비해 저장해둔 먹이를 연소시킴으로써 일정 기간 기아를 견딜 수 있게 해주는 특별한 단백질을 만든다.

이처럼 항상 바뀌는 먹이는 변하는 세상의 여러 측면 중 하나에 불과하다. 세포 주변의 온도도 항상 변한다. 열은 단백질의 형태를 파괴할 수 있기 때문에 단백질에 특히 치명적이다. 따라서 주변이 너무 더우면, 세포들은 다른 단백질에 붙어서 과도한 열로 발생한 피해를 수리하는 단백질을 만들어낸다. 또 다른 사례는 세포의 환경에 치명적인 영향을 미칠 수 있는 독성물질이다. 이런 독성물질이 가까이 올 경우, 세포들은 독성물질을 중화하는 해독제(단백질인 경우가 많다)를 만들어낸다. 방사능에 노출되면, 혹은 단지 햇빛에 노출되어도 세포의 DNA가 손상되기 때문에, 세포는 이를 수리할 DNA 복구 단백질이 필요하다. 이런 변화를 포함한 여러 변화들 때문에 세포의 내용도 변할 수밖에 없다. 이런 이유로 내부 공간이 작은 세포들은 환경 변화에 맞는 단백질을 만들면서 필요 없게 된 기존의 단백질은 제거해야 한다.

단백질(분자)과 세포에서 발생하는 이런 파괴적 창조 과정을 정리하기 위해 생명체의 구성 부분들을 창조하고 파괴하는 화학반응을 다시 한 번 살펴보자. 이런 화학반응은 두 분자를 결합, 혹은 분해하거나, 분자의 부분들을 서로 교환하는 효소 단백질에 의해 이루어진다. 생명은 수십억 번에 걸친 이런 화학적 대화로 유지된다. 이런 화학적 대화는 모든 유기체의 모든 세포에서 매 순간 진행된다. 각 화학반응에서 어떤 분자는 파괴되고 어떤 분자는 창조된다. 이런 파괴적 창조(혹은 창조적 파괴)의 원칙은 효소 단백질에 의해 촉진되었든 아니든, 유기체 내부 혹은 외부에서 발생하는 모든 화학반응에 똑같이 적용된다. 또한 이런 원칙은 서로 결합해 분자를 만드는 원자들, 원자로 분리되는 분자들에도 똑같이 적용된다. 이 원칙은 어떤 소립자를 흡수하거나 혹은 가지고 있던 소립자를 방출함으로써 원자가 다른 원자로 변할 때도 적용된다. 이 원칙은 소립자들이 상호작용할 때도 적용된다. 기실, 소립자들은 파괴와 창조에 매우 뛰어난 전문가들이라 할 수 있다. 소립자들이 하는 일이란 서로를 파괴하고 재창조하는 일이기 때문이다. 물리학자 리처드 파인만Richard Feynman이 익살스럽게 말한 것처럼 "창조하고 파괴하고 창조하고 또 파괴한다. 정말 엄청난 시간 낭비가 아닐 수 없다".14

자연사의 원인

'파괴적 창조'는 신체 조직에서부터 세포, 그리고 세포의 가장 작은 부분들(분자, 원자, 소립자)에 이르는 모든 미시 구조에 적용되는 원칙이다. 따라서 이런 파괴적 창조가 분자와 세포뿐만 아니라 전체 유기체, 그들의 군락과 군집이라는 보다 큰 규모에서 발견되는 것도 그리 놀랄 일은 아니다. 가슴 아픈 일이긴 하지만, 여러분이나 나나 영원히 살 수 없다는 사실을 잘 알고 있을 것이다. 위로가 될지 모르겠지만, 다른 유기체들도 마찬가지다. 단세포 유기체들조차 시간이 가면서 늙고, 분열을 멈추며, 이윽고 죽는다.15 그러나 대부분의 유기체가 이렇게 자연사하는 경우는 별로 없다. 자연사하기 전에 굶어 죽거나, 잡아먹히거나, 불에 타 죽거나, DNA가 파괴되어 죽는다. 따라서 자연사할 나이에 도달한 소수 유기체들에 대해 다음과 같은 흥미로운 질문이 가능하다. 단세포 생명체든 다세포 생명체든, 궁극적으로 모든 생명체를 죽음으로 이끄는 자연적인 원인은 무엇인가? 한 유기체의 자연적인 수명은 얼마일까? 이에 대해 확실히는 알 수 없지만,

수십 년에 걸친 생물학 연구를 통해 가능한 답이 몇 개로 좁혀졌다.

살아 있든 죽어 있든 에너지를 사용하는 모든 것(차, 토스터, 핵발전소, 세포 등)은 폐기물을 만들어낸다. 폐기물은 여러 방법으로 처리된다. 다세포 동물들은 (산업시설처럼) 그들의 폐기물 대부분을 배출한다. 반면에 식물들은 폐기물을 세포막으로 둘러싸인 세포 내부(몸 안에 있는 100만 개의 작은 쓰레기장)에 저장해둔다.

일부 세포 폐기물은 매우 위험해서 즉시 중화해야 한다. 이런 폐기물은 다른 분자를 만나면 모두 파괴해버리는 자살 분자 폭탄인 '활성화된 분자들'로 이루어져 있다. 자동차의 유해가스 정화장치가 엔진의 배기가스를 중화시키는 것처럼, 유기체들도 폐기물을 몸 밖으로 내보내기 전에 그것을 중화시킨다. 이런 유기체의 노력에도 일부 폐기물은 세포를 손상시킨다(이 세상에 완전한 것은 없다). 이런 경우엔 어느 정도까지 손상을 복구할 수는 있지만, 손상이 계속 누적되면 세포는 굴복해 죽고 만다. 누적된 세포 손상은 다세포 유기체들도 죽일 수 있다. 따라서 유기체의 자연사는 자신이 만들어내는 노폐물로부터 진행되는 자기독살, 혹은 자기파괴의 결과라 할 수 있다. 이런 자기파괴에 걸리는 시간은 대개 유기체가 만들어내는 노폐물 양에 달려 있고, 유기체가 만들어내는 노폐물 양은 그 유기체가 사용해 연소시키는 에너지 양에 달려 있다.[16]

그러나 에너지와 폐기물은 수명을 결정하는 공식의 한 부분에 불과하다. 수명을 결정하는 공식의 또 다른 부분은 유전자다. 비슷한 생활양식을 가진 같은 종의 유기체들은 비슷한 양의 에너지를 소비하고, 따라서 비슷한 양의 노폐물을 만들어낸다. 그렇다고 이들의 수명이 모두 같지는 않다. 그 이유는 유전자의 영향 때문인데, 그렇게 생각하는 이유는 다음과 같다. 첫째, 특정 유전자에서 발생한 돌연변이가 노화를 크게 늦추거나 촉진할 수 있다. 가장 두드러진 사례는 베르너 증후군Werner syndrome이다. 조로증 혹은 조기노화증이라고 불리는 이 희귀 유전병에 걸린 사람은 청년기에 노화 징후를 보인다. 이들은 어린 나이에도 아테로마성 동맥경화증atherosclerosis, 당뇨병, 심장병 같은 노화와 관련된 증상들을 겪는다. 그리고 삼십대 들어 100세 노인처럼 폭삭 늙어 죽는 경우가 많다. 초파리와 생쥐 같은 유기체에도 수명을 바꾸는 돌연변이가 있다는 것이 알려졌다. 이런 돌연변이는 대부분 수명을 줄이지만, 소수의 돌연변이는 수명을 50% 더 늘려주기도 한다.[17]

유전자가 수명에 영향을 미친다고 믿을 수밖에 없는 두 번째 이유는, 한 가족의 수명은 비슷한 경향을 보인다는 것이다. 한 가족 구성원이 장수하면, 그의 자손도 장수하는 경향이 있다. 요컨대, 수명은 유전된다. 세 번째 이유는 장수하는 동물만 번식시키는 진화 실험에서 찾아볼 수 있었다. 이 실험에서 초파리와 다른 유기체들의 수명을 조금씩 늘릴 수 있었다. 결국, 이런 실험이 성공했다는 것은 유전자가 수명에 중요한 영향을 끼친다는 것이다.

따라서 자연사의 유일한 원인이 노폐물만은 아니다. 유기체 자체(유전자)와 그의 DNA(노폐물에 의한 손상)가 모두 중요한 원인으로 작용한다. 그러나 다세포 유기체의 세포자살이 분명한 목적이 있는 죽음인 반면, 여러분이나 나의 죽음의 목적이 무엇인지는 불분명하다. 왜 우리는 지금보다 두 배 오래 살거나 두 배 짧게 살지 않는 걸까?[18] 짧은 수명은 누구에게 득이 될까? 유기체일까, 군락일까, 아니면 다른 무엇일까? 이런 문제에 대한 최종적인 대답을 할 수 없다 해도 한 가지는 분명하다. 죽음은 결코 우연한 사고가 아니라는 것이다. 우리 몸

속의 단백질과 세포들처럼 우리는 이미 '자신의 죽음의 근원'을 품고
있다.

죽음의 혜택들

　　　　어떤 군락이나 군집에 속해 있다 해도 유기체들은 결국
죽는다. 저마다 죽음은 다른 유기체에 도움을 준다. 이를테면, 그 유기
체를 죽였던 포식자, 자신의 잎을 활짝 펼칠 수 있는 주변의 나무, 유
기물이나 썩은 고기를 먹고 사는 박테리아, 곰팡이, 콘도르 등에게 혜
택을 주는 것이다. 자아의 죽음은 타자의 번성을 의미한다.

　죽음에는 더욱 중요한 의미가 있다. 앞서 말한 것처럼 자연선택은
약간이라도 다른 유전된 삶의 양식을 가진 유기체들이 있을 때 진행된
다. 덜 성공적인 삶의 양식을 가진 유기체는 더 나은 삶의 양식을 가진
유기체보다 일찍 죽거나 적은 자손만을 남긴다. 덜 성공적인 유기체가
더 적은 자손을 남긴다면, 그 가족 계보(또는 그 가족의 삶의 양식)는 결
국 사라지고 만다. 사라진 그들의 자리는 다른 유기체들, 즉 다른 실험
과 다른 혁신적인 삶의 양식들을 가진 유기체들로 대체된다. 더 성공적
인 유기체, 더 성공적인 삶의 양식이 선택된다. 덜 성공적인 유기체의
죽음 없이는, 덜 성공적인 삶의 양식의 죽음 없이는, 이런 자연선택은
일어나지 않는다. 자연선택만이 생명체의 세계를 창조하는 것은 아니
지만, 자연선택이 없으면 생명체의 세계는 유지될 수 없다. 자연선택과
죽음이 없다면, 인간이든 미생물 박테리아든, 유기체들로 가득 찬 세상
은 존재할 수 없다. 죽음이 없다면, 어떤 다세포 유기체도 등장하지 않

았을 것이다. 죽음이 없었다면, 수백만 종이 서로 뒤얽혀 사는 세상도, 서로 상호의존적인 갖가지 삶의 양식도 존재하지 못했을 것이다. 죽음이 없었다면 이런 세상을 형성하는 대화들도 나오지 못했을 것이다. 그리고 그런 대화가 없었다면, 그런 끊임없는 대화의 산물이라 할 수 있는 여러분이나 나도 태어나지 못했을 것이다. 그러면 나는 이런 글도 쓰지 못했을 것이고 여러분은 이 글을 읽지 못했을 것이다. 결국, 죽음이 없다면 지구는 달처럼 황량한 곳이 될 것이다.

약간 다른 삶의 양식들이 서로를 대체하는 종 '내부'의 죽음을 고찰하는 이 순간에도 '종 자체의 죽음'이 생명의 역사를 지배하고 있다는 사실을 잊지 말아야 한다. 처음 등장했을 때는 매우 성공적이었던 종 대부분도 결국은 멸종했다. 그들의 죽음과 멸종의 원인(보다 협력적이거나 보다 경쟁력 있는 다른 삶의 양식의 등장, 점진적인 기후변화, 갑작스러운 유성 충돌, 혹은 다른 재앙)이 무엇이든 간에 거의 모든 종들은 결국 멸종했다. 그리고 지금 살아 있는 수백만 종들은 사라진 종들의 극히 일부에 불과하다.

창조의 대가는 죽음

인간의 생활과 문화, 관습, 기술, 경제, 정부, 과학적인 노력에도 비슷한 원칙들이 적용된다. 모든 삶의 양식은 (인간의 것이든 아니든) 세계에 대한 어떤 이론, 어떤 가정, 어떤 추측, 어떤 가설 같은 어떤 세계관에 따라 구축된다. 전략, 사업계획, 성공의 비밀 등은 이런 세계관을 기초로 만들어진 삶의 양식들이다. 영양분을 훔치기 위해 다른 나무의 뿌리 망에 침투하는 기생식물의 경우를 보자. 이런 기생식물은 나무의 뿌리 망에 소중한 영양분이 있다는 것, 그 영양분을 얻기 위해서는 나무의 뿌리 망에 자신의 뿌리를 침투시켜야 한다는 것, 그리고 그런 노력을 방해하는 것은 없을 거라는 세계관을 구현하고 있는 것이다.

이는 삶의 양식을 아주 대략적으로만 묘사한 것이다. 기생식물들의 삶의 양식을 자세히 살펴보면, 이보다 훨씬 많은 세계관을 구현하고 있다. 어떤 기생식물들은 독특한 화학물질을 함유한 나무의 냄새를 이용해 특정 나무 종만을 공격한다. 이런 냄새를 맡으면, 그 나무를 향해 뿌리를 뻗친다. 이런 행동은 냄새가 나는 곳이 먹이가 있는 곳이라는 세계관을 구현하는 것이다(냄새는 그 나무를 나타낸다. 즉, 냄새가 그 나무의 존재를 '의미'한다). 이 기생식물의 지하 먹이튜브가 나무의 뿌리에 도달해 침투하기 시작하면 어떤 일이 벌어질까? 어떤 종의 경우, 그 먹이튜브가 나무의 뿌리 조직을 이완시켜 침투를 용이하게 하는 화학물질을 분비한다. 이런 행동 이면에는 뿌리에 어떤 분자들이 있다는 것, 이런 분자들의 화학적 성질이 어떠하다는 것, 그리고 분비한 화학물질이 뿌리 분자들을 변화시켜 침투를 용이하게 한다는 것 등에 관한 구체적인 가정들(세계관)이 존재한다. 그러나 나무가 자체 방어 메커니즘으로 이런 분자들을 다른 분자들로 바꾸면, 이런 기존의 가정들은 틀린 것이 되고, 그런 화학물질을 분비하는 일은 쓸데없는 행동이 된다. 충분한 시간이 주어진다면, 우리는 이런 삶의 양식의 각 측면을 철저히 분석할 수 있을 것이다. 그렇게 분석하면 세계, 다른 유기체들의 본질, 화학반응 법칙들, 그리고 대부분의 물리학 기초 법칙들에 관한 수많은 가정들이 해명될 것이다.

이런 원칙은 다른 모든 유기체들과 그들의 삶의 양식에도 적용된다. 모든 유기체는 세계에 대한 수많은 가설과 세계관을 구현한다. 사회적 동물들(집단을 이루고 살면서 사냥, 방어, 혹은 자손 양육 등에서 협력하는 동물들)은 혼자 지내는 것보다 집단생활을 하는 동물들이 더 잘 산다는 세계관을 구현한다. 산란을 위해 수천 마일을 헤엄쳐 고향으로 돌아오는 연어는 자신이 태어난 곳이 가장 좋은 산란지라는 세계관을 구현한다. 기린의 긴 목은 높은 나무에 먹이가 풍부하다는 세계관을 구현한다. 먹이분자가 점점 많아지는 곳으로 헤엄치는 박테리아는 먹이, 먹이와의 거리, 그리고 그 양에 대한 어떤 세계관을 구현하고 있다. 윙윙거리며 날아다니는 곤충들은 공기역학과 비행에 관한 복잡한 물리이론들을 적용한다. 아주 자세히 보면 우리는 각각의 삶의 양식에서 구현하거나 적용하는 수많은 가설과 세계관을 찾아볼 수 있다. 유기체들은 인간이 출현하기 십수억 년 전부터 이미 이런 가설과 세계관들을 구현해오고 있다.

이런 시각에서 볼 때 유기체들은 살아 있는 세계관이다. 삶의 양식이라는 전략의 효용성이 헤엄치는 박테리아처럼 아주 분명하든, 연어처럼 모호하든 간에, 모든 유기체들의 삶의 양식은 어떤 세계관에 기초한 성공한 전략들이다.

하지만 비인간 유기체들의 전략과 가정들은 인간의 가설, 전략, 사업계획과 다르지 않을까? 우선 비인간 유기체들의 전략과 가정들은 문서화되어 있지도 않고 구두로 전달되지도 않는다. 이들의 전략과 가정들은 정교한 사고 속에 존재하는 것이 아니라 몸속에 각인된 것이다. 이들 유기체들은 그 자체가 세계관이라고 할 수 있다. 이들 유기체들은 그들의 이론이 옳은지 그른지에 대해 (계속 살아 있거나 아니면 죽음으로써) 스스로 답한다. 이들에게 잘못된 이론이나 세계관은 곧 죽음을 의미한다.

이에 반해 인간의 잘못된 생각, 이론, 사업계획 등은 직접적으로 죽음을 의미하진 않는다. 세계에 대한 인간의 생각과 가정들, 예컨대 증기기관, 망원경, 컴퓨터를 만드는 데 사용된 관념과 가정들은 증기기관, 망원경, 컴퓨터와는 분리되어 있다.

그러나 인간과 비인간 유기체 들의 세계관 사이에 존재하는 차이점은 피상적이지만, 이 두 세계관의 공통점은 매우 심오하다. 첫째, 우리의 가정은 그 가정의 결함을 찾아내는 데 성공 여부가 달려 있다. 혁명적인 진공청소기에 관한 아이디어를 가진 발명가는 그 아이디어가 작동하는지 확인해보기 위해 샘플을 만들어봐야 한다. 획기적인 신상품(핵 원자로든, 보다 섹시한 수영복이든 간에)에 관한 아이디어를 갖고 있는 회사는 그 상품이 제대로 된 상품이 될지 미리 확인해야 한다. 같은 원칙이 자연과학자들과 그들의 가정들, 예컨대 식물의 잎은 햇빛을 향한다는 가정에도 적용된다. 과학자들은 실험을 통해 이런 가정을 검증한다. 과학자들은 세상에 그들의 가정이 틀렸음을 증명할 기회를 준다.

인간의 세계관과 비인간 유기체들의 세계관의 두 번째 근본적인 공통점은, 잘못된 가정, 전략, 혹은 생각(즉, 잘못된 세계관)으로 '뭔가'가 죽는다는 것이다. 잘못된 가정이 해당 유기체와 함께 죽든 아니든 간에, 창조를 위해서는 잘못된 가정들이 죽어야 한다(박테리아의 가정과 아주 유사하게 인간의 가정은, 신경세포의 발화firing(자극을 받은 신경세포가 신호를 전달하는 것)에서든 문서에서든, 물질 속에 살아 있다는 점을 유념해야 한다. 신경세포의 발아와 문서는 포착하기 힘든 것이긴 해도 모두 물질적인 매개체가 필요하다).

계산 기술이 적절한 사례가 될 수 있다. 트랜지스터를 통한 전자컴퓨터가 도래하기 전에 계산 기술은 완전히 다른 원칙, 즉 전기기계적 중계기, 복잡한 기계장치, 전통적인 주판, 혹은 모래 위의 자갈 등을 사용했다. 컴퓨터 자체도 등장 이후 계속 변화해왔다. 초기의 컴퓨터는 건물 하나를 꽉 채울 정도로 컸고, 유지하는 데 많은 시간이 소요된 반면, 작동은 단 몇 분 만에 멈췄다. 그러나 오늘날의 컴퓨터는 심지어 손바닥만 하게 작아졌다. 이런 변화는 상당 부분 트랜지스터 제조 방식이 개선됨으로써 이루어졌다. 우리는 보통 이런 변화를 진보라고 생각한다. 왜냐하면 지난 30년 이상 컴퓨터의 능력이 매년 거의 두 배로 향상되었기 때문이다. 그러나 진보는 부분적인 이야기에 불과하다. 진보의 이면에는 죽음이 있다. 기계적인 컴퓨터건, 진공관 컴퓨터건, 혹은 구식의 트랜지스터 제조방식이건 간에, 오래된 것의 죽음과 폐기가 진보의 이면에 존재한다.

인간세계의 모든 변화에도 같은 원칙이 적용된다. 여러분이 파괴된 것을 높이 평가하든 아니든 변화는 파괴를 수반한다. 이런 원칙은 운송수단의 변화(말에서 자동차나 비행기로의 변화) 같은 급격한 변화든, 연소엔진 제조법의 변화(기존 연소 엔진보다 훨씬 효율적인 엔진의 등장) 같은 미묘한 변화든 간에 모든 변화에 적용된다. 이런 원칙은 기술뿐만이 아니라 사람들의 커뮤니케이션 방법, 자녀 양육법, 치료법, 통치법 등 끊임없이 변하는 모든 것에 적용된다. 사람이 세계에 대한 생각과 지식을 구축하는 방법이나 학문을 하는 방법에도 이런 원칙이 적용된다. 세계에 대한 새로운 가설, 생각, 이론이 널리 채택되면 과거의 것은 서서히 사라진다. 그렇다고 과거의 것이 쉽게 죽는 것은 아니다. 양자물리학자 막스 플랑크**Max Planck**의 말을 빌리면 "반대자를 설득해 그들에게 올바른 빛을 보여준다고 해서 새로운 과학적 진실이 승리하는 것은 아니다. 새로운 과학적 진실이 승리하는 것은 궁극적으로 반대자들이 모두 죽었을 때다".[19]

분자의 죽음, 세포의 죽음, 유기체의 죽음, 종의 죽음 그리고 이들이 구현한 세계관의 죽음이든 기업, 상품, 기술, 과학이론에 구현된 인간의 개념과 생각의 죽음이든 간에, 죽음과 창조는 항상 함께 간다. 죽음과 창조 역시 한 동전의 양면이다.

죽음과 창조의 불가분성에서 우리가 앞서 다른 방식으로 살펴봤던 원칙이 다시 등장한다. 요컨대, 도처에 존재하는 죽음과 파괴는 세상에 넘쳐나는 창조성에 지불하는 대가다.

Chapter 6

우연과 필연의 패러독스

아는 것은 모르는 것이고 모르는 것은 아는 것이다.

— *깨나 우파니샤드*

여러분은 세상을 변화시킬 수 있을까? 만약 여러분이 간디나 히틀러 같은 삶을 산다면, 수많은 사람의 운명에 영향을 미치게 될 것이다. 그리고 여러분의 결정과 선택 일부는 인간의 역사를 바꾸게 될 것이다. 그러나 인간의 선택이 정말 역사의 경로를 바꿀 수 있을까? 어떤 미래인지 전혀 알 수는 없지만 여지없이 도래할 어떤 미래를 일시적으로 벗어나는 정도의 영향밖에 미치지 못할지도 모른다. 우리가 무엇을 하든, 지구엔 늘 전쟁과 비참함이 만연할 수도 있고, 혹은 결국엔 전쟁과 비참함에서 벗어날 수도 있다. 아니면 우리가 지구를 산산조각 낼 수도 있다.

세계의 지도자들과 우리같이 평범한 사람들 모두에게 똑같이 적용되는 적절한 질문을 해보자. 과연 여러분이 하는 선택은 여러분의 선택일까? 전쟁에서 싸울까 말까? 아침으로 어떤 시리얼을 먹을까? 누구와 결혼할까? 언제 어떤 영화를 볼까? 이런 선택의 기로에서 여러분이 내리는 선택은 과연 여러분 자신의 선택일까? 아니면 여러분이 태어난 세상, 여러분을 길러준 가족, 혹은 부모님이 물려준 유전자 같은 여러분 내부와 주변의 세상이 그런 선택을 하게 만든 것일까? 여러분이 이런 질문 중 하나에 궁금함을 느꼈다면, 그 궁금한 질문을 선택한 것이 과연 여러분의 선택일까? 아니면, 여러분은 여러분의 삶을 움직이는, 그리고 (만약 그런 게 있다면) 여러분이 전혀 알 수 없는 목적을 가진 어떤 괴물 같은 기계의 한 부속품에 불과한 것일까?

수세기에 걸쳐 많은 철학자들이 이런 문제로 논쟁을 했지만, 지금까지 별 성과가 없었다. 거기에는 한 가지 이유가 있다. 기실 이 문제를 제대로 보기 위해서는 먼저 우연과 필연의 관계를 살펴봐야 한다. 그런 다음에야 우리는 인간의 영역을 훨씬 초월하는 하나의 시각을 이해할 수 있다.

모래로 쌓은 성: 우연에서 파생된 필연

세상을 살기 위해 박테리아가 어떻게 헤엄쳤는지 기억해 보자. 코르크 따개처럼 나선형으로 생긴 박테리아의 편모가 시계반대 방향으로 돌면 박테리아는 앞으로 나갔고, 시계방향으로 돌면 박테리아는 아무 방향으로나 굴렀다. 이것은 박테리아가 전진하는 방향을 바꿀 때 얼마나 시간이 걸릴지 예측할 수 없다는 것을 의미한다. 그러나 우리는 정말 중요한 것, 요컨대 박테리아가 그의 목적지인 먹이에 도착하리란 것은 예측할 수 있다. 박테리아가 먹이 냄새를 맡고 한 방향으로 헤엄치기 시작한 후, 먹이 냄새가 강해지면 편모는 회전방향을 바꾸지 않는다. 그러나 먹이 냄새가 약해지면, 편모는 회전방향을 더 자주 바꿔서, 불규칙한 구르기에도 불구하고 결국엔 먹이를 찾는다.

자연법칙의 기초는 바로 이런 예측 가능성에 있다.[1] 즉, 다른 모든 조건이 동일할 경우, A(박테리아 근처에 먹이를 두면)가 발생할 때마다

B(박테리아가 먹이를 향해 헤엄친다)가 발생할 것이라는 예측이 가능해야 자연법칙이 될 수 있다. 헤엄치는 박테리아의 예측 가능한 행동은 전혀 예측할 수 없는 많은 개별 사건들의 결과다. 예측 가능성과 법칙적인 행동은 예측 불가능성과 우연에서 나온다.

이런 점에서 박테리아도 특이한 사례가 아니다. 과학자들은 자연법칙이 이런 원칙에 기초한다는 것을 오래전부터 알고 있었다. 그러나 우리는 그런 사실을 자주 잊어버리는 경향이 있다.

눈이 만들어지는 과정을 다시 떠올려보자. 눈을 창조하기 위해서는 신경관과 외배엽이라는 두 세포 집단들의 커뮤니케이션이 필요하다. 신경관 세포들은 외배엽 세포들의 수용체 단백질이 인식할 수 있는 분자 메시지를 보낸다. 이 메시지에 반응해 외배엽은 태아의 신체 표면에 작은 구멍을 만든다. 그 다음에 이들 세포들이 추가로 수많은 메시지를 교환한 후 수정체, 홍채, 유리체, 각막 같은 눈 조직들이 만들어진다. 모든 인간과 많은 동물들의 눈은 이런 식으로 만들어진다. 그리고 우리는 이를 태아 발달의 법칙이라고 말한다. 신경관이 외배엽에 어떤 화학 신호를 보내면(A), 눈이 형성되기 시작(B)하는 것이다. 손톱에서 뇌에 이르는 모든 신체 부분을 형성하는 대화에도 이와 비슷한 법칙이 작용한다. 그런데 이런 법칙들로 인해 예측 불가능한 것은 무엇일까?

여러분이 수많은 시위 군중이 점거한 넓은 도로를 건너야 한다고 상상해보자. 군중들 속에 들어가자마자 여러분은 도로를 가로질러 가기가 매우 힘들다는 것을 깨닫게 될 것이다. 행진하는 군중들 틈에서 오도 가도 못하고 이리저리 떠밀리는 힘없는 존재가 된다. 그러나 오랫동안 그러고 있다 보면, 군중들에 떠밀려 도로 건너편으로 빠져나올 수도 있다. 그렇지만 언제 어느 곳으로 나올지는 아무도 모른다.

신경관에서 배출된 한 분자도 이와 유사한 상황에 처한다. 이 분자는 수십억 개의 다른 분자들에 둘러싸인 채 신경관과 외배엽 사이의 공간으로 흘러나온다. 모든 분자들이 매우 불규칙하게 서로 부딪히며 움직인다. 이때 두 분자들이 언제 충돌할지, 그리고 얼마나 세게 충돌할지는 누구도 예측할 수 없다.

이 분자들이 충돌하게 하는 것은 '열'이다. 열역학에 따르면 열은 입자운동particle motion이다.[2] 잔잔한 물 한 잔에 잉크 한 방울을 떨어뜨리면 입자운동을 눈으로 볼 수 있다. 물을 젓지 않아도 결국엔 수많은 잉크 입자들이 물 분자들과 이리저리 부딪히며 퍼져나간다.[3] 신경관에서 나온 분자 메시지도 이런 잉크 입자처럼 이리저리 불규칙하게 움직인다.

하지만 불규칙한 움직임일지라도 세포들의 대화 결과는 눈과 뇌의 형성처럼 예측 가능하다. 신경관이 하나가 아닌 수많은 분자 메시지를 내보내기 때문이며, 이 모든 분자 메시지의 내용이 동일하기 때문이다. 물잔 속의 잉크 입자나 시위 군중에 파묻힌 사람처럼 신경관의 분자 메시지들도 이리저리 떠밀린다. 분자 메시지들이 떠밀릴 때와 떠밀리는 강도는 예측 불가능하다. 어떤 특정 분자가 외배엽에 도달할지, 외배엽에 도달하는 데 얼마나 시간이 걸릴지, 그 분자가 수용체와 부딪힐지도 역시 예측 불가능하다. 이렇듯 불확실성이 만연하지만 신경관이 매우 많은 분자 메시지를 내보냈기 때문에 이들 중 수용체에 도달해서 결합하는 것들이 있기 마련이다.

분자 메시지와 결합한 수용체는 그 형태를 바꾸고, 곧이어 다른 커뮤니케이션 과정이 시작된다. 이번에는 외배엽 세포 내부에서 서로 부딪히는 분자들 간에 커뮤니케이션이 시작된다. 이 커뮤니케이션도 비슷한 원칙으로 진행된다. 즉 수많은 분자들이 전혀 예측 불가능하게 서로 밀고 부딪힌다. 이런 식으로 이루어지는 여러 단계의 분자 대화를 통해, 외배엽은 '분명히' 수정체를 만들게 된다.

이런 식으로 조직, 기관, 유기체가 만들어진다는 사실을 정확히 예측할 수 있다는 것은 놀라운 일이다(물론 절대적인 것은 아니다). 우리는 자연법칙을 전 우주를 지배하는 절대적인 것으로 생각하지만, 조직과 유기체의 발달 법칙을 알면 꼭 그렇게만 볼 수도 없다. 신경관이 외배엽으로 하여금 수정체를 만들도록 하는 일에 실패할 수도 있을까? 즉, 신경관의 모든 분사 메시지가 우연하게도 모두 다른 곳으로 가는 바람에 단 하나의 분자 메시지도 외배엽에 도달하지 못하는 경우가 생기지 않을까? 물론 그럴 수 있다. 이는 동전 던지기 게임을 100만 번 해서 모두 '앞면'이 나올 만큼이나 가능한, 혹은 불가능한 일이다. 확률이론에 따르면, 신경관의 분자 메시지 중 어느 하나도 외배엽에 도달하지 못해서 장님으로 태어날 확률은 매우 낮다. 그러나 확률이 낮은 것이지 0인 것은 아니다. 자연법칙은 절대적인 것이 아니다. 자연법칙에도 작은 틈은 존재한다.

이보다 작은 규모에서도 예측 가능성은 예측 불가능성에서 나온다. 예로, 분자와 원자를 변형시키는 화학반응을 살펴보자. A와 B, 두 종류의 분자들이 들어 있는 시험관을 관찰한다고 할 때, 우리는 이들 각 분자들 중 어떤 분자들이 서로 결합할지 예측할 수 없다. 그리고 이 두 분자들이 서로 결합했다 해도, 이들이 반응해서 C를 만들지 D를 만들지 그 결과를 예측할 수 없는 경우가 많다.[4] 여기서 예측 가능한 것은 A와 B가 '평균적으로' 하는 일뿐이다. 요컨대, 10억 개의 A와 B 분자들을 시험관에 넣으면, A와 B 분자들 간에 평균 'XX번'의 결합이 이루어지며, 이로써 C가 나오는 것은 평균 'YY번'이고 나머지는 D가 나

온다는 것만 예측할 수 있다.[5]

이보다 훨씬 작은 규모에서 양자물리학 법칙으로 소립자들 간의 만남의 결과를 예측할 수 있다. 그러나 양자의 세계에서는 하이젠베르크의 불확정성 원리에 의해 소립자들의 만남 자체는 예측할 수 없으며, 따라서 그 위 단계인 분자의 만남은 더더욱 예측할 수 없다. 한 입자의 위치를 정확하게 측정한다 해도 그의 운동량momentum(따라서 운동 방향)은 여전히 알 수 없으며, 반대로 한 입자의 운동량을 정확히 측정한다 해도 그 입자의 위치를 알 수 없다. 그러나 한 입자의 궤적을 예측하고, 따라서 그 입자가 다른 입자와 만나는 것을 예측하기 위해서는 그 입자의 위치와 운동량을 알아야 한다. 이런 불확정성이 인간 정신의 한계를 보여주는 것은 아니다. 불확정성은 물리학의 토대가 되는 원리이다. 따라서 거시 물리학 법칙도 무수하고, 미시적이고, 예측 불가능한 부분들의 평균적인 행동에서 나온다.

이런 모든 사례들은 소립자, 분자, 박테리아 같은 작은 규모에서 벌어지는 현상들이다. 그러나 훨씬 큰 사물들도 예측 불가능하게 행동하지만 결과적으로 법칙적인 행동을 보일 수 있다. 예로, 동물의 뇌 속에 있는 신경세포들은 전기신호를 통해 서로 커뮤니케이션을 한다. 한 신경세포가 신호를 발사하면 그 신호는 다른 신경세포로 여행을 한다. 그 신호가 다른 세포에 도달했을 때, 그 세포도 제3의 세포에게 신호를 발사하고, 그 신호를 받은 제3의 세포도 신호를 발사한다. 이런 식으로 수많은 신경세포들이 신호를 앞뒤로 중계하면서 커뮤니케이션이 이루어진다. 여기서 한 신경세포가 어떤 순간에 신호를 발사할지는 예측 불가능하다. 그러나 이런 식으로 수많은 신경세포들이 서로 대화한 결과는 아주 정확하게 예측할 수 있다.[6] 맹금류는 땅에서 불과 몇 센티

미터 위의 낙하지점에서 먹이를 낚아챈다. 개구리는 아주 작은 곤충이라도 정확하게 혀를 뻗어 잡아먹는다. 숲속의 곡예사 원숭이는 나무와 나무 사이를 이동할 때 가지를 놓치는 법이 거의 없다(가지를 놓치는 것은 별로 좋지 않다. 죽을 수도 있으니까).

이런 경이로운 일들은 수많은 신경세포들의 발화에 기초해 이루어지는 뇌의 정교한 계산에서 비롯된 것이다. 각 신경세포들의 발화는 박테리아의 방향 전환만큼이나 예측 불가능하다. 그러나 그 결과로 이루어지는 계산은 매우 정확해서 모든 동물들은 존재하는 매 순간 그 계산에 따라 자신의 삶을 살아간다. 여러분이 사람과 차로 붐비는 (신호등 없는) 도로를 건너게 될 때 이런 계산을 얼마나 하는지 한번 생각해보길 바란다.

인간사회든 비인간사회든 모든 사회에 이런 원칙이 적용된다. 인종 간의 분리가 좋은 사례다. 50년 전 미국 정부는 인종 통합을 위해 획기적인 노력을 했지만, 지금도 거주지 분리 같은 인종 분리가 여전히 존재한다. 노벨경제학상 수상자 토머스 셸링^{Thomas Schelling}은 미국 내에 존재하는 인종 간 분리 현상은 노골적인 인종차별 때문이 아니라, 예측할 수 없는 그리고 미묘한 수많은 인간들의 결정에서 비롯된 매우 예측 가능하고 법칙적인 현상이라는 것을 보여줬다.[7]

인종차별이 존재하지 않는, 한 인구 밀집 도시를 상상해보자. 이런 지역에서는 백인과 유색인종의 집이 여기저기 무작위로 흩어져 있을 것이다. 그런데 어떤 지역에서는 백인이 조금 더 많이 거주하고, 어떤 지역에서는 유색인종이 조금 더 많이 거주한다. 이런 차이는 쟁반에 소금과 후추를 무작위로 뿌렸을 때처럼 완전히 우연일 수 있다. 그러나 이런 차이는 유색인들이 다른 유색인들과 어울려 사는 것을, 혹은 백인들이 다른 백인들과 어울려 사는 것을 조금 더 선호한 결과일 수 있다. 이것이 유색인은 백인을 싫어하고, 백인은 유색인을 싫어하는 것(즉, 노골적인 인종차별)을 의미하는 것은 아니다. 여러분이 무의식적으로 취미나 가치가 비슷한 사람들끼리 더 많이 어울리는 것처럼, 도시의 거주자들도 마찬가지다. 더욱이 이들의 선호는 그렇게 강하지도 않아서 거의 확인하기 어려울 정도였다.

언제, 어디로 이사 올지 전혀 예측할 수 없긴 하지만, 이렇게 무의식적으로 도시로 오는 가족들이 종종 있다. 이들 각 가정은 자신들의 희미한 선호 때문에 같은 인종이 많이 사는 지역으로 이사 가는 경향을 보인다. 셸링은 오랜 기간 동안 많은 개인들이 이주를 한 후 그런 희미한 선호 때문에 거의 완전한 인종 분리 현상이 나타난다는 사실을 증명했다. 무작위로 뿌려진 소금과 후추 형태의 거주지가, 초기의 무작위적인 거주지 분포와 각 가정의 이주 지역에 대한 예측 불가능성에도 불구하고, 나중에는 백인과 유색인종 거주지로 거의 확연히 분리되었다.

또 다른 사례는 페스트, 홍역, 천연두 같은 전염병의 확산과 관련된다. 여러분 몸에는 여러분이나 다른 사람도 모르는 병을 일으키는 박테리아나 바이러스가 존재할 수 있다. 여러분과 내가 만났다고 해도, 여러분이 내게 병을 옮길지, 혹은 내가 병에 걸리거나 다른 사람에게 그 병을 옮길지, 예측할 수 있는 사람은 아무도 없다.

공공보건을 유지할 필요가 있는 정부의 관점에서 볼 때, 두 사람이 만나는 것은 그렇게 중요하지 않다. 중요한 것은 백신접종 같은 시도로 전염병을 예방하는 것이다. 그러나 모든 국민에게 백신을 접종하는 것은 불가능하다. 어떤 사람은 오지에 살 수도 있고, 또 어떤 사람은 백신접종을 거부할 수도 있다. 그러나 백신접종을 받은 사람이 너무적으면 나머지 사람들에게 병이 퍼져나갈 것이다.

전염병을 막기 위해 인구의 몇 %가 백신접종을 받아야 할까? 50%, 80%, 혹은 불가능한 100%? 사람들 간의 개별적인 만남과 그 결과는 예측할 수 없다. 이들의 만남은 결국 개인적 선택에 달려 있다. 그러나 '평균적으로' 사람과 사람 사이에 병이 얼마나 쉽게 퍼지는지, 그리고 병에 걸린 사람이 '평균적으로' 얼마나 많은 사람을 전염시키는지는 계산할 수 있다. 그런 평균적인 정보만으로도 인구의 몇 %가 백신접종을 받아야 하는지 충분히 예측할 수 있다.[8] 천연두나 소아마비 같은, 지금은 거의 사라진 질병들은 백신접종 캠페인의 성공 사례에 해당한다. 그리고 이런 성공은 질병 확산의 규칙성을 파악한 데서 가능했다.

이런 사례와 다른 많은 사례들을 통해 볼 때, 모든 유기체들의 법칙적인 행동은 예측 불가능한 사건들에서 파생된다. 그러나 다른 모든 법칙과 마찬가지로 그런 행동 법칙들에도 크고 작은 틈이 있다. 그중 어떤 틈은, 어디에 살고 누구와 사귈 것인가에 대한 선택과 같은 인간의 예측할 수 없는 선택의 결과다.[9]

그리고 성으로 만들어진 모래: 필연에서 파생된 우연

규칙과 법칙들은 화학반응, 태아 발달, 인간사회 같은 현상들을 다스린다. 이런 법칙들은 원자에서 사람에 이르기까지 예측 불가능성에서 나온다. 그런데 이런 법칙의 출현 반대편에는 '예측 불가능성'의 출현, '우연'의 출현이라는 현상이 있다.

오랜 물리학 법칙인 뉴턴의 만유인력의 법칙은 예측 불가능성의 출현, 우연의 출현에 대한 완벽한 사례를 제공한다. 뉴턴의 법칙에 따르면, 두 물체는 그들의 질량에 비례하고 그들의 거리에 반비례하는 힘으로 서로를 끌어당긴다. 물건이 땅으로 떨어지고 지구가 태양을 공전하는 것은 바로 이런 만유인력의 법칙 때문이다. 뉴턴의 법칙을 통해 우리는 낙하하는 물체의 속도, 달의 주기, 비행기를 띄우는 데 필요한 양력 등 우리 주변에서 일어나는 여러 현상을 예측할 수 있게 되었다. 그리고 수많은 측정을 통해 이런 예측의 타당성을 확인해왔다. 자연법칙이란 것이 있다면, 뉴턴의 법칙이야말로 이에 딱 맞다. 그런데 이 법칙에서 완전히 예측 불가능한 것이 나올 수 있다.

뉴턴의 법칙이 있기에 우리는 이따금 아주 정확하게 미래를 예측할 수 있다. 지구를 도는 달, 그리고 서로를 도는 두 개의 태양 등의 경우가 그렇다. 두 천체의 위치와 속도를 알면 1년 후, 1천 년 후, 심지어 100만 년 후 그 천체의 위치와 속도를 예측할 수 있다. 그러나 세 개의 천체, 혹은 전 태양계, 혹은 당치도 않지만 은하계에 존재하는 수백만 개의 태양의 경우를 생각해보자. 이 경우 예측 가능성은 와르르 무너진다.[10] 뉴턴의 법칙 자체도 완벽한 것은 아니다. 우리는 각 천체가 다른 모든 천체에 대해 정확히 얼마만큼의 힘을 가하고 있는지 계산할 수 있다. 우리는 이 천체들의 인력에 대해 알아야 할 모든 것을 알 수 있다. 그런데 우리는 단 세 개의 천체일 뿐이라 해도 먼 훗날 이 세 천체들의 위치를 예측할 수 없다. 이런 특별한 유형의 예측 불가능성(어느 면에서 보나 불확정적인 미래)[11]을 보통 '결정론적 혼돈deterministic chaos'이라고 한다.[12]

결정론적 혼돈을 이해하는 것은 한 가지 점(세계가 불확정적이라는 점)을 제외하고는 이 책의 핵심적인 부분이 아니다. 우리가 세 천체의 위치와 속도를 '완벽하게' 알면, 우리는 세 천체의 불확정적인 미래를 예측할 수 있다. 그러나 우리가 이들의 위치와 속도를 '어느 정도만 정확하게' 안다면, 예컨대 1년이라는 제한된 시간 내에서만 이들의 미래를 예측할 수 있고, 2년 후에는 이들의 위치를 알 수 없다. 이보다 10배 더 정확하게 측정하면, 2년 정도는 이들의 미래를 예측할 수 있겠지만 4년 후 이들의 위치는 또 모른다.

그렇다면 이 세 천체의 불규칙한 행동이 '정말' 불규칙한 것일까? 현재에 대한 정확한 정보를 갖고 있으면 자연법칙에 따라 이들의 미래를 '원칙적으로' 예측할 수 있다고 주장할 것이다.

대부분의 자연법칙, 특히 물리학 법칙은 미적분에 기초하고 있다. 어떤 문제를 풀기 위해 미적분을 적용할 경우, 우리는 무한히 작은 양까지 한 변수(즉, 한 행성의 위치)를 가상으로 변화시킨 후 그에 반응해 다른 변수들(즉, 인력)이 어떻게 변화하는지 연구한다. 이런 식의 추론은 실제로 매우 효과적이다. 그러나 우리는 그것이 무엇이든 그것의 무한히 작은 변화들을 관찰, 측정하거나 만들어낼 방법이 없다.[13] 미적분은 아무리 강력한 도구라 해도 가상의 게임에 불과하다. 여기서 문제는 미적분이 가상의 게임이라는 것을 잊고 가상을 실재와 혼동하는 데 있다. 그럴 경우 우리는 세 천체의 운동을 원칙적으로 예측할 수 있다고 말하게 된다.

지금부터 100만 년 후라도 우리는 물론이고, 우주의 그 어떤 유한한 정신도 모든 사물을 무한히 정확하게 알 수는 없을 것이다. 내가 이런 주장을 하는 데 있어, 어떤 사물이든 그 사물의 속도와 속력을 동시적이며 자의적으로 정확히 측정할 수는 없다고(원칙적, 실제적으로) 한 양자물리학까지 거론할 필요는 없을 것이다. 요컨대, 서로를 도는 세

천체에 대해 알 수 있는 모든 것을 안다 해도 이 세 천체의 미래는 불확정적이다.[14]

프랑스의 수학자 앙리 푸앵카레Henri Poincaré는 '결정론적 혼돈'을 처음 밝힌 사람이다. 그러나 20세기 중반까지 이 개념은 여전히 모호한 개념이었다. 그러다 화학과 생태학같이 서로 다른 학문 영역에서 몇몇 학자들이 독자적으로 혼돈을 발견하자 '혼돈'이란 개념이 갑자기 학문의 무대에 재등장했다. 그중 날씨에서 혼돈을 연구했던 MIT의 기상학자 에드워드 로렌츠Edward Lorenz는 기압과 온도로 풍속을 예측하는 법을 포함한 몇 개의 단순한 물리학 법칙을 가지고 컴퓨터 시뮬레이션을 통해 날씨를 예측했다. 시뮬레이션에 동원된 법칙들은 뉴턴의 만유인력의 법칙만큼이나 엄격한 것들이었다. 그러나 시뮬레이션 결과는 계속 변덕스럽게 바뀌었고 예측이 불가능했다.

화학에서도 예상치 않게 예측 불가능한 것들이 발견되었다. 두 분자 A와 B를 C와 D로 변형시킬 것으로 예측되는 한 화학반응이 있다고 해보자. A와 B분자가 각각 수십억 개씩 들어 있는 시험관에서 이런 화학반응이 일어나면 A와 B의 농도는 0에 가까워지고 C와 D의 농도가 증가할 것으로 예측할 수 있을 것이다. 그러나 몇 번의 연쇄적인 화학반응만으로도 그런 예측 가능성이 사라질 수 있다. 예로, 어떤 화학반응은 A를 B로 변형시키고, 다른 화학반응은 A와 B를 B분자 세 개로 변형시키며, 또 다른 화학반응은 B를 C로 변형시킬 수 있다. C 자체는 또 다른 분자인 D와 반응하여 A가 될 수도 있다. 이런 각각의 화학반응 결과가 정확하게 알려져 있을 수 있다. 그러나 이런 모든 화학반응이 시험관에서건, 박테리아에서건, 혹은 인간의 몸 안에서건 간에 같은 곳에서 발생하면 A, B, C, D의 농도는 완전히 불규칙하게 변할 수 있다. 화학 법칙으로 각 화학반응의 결과를 예측할 수 있지만, 전체 화학반응의 결과는 예측할 수 없다.[15]

분자같이 작은 물체뿐만 아니라 행성처럼 큰 물체도 혼돈스럽게 움직일 수 있다. 중간 크기의 물체도 마찬가지다. 유기체와 그들 개체 수의 사례를 보자. 뱀과 생쥐, 혹은 여우와 토끼 등 포식자와 피식자의 경우를 생각해보자. 야생동물 관리는 유기체들의 개체 수 통제를 목적으로 한다. 이때 야생동물 관리에는 포식자와 피식자의 개체 수를 지배하는 단순한 생태학 법칙들이 도움이 될 수 있다. 이런 법칙들은 포식자가 소비하는 피식동물의 평균 수, 포식자의 기대수명, 혹은 포식자가 없을 경우 피식동물의 증가 속도 등을 예측할 수 있다. 그러나 그런 법칙들이 포식자와 피식자가 서로 어떻게 영향을 미치는지에 대해 모두 말해준다 해도, 여러 해에 걸쳐 포식자와 피식자의 개체 수를 예측하는 것은 전혀 불가능하다. 행성과 분자들이 추는 혼돈의 댄스처럼 생명체의 사회도 결정론적 혼돈을 보여준다.[16]

이런 사례들은 자연법칙이 보여주는 예측 불가능성의 수많은 예 중 일부에 불과하다. 커피를 저을 때 찻잔 속 커피가루의 위치, 주가의 일일 등락, 백혈병 환자의 백혈구 세포 수, 급류의 소용돌이, 천천히 떨어지는 낙엽이 땅에 내려앉는 정확한 위치, 이 모든 것은 자연법칙의 지배를 받지만 예측할 수 없는 것들이다.

이 모든 사례들은 불규칙이 법칙을 낳고 법칙이 불규칙을 낳는다는 것을 보여준다. 법칙은 우연에서 나오고 법칙에서 다시 우연이 나온다. 우리는 이런 원칙을 원자에서 은하계에 이르는 모든 곳에서 발견할 수 있다. 이 원칙은 세상의 어느 부분에만 제한되는 것이 아니다. 큰 것과 작은 것, 생물과 무생물 모두에 적용된다.

우리가 보는 모든 곳에서 예측 가능한 것과 예측 불가능한 것들이 서로 얽혀 있다. 가장 완벽한 질서를 이룬 수정조차도 혼돈의 화학반응이 불규칙하게 일어나는 액체에서 생성된다. 그리고 혼돈 자체는 화학 법칙에서 나온다. 물리학에서 사회학에 이르기까지, 그리고 살아있는 세포에서 은하계에 이르기까지 우연과 법칙은 촘촘하게 짜인 직물 구조를 구성하는 두 개의 섬유라 할 수 있다. 그리고 자세히 살펴보면 각 섬유는 또 더 많은 무수한 섬유들로 이루어져 있다. 여기서 각 섬유들은 '우연과 법칙의 직물'이라는 훨씬 정교한 구조의 부분을 이루고 있다. 이런 직물 구조는 끝없이 계속된다. 거기에는 중심도 없고 시작도 끝도 없다.[17]

우리의 선택과 그 의미

이 모든 것이 '여러분의 선택이 세상에 어떠한 영향을 미칠까?' 하는 질문과 어떤 관련이 있을까? 이 모든 것은 이 질문에 대한 최종적이고 보편적인 답을 제시할 수 있는 사람이 없음을 보여준다. 여러분은 이런 직물 구조의 어느 한 섬유, 이를테면 여러분을 둘러싼 세상의 중심, 즉 여러분 자신에 초점을 맞추고 그 섬유를 이루고 있는 우연과 필연의 실들을 조사할 수 있다. 여기서 여러분이 초점을 맞추기로 선택한 섬유가 무엇이냐에 따라 위 질문에 대한 답은 달라진다. 앞서 사용한 비유를 다시 사용하자면, 여러분은 한 액체 속에서 불규칙하게 부딪히는 분자에, 혹은 그 분자가 달라붙게 되는 수정의 규칙적인 모양에 초점을 맞출 수 있다. 달리 말해, 여러분 말고는 누구도

 Paradoxical Life | 생명을 읽는 코드, 패러독스

이 질문에 답할 수 없다.

무엇에 초점을 맞추기로 하는 것은 다름 아닌 하나의 시각을 선택하는 것과 같다. 시각을 선택하는 이유는 뭘까? 시각은 사람들에게, 그리고 생명체에 자신의 미래와 자신을 둘러싼 세상의 미래를 선택할 힘을 주기 때문이다.[18] 그러나 선택하는 시각이 강력할수록 지불해야 할 대가는 커진다. 그 대가는 확실성을 포기할 수밖에 없다는 것이다. 역설적이게도, 포기해야 하는 이런 확실성에는 여러분의 선택이 세상에 영향을 미칠 것이라는 확신도 포함된다.[19]

박테리아, 꿀벌, 개미의 행동 선택과 집단 결정

우리의 선택의 근원은 어디에 있을까? 이 질문을 살펴보기 위해 먼저 헤엄치는 박테리아와 다른 유기체들에 관해 들여다보자. 박테리아가 곧장 앞으로 헤엄쳐 가는 것과 구르는 것을 조합해 움직이는 것은 이상하게 세상을 사는 방법처럼 보일 수도 있다. 그러나 여러분이 박테리아와 비슷한 처지에 있다면, 즉 큰 수조 속에 눈을 가린 채 있다면, 여러분도 아주 비슷한 방법으로 식량을 찾을 게 분명하다. 먼저 아무 방향으로 움직이다가, 음식 냄새가 강해지면 계속 그 방향으로 가고, 음식 냄새가 약해지면 방향을 바꿀 것이다. 여러분 대부분이 그 상황에서 불규칙한 궤적을 그리는 것은 여러분의 선택이라고 말할 것이다. 그런데 어떻게 해서 그런 선택을 하게 된 걸까? 인간의 경우 어떻게 그런 선택을 하게 되었는지 알 수 없지만, 헤엄치는 박테리아의 경우는 이에 대해 시사해주는 바가 적지 않다.[20]

우리는 박테리아가 헤엄치는 과정에서 먹이분자, 수용체 단백질, 그리고 (편모 프로펠러의 방향을 바꾸는 엔진에 헤엄쳐야 할 방향을 알려주는) 단백질들 사이에 복잡한 대화가 진행된다는 것을 살펴본 바 있다. 우리는 박테리아가 엔진의 회전방향을 바꾸는 정확한 시점을 예측할 수 없다. 그 이유 중 하나는 엔진 주변에 있는 수백만 개의 분자에 있다. 이런 분자들이 서로 끝없이 밀고 밀리면서 불규칙하게 부딪히기 때문이다. 또 다른 이유는 우리가 앞서 살펴본 CheY-P 분자에 있다. 이 분자가 박테리아의 엔진에 붙으면 엔진이 시계반대방향에서 시계방향으로 회전방향을 바꿈으로써 일직선으로 헤엄치다가 구르기 시작한다는 것을 살펴본 바 있다. 그러다 잠시 후 다른 분자가 부딪혀서 CheY-P를 엔진에서 떼어놓으면, 엔진의 회전방향이 다시 반대로 바뀐다. 앞서 살펴본 대로 CheY-P는 박테리아의 수영 방향에 반응해 박테리아의 먹이 수용체 단백질에서 형성된다. 박테리아가 옳은 방향으로 가고 있을 때 CheY-P는 거의 만들어지지 않는다. 그러나 틀린 방향으로 가고 있으면, 박테리아는 점점 더 많은 CheY-P를 만들어낸다. 우리가 박테리아의 방향 전환을 예측할 수 없다는 것을 살펴보기 위해서는 이 두 내용을 결합해 'CheY-P가 먹이 수용체에서 엔진으로 어떻게 이동하는가?' 하는 질문에 답을 하면 된다. 우리가 살펴본 다른 분자 메시지와 마찬가지로 CheY-P도 주변의 다른 분자들과 불규칙하게 밀고 밀리는 과정을 통해 자리를 잡게 된다. CheY-P가 거의 없으면 박테리아의 엔진에 들어가는 CheY-P도 거의 없다. 그러나 충분히 많은 CheY-P가 만들어지면 이들 중 최소한 일부는 엔진에 도착해 엔진의 회전방향을 바꾸게 된다.[21] 그러나 CheY-P 분자들이 정확히 언제 엔진에 도착하고, 불규칙하게 움직이는 주변의 분자들이 CheY-P를 다시 얼마나 빨리 엔진에서 떼어내는지는 아무도 모른다.

　우리는 이런 분자들의 드라마 모두를 관찰할 수는 없다. 일반적인 현미경으로는 서로 부딪히는 분자들도, CheY-P의 불규칙한 여행도 볼 수 없다.[22] 현미경을 통해 볼 수 있는 것은 이쪽저쪽으로 헤엄치다 결국 먹이에 도달하는 박테리아뿐이다.

　이 박테리아가 방향 전환을 '선택'한 것일까? 헤엄치는 박테리아를 처음 본 사람은 그렇다고 대답할 수 있다. 그러나 헤엄치는 박테리아에 대해 지금 여러분이 알고 있는 정도의 내용을 아는 사람이라면 그렇지 않다고 대답할 수도 있다. 결국, 박테리아의 방향을 전환시키는 것은 서로 부딪히는 분자들에 불과하며, 결정과 선택이라는 것은 복잡한 신경 시스템, 의식, 자기인식, 그리고 자유의지를 가진 우리 같은 다세포 유기체들의 특권이라고 말하는 사람도 있을 것이다. 이런 입장 중 어느 하나를 택하기 전에, 다음 사례들을 먼저 살펴보자.

　꿀벌들에게 식량 채집은 죽느냐 사느냐 하는 문제다. 꿀벌 군집은 매일 수많은 벌들을 내보내 꿀과 꽃가루를 찾아오도록 한다. 개개 꿀벌들은 꿀과 꽃가루를 구할 수 있는 꽃밭을 찾아 벌집에서 몇 킬로미터 떨어진 곳까지 간다. 모든 꽃밭이 똑같지는 않다. 어떤 꽃밭은 넓고 꽃이 풍부해서 수백 마리의 벌에게 식량을 제공해줄 수 있지만, 다른 꽃밭은 작거나 다른 군집의 꿀벌들이 이미 꿀을 죄다 먹어 치웠을 수도 있다. 이런 꽃밭에 꿀벌들이 몰려가는 것은 시간 낭비다. 당연히 꿀벌 군집들은 여러 꽃밭 가운데 식량이 풍부한 꽃밭을 택해 그곳에 더 많은 꿀벌들을 보낸다. 이때 꿀벌 군집의 꽃밭 선택은 매우 유연해서 꽃밭의 질이 낮아지면 신속하게 그곳에 있는 꿀벌들을 불러들여 다른 꽃밭으로 보낸다.

식량이 풍부한 꽃밭에서 돌아온 꿀벌들은 그 유명한 8자 춤을 춘다.[23] 이 춤은 동료에게 꽃밭의 방향, 거리, 꿀의 양을 알리는 동작이다. 벌집에서 '쉬고 있던' 동료들은 이 춤을 보고 그 꽃밭으로 날아가거나 벌집에 계속 남아 있거나 한다. 8자 춤을 춘 꿀벌들은 대개 벌집을 떠나 다시 꽃밭으로 간다. 그러나 형편없는 꽃밭에서 돌아온 꿀벌들은 춤을 추지 않기로 결정하고 그 꽃밭으로는 절대 돌아가지 않는다. 자기조직화^{self-organization}(자율적인 조직 형성)의 한 과정인 이러한 정보 교환은 원론적으로는 단순하지만, 거기에는 한 군집의 결정에 기초가 되는 수백 마리 꿀벌들의 결정이 포함되어 있다. 가장 중요한 것은 군집의 결정은 집단적인 행위이며, 한 마리의 꿀벌이 하는 일이 아니라는 것이다. 이런 집단적인 결정의 결과, 한 꿀벌 군집은 계절당 120kg 이상의 꿀을 모을 수 있다.

알비페니스 개미^{Leptothorax albipennis} 종에 속하는 개미 군집은 정교한 집을 짓지 않고 평평한 땅 틈이나 작은 바위 동굴에 산다. 이 개미 군집은 이사할 때 중요한 문제에 직면한다. 새 동굴이 전 가족을 수용할 정도로 넓어야 하기 때문이다. 이때 군집은 한 가지 결정을 한다. 즉, 동굴이 너무 작으면 그곳을 나와 충분히 넓은 곳으로 이주하기로 한다. 이 개미 군집이 이런 결정에 도달하는 방법은, 그 결정이 군집의 운명을 좌우할 정도로 극히 중요하다는 점만 빼고, 꿀벌들이 꽃밭을 찾는 것과 비슷하다. 우선 동굴을 탐색할 개미들이 새로운 동굴을 찾아 나선다. 이들은 각 동굴의 크기를 측정해 군집으로 돌아오고, 군집은 이들이 전하는 정보를 모아 결정을 내린다.[24]

많은 사회적 유기체들은 훨씬 복잡한 집단 결정을 한다. 포식자를 피하기 위해 군집 형태를 유연하게 바꾸는 물고기 종들의 집단 결정,

바로크 양식의 성을 짓는 흰개미들의 집단 결정, 그리고 아주 정확하게 군집의 온도를 조절하는 일부 곤충들의 집단 결정이 그런 예다.[25]

선택과 예측 불가능성

우리가 방금 살펴본 비인간들의 행동과 인간의 행동 사이에는 많은 차이가 있다. 인간은 전기로 대화하는 가장 복잡한 세포망과 가장 세련된 인식 능력을 가진 존재일 수 있다. 우리는 이기적이게도 인간 인식과 자유의지가 선택에 필수적이라고(이런 개념들의 의미를 지난 1천 년 동안 합의하지 못했는데도) 생각하는 것을 좋아한다. 하지만 인간과 비인간의 행동 사이에는 근본적인 공통점 두 가지가 있다.

첫째, 헤엄치는 박테리아의 경우와 달리, 인간 행동의 분자적 근원은 모르지만, 이런 근원은 분명 존재한다. 우리가 선택할 때마다 몸 어디에선가 CheY-P가 엔진과 충돌하는 것과 유사한 사건이 분명 일어나고 있다. 둘째, 또 다른 중요한 공통점은 선택이 예측 불가능하다는 것이다.[26] 인간이든 비인간이든 한 개체에게 그가 선택을 했는지 물을 수 없는 모든 경우에 그의 선택은 예측 불가능하다. 무엇을 먹을지, 무엇을 입을지, 어디서 산책할지, 언제 잠을 잘지 등 사람이 늘 하는 선택 중 하나를 생각해보자. 선택하는 사람이 아닌 다른 사람에게 그의 선택은 보통 예측 불가능하다.

그렇다면 선택이란 것이, CheY-P라는 분자가 다른 분자와 충돌하는 것 같은 외견상 사소해 보이는 예측 불가능한 사건이 될 수 있을까? 만약 그렇다면, 많은 사람들은 이런 시각을 거부하려고 할 것이다. 그러나 내가 헤엄치는 전체 박테리아와 그들의 일부분인 분자에 대해 처음 언급했을 때, 많은 단백질(먹이분자, 수용체, CheY-A, CheY-P) 중 어느 것이 박테리아가 옳은 방향으로 가고 있는지를 엔진에게 알려주는가 하는 문제가 나왔음을 상기하자. 이때 우리는 이들 단백질 중 하나를 골라 그것이 핵심 역할을 한다고 주장할 수 있음을 살펴봤다. 이와 마찬가지로 전체로서 이들 모두가 중요하다고 주장할 수도 있다. CheY-P와 엔진의 강력한 충돌이 방향 전환을 유발하는가? 박테리아의 CheY-P를 움직이게 하는 것은 옆에 있는 분자가 밀어서인가, 앞에 있는 분자가 밀어서인가, 아니면 수많은 충돌 중 어느 하나 때문인가? 박테리아의 헤엄을 책임지는 것으로 이런 부분들 중 어느 하나를 택하거나 전체를 택하는 것은 전적으로 여러분의 선택에 달려 있다. 이런 관점에서 볼 때 '분자'라는 선택의 근거는 더 이상 단순하지 않다.

선택을 분자에 연결시키는 유물론적 설명을 싫어하는 사람도 있을 것이다. 선택이란 것이 물질인 분자들의 상호 충돌 현상에 불과하다? 이런 시각에는 정신과 의미 같은 선택의 기본적인 요소가 결여된 것처럼 보인다. 그러나 세상의 모든 사건은, 특히 그 사건이 생명체와 관련된 사건이라면, 의미로 가득 찬 대화의 일부분으로 볼 수 있다는 점을 상기하자. 수용체 단백질과 충돌하는 먹이분자는 그 수용체 단백질에게는 뭔가를 의미한다. 다른 조직에 분자신호를 보내는 조직, 근육에 오그리라는 지시를 내리는 신경세포, 그리고 한 유기체를 형성하고 유지하는 수십억 개의 다른 분자 대화도 마찬가지다. 이 각각은 하나의 거대한 대화, 우리가 신체라고 부르는 기념비적인 서사시를 이루는 부분들이다. 이런 시각을 유물론적이라고 하는 것은 동전의 한 면만을 보는 것이다.[27]

요약하면, 여러 차이가 있음에도 인간과 비인간의 행동은 중요한 특징을 공유한다. 이런 공통점이 박테리아, 곤충, 그리고 이들 군집의 행동과 결정이 진정한 선택이라는 것을 의미할까? 이 질문에 대한 답은 여러분만이 선택할 수 있다. 왜냐하면 이 질문은 진리의 문제가 아니라 시각의 선택에 관한 문제이기 때문이다.

다음 주제로 넘어가기 전에, 여기서도 규칙적이고 예측 가능하며 법칙적인 것들이 예측 불가능한 것에서 나올 수 있음을 지적하고 싶다. 박테리아가 하는 각각의 방향 전환은 예측 불가능하다. 그러나 박테리아가 먹이에 도달한다는 것은 예측할 수 있다. 각 벌꿀 개체가 언제 벌집을 나올지는 예측할 수 없지만, 벌꿀 군집이 꽃밭을 최대한 활용해 꿀을 구하리란 것은 예측할 수 있다. 거리를 건널 때 여러분의 뇌세포 각각이 정확히 언제 발화할지는 예측할 수 없지만, 여러분이 다치지 않고 거리를 건너리라는 것은 거의 예측할 수 있다. 박테리아가 먹이를 향해 헤엄치는 것, 꿀이 풍부한 꽃밭에서 꿀을 구하는 것, 개미가 충분히 넓은 동굴을 구하는 것 등 내가 말한 이런 모든 행동들에는 공통점이 있다. 즉, 이런 행동들은 박테리아든, 군집이든, 무리든 간에 선택을 하는 그 당사자에게 최선의 행동이라는 것이다. 이런 모든 행동들은 예측할 수 있다. 그리고 이렇게 예측 가능한 행동들은 (뇌 속의 개별 세포들과 군집의 곤충들처럼) 보다 작은 규모의 '예측할 수 없는 것'에서 나온다. 물론 먹이에서 멀어지는 방향으로 헤엄치는 박테리아도 가끔 있고, 포식자를 피하지 않는 물고기 무리도 가끔 있다. 그러나 이런 행동은 일시적인 것으로서 거의 발견하기 어렵다.[28]

생명체들이 우연과 필연의 세상에 대처하는 방식

표면적으로 보면, 다음 질문은 '우연'과 '예측 가능성' 문제와 별 관련이 없어 보인다. 왜 우리 대부분은 이 세상에서 맞닥뜨리고 있는, 그리고 우리에게 스며든 역설적 긴장들을 보지 못할까? 왜 우리는 역설적인 긴장들을 무시하거나 대충 얼버무리려 하는 걸까? 이것들에 대한 대답은 (생명체를 둘러싸고 있는 거미줄 같은) 우연과 필연의 세상에 대해 생명체가 대처하는 양식에 있을 것이다.

먼저, 한 유기체의 삶의 양식과 행동은 세계에 대한 확신, 가정, 예측, 혹은 믿음으로 이루어진 세계관을 나타내는 것임을 기억하자. 유기체들과 그들의 행동은 세계에 대한 예측과 믿음을 '구현'한 것이다. 태양 쪽으로 잎을 돌리는 식물들은 햇빛이 에너지의 근원이라는 예측에 따라 사는 것이다. 세포를 전염시키는 바이러스는 그 세포가 자신의 바이러스 유전자를 퍼뜨릴 것이라고 '예측'한다. 이리저리 헤엄치는 박테리아, 다른 식물에 침투하는 기생식물, 먹이를 쫓는 포식자, 이들 모두는 그들이 추구하는 대상이 먹이일 것이라는 동일한 예측을 구현하고 있다. 새로 태어난 병아리는 매든, 비행기든, 혹은 한 장의 종이든 간에 머리 위에서 움직이는 그림자를 발견하면 겁을 먹고 숨는다. 자이언트거북 수컷은 다른 수컷이나 큰 바위는 물론, 암컷을 닮은 것이라면 무조건 올라타려고 한다.

유기체들은 그들이 사는 세상을 예측한다.[29] 이들의 생존은 전적으로 이런 예측의 정확성에 달려 있다. 그리고 인간과 달리 이들 유기체들은 섬세한 사고思考의 세상이 아니라 거친 육체의 세상에 살고 있다.

유기체들은 수백만 세대, 그리고 수십억 년에 걸쳐 계속된 시행착

오를 겪고 성공적인 예측을 하게 되었다. 착오는 죽음을 의미한다. 그러므로 지금 우리가 보고 있는 것은 성공적인 시도의 결과들뿐이다. 동물의 행동과 인식에 구현된 '예측'에 관한 이런 시각은 철학자 칼 포퍼Karl Popper와 생물학자 콘라트 로렌츠Konrad Lorenz가 처음으로 제시했다.[30] 다음 사례에서 볼 수 있듯이, 이런 시각은 살아 있는 모든 유기체의 특징에 적용된다.

성공적인 생명체는 예측 불가능한 것에 기대지 않는다. 숲의 퇴적물을 분해하는 유기체는 수년 동안 퇴적된 죽은 유기물질을 먹고 산다. 만약 이들이 특정 시점에 떨어지는 나뭇잎에만 의존했다면 멸종했을 것이다. 많은 식물들은 어느 정도 날씨를 예측해 계절 초기에 며칠 간 내리는 비에 의존해 발아한다. 어느 하루에 쏟아지는 비에만 의존했다면 식물 대부분은 멸종했을 것이다.

따라서 살아 있는 유기체들은 세상에 대해 예측 가능한 것, 법칙적인 것, 혹은 질서 있는 것에 관한 정보를 얻는다. 예측하며 산다는 것은 자연의 법칙을 '발견'했거나, 그에 관한 정보를 '얻었다'는 것이고, 생명체가 발견한 법칙의 범위는 진정 놀라운 것이다. 그중 많은 것은 물리학 법칙이다. 예로, 박테리아의 편모를 움직이는 연료(에너지)는 어디에서 오는 걸까? 물이 가득 든 잔에 잉크 방울을 떨어뜨리면 한 영역에서 나머지 영역으로 잉크가 퍼져나간다. 박테리아의 편모도 에너지를 만들기 위해 이와 동일한 원리를 사용한다. 편모에는 세포막과 세포벽이 있는데, 그 한쪽 면에는 수많은 수소이온이 축적되어 있다. 박테리아가 이 세포벽에 있는 구멍들을 열면, 잉크 입자들이 퍼져나가는 원리와 같이 수소이온들이 한쪽 면에서 다른 쪽 면으로 이동한다. 그렇게 함으로써 수소이온들은 마치 터빈으로 떨어지는 물처럼 엔진

을 가동시킨다.[31]

　다른 많은 물리학 법칙들도 날개의 넓은 표면, 물고기의 유선형 몸, 나무 모양으로 정교하게 뻗어 있는 우리의 혈관, 신축성 있는 눈의 수정체, 그리고 단단한 뼈 등에 구현되어 있다.[32]

　생명체는 물리학 법칙뿐만 아니라 화학 법칙도 구현하고 있다. 살아 있는 모든 세포를 유지하는 수천 가지의 화학반응이 그것이다. 서로 다른 효소들은 자신들을 각각 더욱 촉진시킨다. 그리고 어떤 분자와 극히 정교하게 맞는 형태를 가진 각 효소는 특정한 화학반응을 일으키는 화학 법칙을 대표한다. 생명체는 거의 모든 분자를 어떤 목적에 이용하는 법을 알고 있다. 이를 고려하면 생명체의 화학적 정교함은 우리의 상상을 뛰어넘는다. 석유, 벤젠, 중금속, 염화수소, 암모니아, 혹은 척박한 바위처럼 우리가 보기에 이상하거나, 심지어 독성이 있는 먹이를 먹고 사는 생명체도 있다.[33]

　마지막으로 유기체들은 다른 유기체들의 예측 가능한 특징을 자신의 삶에 구현하기도 한다. 애벌레가 나뭇잎을 갉아 먹고, 포식기생곤충이 그 애벌레 안에 알을 낳고, 새가 그 포식기생곤충을 잡아먹는 모든 일은 바로 그런 예측을 구현한 것이다.

　생명체 자체에 대한 이런 예측 중 일부는 하찮고 아주 자명한 것으로 보일 수 있다. 그러나 주의하자. 가장 자명한 것처럼 보이는 세계관도 실패할 때가 있다. 세포들은 바이러스의 DNA를 작게 조각냄으로써 바이러스의 예측을 물리칠 때가 있다. 포식자가 먹이를 쫓았지만 독이 있는 먹이일 수도 있다. 타자에 대해 자아를 보호하는 면역체계는 공격자의 예측을 물리치는 하나의 목적에만 종사한다. 더욱이 각 자연법칙도 한계가 있다. 벌집에 사는 꿀벌에서 인간에 이르는 사회적 동물들은 협동이 경쟁보다 낫다는 법칙을 구현하고 있다. 그러나 편형 동물에서 고슴도치에 이르는 많은 독립생활 동물들의 성공적인 삶은 협동이 낫다는 법칙이 보편적이지 않음을 보여준다. 성장하는 박테리아 군집에서 빠르게 분열하는 세포들은 또 어떤가? 이들은 우리 몸속에 있는 수백만 개의 세포들이 하는 예측, 다시 말해 우리가 존재하는 매 순간 세포는 자신의 생명을 바칠 준비가 되어 있다는 예측과는 매우 다른 예측을 구현하고 있다.[34]

자연을 보는 관점의 오류

우리의 조상을 살아남게 해준 모든 예측들 중 이 책의 주제와 관련된 중요한 예측 하나가 있다. 이 예측에는 철학과 형이상학의 기초가 되는 근본적인 법칙들이 반영되어 있다. 물고기가 자신이 헤엄치고 있는 물을 의식하지 않는 것처럼, 우리도 이런 대부분의 예측들을 의식하지 않을 것이다. 바로 이런 이유 때문에, 우리는 추상적인 예측들에 사로잡혀 있다고 할 수 있다.

6개월이 안 된 아기도 이런 추상적인 예측을 한다. 예로, 아기는 주변의 모든 물체는 움직여도 그 모양이 변하지 않는 구체적인 형태가 있다고 가정한다. 물체의 일부분이 다른 물체에 가려 보이지 않을 수 있고, 물체가 회전하면서 움직이면 그 모양이 계속 달라 보일 수 있는데도, 아기가 이렇게 예측하는 것은 결코 작은 능력이 아니다. 또한 아기는 움직이는 물체가 갑자기 튀어 오르는 것이 아니라 다소간 부드러운 곡선을 그리며 움직인다고 가정한다. 그리고 두 물체가 접촉했을 때만 서로에게 영향을 미칠 수 있다고 예측한다. 이런 것들은 세상에 대한 매우 심오한 예측들이다. 이런 예측들은 서로 떨어져 있다 해도 서로 힘을 주고받는다는 원격작용action at a distance을 부인하는 법칙 같은 추상적인 법칙과 비슷하다.[35]

생물체의 이런 근본적인 예측 능력은 어디에서 온 것일까? 이는 진화를 통해 갖게 된 능력일 수도 있다. 진화론의 시각에 따르면, 생물체는 삶에 유용하기 때문에 점차 (의심의 여지없이 명백한 세계관, 의심할 수 없는 세계관을 낳은) 그런 추상적인 가정을 하게 되었다. 그러나 이런 가정과 법칙들은 결코 완전하지 않다. 어떤 물체는 던지면 형체가 변한다. 밧줄은 방바닥에 던질 때마다 그 형태가 변한다. 추상적인 가정들은, 암컷을 닮은 바위가 수컷 거북을 속이는 것처럼 우리를 속일 수 있다.[36] 그러나 이런 예측들은 삶과 죽음에 관련된 수많은 결정(예컨대, 원숭이가 곡예사처럼 나무 사이를 오갈 때마다 내리는 결정)을 하는 데 있어 대체로 믿을 만한 것임에는 분명하다.

앞서 나는 이런 추상적인 가정들만큼이나 근본적인, 우리가 세계를 보는 방식에 대해 살펴본 바 있다. 나는 우리가 자아와 타자를 구분하는 방식, 우리가 무엇이든 모든 것을 범주화하는 방식(예컨대, 생물을 종으로 분류하는 것)을 살펴본 바 있다. 또한 나는 우리가 창조와 파괴, 부분과 전체를 구분하는 것, 그리고 우리 중 일부가 이 둘 중 하나를 다른 것에 앞세우는 것도 살펴봤다. 어디를 둘러봐도 이런 행태는 계속해서 더 많이 발견된다. 우리가 이런 기본적인 예측을 하게 된 것이 진화 때문인지는 확실치 않다. 아마 결코 알 수 없을 것이다. 그러나 이런 예측들이 아주 효과적이고 매우 자명한 탓에 우리는 이런 예측들이 박테리아로 거슬러 올라가는 우리의 먼 조상 때부터 고통스럽게 획득된 것으로는 인식하지 않는다.

자아와 타자의 예로 돌아가보면, 이 둘의 운명은 분리된 것처럼 보이지만, 자세히 살펴보면 불가분하게 연결되어 있다.[37] 이와 비슷하게, 대상을 범주화하려는 우리의 노력은 앞서 살펴본 고리 종의 사례처럼 실패로 돌아갈 수 있다. 이런 실패나 다른 많은 실패에 부딪혔을 때, 우리는 유기체 같은 대상을 분류하는 하나의 '진정한' 방법을 끊임없이 주장하는 경향이 있다. 그러나 문제는 범주의 선택이 아니라, 세상이 완전하게 조직될 수 있다고 예측하면서 우리가 따르는 (의심하지 않고 또 실패하기도 하는) 추상적인 법칙들에 있을 수 있다. 그런 실패들이 어떤 교훈을 준다면 어떻게 될까? 자연법칙의 미세한 결함들로 보였던 것들이 실은 커다란 구멍이었다면 어떻게 될까? 그런 결함들이 우리가 세상을 이해하려는 열망에 세상이 부응해주지 않는다는 것을 의미한다면, 그리고 역설적 긴장이 세상의 근본임을 의미한다면 어떻게 되는 걸까?

궁극적으로 지난 2천 년 동안 서구 철학사를 지배했던, 그러나 아직도 미해결 상태로 남아 있는 모든 철학적 논쟁의 근원은 무엇일까? 그것은 세상의 토대가 갖고 있는 역설적 성격과 결부된 하나의 굳건한 확신, 즉 세상을 완전히 이해할 수 있다는 확신이다. 그러나 철학적 논쟁의 대척점에 선 어느 쪽도 자신의 굳건한 입장이 동전의 한 면에 불과하다는 것을 알지 못하고 있다. 이들은 타자에 대해 자아를, 부분에 대해 전체를, 정신에 대해 육체를, 의미에 대해 물질을 앞세우거나 그 반대 입장에 서면서 다른 쪽의 정당성을 부인하고 있다. 다른 모든 게 맞더라도 이 두 입장 중 하나가 진리라는 믿음은 틀린 것이다. 우리 모두는 우리의 예측에 따라 산다. 그리고 죽는다. 따라서 이런 믿음은 모든 유기체가 그에 따라 살아가는 법칙의 한 파생물이다.

Chapter 7

생명의 다양한 목적과 지적 설계론에 대한 반증

우리의 상상력으로는 우리가 미래에 바라는 것을 다 알 수 없다.

— 찰스 케터링

자연은 상상력 그 자체이다.

— 윌리엄 블레이크

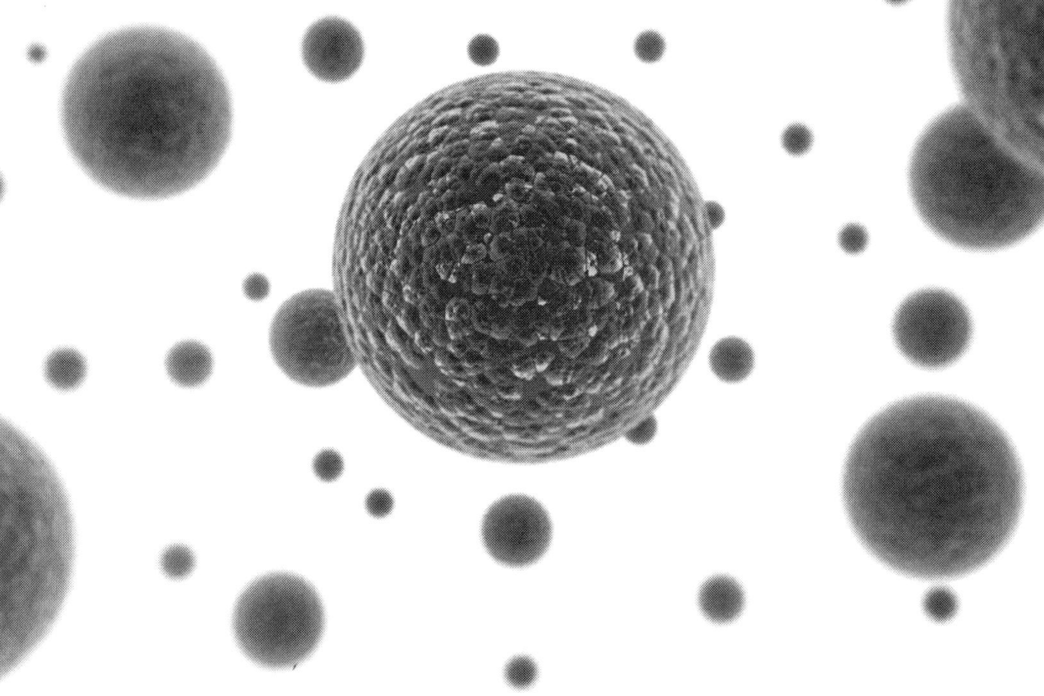

이뿔사! 방금 내 의자가 뒤집어졌다. 의자에 앉아 몸을 이리저리 흔들어댄 탓이다. 의자에는 네 개의 다리가 있다. 다리 밑바닥엔 패드를 붙여서 삐걱거리는 소리가 안 나도록 했다. 의자 시트는 살 때부터 광이 나는 나무로 만들어져 있었는데, 내가 글을 쓰기 위해 의자에 앉는 일이 많아지면서 더 반질반질해졌다. 의자 등받이는 의자 좌우 양면에 나무막대를 세우고 거기에 갈대를 엮어 맨 것이다. 이 모든 부분들이 의자의 '구조'를 이루고 있다. 그렇다면 이런 의자가 하는 일, 의자의 '기능'은 무엇일까? 답은 아주 쉽다. 의자는 앉기 위해 만들어진 것이다.

그러나 의자를 다른 용도로 사용한다면 어떨까? 천장에서 전구가 나가버리면 의자 위에 올라가 전구를 교환할 것이다. 바퀴벌레가 잽싸게 방을 가로질러 가는 모습이 보이면 의자 다리로 그것을 짓이길 수도 있겠다. 세탁물 건조대가 부서지면, 의자 등받이에 옷을 걸어 말릴 수도 있다. 그러나 이 모든 것은 의자의 '진짜' 용도가 아니라고 할 수 있다. 의자의 진짜 기능은 의자 제작자가 의도한 것, 즉 거기에 사람을 앉히는 것이라고 주장할 수 있다.

이와 아주 다른 사례를 보자. 갈라파고스 군도의 작은 핀치 새는 죽은 나뭇가지를 도구로 사용한다. 핀치의 부리 때문에 이 나뭇가지는 새 생명을 얻는다. 핀치는 나뭇가지를 물고 나무에 사는 구멍곤충이 파놓은 나무 구멍을 쑤셔댄다. 그러면 곤충들이 구멍에서 나오고, 핀치는 그 곤충들을 잡아먹는다.

이때 이 나뭇가지의 기능은 무엇일까? 분명 이 나뭇가지들은 한때 나무의 일부분이었다. 그 가지에는 잎이 달려 있어서 나무가 햇빛을 받을 수 있었을 것이다. 그리고 잎맥을 통해 귀중한 영양분이 흘렀을 것이다. 꽃을 피우고 나무가 번식하도록 했을 것이다. 이 모든 것은 과거의 일이 되어버렸다. 결국 이런 일을 했던 나뭇가지는 죽어 땅에 떨어졌고, 이제는 버려진 쓸모없는 존재가 되었다. 그러나 핀치의 부리에서 죽은 나뭇가지들은 아마도 짧은 순간이겠지만 새로운, 그리고 사뭇 다른 목적을 갖게 되었다.

그렇다면 이 나뭇가지들의 '진짜' 기능은 무엇일까? 핀치가 그 기능을 결정하는 데 어떤 역할을 한 걸까? 그 나뭇가지에 목적을 불어넣는 어떤 조물주 같은 존재가 필요한 것일까? 이번 장의 사례들은 이런 질문에 대한 한 가지 답을 제안한다. 이런 질문들은 우리가 우리 자신과 이 세상에서 우리가 차지하는 위치에 대해 물었던 질문들, 요컨대 아주 오랜 과거부터 인간들이 했던 질문들, 나뭇가지에서 유기체 전체, 그리고 박테리아에서 인간에 이르는 모든 존재에 대한 질문들, 궁극적으로는 정신과 세계 그 자체에 대한 질문들에 대한 은유적인 질문들이라 할 수 있다. 이에 대해 내가 제시하는 대답은 기능과 목적은 조물주 같은 존재와는 아무런 관련이 없다는 것이다. 다시 한 번 바로 이런 시각에서 생물체는 거대한 힘을 갖게 된다.

효소의 신비로운 기능들

효소는 생명체가 생명 유지를 위해 의존하는 화학반응을 촉진하는 분자다. 나는 이 효소를 다른 시각에서 살펴보려고 한다. 화학반응을 통해 유기체는 먹이와 빛을 유용한 에너지로 바꾼다. 이는 우리가 석탄이나 햇빛을 가지고 열이나 전기를 만들어내는 것과 같다. 또한 유기체들은 효소가 촉진하는 화학반응을 통해 세포가 성장하는 데 필요한 기초물질을 만든다.

효소는 수용체 단백질과 분자 메시지 간의 커뮤니케이션과 비슷한 화학반응을 촉진한다. 두 분자 A와 B를 결합해 제3의 분자인 A-B를 만드는 화학반응을 예로 들어보자.[1] A와 B를 결합시키는 효소에는 A와 B 각각에 맞는 표면 부분이 있고, 이 표면 부분은 서로 인접해 있다. A, B가 각각 자신에 맞는 효소 표면 부분과 만나면, 이들은 효소에 달라붙는다. 그러면 효소는 분자 메시지를 읽은 수용체 단백질과 똑같이 자신의 형태를 바꾼다. 이와 같은 효소의 형태 변화로 인해 A와 B는 가까워지고, 급기야 하나로 결합해 A-B가 된다. 그러면 새로 탄생한 분자 A-B는 효소에서 분리되어, 효소를 떠나 또 다른 A-B와 자유롭게 결합한다.[2]

모든 효소가 두 분자를 결합시키는 것은 아니다. 어떤 효소는 분자 하나를 두 조각으로 부수기도 한다. 또 어떤 효소는 A와 B의 부분들을 재배열해 C와 D를 만들기도 한다. 이 모든 경우에도 원칙은 동일하다. 즉, 분자들은 다른 분자의 형태를 읽는다. 이들은 일정한 형태를 '이해'하고 해석하여 자신의 형태를 바꾼다. 이런 변화로 인해 새로운 분자들이 탄생하는 것이다.

표면적으로 볼 때 효소의 기능이 무엇인지는 분명한 것 같다. 즉, 효소는 화학반응을 촉진하는 기능을 갖고 있다. 그러나 그 이면에는 많은 미묘한 점들이 존재한다. 그중 하나는 이런 것이다. 효소에 의해 화학반응이 촉진되는 분자 A와 B는 보통 효소보다 훨씬 작다. 이들이 효소에 붙으면 효소 표면의 아주 작은 부분만 차지한다. 효소의 나머지 표면은 빈 상태로 남는다. 한 세포 안에 존재하는 수십억 개의 작은 분자 중 A, B와 다른 한 분자가 이런 빈 표면에 붙으면 어떤 일이 벌어질까? 요컨대 A, B와 다른 어떤 한 분자가 그런 빈 표면에 붙은 것에 반응해 효소 단백질이 형태를 바꾸면 어떤 일이 벌어질까? A, B와 다른 한 분자가 단백질의 빈 표면에 붙어 단백질의 형태가 변하면 단백질 표면도 급격히 변한다. 단백질의 형태 변화는 전에는 서로 인접해 있던 아미노산들을 멀리 떨어뜨리고 다른 아미노산들을 가까이 가져다놓을 수 있다. 그 결과, 분자 A와 B는 서로 멀리 떨어져서 효소와 붙거나, 아니면 효소가 그들을 전혀 인식하지 못할 수도 있다.

이런 식으로 단백질 표면을 바꾸는 작은 분자를 알로스테릭 이펙터 allosteric effector라고 한다. 이런 알로스테릭 이펙터가 없으면 효소는 화학 반응을 촉진하고, 알로스테릭 이펙터가 있으면 효소는 화학반응을 촉 진하지 못한다.

효소 단백질의 기능이 '진짜로' 화학반응을 촉진하는 것이라면, 알 로스테릭 이펙터는 어떤 역할을 하는 걸까? 결국, 이 알로스테릭 이펙 터가 단백질과 결합하면 그 단백질은 더 이상 화학반응을 촉진하지 않 는다. 알로스테릭 이펙터가 효소의 화학반응 촉진을 막지 않는 한, 효 소는 '진짜로' 화학반응을 촉진하는 단백질이라고 주장할지 모르겠 다. 그러나 내가 방금 언급한 알로스테릭 이펙터는 여러 종류의 분자 중 하나에 불과하다는 점을 유념하자. 정반대 역할을 하는 알로스테릭 이펙터들도 존재한다. 이들도 분명 단백질 표면에 결합한다. 그리고 그에 반응해, 단백질은 형태를 바꾼다. A나 B는 단백질 형태가 바뀌기 전에는 단백질 표면에 붙지 못하거나 서로 멀리 떨어진 단백질 표면에 붙는다. 단백질 형태가 바뀐 뒤에 이들은 서로 가까운 곳에 붙을 수 있 다. 이들이 서로 가까운 곳에 붙으면 단백질은 다시 형태를 바꿔 A-B 분자를 만들어낸다. 이런 단백질은 알로스테릭 이펙터가 붙을 때에만 화학반응을 촉진한다. 그런데 제2의 알로스테릭 이펙터가 같은 단백 질에 붙어 단백질의 기능에 영향을 미칠 수 있다. 이런 식으로 제3, 제 4의 알로스테릭 이펙터들이 영향을 미칠 수 있다. 동일한 단백질에 붙 을 수 있는 알로스테릭 이펙터는 아홉 종류나 된다. 이들은 A와 B가 붙을 수 있는 작은 분자들의 종류, 이들이 붙는 속도와 강도를 결정할 수 있다. 심지어 이들은 한 단백질을 다른 단백질에 붙여 새로운 단백 질 형태를 창조할 수도 있다.

서로 다른 아홉 개 분자들과 커뮤니케이션할 수 있는 단백질의 '목적'을 규정하는 것은 아주 어려운 일이다. 우선 그런 단백질이 하는 일은 단백질 자체가 하는 일이 아니다. 단백질이 하는 일은 자기 주변의 분자들과 맺는 관계나 상호작용에서 나온다. 결국 '단지' 분자에 불과한 단백질의 경우가 그렇다면, 우리에게 보다 익숙한 다른 것들은 얼마나 더 그러할까?

지금까지 내가 효소는 '조건이 딱 맞아야' 화학반응을 촉진할 수 있으며, 화학반응을 촉진하는(혹은 촉진하지 않는) 이 외의 일은 전혀 할 수 없다고 말한 것 같지만, 이는 결코 사실이 아니다.

예로, 오징어나 사람의 눈, 혹은 수천 개의 단면을 가진 곤충의 겹눈을 생각해보자. 카메라처럼 눈도 수정체(렌즈)가 있다. 그리고 수정체는 빛이 들어오는 방향을 바꾼다. 수정체의 물질이 주변 조직보다 밀도가 높고, 다른 밀도를 가진 물질 사이를 지날 때 빛은 방향을 바꾸기 때문이다. 결과적으로 수정체는 빛에 초점을 맞추게 된다. 우리의 눈에서 수정체는 망막에 있는 빛에 초점을 맞춘다.

카메라 렌즈는 유리나 플라스틱으로 만들어졌고, 눈의 수정체는 다른 부분에서 화학반응을 촉진하는 바로 그 효소 단백질로 이루어져 있다. 이는 오징어 같은 다른 유기체도 마찬가지다. 그러나 수정체의 효소는 화학반응을 촉진하지 않는다. 화학반응은 작은 공간에 수백만 개의 효소가 모여서 효소 농도가 매우 높을 때만 발생한다. 이런 농도에서 효소 용액은 주변보다 밀도가 훨씬 높은 투명한 젤리 상태가 된다. 따라서 한 조직에서 화학반응을 촉진하는 효소 분자들은 다른 조직에 투명성과 고밀도를 부여하고, 그럼으로써 수정체가 빛에 초점을 맞추게 한다.[3]

세포 내 분자 메커니즘

효소만 특이하게 여러 기능을 하는 분자는 절대 아니다. 어떤 한 물질이 여러 기능을 하는 것은 예외 현상이 아니다. 이를 살펴보기 위해 효소 단백질과는 완전히 다른 종류의 단백질을 살펴보자. 이 단백질은 살아 있는 유기체에 형체를 부여하는 세포골격 단백질이다.

세포와 생명체 분자들의 관계는 집과 인간의 관계와 같다. 세포는 분자들에게 공간과 머물 곳을 제공한다. 집처럼 세포들도 붕괴해서는 안 된다. 세포들의 붕괴를 막는 것은 세포 지지 시스템이라고 할 수 있는 세포골격 단백질이다. 세포골격 단백질들은 엄격하게 규칙적인 패턴으로 모여 세포의 지지 구조를 형성한다. 이들은 벽돌로 벽을 만드는 것이 아니라 가늘고 긴 막대 모양의 분자기둥을 만든다. 이 분자기둥은 마치 텐트 폴대와 비슷한 딱딱한 막대로서, 두 가지 점에서 텐트 폴대와 다르다. 첫째, 각 세포에는 텐트 폴대보다 훨씬 많은 분자기둥들이 존재해 아주 복잡한 분자기둥 망을 형성한다. 둘째, 분자기둥들의 배열은 텐트 폴대의 배열보다 훨씬 덜 규칙적이다. 분자기둥들은 모든 방향에서 세포를 가로지르는 정교한 무늬를 이룬다. 이런 기본 구조는 세포에 형태와 통합성을 부여한다.[4]

여기서도 세포골격 단백질의 기능은 아주 분명해 보인다. 요컨대 이들은 세포에 형태를 부여한다. 그러나 많은 용도로 사용되는 집의 벽처럼 세포골격 단백질도 다른 용도로 사용될 수 있을까?[5] 그림과 태피스트리로 장식된 벽은 삶의 공간을 장식하는 용도로 사용된 것이다. 책장이나 장롱을 놓으면 벽은 저장 공간을 제공한다. 또 벽은 배관이나 전선처럼 보기 흉하거나 위험한 것을 감추는 기능도 한다.

벽을 집의 지지대나 장식용 혹은 다른 것을 감추는 용도로 사용하는 것이 너무 분명한 탓에 우리는 그 용도 이면에 있는 선택을 보지 못한다. 그러나 전선을 벽 밖에 설치함으로써 돈을 얼마나 절약할 수 있을지 생각해보자. 배관도 벽 밖에 설치할 수 있다.

세포의 지지대는 집의 벽만큼이나 여러 용도로 사용된다. 예로, 세포는 분자들을 운반해야 한다. 그래야 성장에 필요한 분자 기초물질을 만들 수 있기 때문이다. 그러나 세포는 분자들을 다른 목적에도 사용할 필요가 있다. 즉, 이런 분자들을 가지고 호르몬이나 영양분 같은 '수출품'을 만들어 항구로 보내야 한다. 그리고 다른 분자를 '수입'해 이들을 세포 내 적절한 목적지로 운반해야 한다. 우리 몸에 있는 각 세포들은 서로 다른 목적지로 수많은 분자들을 수송하고 있다. 이런 업무는 그 규모에 있어서 수백만 개의 소포를 배달하는 우체국 업무와 비슷한 정도다.

그런데 세포들은 분자들을 어떻게 운반할까? 우선, 세포들은 소낭 vesicle이라는 작은 거품으로 분자들을 싸서 포장한다. 이 소낭들은 세포와 외부세계를 나누는 세포막과 동일한 물질로 이루어져 있다. 분자를 포장한 소낭들을 움직이기 위해 세포들은 세포 구석구석으로 이어진 일종의 고속도로 망을 이용한다. 이 고속도로 망은 다름 아닌 세포를 지탱하고, 세포에 형태를 부여하며, 세포 모든 곳에 연결된 세포골격의 분자기둥 망이다. 세포는 이 망을 통해 소낭들을 이동시킨다. 분자모터라고 하는 특별한 단백질이 소낭과 분자기둥에 붙어서 분자기둥 망을 따라 소낭들을 목적지로 전달한다. 한 개의 세포 안에서 이런 소낭들이 한 번에 수천 개씩 이동한다. 사방으로 뻗어 있는 수천 개의 엘리베이터가 동시에 움직이는 모습을 연상하면 된다. 이처럼 세포에 형태를 부여하는 세포골격의 분자기둥 막대가 운송망 기능도 하는 것이다.

게다가 이런 분자기둥 막대들은 지탱 기능과 정반대처럼 보이는 기능도 하는데, 그것은 세포를 한 지점에서 다른 지점으로 이동시키는 일이다.

아메바가 이동하는 모습을 현미경으로 본 적이 있는가? 아메바는 몸의 한쪽 끝을 내밀고 다른 쪽 끝은 움츠리면서 기어가는 무정형의 세포질 덩어리다. 이들의 형태를 시시각각 변하게 만드는 것은 우리가 방금 말한 바로 그 분자기둥 막대들이다. 이동할 때 아메바는 앞쪽의 분자기둥 막대 망을 계속 늘린다. 단백질 물질들을 추가함으로써 앞쪽에 있는 분자기둥 막대 망이 확장되는 것이다. 반면 뒤쪽의 막대들은 분해되고, 분해된 부분들은 앞쪽의 막대 망을 확장하는 데 재활용된다. 앞쪽 막대들이 확장되고 뒤쪽 막대들이 파괴되면서 아메바는 이동을 한다. 즉, 아메바는 자신의 몸을 지탱하는 지지구조를 개조하면서 기어가는 것이다. 집의 뒷부분을 부셔서 거기서 나온 자재를 앞쪽에 붙여 집을 움직이는 것과 같다.

정리하자면, 세포골격 단백질들은 한 세포 안에서 많은 역할을 한다. 이들은 세포에 안정성을 부여하기도 하고, 세포의 고속도로 운송망을 제공하기도 하며, 세포를 분열시키기도, 이동시키기도 한다.[6]

우리가 아는 지식은 분자의 극히 일부

이런 모든 사례들은 하나의 동일한 단백질도 매우 다른 여러 목적에 쓰일 수 있음을 보여준다. 그리고 어느 한 단백질의 구조가 그 단백질의 역할을 미리 운명 지은(규정한) 것이 아니라 그 역할들에 영향을 미칠 뿐이란 것을 보여준다. 이런 원칙은 단백질뿐만 아니라 다른 분자들, 혹은 보다 복잡한 분자 혼합물에도 적용된다.

예로, 굴이나 조개 같은 수상생물들은 단단한 껍데기로 자신을 보호한다. 이들은 껍데기를 만들기 위해 주변의 물에서 에너지물질을 추출한다. 주요 에너지물질은 물에 용해되어 있는 탄산칼슘이다. 그러나 물에 녹아 있는 에너지물질을 사용하는 데는 한 가지 위험이 있다. 탄산칼슘이 부족해진 물이 조개껍데기에서 탄산칼슘을 빼내면 껍데기가 녹아버린다. 껍데기는 계속 얇아지다가 결국엔 없어진다. 녹아서 죽는 것을 막기 위해 일부 껍데기 생물들은 방수층으로 자신을 보호한다. 이런 방수층은 콘키올린conchiolin이라는 물질로 만들어진다. 콘키올린은 이와 전혀 다른 위협에서도 이들을 보호하는 역할을 한다.

살아 있는 굴 껍질을 여는 것이 쉽지 않아서 굴의 천적이 별로 없을 거라고 생각하기 쉽다. 그러나 굴 껍질을 깨는 전문적인 기술을 가진 동물들이 있다. 어떤 물고기나 게는 별로 우아하지 않게 굴 껍질을 깬다. 이들은 그저 자신의 턱이나 집게발로 굴 껍질을 으깬다. 그러나 다른 동물들, 특히 달팽이는 영양분이 많은 굴의 내장에 도달할 때까지 집요하게 껍질에 구멍을 뚫는다. 이런 공격에도 자신을 보호할 수 있는 껍데기 생물들이 있다.

이들이 선택한 보호물질 역시 콘키올린이다. 콘키올린은 방수가 될 뿐만 아니라 으깨기나 구멍 뚫기에도 버틸 수 있을 만큼 딱딱하다. 진화론적 기원상 콘키올린은 이런 두 가지 목적(방수, 포식자의 공격에 버티기) 중 하나에만 사용되었을 것이다. 물론 우리는 그 하나의 목적이 무엇인지 결코 알지 못한다.[7] 그러나 우리에게 더 중요한 것은 콘키올린이 두 개의 다른 목적에 사용될 수 있다는 점이다.

자기방어를 위해 발휘되는 유기체들의 창조성은, 곤충에 저항하는 열대 덩굴식물들의 사례에서도 많이 발견된다.[8] 덩굴식물을 먹고사는 딱정벌레, 개미, 그리고 다른 곤충들은 덩굴식물을 무자비하게 공격한다. 꽃은 번식에 필수적인 가장 중요한 부분이면서 곤충들의 공격에 가장 취약하다. 열대 덩굴식물은 독성을 내뿜거나 악취가 나는 나뭇진을 발산함으로써 곤충들을 쫓는다.

이 나뭇진은 다른 용도에도 사용된다. 대규모 군집을 이루고 사는 개미들은 방수제인 이 유연하고 부드러운 나뭇진을 앞다퉈 채취한다. 열대우림에서 매일 쏟아지는 비 피해로부터 집을 보호할 수 있기 때문에 유연하면서도 방수 기능이 있는 나뭇진은 아주 유용한 건축자재가 된다.

단백질, 콘키올린, 그리고 나뭇진에는 복잡한 큰 분자들이 들어 있다. 이 분자들은 더 작은 기초물질(단백질의 경우 아미노산 같은 분자)로 이루어져 있고, 기초물질은 훨씬 작은 분자와 원자로 이루어져 있다. 우리는 작은 분자나 원자를 큰 분자보다 '단순한 것'으로 생각하는 경향이 있다. 단순하기 때문에 보다 작은 부분들이 다른 일을 할 가능성도 적을까? 이들의 구조가 그들이 할 수 있는 일을 결정하는 것일까? 복잡해야 용도도 다양한 걸까?

다음을 고려해보자. 어떤 화학자도, 아니 모든 화학자를 다 동원한다 해도 (수소원자 두 개와 산소원자 한 개로 된 물처럼 작은 분자를 포함해) 분자 한 개가 관여하는 모든 상호작용을 다 파악할 수 없다. 물과 다른 한 분자(예로, 유기체 내부의 단백질)의 상호작용에만 초점을 맞춘다 해도, 대부분의 단백질 화학자들이 말하는 것처럼, 이 둘이 할 수 있는 상호작용은 헤아릴 수 없을 정도로 많다.[9] 생물체 안에 있든 밖에 있든 간에, 그리고 아무리 단순한 분자라 해도, 분자들이 관여하는 상호작용의 수는 어마어마하다.

아마도 우리는 분자들을 충분히 오래 연구하지 않은 수준일 것이다. 결국 1백 년이나 1천 년 후에는 어떤 분자든 간에 그 분자가 하는 모든 상호작용을 파악할 수 있게 되지 않을까? 그럴 것 같지는 않다. 합성 화학자들이 지금까지 이룬 성과를 보면 그 이유를 알 수 있다. 수세기 동안 화학자들은 새로운 분자를 만들어왔다. 컴퓨터의 키보드, LCD 모니터, 이 책의 잉크와 종이, 냉장고의 냉각수, 고온 반도체, 비행기의 복합소재, 이 모든 인간의 창조물에는 세상을 바꾼 분자들이 들어 있다. 이런 분자들 중 많은 수는 자연 그 어디에도 존재하지 않는 것들이다. 그리고 합성 화학자들이 해로운 합성화학물질을 (따라서 새로운 분자를) 만드는 일을 멈출 것 같지 않다. 오히려 이들은 갈수록 더 많은 새로운 분자를 만들어내고 있다. 상호작용하는 분자들 수가 계속해서 점점 더 빨리 증가한다면, 분자들에서 일어날 수 있는 모든 상호작용을 어떻게 다 파악할 수 있을까?

게다가 지구 생명체는 그 어떤 화학자보다 많은 합성화학물질을 만들어내고 있다. 지구에는 수백만 종의 생명체가 존재하며, 그중 우리가 알고 있는 것은 극히 일부에 불과하다. 우리가 발견하는 모든 새로운 종들은 우리가 보기에 이상한 먹이를 먹거나, 공격자를 물리치거나, 다른 유기체들과 커뮤니케이션하기 위해 각종 분자들을 만들어낼 수 있다. 지금 여러분이 이 책을 읽고 있는 동안에도 어디에선가 어떤 유기체는 분명 새로운 분자들을 만들어내고 있다. 생명체의 창조성은 우리가 파악할 수 있는 정도를 훨씬 초월한다.[10]

창조는 풍부할 뿐만 아니라 쉬지 않고 진행된다. 이런 사실만으로도 세계를 전적으로 예측 가능한 부분들로 이루어진 레고 장난감으로 치부하는 모든 환상을 깨기에 충분하다. 창조를 단순한 기계적인 레고 블록들의 예측 가능한 상호작용으로 치부하려는 일부 과학자들의 꿈(다른 이들에겐 악몽이 될 꿈)은 몽상에 불과하다.

더욱이 시간과 공간이라는 두 요인도 이런 꿈을 깨뜨린다. 약간 유별난 사례로, 북극곰만이 지니고 있는 효소 단백질이 있다고 해보자. 이 단백질은 A와 B라는 두 물질의 화학반응을 촉진할 수 있다. 그러나 북극곰에는 A도 B도 없다. 이 두 물질은 아마존 열대우림에 있는 작은 벌레 바구미에만 있다. 따라서 북극곰의 경우에는 그 효소 단백질이 A, B와 만나는 일은 결코 없다. 그리고 의자, 북극곰, 바구미, 그리고 이들 안에 있는 분자 등 다른 모든 것처럼 이 효소 단백질도 영원히 존재하는 것은 아니다. 이처럼 시간과 공간에 의해 분리된 사물들의 세계에서 가능한 모든 상호작용을 파악하는 일은 불가능하다.

눈은 과학적 통찰의 원천이자 영원한 수수께끼

눈은 여러 면에서 무한한 통찰력의 원천이다. 눈의 사례는 살아 있는 물질도 죽은 물질처럼 다양한 목적과 기능을 가진다는 것을 보여준다. 눈에는 홍채가 있다. 홍채는 여러 색으로 된 탄력 있는 근육 고리로서 동공의 직경을 변화시켜 망막을 비추는 빛의 양을 조절한다.

홍채는 다른 역할도 한다. 그중 하나는 눈의 손상을 수리하는 일이다. 인간은 손상된 눈을 다시 만들 수 없지만, 다른 많은 유기체들은 그럴 수 있다. 일부 유기체는 수정체 같은 눈의 조직 부분들을 몽땅 교체하기도 한다.

앞서 살펴본 대로 수정체는 태아에만 존재하는 신경관과 외배엽이라는 두 집단의 세포들 간의 상호작용으로 형성된다. 신경관은 나중에 척추, 뇌, 그리고 망막이 된다. 외배엽은 우리 눈을 보호하는 투명한 외피인 각막을 포함한 눈의 부분들과 다른 신체 조직으로 변형된다.[11] 태아의 외배엽과 신경관은 성인 유기체에는 존재하지 않는다. 그렇다면 이런 조직들이 더 이상 존재하지 않는데도 어떻게 잃어버린 수정체를 다시 만드는 걸까?

수정체를 다시 만들려면 처음 수정체를 창조했던 과정과는 완전히 다른 과정이 필요하다. 도롱뇽 같은 유기체의 경우, 홍채가 이 과정에서 중요한 역할을 한다. 여기서 수정체의 교환은 작은 집단의 홍채 세포들에서 시작된다. 먼저 이 세포들은 색깔을 잃는다. 그런 후 분열을 시작해서 종양을 연상시키는 점점 더 큰 공 모양의 홍채 파생물을 형성한다. 이 공 모양의 홍채 파생물이 커지면서, 그 안의 세포들이 수정체의 밀도와 투명성을 책임지는 단백질을 만들기 시작한다. 그리고 마침내 이 공 모양의 홍채 파생물이 홍채에서 떨어져 나와 새로운 수정체가 된다.[12]

생명의 다양한 목적과 지적 설계론의 맹점

이 모든 사례는 어떤 일반적인 원칙들을 보여주고 있다.

그것은 첫째, 유기체와 유기체의 부분들이 참여하는 상호작용과 이들이 할 수 있는 기능의 종류는 무한하다는 것이다. 유한한 것은 이들에 관해 올바른 질문을 하지 못하는 우리의 상상력뿐이다. 둘째, 부분이 아주 작은 분자를 말하든, 혹은 큰 기관을 말하든, 부분의 기능들은 부분 자체의 특징이 아니라는 것이다. 부분의 기능들은 주변세계와 갖는 관계나 상호작용에서 나온다. 위에서 살펴본 홍채의 두 가지 역할은 홍채가 빛과 상호작용할 때는 빛의 흐름을 조절하지만, 손상된 수정체 조직과 상호작용할 때는 수정체 복구 기능을 한다는 것을 잘 보여준다. 세포골격 단백질의 경우, 세포막과 상호작용하면 그 세포를 지탱하는 분자기둥 역할을 하지만, 소낭과 상호작용하면 수송망 역할을 한다. 우리는 살아 있는 유기체의 부분들이 다른 부분들과 갖는 관계와 상호작용 속에서만 그 부분들의 기능과 역할을 이해할 수 있다. 그들의 목적이 그들의 구조 속에 각인된 것이 아니다.

철학자와 자연주의자 들은 수세기 동안 살아 있는 유기체와 유기체 부분들의 목적, 그리고 이런 부분들에 이미 어떤 목적이 각인되어 있는지에 대해 생각하고 논쟁해왔다. 왜 그랬을까? 만약 그런 목적이 이미 존재한다면, 그것은 지적 설계자(즉, 조물주)가 있음을 의미하기 때문이다. 수십억 년 동안 존재할 수 있는 충분한 재능과 통찰력, (우리가 정녕 이해할 수 없다 해도) 어떤 궁극적인 목표와 목적을 생명체에게 부여하는 설계자 말이다.[13]

생명의 경이로운 복잡성과 마주쳤을 때, 지적 설계의 관념은 실로 유혹적이다. 심장은 인간이 공들여 만든 어떤 펌프보다 훨씬 충성스럽고 지치지 않고 피를 펌프질한다. 눈은 믿을 수 없을 정도로 다재다능한 사진기이다. 그럼에도 대부분의 생물학자들은 지금 다른 사람들이

길게 설명한 다양한 이유를 들어 지적 설계의 관념을 거부하고 있다.[14]

내가 여기서 제시한 사례들은 미리 결정된 설계 의도나 목적이 없음을 말하는 것이기도 하다. 이 모든 사례들은 참여하는 대화에 따라 여러 다른 목적에 종사하고 여러 다른 기능들을 수행할 수 있는 유기체의 부분들에 관한 것들이다. 뿐만 아니라 유기체의 부분들은 시간이 흐른 후에는 자신들의 용도를 바꾸기도 한다. 중이中耳에서 소리를 변환시키는 세 개의 작은 뼈는 원시 물고기 때는 턱뼈 기능을 했다. 원시 양서류가 땅을 기어 다닐 때 사용했던 신체 부분과 동일한 부분이 새가 하늘을 날 때 사용하는 날개가 되었다. 아주 오래전부터 화학반응을 촉진하는 기능을 해온 효소 단백질은 나중에 눈의 일부가 되었다. 살아 있는 세포 안에 있는 수천 개의 단백질 중 많은 단백질들이 생물체 안에서 수십억 년을 지내오는 동안 수없이 그 기능을 바꾸었다.

살아 있는 유기체의 구조에는 감탄할 것이 많다. 그러나 구조에 감탄만 하는 것은 협소한 시각에 머무는 일이다. 우리가 감탄할 것은 아름다운 수정, 잘 만들어진 기계, 그리고 현미경으로 본 고정된 시료 등이다. 더 광범위한 시각에서 봐야 유기체 내부와 주변에 존재하는 엄청난 창조성, 그리고 유기체의 부분들에 부여된, 끝없이 변하는 목적들을 볼 수 있다. 이런 시각에서 우리는 복잡하게 구성된 한 편의 서사시를 보게 된다. 이 서사시의 각 등장인물은 부단히 변하는 복잡한 역할을 한다. 그리고 다른 많은 서사시와 달리, 이 서사시는 끝없이 진행될 수도 있다.

끝없이 진행되는 이 비범한 창조에 미리 운명 지어진 목적이란 없다. 미리 규정된 목적이 없다는 데서 몇 가지 어려운 질문이 나온다. 그중 하나는 기능이 어떤 외부의 설계자가 미리 운명 지은 것이 아니라면, 과연 기능의 기원은 무엇이냐는 것이다. 기능과 목적은 (아무리 일시적이라 해도) 충돌하는 분자들과 관련되는 것인가? 이것은 무리한 해석일 수 있다. 그러나 우리는 기능과 목적이 최소한 생명체 자체만큼이나 오래되었다고 확신할 수 있다. 죽은 나뭇가지에 새로운 목적을 부여하는 핀치 새나 도구를 사용하는 모든 동물들이 그 예가 될 수 있다. 그러나 내가 생각하고 있는 것은 이런 평범한 것을 훨씬 초월하는 것이다. 먹이분자에서 에너지를 생산하는 모든 효소는 그 효소를 이용하는 유기체를 통해 목적을 획득했다. 세포 구조를 유지하는 세포골격 단백질, 분자 메시지를 읽는 수용체, 그리고 내가 언급하지 않은 수백만 개의 다른 유기체의 부분들도 그러하다.

동일한 원칙이 전체 유기체들과 다른 유기체들이 맺는 관계—포식자와 먹이의 관계, 숙주와 기생충의 관계, 공생관계 등 그 어떤 관계든—에도 적용된다. 우리 같은 유기체들에 가까이 가면 갈수록, 새로운 의미와 목적을 부여하는 이런 특징이 더욱 분명해진다. 이를 가장 잘 보여주는 것은 예술, 문학, 학문, 기술 등에서 분명히 확인할 수 있는 인간의 창조성이다. 이런 많은 창조성들은 과거의 목적이 완전히 사라질 때까지 계속해서 과거의 것에 새로운 목적을 부여하고, 기존의 것을 결합해 새로운 것을 만들며, 그럼으로써 새로운 관계를 창조한다.[15] 분자에서 유기체에 이르기까지 모든 것에 새로운 목적을 부여하는 생명체의 창조성, 그리고 인간의 창조성은 동일한 원칙에 기초하고 있다. 서로 정도의 차이만 있을 뿐, 더욱이 더 자세히 살펴보면 그 차이 중 많은 것이 사라져버린다.[16] 예로, 인간의 혁신만이 진정으로 세상을 변화시켰다고 주장하는 이가 있을 수 있다. 하지만 그것은 사실이 아니다. 우리보다 훨씬 근본적으로 지구를 바꾸는 유기체들도 있다. 광합성을 할 수 있는 유기체들(이들이 존재하기 전에는 호흡할 산소도 없었다)과 우리가 식량을 재배하는 데 사용하는 토양을 갈아 비옥하게 만드는 수많은 미생물들을 생각해보라.[17]

미리 운명 지어진 목적이 없다는 데서 나오는 두 번째 질문은, 기능이 무엇이냐는 것이다. 즉, 유기체의 한 부분의 기능은 무엇이냐는 것이다.[18] 내가 지금까지 기능과 목적에 대해 다소 느슨하게 말했다면, 그것은 가장 일반적인 이 질문에 답할 수 없었기 때문이다. 이 질문에 대한 답을, 유기체의 해당 부분이 생긴 이유와 그것이 지금까지 존재하는 이유에서 찾을 수 있다고 주장하는 사람도 있을 것이다.[19] 그러나 이런 주장에는 한계가 있다. 한 부분이 유기체의 삶에서 담당하는 역할이 한 개 이상이라면(대부분이 그렇다) 이런 주장은 설득력이 없어진다. 그리고 그 부분의 역할이 시간이 가면서 변한다면(이 역시 대부분이 그렇다) 이런 주장은 다시 한 번 설득력을 잃게 된다. 기능을 정확하게 정의하려는 다른 모든 시도들도 저마다 아킬레스건을 갖고 있다.[20] 그러나 우리에게 보다 중요한 것은 '기능이 무엇이냐?'는 질문에 답하기 위해서는 지속적으로 변하는 세계에서 새로운 것들, 놀라운 것들, 그리고 우연히 발생한 것들을 제거하는 관점이 필요하다는 것이다. 그러나 나는 이런 관점을 택하지 않을 것이다. 왜냐하면 유기체들과 그 부분들 간의 끊임없이 변하는 수많은 관계를 인정하는 것이 훨씬 더 중요하기 때문이다.[21]

자유의 대가

분자에서 유기체에 이르기까지 우리가 발견하는 '일정한 설계 목적의 부재' 그리고 모든 곳에서 출현하는 놀라운 창조성으로 인해 지불해야 할 대가가 있을까? 있는 것 같다. 생명체는 어떤 자비로운 설계자가 원했을 그런 모습으로만 존재하는 것은 아니다. 우리는 앞에서 이 문제를 접한 적이 있다. 애벌레 몸 안에 알을 낳는 기생말벌의 경우를 생각해보자. 기생말벌의 유충이 숙주를 간신히 목숨만 부지할 정도로 살려두는 경우가 있는데, 이는 일정 기간 숙주가 살아서 먹이를 먹어야 자신도 그 숙주를 먹고 살 수 있기 때문이다. 그러나 결국 이 유충들은 숙주를 모두 잡아먹고 만다. 기생말벌의 시각에서 볼 때, 이것은 필요한 기간 동안 지속적으로 먹이를 공급받고 성장하기 위한 매우 영리한 전략이다. 그러나 숙주와 우리의 시각에서 볼 때, 이것은 끔찍하게 타자를 착취하는 삶의 양식이며, 살기 위해 남을 죽이는 잔인한 방법이다. 하지만 우리 행성에 존재하는 유기체의 3분의 2가 기생생물들이다. 물론 기생생물 대부분이 기생말벌처럼 특이한 삶을 사는 것은 아니다. 하지만 많은 기생생물들이 기생말벌처럼 영리하게 숙주를 이용하는 방법으로 살아가고 있다. 자세히 조사해보면, 독립생활 유기체(기생생물의 반대)들도 대체로 타자를 이용한다.[22]

기생생물의 삶의 양식은 자기 자신에게 도움이 되는 것이다. 따라서 어떤 설계자가 있었다고 한다면, 그 설계자는 다른 누군가(예컨대, 숙주)에게 피해가 가더라도 누군가(예컨대, 기생생물)를 위한 삶의 양식을 설계했다고 할 수 있다. 그러나 그렇지 않은 경우도 많다. 벌침을 쏘는 벌의 경우가 그렇다. 벌침에 쏘이면 아프지만, 벌침을 쏜 벌은 휠씬 더 큰 고통을 받는다. 벌침은 뒤쪽이 갈고리 모양이다. 따라서 벌침을 쏘면 벌의 내장이 그 갈고리에 뜯겨 나간다. 따라서 갈고리 모양의 벌침은 벌침을 쏜 벌이나 쏘인 대상 모두에게 득이 되지 않는다. 갈고리가 없는 벌침만으로도 벌이 의도한 목적을 충분히 달성할 수 있다. 그런데도 갈고리 모양의 벌침이 다른 누군가(벌에 쏘인 사람)에겐 피해인데도 누군가(벌)를 위해 설계한 삶의 양식이라고 할 수 있을까?

마지막 사례로 암 종양과 그에 따른 죽음을 살펴보자. 여러 죽음 중에서도 암에 걸려 서서히 고통스럽게 죽는 것보다 비참한 죽음은 없을 것 같다. 여러분이나 내가 암에 걸렸다고 해서 혜택을 보는 유기체가 있는 것도 아니다.[23] 암의 이런 특징은 전염병과 대조적이다. 전염병의 경우, 그 병을 옮기는 박테리아나 바이러스에게 도움이 된다. 암의 가장 기본적인 특징은 세포가 빨리, 그리고 제멋대로 분열한다는 것이다. 그런데 그렇게 급속한 세포분열을 하는 것이 쉬운 일은 아니다. 예로, 다른 장기와 마찬가지로 종양도 영양 공급이 필요하다. 종양이 커질수록 필요한 영양분도 많아진다. 이 문제를 해결하기 위해, 일부 종양들은 정교한 혈관망을 만들어 더 많은 영양분을 빨아들인다. 이 혈관망은 영양분을 얻기 위해 우리 몸을 약탈하는, 놀랍도록 효율적이고 잔인한 수단이다. 달리 말해, 종양이 유발하는 피해에는 절차와 체계가 있다. 자신의 성장을 위해 우리 몸의 영양분을 빼앗아가기 때문에 종양을 우리 몸의 기생충으로 볼 수 있다. 그러나 종양은 신체 내부에서 발생하기 때문에 특이한 기생충이라 할 수 있다. 그리고 종양이 숙주인 신체를 죽이면, 숙주와 함께 종양도 죽고 따라서 자손을 남기지 못한다.[24]

요약하면, 우리가 감탄해 마지않는 정교한 생존 방식이 그로 인해 피해를 보는 쪽에서 보면 꺼림칙한 특징인 경우가 많다. 그리고 그런 정교함이 아주 근시안적이고, 무의미하며, 파괴적인 결과를 초래하는 경우도 적지 않다.[25]

갈고리 모양의 벌침과 고통스러운 죽음은 미리 운명 지어진 목적에 영원히 구속되지 않으려 했던 대가, 즉 자유의 대가다. 이런 시각을 인정한다는 것은 다음 두 가지를 의미한다. 첫째, 그것은 미래에 대한 우리의 무지를 인정하는 것이다. 둘째, 그럼에도 불구하고 어떤 미지의 미래를 선택한다는 것은 아무리 막연하다 해도, 생명의 최종 목적이란 것이 존재할 가능성을 인정하는 것이다. 그러나 이런 마지막 시각에 스스로를 가두는 것(선택에 의해)은 제자리걸음을 하면서 자기의 능력을 포기하는 것이다. 여기서 역설적인 '고르디우스의 매듭Gordian knot' ● 이 다시 등장한다. 알렉산더 대왕이 복잡하게 얽혀 있는 고르디우스의 매듭을 칼로 잘라낸 것처럼, 선택의 칼을 쓰지 않고서는 매듭을 풀 방법이 없다.

●**고르디우스의 매듭** 고대에 이륜마차를 타고 프리기아의 왕이 된 고르디우스가 신전에 마차를 복잡하게 묶어두자 매듭을 푼 사람만이 왕이 될 수 있다는 말이 대대로 전해졌다. 많은 사람들이 오직 매듭에만 몰두해 있었기 때문에 풀려고 하면 할수록 매듭은 꼬였다. 이를 알렉산더 대왕이 해결했는데, 그 방법은 칼로 내리쳐 잘라내는 것이었다. 따라서 "고르디우스의 매듭을 풀었다"는 말은 복잡한 문제를 대담한 방법으로 해결했다는 의미로 쓰인다.—옮긴이

Chapter 8

과학자와 선택의 힘

우주와 인간의 어리석음, 이 두 가지가 무한하다.
그런데 우주에 대해서는 확신이 없다.

— 알베르트 아인슈타인

어떤 새로운 원리도 수많은 사실fact을 이길 수 없다.

— 피터 메더워

미생물의 대화에서부터 행성들의 대화에 이르기까지 세계를 만드는 모든 대화 중 오늘날 우리 인간에게 특별하며, 지금의 세상을 다른 세상과 다르게 만든 한 가지 대화는 과학이다. 항생제, 전구, 컴퓨터, 원격 통신, 항공 운송, 그 외 숱한 것들이 과학의 산물이다.

과학은 왜 이렇게 강력한가? 과학과 다른 대화의 차이는 무엇인가? 이것이 8장과 9장의 주제다. 여기서 나는 과학은 특히 강력하고 복잡한 선택을 창조했으며, 또 그런 선택을 필요로 한다고 주장할 것이다.[1]

과학의 목적, 설명인가 예측인가?

여기서 내가 관심을 갖는 것은 인간이든 비인간이든 자연과 대화하는 과학이다. 이런 대화에서 과학자는 자연에 질문을 던지고 자연으로부터 대답을 받는다. 이 대답들은 검출기와 충돌해서 자신의 존재를 드러내는 소립자, 창을 향해 해바라기를 하는 식물, 과학의 중요성에 대해 사람들의 생각을 묻는 설문지 등이 있을 것이다. 이 대화들의 목적은 세계를 체계화하는 것이다. 즉, 세계의 특징을 '설명'해서 그 미래를 '예측'하려는 것이다.

이 목적들 중 나는 우선 설명에 초점을 맞출 것이다. 이유는 두 가지다. 첫째, 옳은 설명이든 그른 설명이든, 설명은 예측에 선행한다. 뉴턴의 만유인력 법칙은 지구가 태양 주위를 공전하는 이유를 설명할 뿐만 아니라 지구의 공전이 365일 걸리리라는 예측도 한다. 예측을 하기 위해서는 아무리 미숙해도 우선 설명이 필요하다.[2] 둘째, 설명은 할 수 있지만 예측은 할 수 없는 경우가 있다. 예측하기 어렵기로 악명이 자자한 날씨의 경우를 보자. 우리는 열, 습도, 태양에너지 같은 단순한 개념으로 날씨를 설명할 수 있다. 그러나 믿을 만하게 예측하기는 어렵다. 서로를 공전하는 세 개의 행성 같은 단순한 물체의 경우, 뉴턴의 만유인력 법칙으로 그들의 인력을 완전히 설명할 수는 있지만 이들의 미래 경로를 예측할 수 없다는 6장의 논의를 기억하자. 이 두 가지 이유로 나는 설명(원인의 발견)이 과학의 보다 진정한 목적이라고 생각한다.[3]

끝없는 설명의 미로

과학적 대화는 세계와 기본적인 사실에 대한 서술descrip-tion, 그리고 사물이 '무엇what'이고 '어디where'에 있는지에 대한 서술로 시작된다. 과학적 대화의 목적은 이런 서술 이면에 있는 '이유why'와 원인을 찾는 것, 즉 서술된 내용을 설명하는 것이다. 이렇게 볼 때, 서술과 설명은 다른 것으로 보인다. 말하자면, 서술은 대화의 시작이고 설명은 대화의 끝이라 할 수 있다. 그러나 자세히 살펴보면, 서술과 설명은 아주 밀접한 관계에 있다. 모든 서술에는 이미 세계에 대한 해석, 즉 설명이 함축되어 있다. 그리고 일부 사례들에서 볼 수 있듯이 모든 설명은 일종의 서술이다.

설명과 서술이 서로 밀접하게 얽혀 있다는 것은 도대체 무슨 뜻일까? 그것은 우리의 대화의 출발점(우리가 더 이상 어떤 의문도 제기하지 않는 사실들)이 명확하지 않다는 것을 의미한다. 무엇을 서술로 보고 무엇을 설명으로 볼지는 선택의 문제가 될 수 있다. 이는 과학적 대화가 설명을 설명하고 또 그 설명을 설명하는(혹은 서술을 서술하고 그 서술을 다시 서술하는) 식으로 끝없이 전개되고 있음을 의미하기도 한다. 과학적 대화는 이렇게 세계에 대한 끝없는 이야기를 창조해낸다. 그리고 이런 이야기를 창조함에 있어, 과학적 대화는 자신이 만들어가고 있는 미로 속으로 점점 더 깊숙이 빠져든다. 어떤 과학적 대화 사례를 가지고도 설명과 서술의 이런 관계를 설명, 혹은 서술할 수 있다. 그러니 아무 데서나 시작해보자.

　제1차 세계대전까지 병사들이 전장에서 사망한 가장 큰 원인은 부상이 아니라 괴저병 같은 치명적인 전염병 때문이었다. 따라서 전염병으로 인한 죽음을 예방하는 것이 전장의학의 최우선 목표였다. 여러분이 이런 목적을 위해 노력하고 있는 의사라고 생각해보자. 공공의 적을 알기 위해 여러분은 전염의 원인인 박테리아를 연구하기 시작했다. 그래서 실험실의 배양접시에 박테리아를 길렀다. 그러나 배양접시의 영양분은 공기 중으로 수백만 개의 포자를 퍼뜨리는 곰팡이도 유인한다. 따라서 박테리아 배양접시를 깨끗하게 유지하지 않으면 금방 곰팡이가 슨다. 어느 날 우연히 박테리아 배양접시 하나가 곰팡이에 오염되었고, 어찌 된 일인지 접시의 박테리아가 모두 죽어버렸다. 박테리아가 모두 죽었다는 것은 병사들을 전염병으로부터 구할 수 있는 실마리를 얻었음을 의미한다. 그래서 이제 여러분은 박테리아가 죽은 이유를 밝히려 한다.

　이런 식으로 과학적 대화가 시작된 실제 사례가 있었다. 때는 1929년이었고, 과학자는 알렉산더 플레밍Alexander Fleming, 곰팡이는 페니실륨 노타툼Penicillium notatum, 즉 푸른곰팡이였다. 그리고 뒤이은 대화를

통해 의학계에서 가장 위대한 발견 중 하나가 탄생했다.[4]

(플레밍의) 박테리아가 죽은 이유는 뭘까? 곰팡이가 먹은 것일까? 아니면 곰팡이가 만들어낸 뭔가가, 예컨대 어떤 분자가 박테리아를 죽인 것일까? 여러분은 여러 방식으로 곰팡이가 죽은 이유를 탐구할 수 있다. 곰팡이 자체를 배양기에 넣어 배양한 다음, 곰팡이 세포가 통과할 수 없는 아주 미세한 필터에 그 배양액을 걸러낼 수 있다. 걸러낸 여과액으로도 박테리아가 죽는다면, 원래의 곰팡이 세포들은 박테리아의 죽음과 아무 관련이 없는 것이다. 또는 곰팡이를 물에 끓여서 죽인 후, 그 물이 박테리아를 죽이는지 살펴볼 수도 있다.

이유를 묻고 탐구하는 방법은 이 밖에도 많다. 이런 방법들은 모두 똑같은 설명에 이르게 된다. 즉, 박테리아는 곰팡이가 만들어내는 어떤 분자 때문에 죽는다는 것이다. 이 분자가 바로 페니실린이다. 이런 설명(또는 서술)은 즉각 다음과 같은 질문을 불러일으킨다. "그렇다면 페니실린이 박테리아를 죽이는 이유는 무엇인가?" 다양한 가능성이 존재한다. 페니실린이 박테리아의 생명에 필수적인 어떤 단백질을 파괴할 수도 있고, 박테리아 세포의 유전자 복제를 방해할 수도 있으며, 세포의 성장을 막을 수도 있고, 등등이다. 마지막 가능성이 답에 가장 가까운 것으로 밝혀졌다. 즉 페니실린은 적대적인 주변 환경에 대해 박테리아의 생명을 보호하는 박테리아 세포벽의 성장과 개조를 막는다.

이런 설명을 다시 하나의 서술(설명되어야 할 내용)로 볼 수도 있다. 페니실린은 박테리아의 세포벽 성장을 막는 분자다. 그런데 어떻게 막는다는 것인가? 여기서 "페니실린은 박테리아의 세포벽 성장을 막는 분자다"라는 문장은 설명이 아니라 서술이고, 그 이유를 밝히는 것이 설명이다. 박테리아의 세포벽은 얽힌 국수 가락을 닮은 긴 줄 모양의 분자들로 이루어져 있다. 그런데 짧은 분자들이 이런 줄 같은 분자들을 교차 연결시킴으로써 세포벽이 안정을 유지하게 된다. 이런 교차 연결이 없으면 세포벽은 존재할 수 없다. 페니실린은 이런 교차 연결을 방해한다. 어떻게 그러는 걸까? 이에 대한 설명은 "페니실린은 교차 연결에 필요한 화학반응을 촉진하는 트랜스펩티다아제transpeptidase라는 효소 단백질의 기능을 방해한다"이다. 그런데 페니실린이 어떻게 이 단백질의 기능을 방해하는 걸까? 이에 대한 설명은 "페니실린이 트랜스펩티다아제 표면에 붙어 교차 연결되어야 할 분자들이 거기에 붙는 것을 막는다"이다.

이런 설명(혹은 서술)은 페니실륨 노타툼이 박테리아를 죽이는 '이유'와 '방법'에 대한 대답으로 제시되는 무수한 긴 설명 중 6단계에 불과하다. 각 단계마다 또 다른 의문이 나오고, 그 대답에 또 다른 의문이 나오는 과정은 계속된다.

이런 내용을 종합해볼 때, 세포벽은 박테리아의 생존에 필수적이고, 그런 세포벽을 형성하는 분자들은 트랜스펩티다아제가 촉진하는 화학반응에 의해 교차 연결되며, 페니실륨 노타툼은 트랜스펩티다아제와 결합하는 분자를 만들어내고…… 등과 같은 각 단계의 설명 역시 하나의 정교한 서술로 볼 수 있다. 반대로 대부분의 서술을 설명으로 볼 수도 있다. 서술은 설명의 다른 면이다. 어떤 서술, 설명으로 살펴봐도 항상 그렇다는 것을 발견하게 될 것이다.

"공은 둥글다", "이 칼은 톱니 날을 가졌다", "이 표면은 차갑다"와 같은 서술은 그 예외처럼 보인다. 이런 서술은 단지 기본적인 생생한 사실을 서술한 것 아닌가? 반박의 여지가 없는 서술 아닌가? 인지심리학이 하나의 학문으로 발전해 우리에게 그렇지 않다는 것을 가르쳐

주기 전까지 사람들은 대부분 그렇게 생각했다.

예로, '페니실륨 곰팡이는 노란색이다'라는 색깔에 대한 간단한 서술을 살펴보자.[5] 이런 서술을 한 플레밍이 선명한 붉은색 물체 바로 옆에 있는 페리실륨 곰팡이를 봤다면 그 곰팡이는 검은색으로 보였을 것이고, 검은색을 배경으로 봤다면 하얀색으로 보였을 것이다. 만약 그가 빛의 성질에 관심이 있었다면 프리즘을 통해 나오는 노란빛은 무시했을 것이다. 프리즘은 하얀빛을 서로 파장이 다른 무지갯빛들로 나눌 뿐만 아니라 어떤 색의 빛이라도 여러 파장으로 된 빛들로 나누기 때문이다.[6] 프리즘은 일부 노란색 곰팡이 배양액에서 나온 빛을 하나의 푸른빛과 하나의 빨간빛 광선으로 나눌 수 있고, 다른 배양액에서 나온 빛은 파란색, 녹색, 빨간색이 혼합된 빛으로 나눌 수도 있다. 일반적으로 여러 색이 혼합(여러 색이 혼합되는 방식은 무한히 많다)되면 우리에게는 노란색으로 보인다. 우리가 빛을 노란색으로 인식하는 이유는 우리의 눈과 뇌가 그렇게 해석한 것이다.

시각의 경우가 가장 잘 알려져 있긴 하지만, 시각의 경우와 동일한 원칙이 우리의 모든 감각에도 적용된다.[7] 우리가 어떤 색을 보거나, 어떤 소리를 듣거나, 어떤 냄새를 맡을 때 우리의 눈, 귀, 코로 시작되는 수많은 해석이 발생한다. 우리가 지각한 것은 결코 근본적인 사실이 아니며, 세계를 본래 모습으로 서술하는 것도 아니다. 따라서 빛, 소리, 촉각에 대한 우리의 직접적인 경험은 복잡한 설명(혹은 서술)의 미로를 벗어날 수 있는 출구를 제공해주지 않는다.[8]

과학과 선택의 힘

　　　우리 감각으로 세계를 해석한 것은 과학적 설명과는 분명 다르다. 여기서 한 가지 다른 점만 지적하겠다. 요컨대 과학적 설명과 달리, 세계에 대한 우리의 감각적 해석은 선택의 여지가 거의, 또는 전혀 없다.[9] 이런 차이와 별개로, 과학적 대화에서 나오는 설명은 우리의 감각 경험과 공통점이 많다.[10] 그리고 동일한 원칙이 비인간 세계에 대한 해석에도 적용된다. 이런 해석이 내가 앞서 말했던, 바로 그 살아 있는 세계관, 암묵적이며 몸으로 구현된 설명이다.[11] 머리 위를 맴도는 그림자를 느끼는 병아리는 피하거나 숨는 행동으로 그 그림자를 암묵적으로 설명한다. 병아리에게 그 그림자의 '원인'은 맹금류이다. 화학적으로 나무의 존재를 감지하는 기생식물의 경우, 나무의 존재는 '식량'을 의미한다. 만약 '식량'이 아니라면 나무와 그 뿌리를 침범하지 않을 것이다.[12]

　먹이를 향해 헤엄치는 박테리아든, 살아 있는 애벌레 몸 안에 알을 낳는 기생말벌이든, 먹이를 쫓는 포식자든, 혹은 스스로 자폭하는 여러분 몸 안의 세포든, 이런 모든 행동들은 세계에 대한 해석, 혹은 설명을 구현하는 것이다. 이들 모두에 있어서, 한 사물이나 사건은 다양한 이름(설명, 원인, 해석, 혹은 단순히 의미)으로 부를 수 있는 그 뭔가를 나타내게 된다.[13]

　인간과 비인간의 해석 중 어떤 것은 선택이 불가능하고, 어떤 것은 선택이 가능하다. 또 애초에는 선택되었던 해석이 자동적인 해석이 될 경우, 선택은 사라지게 된다. 외국어, 악기, 혹은 운전을 배운 경험이 있다면, 이 말 뜻을 알 것이다.[14] 그러나 보다 교훈적인 것은 정반대의 것, 즉 선택의 창조다. 그런 창조는 광범위한 결과를 가져올 수 있다. 창조는 우리의 중심 주제 중 하나인 선택의 힘을 증명해준다.

이런 선택의 힘을 보여주는 가장 이상적인 것이 과학적 대화다. 과학적 대화에서는 선택된 해석과 다른 해석들 간의 경계가 가장 유동적이기 때문이다. 또한 과학에는 결코 도전받지 않거나 도그마가 된 사실, 설명, (자명한) 서술 들이 넘쳐나기 때문이다. 이런 것들 가운데 가장 눈에 띄지 않는 것들이 가장 위험한 것들이다. 왜냐하면 그런 것들이 선택을 방해하기 때문이다.

아주 가끔 어떤 인간이 나타나 전에는 존재하지 않았던, 따라서 아무도 몰랐던 시각을 선택한다. 그리고 그런 선택으로 인해 우리가 세상을 보는 방식이 혁명적으로 바뀌고, 새로운 기술의 씨앗이 뿌려지는 경우도 있다. 다음 세 가지 경우가 그 구체적인 사례다.

아인슈타인의 급진적 선택: 세계를 다르게 보는 방식

인간의 선택이 세상을 어떻게 바꾸는지에 관한 가장 극적 사례는 물리학에서 나온다. 물리학은 지구의 역사나 생명체의 역사뿐 아니라 전체 세상을 그 대상으로 하기 때문에, 물리학의 시각은 아주 미세한 원자세계부터 은하계까지, 그리고 과거, 현재, 미래에도 똑같이 적용된다. 물리학의 이런 포괄적인 일반성 때문에 많은 역사학자들은 시간이 흐르면서 물리학자들의 시각이 어떻게 변하는지를 연구해왔다. 중요한 모든 물리학적 발전은 인간의 선택이 얼마나 강력한 힘을 가졌는지 잘 보여준다. 코페르니쿠스의 지동설 선택,[15] 뉴턴의 만유인력 선택, 전기와 자기를 전자기로 통합한 맥스웰의 선택이 그런 것이다.

특히 주목할 만한 사례는, 그가 이미 공개된 지식에 의존하긴 했지만, 그 시대의 어떤 물리학자도 선택하지 않았던 시각을 택했던 알베르트 아인슈타인Albert Einstein의 이야기다.[16] 사실 아인슈타인의 시간물리학은 전체적으로 막다른 골목에 부딪혔었다. 아인슈타인이 시간물리학을 연구하고 있을 때, 많은 물리학자들은 물리학의 주요 문제들이 해결되었으며, 남은 과제는 기존 이론들이 설명하지 않았던 '자세한 내용'들을 정리하는 일뿐이라고 생각했다. 대부분의 물리학자들은 기존 이론들을 조금 수정하면 결국 그런 자세한 내용들을 정리할 수 있을 거라고 믿었다.

특히 잘 정리되지 않았던 내용은 '빛의 속도'에 관한 것이었다. 파도가 물에 의해 전해지는 것처럼 빛도 어떤 매개물질에 의해 전달되는 파동으로 생각하면서도 물리학자들은 그 매개물질이 무엇인지 몰랐다. 그럼에도 많은 물리학자들은 그런 매개물질이 존재한다고 믿었고, 거기에 '에테르'라는 이름을 붙였다.

여러분이 큰 호수에 떠 있는 보트에 앉아 있다고 해보자. 누군가가 먼 곳에서 호수에 돌을 던지면, 그 돌은 물결을 만들어낸다. 물결은 곧 어떤 속도로 보트에 밀려온다. 이 속도는 여러분이 탄 보트가 움직이느냐 아니냐에 따라 다르다. 보트가 돌이 떨어진 곳에서 멀리 떨어진 쪽으로 움직이면 보트가 움직이지 않을 때보다 물결은 천천히 다가온다. 이때 보트가 정확히 물결과 같은 속도로 움직이면, 물결은 정지한 것처럼 보일 것이다. 반면에 보트가 돌이 떨어진 쪽을 향해 움직이면, 물결은 더 빨리 보트에 밀려오는 것처럼 보일 것이다. 물결의 속도는 물에 대한 보트(우리)의 상대적 위치에 따라 달라지는 것이다.

물리학자들은 이와 똑같은 생각을 빛(물결)과 에테르(물)에 적용했다. 한 가지 차이가 있다면, 물과 달리 에테르는 보거나 느낄 수 없다는 것이었다. 따라서 우리는 에테르에 대해 상대적인 우리의 속도는 쉽게 측정할 수 없다. 그러나 빛의 속도는 측정할 수 있다. 게다가 에테르가 무엇이든 간에, 물속에서 움직이는 보트처럼 지구가 에테르에 대해 상대적으로 움직인다고 믿을 충분한 이유가 있다. 그 이유를 확인하려면, 지구가 자전할 뿐만 아니라 태양 주변을 공전한다는 것을 상기하면 된다. 그것도 시간당 수천 킬로미터 속도로 공전한다. 따라서 에테르가 아주 정확하게 지구의 움직임을 따라오지 않는 한, 지구는 에테르에 대해 상대적으로 움직인다. 뿐만 아니라 지구가 태양 주위를 돌기 때문에 지구가 움직이는 방향은 계속 변한다. 이것은 에테르(물)에 상대적인 지구(보트)의 위치가 변함에 따라 지구 위의 어떤 움직이지 않는 근원에서 나오는 빛(물결)의 속도도 변해야 한다는 것을 의미한다.

물리학자들은 지구의 움직임에 따른 빛의 속도 변화를 측정하기 위해 많은 노력을 기울였다.[17] 그러나 이를 측정하지 못했다. 빛이 에테르에 대해 상대적으로 움직이는 방향이 어느 쪽이든 간에 빛의 속도는 같았다. 이 문제는 기존의 어떤 시각으로도 설명하기 어려운 이른바 '디테일detail'이었다. 어느 경우에나 빛의 속도가 같다는 관찰 내용을 정당화하려면 물리학자들은 소중하게 아끼던 원리들을 포기해야만 했다.

일부 학자들은 기존 시각을 약간 수정할 것을 주장했다. 이런 수정 중 하나가 '에테르 끌림ether drag'이라는 발상이었다. 이것은 움직이는 보트가 그 뒤의 물을 끌어당기는 것처럼 지구가 움직일 때 지구가 그 뒤에 따라오는 에테르를 끌어당긴다는 생각이었다. '에테르 끌림'에 따르면, 여러분이 지구 위 혹은 지구 가까이에 있으면, 에테르와의 관계에서 지구는 정지해 있는 것처럼 보이게 된다. 또 다른 학자들은 에테르는 문제가 있는 개념이므로 폐기해야 한다고 주장했다.

이때 아인슈타인은 가장 급진적인 선택을 했다. 그는 에테르 개념을 버렸을 뿐만 아니라, 전통적인 절대시간의 원리도 버렸다. 아인슈타인은 여러분이 광원light source에 대해 상대적으로 움직이면, 여러분과 함께 움직이는 시계는 광원에 있는 시계와 다른 속도로 움직인다고 주장했다. 이 시각에서는 일정한 빛의 속도는 더 이상 문제가 아니었다. 여러분의 보트가 돌이 떨어진 곳에서 멀어지면 시간은 보다 천천히, 정확하게는 아주 훨씬 천천히 흐르기 때문에, 물결은 여러분이 정지해 있을 때와 같은 속도(시간 단위당 거리)로 여러분에게 다가온다. 이런 시각의 선택은 매우 급진적이었다. 이 선택은 기존 지식은 물론이고 직관에도 반하는 것이었기 때문이다. 사실 우리는 움직이는 시계들clocks이 서로 속도가 다르다는 것을 일상에서는 확인할 수 없다.[18] 그리고 이런 선택으로 인해 움직이는 물체의 길이도 변하며, 누구도 빛의 속도보다 빠르게 움직일 수 없다는 등의 심오한 결론들이 나왔다. 나중에 물리학자들은 아인슈타인 이론의 여러 결론들을 확인했다. 아인슈타인의 선택은 물리학자들이 세상을 보는 방식을 바꾼 것이다.[19]

베게너의 세계관 전쟁:
쪼그라드는 사과 이론 vs 떠다니는 대륙 이론

강력한 선택은 다른 학문에도 영향을 미친다. 지질학에서 나온 다음 사례는 '산은 어떻게 생겨났을까?'라는, 보기에 간단한 질문에서 시작된다. 인간은 산의 당당함, 시간이 가도 변치 않는 웅장함, 산의 무자비한 무관심에 경외심을 갖는다. 거대한 산 앞에서 초라해 보이는 인간은 산의 기원에 대해—신성모독이라 할 수도 있겠지만 '신의 창조' 말고 다른 '기원'에 대해—이미 오래전에 많은 질문을 했어야 했다. 그러나 그러지 않았다. 인간이 산의 기원에 대해 의문을 갖기 시작한 것은 지질학이라는 학문이 생긴 이후였다. 19세기 들어 이 질문은 많은 지질학자들을 사로잡았다. 말 그대로 산을 무시하기 어려웠고, 광물의 보고로서 산의 경제적 중요성이 커졌기 때문이었을 것이다.

19세기에서 20세기까지 지질학자들은 산의 기원에 대해 다음과 같은 답을 받아들였다.[20] 초기의 지구는 암석이 녹아 있는 하나의 불덩어리였다. 그러다가 차차 식어가면서 우리가 사는 얇은 지각이 형성되었다. 하지만 이 지각 밑의 지구는 여전히 끓고 있으며 계속해서 밖으로 열을 방출하고 있다. 결국 다른 식어가는 물체처럼 지구는 천천히 수축되고 있다. 이에 따라 지각도 서서히 말라가는 사과 껍질처럼 수축되고 있다. 지구가 탄생하고 약 40억 년 후에 지구가 수축되는 과정에 저지대가 생겼고, 이것이 대양의 바닥이 되었다. 이 과정에서 고지대, 즉 대륙도 생겼다. 지구가 수축되는 동안 여러 곳에서 잔물결 같은 주름 지대가 만들어졌다. 히말라야 산맥, 알프스 산맥, 안데스 산맥은 바로 이 같은 지구의 주름이다. 따라서 '산'이란 지각의 다른 부분이 지구 중심을 향해 더 가까이 가라앉으면서 남겨진 부분이다.

이런 시각의 중요한 결론 하나는, 지각이 수직으로 가라앉으면서 지표면이 형성된다면, 지표면의 모든 특징(대륙, 대양 바닥, 산맥)은 그것이 처음 생겼을 때, 즉 20억 년 전과 동일한 곳에 그대로 있어야 한다는 것이다.

처음에는 널리 인정되었지만 이 '쪼그라드는 사과 이론', 지질학자의 용어로 '열수축이론'은 다른 이론처럼 여러 문제를 안고 있다. 이 이론으로는 많은 관찰 결과를 설명할 수 없으며, 최악의 경우 어떤 관찰 결과들은 이 이론에 정면으로 배치되기도 한다.

그 문제점 중 하나는 매우 유사한 식물과 동물 들이, 분리된 여러 대륙에서 서식하고 있다는 점이다. 예로, 마다가스카르 섬에는 인도에서도 흔한 여우원숭이 종이 많이 살고 있다. 호주의 유대류는 남아메리카의 유대류와 거의 동일하다(이들은 똑같은 기생충까지 갖고 있다!). 그러나 마다가스카르는 인도보다 아프리카에 더 가깝고, 호주는 남아메리카보다 아시아에 훨씬 가깝다. 수천 마일이나 되는 바다로 갈라진 대륙들에 어떻게 비슷한 종들이 살게 된 걸까? 가까운 대륙에 있는 종보다 먼 대륙에 있는 종들이 더 비슷한 경우가 있는데, 그 이유는 무엇일까?

수많은 양치류, 파충류, 지렁이들을 포함한 많은 종들도 이런 식으로 이상하게 분포되어 있다. 지렁이의 경우 특히 주목할 만하다. 지렁이는 헤엄을 치거나 날지도 못한다. 씨앗이나 포자를 퍼뜨릴 수도 없고, 한 대륙에서 다른 대륙으로 흘러갈 수 있는 수중생활이 가능한 알도 없다. 그런데 어떻게 지렁이들이 바다를 사이에 두고 수천 마일이나 떨어진 대륙으로 건너간 걸까?

열수축이론의 두 번째 문제는 산맥 암반층의 습곡褶曲에서 나온다. 지각이 가라앉은 후 남은 것이 산맥이라면, 서로 다른 유형의 암반들이 질서 있게 층을 이루고 있어야 한다. 라자냐가 파스타, 소스, 치즈 순으로 층을 이루고 있는 것처럼, 화학적 성분과 연령이 다른 개별 암반층들은 휘어질 수는 있지만 그 순서는 변함없어야 한다. 예로, 새로 생긴 암반층은 오래된 암반층 위에 있어야 한다. 그러나 그렇지 않은 경우가 자주 발견된다. 많은 산맥에서 암반층은 아코디언처럼 구부러져 있다. 더욱이 많은 곳에서 이 구부러진 암반층들이 마치 굴러 떨어진 것처럼 비스듬히 놓여 있다. 그런 곳에서는 젊은 암반층이 오래된 암반층 위에 놓여 있을 뿐만 아니라 오래된 암반층이 젊은 암반층 위에 쌓여 있는 등 연대가 다른 암반층들이 뒤섞여 있다. 이런 식으로 여러 암반층이 뒤섞인 습곡이 수백 킬로미터에 이르는 경우도 있다. 엄청난 힘이 가해졌던 것이 분명하다. 그러나 단순한 지각 함몰로 어떻게 이런 일이 가능했는지 이해하기 어렵다.

이 두 가지는 열수축이론의 많은 문제점들 중 일부에 불과하다. 많은 지질학자들이 열수축이론으로 모든 문제를 풀 수 있을 거라고 전망했지만, 일부는 다른 생각을 했다. 다른 생각을 했던 유명한 사람은 오스트리아의 지질학자 알프레트 베게너Alfred Wegener였다. 그는 열수축이론을 단호히 거부했다. 저서 《대륙과 대양의 기원The Origin of Continents and Oceans》에서 베게너는 완전히 다른 시각을 선택했다.[21] 그는 대륙을 액체(뜨거운 지구 핵에 의해 암석이 녹아 있는 액체) 표면 위에 떠 있는 얇은 암반으로 생각해야 한다고 주장했다. 이 암반들은 물웅덩이에 떠 있는 낙엽들처럼 조금씩 그 표면 위를 떠다니는데, 그 방향은 매우 불규칙하다. 그러다가 어떤 암반들은 서로 충돌하고, 다른 암반들은 서로 떨어지기도 한다. 분명한 점은 이들이 제자리에 가만있지 않았다는 것이다.

베게너의 시각은 기존 이론이 갖고 있던 대부분의 문제들을 해결했다. 다른 대륙들에서 서로 비슷한 종이 발견되는 이유는, 과거에 이들 대륙이 지금보다 훨씬 가까이 붙어 있었기 때문이었다. 한 대륙이었다가 몇 개의 조각으로 쪼개졌을 수도 있었다. 이 이론은 '산은 어떻게 생겨났을까?'라는 나의 질문에 새로운 답을 제공해주기도 한다. 거대한 암석 덩어리인 대륙들이 계속해서 불규칙적으로 이동하다 서로 충돌할 때, 이들은 서로에게 엄청난 힘을 가한다. 달리던 두 대의 차가 충돌해서 완전히 찌그러진 모습을 상상하면 된다. 한 가지 차이는 대륙 충돌은 전혀 알아챌 수 없을 정도로 느린 슬로 모션으로 수백만 년에 걸쳐 일어났다는 것이다. 베게너의 견해에 따르면, 산을 창조한 보이지 않는 힘과 암반층을 비잔틴 양식으로 뒤틀고 구부린 힘은 같은 것이다. 그것은 대륙들이 서로를 미는 힘이었다.

이런 시각은 한 인간의 급진적인 선택이었다. 급진적이라고 평가한 이유는, 베게너가 그전 수백 년간의 연구에 기초한 사고체계와 완전히 결별했기 때문이다. 이런 식의 선택을 하기 위해서는 짧게는 몇 년, 길게는 평생 지속되는 수많은 반대를 감수해야 한다. 그러나 이런 식의 선택으로 당대에 자신의 경력이 훼손될 수는 있어도 잠재적인 보상 또한 매우 크다.

새로운 시각을 발표한 베게너는 완전한 거부와 노골적인 적의에 시달렸다. 결국 완전히 잊혀져버릴 게 분명해 보였다. 그가 속한 대륙인 유럽에서도 베게너의 추종자는 거의 없었다. 미국에서의 상황은 더 나빴다. 당시 가장 영향력 있는 미국의 많은 지질학자들은 거의 한목소리로 베게너의 이론을 잘못된 이론, 불가능한 이론, 심지어 사악하고 비과학적인 이론이라고 비난했다. 그러나 어느 사이엔가 산이 솟았던 것처럼 그의 시각도 기반을 얻기 시작했다. 베게너가 자신의 시각을 발표한 지 수십 년 후 그의 시각에 개종자들이 몰려들기 시작했다. 그리고 오늘날 베게너의 '떠다니는 대륙 이론'은 정설이 되었고, 열수축 이론은 과거의 유물이거나 인간의 '세계관 전쟁'에서 패한 또 하나의 희생물로 전락했다.

다윈의 위험한 선택: 인간의 위치를 근본적으로 뒤엎은 시각

강력한 선택의 또 다른 사례는 생물학에서 가장 중심적인 이론인 찰스 다윈의 진화론이다.[22] 이런 경우가 적지는 않지만, 1859년 다윈이 그의 이론을 발표하기 오래전부터 이미 진화론의 여러 핵심적 사실들(서술들)은 많은 이들에게 알려져 있었다. 그것은 첫째, 다양한 유기체의 화석들이 서로 다른 연대의 암반층에서 발견되었다. 이들 화석 중 일부는 오늘날 우리가 알고 있는 생물체와 그 모습이 전혀 달랐는데, 이는 유기체들이 시간이 가면서 아주 급격히 변화했음을 말해 주는 것이었다. 둘째, 서로 다른 유기체들의 신체를 해부한 해부학자들은 외견상 매우 달라 보이는 종들 간에도 많은 유사점이 있다는 것을 발견했다. 특히 놀라운 것은 뼈 구조의 유사점이었다. 예로, 인간의 팔과 박쥐의 날개의 경우, 박쥐가 자기 팔을 날개로 사용하기 때문에 모양은 아주 다르지만 인간의 팔과 박쥐 날개의 뼈 구조는 대단히 비슷했으며, 각각의 뼈는 서로 상응했다. 인간의 다리뼈와 유제류 동물의 다리뼈도 모양은 달랐지만 그 구조는 동일했다. 이렇듯 진화론의 토대가 된 연구들이 다윈 시대 이전부터 있어왔다.

세 번째 사실은 농업과 축산에서 나왔다. 인간은 수천 년 동안 성공적으로 식물을 재배하고 동물을 사육해왔다. 이 과정에서 인간은 바람직한 특징들을 선택했다. 빠른 발, 큰 씨앗, 아름다운 모피, 혹은 온순한 성격을 지닌 동물이나 식물을 선택했다. 그리고 이런 특징을 가진 개체들만 자손을 번식하도록 했으며, 그런 자손들 중 가장 바람직한 특징을 가진 개체들만 선택했고, 이런 과정이 되풀이되었다. 이렇게 여러 세대가 흐르면서 인간은 해당 유기체들을 급격히 변화시켰다. 현대에 식량으로 재배되는 농작물들(곡물, 채소, 과일)은 그들의 야생 조상들과는 모양이 크게 달라졌고 훨씬 많은 수확을 낸다. 대부분의 개 품종도 조상인 늑대와 별로 닮지 않았으며, 크기도(아주 작은 치와와에서 엄청나게 큰 그레이트데인에 이르기까지) 매우 다양해졌다.

생물체들 간의 유사성, 생물체들의 변화된 형태, 이런 형태 변화에 인간의 재배와 사육이 미친 심각한 영향, 이런 사실들이 다윈 시대 이전에도 이미 알려져 있었다. 다윈은 이런 사실들과 다른 많은 관찰 결과를 진화론으로 엮어냈다. 그가 선택한 시각은 인간이 동식물을 기르면서 했던 것과 유사한 선택의 과정이 포함되었다. 한 가지 차이가 있다면, 다윈이 말하는 선택(자연선택)은 훨씬 더 많은 시간이 걸렸다는 것뿐이었다. 이런 선택 과정을 통해 하나, 혹은 소수의 공통 조상에서 다양한 유기체들이 나오게 되었다. 다윈이 이런 시각을 선택한 것은 유기체들의 세상을 완전히 뒤집어엎은 것은 물론, 세상에서 인간이 차지하고 있던 지위도 근본적으로 바꿔놓았다. 물론 다윈의 이런 선택은 많은 반대를 불러일으킨 위험한 선택이었다. 그러나 다윈의 선택이 미친 영향은 그로 인해 직면했던 위험만큼이나 큰 것이었다.[23]

과학사를 바꾼 선택들

과학적 대화의 방향을 정하는 것은 우리가 묻는 '질문'들이다. 그런데 그 질문들은 누가 정하는 걸까? 어떤 사회과학자들은 급진적인 시각을 주장하기도 한다. 사회과학자들은 우리가 사는 시대, 우리 주변의 사람들(부모, 선생님 그리고 일반적인 의미에서 친구나 동료들)이 우리의 시각을 결정한다고 주장한다. 이렇듯 우리 시대와 주변 사람들이 질문의 방향을 결정할 수도 있다. 뿐만 아니라, 이들은 우리가 자연의 대답을 해석하는 방법과 그 다음에 우리가 묻는 질문도 결정한다. '사회'는 과학적 대화에 있어 가장 중요하다.

그러나 많은 과학자들은 이런 시각에 동의하지 않는다. 거기에는 충분한 이유가 있다. 이런 시각에는 사각지대가 있기 때문이다. 요컨대 심오한 질문에 대한 세계의 대답은 놀랍고, 당혹스럽고, 외견상 불합리한 것도 있을 수 있다. 우리 대부분은 우리의 믿음에 따라 그런 당혹스러운 대답을 적당히 둘러대고 외면한다. 우리는 그런 대답들을 예외 현상으로 설명해버린다. 그러나 그런 놀랍고 당혹스러운 대답을 인정하면서 이를 황금 같은 기회로 보는 사람들도 있다. 만약 플레밍이 전염된 배양접시의 죽은 박테리아를 '예외 현상'으로 보고 무시했다면, 페니실린은 결코 발견되지 않았을 것이다.

아인슈타인, 베게너, 다윈의 사례는 과학의 역사는 기존 정설을 거스르는 사람들의 강력한 선택으로 진행되어왔음을 잘 보여준다.[24] 따라서 과학자를 둘러싼 세계가 그들이 묻는 질문에 영향을 미칠 수는 있지만, 과학자들은 끊임없이 새로운 길을 간다. 이를 가장 잘 표현한 것은 생화학자이자 노벨의학상 수상자인 얼베르트 센트죄르지Albert Szent-Györgi가 한 말이다. "발견이란 모두가 본 것을 보면서도 누구도 생각지 않았던 것을 생각하는 것이다."

'박테리아가 먹이를 향해 헤엄치도록 하는 것은 무엇인가?'라는 질문은 이 문제에 대한 하나의 비유가 될 수 있다. 과학적 대화의 방향을 결정하는 것이 '사회'뿐이라고 주장하는 시각은, 박테리아가 어떤 먹이를 향해 헤엄치는 것은 다른 박테리아가 그 먹이를 먹지 않았기 때문이라고 주장하는 시각과 같다. 이런 시각에서는 한 박테리아가 헤엄쳐 나가는 방향을 결정하는 것은 다른 박테리아들이 된다. 일견 아주 타당한 시각이지만, 하나의 시각에 불과하며, 유일한 정답은 아니다. 왜냐하면 이 시각은 단백질에서 먹이분자에 이르는 전체로서 박테리아의 다른 많은 부분들을 무시하고 있기 때문이다. 그리고 우리가 이미 알고 있는 것처럼, 전체의 작은 부분들과 이 전체가 하는 일 사이에는 설명되어야 할 넓은 틈이 존재하고, 이 틈을 메우는 것은 결국 한 개인과 그의 선택이다.

선택의 힘: 과학 혁명

아인슈타인, 베게너, 다윈의 이론이 아닌, 다른 많은 이론들도 과학적 대화에 있어 선택의 역할이 얼마나 중요한지 잘 보여준다. 그런 이론에는 지구가 태양 주위를 돈다는 것, 많은 병이 전염에 의해서 발생한다는 것, 우리 몸에 유전되는 물질이 있다는 것, 번개와 전기는 서로 밀접한 관련이 있다는 것 등이 포함된다.

이런 혁명적인 통찰력 뒤에 존재하는 선택이 어떤 명백한 사실 때문이라고 생각하는 사람도 있을 것이다. 그러한 명백한 사실을 이해할 정도로 충분히 교육받은 사람이라면 새로운 시각을 선택할 수밖에 없을 것이라는 견해다. 그러나 세계에 대한 시각의 선택은 삶의 다른 영역에서 해야 하는 여러 어려운 선택만큼이나 복잡하다. 그 이유는 첫째, 사실들이 너무 많다는 데 있다. 그렇게 많은 사실 중에서 중요한 소수의 사실을 어떻게 선택할 것인가? 그리고 서로 다른 과학자들이 서로 모순되는 관찰 결과를 확인했을 때처럼, 관찰 결과들(사실들) 자체가 불확실할 때도 있다.[25] 따라서 과학적 선택이 어렵고, 오직 소수의 개인들만 세상을 바꾸는 선택을 한다는 것은 그리 놀라운 일이 아니다.

둘째, 기존의 관찰 결과를 설명하기 위해 급진적인 선택이 필요하다는 것을 여러분은 알 수 있을까? 모른다. 모든 이론은 설명할 수 없는 관찰 결과에 부딪히게 마련이다. 그런데 대개는 기존 이론을 조금 수정하면 그런 관찰 결과들을 설명할 수 있다. 멀리 떨어진 대륙들이 과거에는 연육교로 연결되었다는 관념(잠시 동안 열수축이론을 구제했던 관념)이나 지구가 우주 공간을 달릴 때 뒤따라오는 에테르를 끌고 다닌다는 관념(잠시 동안 빛의 속도가 변하지 않는 이유를 설명할 수 있었던 관념)이 그 예다. 시각의 급진적인 선택은 몇 년, 혹은 몇 십 년 후에 봤을 때에나 옳은 선택이라는 것이 밝혀진다.

더욱이 급진적인 선택을 하면 수많은 비방꾼들을 만나게 된다. 그 이유는 많지만, 요약하면 다음과 같다. 모든 강력한 선택은 사람들이 소중히 간직했던 것을 포기하라는 권유이고, 비방꾼들은 그것을 포기하고 싶지 않은 사람들이다. 이들은 그것 없는 세상은 상상조차 할 수 없는 사람들이기도 하다. 이들이 소중히 여기는 그것이란, 지구가 우주의 중심이라는 생각, 대륙은 움직이지 않는다는 생각, 모든 유기체들은 동시에 창조되었다는 생각, 그리고 시간은 절대적이라는 생각 등이었다.

그렇다면 이들은(우리 대부분은) 그런 해석을 왜 그렇게 격렬하게 지키려 할까? 이에 대한 대답은 앞서 본 것처럼 우리 조상들 속에 있다. 박테리아부터 포유류에 이르기까지 우리 조상들은 말 그대로 자신의 해석에 따라 살고 죽었다. 우리가 선택을 할 수 있다는 것, 우리가 우리의 세계관과 운명을 자유롭게 분리할 수 있다는 것은 거의 기적 같은 일이다.[26] 그것은 많은 인간들이 여전히 자신의 세계관에 따라 살고 있기 때문이다. 종교적 신념이나 정치적 이데올로기 때문에 수많은 군사적 충돌이 발생했고 그 와중에 수많은 사람들이 죽었다는 것은 해석을 그냥 해석으로 보는 것이 얼마나 힘든 일인지 잘 보여준다. 세계에 대한 과학적 해석도 예외가 아니다.

요약하면, 인간과 비인간 세계에 대한 해석, 서술, 설명은 여러 면에서 비슷하다. 그러나 선택의 측면에서는 다르다. 선택은 우리에겐 어려우면서도 동시에 가능한 일이지만, 다른 많은 유기체들에겐 불가능하기 때문이다. 선택은 과학적 대화를 진전시키는 데 필수적이다. 가장 강력하고 어려운 선택은 과학 혁명을 가져온다. 선택은 하나의 서술과 질문으로 시작된다. 그리고 그 각각에 대해 설명하고 답을 제시하면서 거대한 지식체계를 수립한다. 이렇게 수립된 지식체계가 출구 없는 미로라고 주장할 수 있지만, 또한 선택이 출구를 제공해준다고 말할 수 있다. 출구를 제공해주는 선택이란 하나의 해석을 '최종적인 해석'이라고 보는 선택이다. 이런 선택은 어딘가에서 멈추는 선택, 거울의 방에서 반사되는 대부분의 거울을 무시하고, 그중 한 거울(하나의 견해, 해석)에만 초점을 맞추는 선택이다.[27]

Chapter 9

과학, 그리고 지식의 한계

학문의 목적은 무한한 지혜의 문을 여는 것이 아니라
무한한 오류 가능성을 줄이는 것이다.

— 베르톨트 브레히트

과학적 대화는 다른 대화에 비해 두 가지 장점이 있다. 이 두 가지는 자연에 질문을 던지는 방식에 대한 규칙에서 나온다. 첫 번째 규칙은, 과학적 질문은 자연이 ('그렇다'가 아니라) '아니요'라고 대답할 수 있는 질문을 해야 한다는 것이다. 두 번째 규칙은, 자연에 똑같은 질문을 반복하는 것이 가능해야 한다는 것이다. 과학적 대화의 장점이 잘 드러나는 원천인 두 규칙은 동시에 약점도 갖고 있다. 이런 약점이 우리의 지적 능력을 어떻게 제한하는지 살펴보자. 그런 후 우리 대화의 핵심인 역설의 문제로 돌아가보자.

과학의 한계: 이론의 검증 불가능성

　　20세기 초에 철학자 칼 포퍼는 과학이론에 관한 간단하지만 매우 충격적인 사실을 지적했다. "우리는 과학이론들이 사실인지를 결코 확신할 수 없다."

　알렉산더 플레밍이 "페니실린은 모든 박테리아를 죽인다"면서 페니실린의 역할을 하나의 자연법칙으로 격상시켜 주장했다고 해보자. 그는 어떻게 자신의 주장을 확신할 수 있을까? 박테리아는 지구 곳곳에 존재한다. 박테리아는 우리에게 익숙한 환경(토양, 공기, 물)뿐 아니라 심해, 더 나아가 독가스와 뜨거운 물을 내뿜는 지옥 같은 심해의 틈바구니나 지각 깊은 곳에 숨겨진 암반층처럼 극도로 열악한 환경에서도 서식한다. 이런 모든 환경에서 살고 있는 박테리아 종만 해도 수천만 종은 될 것이다. 그런데 페니실린이 이 모두를 죽일 수 있다는 것을 과연 어떻게 알 수 있을까? 모든 박테리아를 페니실린에 노출시켜봐야 알 수 있지만, 그건 불가능하다.

물리학에서부터 사회과학에 이르기까지 모든 이론에는 이런 논리가 적용된다. 우리는 모든 이론이 모든 곳에 적용된다는 것을 검증할 수 없다. 심지어 태양이 지난 40억 년 동안 매일 떠올랐음에도 그것이 내일도 떠오를지 확신할 수 없다. 그렇다면 우리가 확신할 수 있는 건 뭘까? 포퍼는 한 이론이나 가설이 틀린 것만 확신할 수 있다고 주장했다.[1] 예컨대, 페니실린에 의해 죽지 않는 박테리아처럼 가설에 위반되는 사례가 나오면 그 가설은 틀린 것이다(플레밍은 실험실에서 페니실린에 죽지 않는 박테리아도 발견했다).

포퍼의 이 간단한 통찰력 덕분에 우리가 자연에 대해 물어야 할 질문의 형식이 정립되었다[2]●. 간단한 예를 보자. 이웃집의 빨간 차가 여러분 집 창문 바깥에 항상 주차되어 있다고 해보자. 여러분은 창에 화분을 놓으면 잎이 모두 그 차를 향하는 것을 보았다. 수십 번 그랬지만 언제나 그랬다. 따라서 "모든 식물은 빨간 차 쪽으로 잎을 향한다"는 것이 유력한 자연법칙의 후보 명제(가설)가 된다. 그런데 여러분은 이런 가설을 검증할 수 있을까? 절대 그럴 수 없다. 왜냐하면 세상에 존재하는 모든 식물을 일일이 다 창에 올려놓을 수 없기 때문이다. 그렇지만 여러분은 이웃의 차에 파란 페인트를 칠해봄으로써 식물의 잎이 빨간 차 쪽으로만 향하는지는 볼 수 있다.

● 칼 포퍼는 모든 이론과 명제가 '옳다'는 것을 증명하기란 불가능하기 때문에 '검증 가능한' 질문이 아니라, '반증 가능한' 질문을 해야 한다고 주장했다. 가령, "나뭇잎은 빛을 향한다"라는 명제의 경우, 이는 우리가 경험적으로 아는 사실이지만 이 명제를 참이라고 확증하려면 지구상의 모든 나뭇잎을 관찰해야 한다. 이는 결코 불가능한 일이기 때문에 모든 명제는 검증 불가능하며, 반증 가능한 질문만이 과학적 질문이라고 보았다.— 옮긴이

그런데 창문에 놓은 식물이 다음날 아침 파란 페인트를 칠한 차 쪽으로도 잎을 향하면 여러분은 여러분의 가설이 틀렸다는 것을 알게 된다. 여러분은 아무것도 건진 게 없다. 자신의 차가 파랗게 변한 걸 발견한 이웃집 주인의 파랗게 질린 얼굴 말고는 말이다. 차가 방출하는 어떤 화학물질, 차 냄새 때문에 식물의 잎이 그 쪽으로 향하는 것일까? 이 질문에 대한 답은 차를 옮겨보면 알 수 있다. 창문의 유리 때문일까? 그러면 창문을 열거나 유리를 없애보면 된다. 이 모든 질문 중 결론적으로 "그렇다"라는 대답이 나오는 질문은 없다. 그러나 이 각각의 질문에 대해 결론적으로 "아니요"라는 대답은 얻을 수 있다.

과학적 대화는 틀린 것을 제거함으로써 진행된다. "아니요"라는 대답을 추구하는 질문(반증 가능한 질문)들이 중요한 것은 바로 이 때문이다. 이런 질문들을 통해 애매하게 틀린 것들에서 분명히 틀린 것들을 골라내어 제거할 수 있다.[3]

이런 원리(반증 가능성의 원리)가 가진 힘을 보려면, 모든 생물체가 자신의 삶의 양식, 자신의 살아 있는 세계관을 가지고 자연에 대해 묻는 질문을 상기하면 된다. 자연이 "아니요"라고 대답하면 이들은 죽는다.[4] 수십억 년에 걸쳐 진행된 이런 질문의 결과, 지구에는 극히 다양한 생명체가 존재하게 되었지만, 그 이면에는 삼엽충에서 공룡에 이르는, 대부분의 살아 있는 세계관이 소멸했다.

이런 비유는 과학적 대화의 근본적인 약점을 잘 보여준다. 우리가 알고 있는 모든 이론은 그 이론과 모순되는, 혹은 그 이론으로는 이해할 수 없는 현상(관찰 결과)의 존재로 인해 훼손되는 경우가 있다는 약점 말이다. 요컨대, 우리가 알고 있는 모든 자연법칙은 진리가 아니다.

자연과학사를 살펴보면, 그 동안 등장했던 거의 모든 과학적 설명

을 우리가 이미 거부했다는 걸 알 수 있다. 이런 시각으로 볼 때, 세계
에 대한 우리의 설명은 수백만 년 동안 존재했던 다른 종들의 살아 있
는 세계관보다 훨씬 더 일시적인 것에 불과한 것으로 보인다. 많은 과
학자들은 이런 사실을 알고 있지만, 그런 사실에 얽매여 사는 것은 너
무 암울하다고 생각한다. 그래서 우리는 '법칙'의 규칙을 고수하면서
도 규칙에 대한 예외를 인정한다. 그러나 예외를 인정하는 것은 세계
를 완전히, 그리고 확실히 이해하겠다는 희망을 포기하는 것이다.

과학에 대한 많은 사람들의 사고를 지배하는 은유, 요컨대 진보의
은유는 이런 한계를 더욱 분명히 보여준다. 많은 사람들은 "과학이 최
종적인 진리(진정한 실체)에 조금씩 더 가까이 다가가고 있는 것은 아
닐까?" 하고 생각한다. 현대의 과학이론들은 이전의 이론들보다 훨씬
더 성공적인 것처럼 보인다. 현대의 과학이론들은 별의 온도나 그 별
을 이루는 데 필요한 물질의 양처럼, 우리가 직접 확인할 수 없는 현상
을 설명할 뿐만 아니라, 세계를 급격히 바꾸기도 했다. 또 현대의 과학
이론들을 통해 우리는 하늘을 나는 기계를 설계할 수 있었고, 수많은
질병을 치료하는 약을 생산할 수 있었으며, 엄청난 양의 데이터를 처
리하는 컴퓨터를 만들 수 있었고, 수많은 정보를 유통시키는 세계적인
커뮤니케이션 망을 구축할 수 있었다. 현대의 과학적 설명은 분명 효
과적이다. 그것도 매우 효과적이다. 현대의 과학적 설명이 이렇게 특
별히 성공적이라는 것을 부인하기는 어렵다. 그렇다고 해서 그것이 우
리가 실체에 훨씬 더 가까이 접근하고 있다는 걸 의미할까?

'실체에 접근한다'는 은유에는 어떤 목적지로 향한 길을 걸어가고
있다는 이미지가 들어 있다.[5] 우리는 '절대 무지無知'라는 길의 한쪽 끝
에서 출발해 '실체'라는 다른 쪽 끝으로 접근하고 있다. 그럼으로써 실

체와 우리의 거리는 좁혀지고 있다. 그러나 이런 이미지에는 심각한
문제가 있다. 누가, 혹은 무엇이 절대적으로 무지하단 것인가? 말을
배우기 전의 아기가 절대적으로 무지한가? 아기들의 정신과 신체 속
에도 이미 세계에 대한 매우 성공적인 해석이 각인되어 있다. 과학적
대화에 무지한 사회, 즉 문자가 출현하기 이전의 사회가 절대적으로
무지한가? 거의 그렇지 않다. 동서고금을 통틀어 모든 인간사회는 적
으로부터 자신을 보호하고 병을 치료하고 먹고사는 데 필요한 지식을
갖고 있다. 그렇다면 비인간 유기체들이 절대적으로 무지한가? 이들
도 그렇지 않다. 박테리아부터 침팬지에 이르는 모든 유기체들도 매우
효과적인 세계에 대한 해석, 요컨대 세계에 대해 아는 바가 있다. 이들
이 인간보다 훨씬 오랫동안 성공적인 삶을 살아왔기 때문에 우리는 그
것을 알 수 있다. 따라서 실체를 향한 여행의 출발점이 어딘지 알기 어
렵다. 살아 있는 유기체들에서는 그것을 분명히 찾을 수 없을 것이다.

우리는 실체에서 얼마나 멀리 떨어져 있을까? 실체가 무한히 먼 곳
에 있다면, 우리가 아무리 오랫동안, 그리고 아무리 먼 거리를 여행한
다 해도 그 실체에 다가가지 못할 것이다. 따라서 우리가 그 여행을 통
해 실제로 도달 가능한 지점(실체는 아니라 해도)이 있다고 해보자. 그
지점에 접근한다는 것은 과연 어떤 의미일까? 우리가 그 지점을 향해
계속 나아가고 있기 때문에 그 지점과 우리 사이의 거리는 점점 좁혀
져야 한다. 그렇다면 우리는 그 거리를 측정할 수 있어야 한다. 그러나
우리는 실제로 도달 가능한 그 지점이란 것이 정확히 어디인지 알지
못하기 때문에, 우리가 그 지점에 얼마나 가까이 왔는지 알 도리가 없
다. 우리가 두 개의 과학이론을 비교해서 어떤 것이 더 나은지를 보려
는 소박한 목적을 추구한다 해도, 누구도 한 이론이 설명할 수 있는 현

상의 수(이런 수가 많은 게 더 나은 이론이다)를 세는 데 성공할 수 없기 때문에 우리는 곧 난관에 빠지고 만다.[6]

정리하면, 우리는 지금 여행의 출발점에서 얼마나 멀리 왔는지, 여행의 목적지에 얼마나 가까이 왔는지, 그리고 우리의 한 걸음 한 걸음이 어느 정도나 우리를 이동시켰는지 말할 수 없다. 실체에 '다가가고 있다'는 일상적인 이미지는 완전히 틀린 것이다. 우리의 과학적 여행이 언젠가는 끝날 게 분명하다고 주장하는 한, 이런 이미지는 계속해서 우리를 혼란스럽게 만들 것이다. 우리가 이론들을 그저 은유로 받아들인다면 그렇게 혼란스러워하진 않을 것이다. 과학이론은 은유 중에서도 가장 정교한 은유가 될 수는 있다. 그러나 다른 모든 은유와 마찬가지로 실패하는 경우도 적지 않을 것이다.[7]

과학이론이 가진 이런 한계의 견지에서 보면, 인간의 지식체계는 끝없이 계속 확장되는 출구 없는 미로, 수많은 거울들이 서로 무한히 반사하고 있는 거울 방을 닮았다는 나의 주장이 더는 그리 억지스럽게 들리지 않을 것이다.

과학의 한계: 반복적인 질문의 불가능성

과학의 두 번째 규칙은 똑같은 질문을 한 번 이상 해야 한다는 것이다. 한 이론의 예측이 한 실험에서만 맞고 다른 실험에서 틀렸다면, 그 이론은 거부된다. 이론은 반복적인 질문에서도 옳음을 증명해야 한다.[8]

그런데 '똑같은' 질문을 반복한다는 게 무슨 의미인가? 모든 실험은

(다소간) 다른 세계(환경)에서 수행되기 마련이다. 그리스 철학자 헤라클레이토스를 인용하자면, 결코 똑같은 강물에 발을 두 번 담글 수 없다. 따라서 똑같은 질문을 두 번 한다는 것은 엄격히 말해 불가능하다.

이 문제를 풀기 위해 한 과학자가 세계를 두 부분으로 나누었다. 하나는 해당 현상에 영향을 미치는 부분이고, 또 하나는 무시해도 되는 부분이다. 현상에 영향을 미치는 부분은 정확하게 통제되어야 한다. '푸른곰팡이가 박테리아를 죽이는가?' 하는 질문과 이 질문에 대한 답을 얻기 위한 실험을 다시 한 번 살펴보자. 화성에 대한 금성의 상대적 위치, 실험 당시 그 나라의 지배자, 휘발유 가격, 실험을 낮에 하는가 밤에 하는가 하는 요인들은 거의 문제가 되지 않을 것이다. 그러나 중요한 한 변수, 예컨대 연구 중인 박테리아 종을 통제하지 못하면 실험은 모순적인 결과를 낼 수 있다. 푸른곰팡이가 박테리아를 죽이는가 하는 질문에 대한 답이 어떤 때는 "그렇다"로, 또 어떤 때는 "아니다"로 나올 수 있는 것이다.[9]

물이 액체, 얼음, 수증기로 되는 것을 결정하는 것은 무엇일까? 열과 압력이다. 혜성이 지구 쪽으로 얼마나 기울지를 결정하는 것은 무엇일까? 혜성의 질량, 속도, 궤도이다. 먹이분자가 박테리아의 수용체 단백질과 결합하는 것을 결정하는 것은 무엇일까? 분자의 형태와 전하다. 효소의 화학반응 촉진을 결정하는 것은 무엇일까? 효소 단백질의 형태, 주변 온도, 주변에 있는 소금과 이온의 양이다.

이런 사례들에서 볼 수 있듯이, 자연법칙에는 질량, 온도, 전하 같은 몇 가지 변수들만 포함되어 있다. 그 이유의 일부는 우리가 간단한 법칙을 더 좋아하며, 많은 변수들의 관계를 이해하기엔 우리의 정신 능력이 너무 빈약하기 때문이다. 하지만 더 중요한 이유는, 대답에 영향을 미치는 요인들이 너무 많으면 ('동일성'의 의미를 관대하게 적용한다 해도) 동일한 질문을 두 번 하는 것이 불가능하기 때문이다.

반복적인 질문을 요구하는 데서 오는 핵심적인 문제는 바로 이것이다. 요컨대 통제되어야 할, 그리고 똑같은 질문을 두 번 할 수 있게 해주는 소수의 요인들을 식별해내는 것은 현실세계에서 항상 가능한 일이 아니다. 이에 관한 가장 좋은 예가 인간사회에 있다. 우리는 금융시장의 변동, 선거 결과, 혹은 유행의 성쇠를 설명하거나 예측하는 일반이론을 갖고 있지 않다. 왜냐하면 그런 것들에 영향을 미치는 단 몇 개의 변수를 골라낼 수 없기 때문이다. 수백만 명의 사람, 그들의 상호작용과 선호, 그들이 만드는 조직, 그리고 그런 조직들이 서로 영향을 미치는 방식들이 이런 현상에 영향을 미칠 수 있다. 그렇게 많은 변수들을 가지고 똑같은 질문을 두 번 하는 것은 불가능하다.

같은 원리가 비인간세계에도 적용된다. 헤엄치는 박테리아가 방향을 바꿀지는 수많은 입자, 원자, 분자들의 밀고 밀리는 운동에 달려 있다. 이들 각각은 편모의 회전방향을 바꿀 수 있다. 많은 요인들이 한 현상에 중요한 영향을 미칠 때, 그리고 똑같은 질문을 두 번 할 수 없을 때, 우리는 아무리 간단한 자연법칙이라도 그것을 '법칙'으로 수용할 수 없다.

이런 특성을 가진 시스템을 복잡계complex system라고 하며, 이는 상호작용하는 수많은 부분들로 이루어져 있다.[10] 이 상호작용은 서로 부딪히는 두 분자처럼 단순한 경우도 있다. 그러나 박테리아의 분자들, 군집의 개미들, 사회의 인간들처럼 수천 개의 부분들이 모두 상호작용을 하면, 간단한 법칙이란 개념은 사라지고 만다.[11]

지난 몇 십 년 동안 복잡계가 모든 곳에 존재한다는 것이 분명해졌다. 욕조 배수구를 통해 빠져나가는 물의 소용돌이, 떨어지는 낙엽의 운동, 뒷마당의 개미 군집, 도로의 교통량, 그리고 마을의 주택 가격도 복잡계에 속한다. 우아하게 단순한 자연법칙을 발견하는 데 가장 성공한 물리학조차 갈수록 복잡계에 의해 지배되고 있다. 천체물리학자 스티븐 호킹Stephen Hawking 같은 석학도 "21세기는 복잡성의 세기"라고 선언하기에 이르렀다.

복잡계의 대두로 예측 불가능하고 독자적(개별적)이며 역사적인 것들이 다시 우리 세계에 두각을 나타내고 있다. 그러나 본래 과학적 대화는 반복 가능성repeatability을 중시하기 때문에 유일성the unique에는 관심이 없다. 과학적 대화는 개별적인 것은 외면한다.[12] 이는 반복되는 질문에 의존하는 과학의 어두운 그림자다.[13] 확실한, 그리고 최종적인 지식이 없다는 것과 반복적인 질문이 불가능하다는 것은 과학의 장점에서 파생된 두 가지 한계다. 그리고 이 두 가지 한계를 넘어서는 제3의, 아마도 훨씬 심오한 한계가 있는데, 그것은 진리의 성격 자체가 가진 한계다.

과학의 한계: 증명할 수 없는 정리들

어떤 과학적 설명에 대해 승리나 실패를 선언하는 것, 즉 과학적 대화를 끝내는 것은 종종 선택의 문제가 된다. 그러나 예외적인 몇몇 대화들은 단단한 장애물과 강하게 부딪혔다. 이런 장애물들은 물리학과 수학 같은 자연과학hard science의 핵심에서 나타난 역설들이다. 역설이 그저 언어의 유희가 아니라는 것을 물리학과 수학보다 잘 보여주는 학문도 없다. 나는 이미 물리학에서의 역설에 대해 언급한 바 있으며, 이제는 수학의 역설을 살펴보고자 한다.

일부 수학적 역설은 해결할 수 없다는 것을 증명할 수 있으며, 그것을 증명하는 것은 수학의 특권이다. 생물학의 역설의 경우에는 이런 증명을 기대할 수 없다. 그러나 우리가 생명체에서 발견하는 역설적 긴장들이 수학적 역설과 근본적으로 다른 것은 아니며, 분명히 수학적 역설만큼이나 근본적인 것이다.

수학은 자연과의 대화에서 나온다기보다 전적으로 우리의 마음속에 존재하는 것이라고 볼 수 있다. 그러나 물리학 이론이든 화학 이론이든 생물학 이론이든, 대부분의 이론들은 수학을 가지고 설명하고 있다는 점을 기억할 필요가 있다. 물리학, 화학, 생물학 법칙들은 서로 부딪히는 분자들과 신경세포들의 대화에서 퍼져가는 전염병과 회전하는 행성에 이르는 모든 특징과 현상들을 설명하려는 것이며, 수학적 법칙은 우리 세계의 근본적인 특징들을 심오하게 정리한 것이다.

수학 자체의 토대는 공리^{axiom}와 추론 규칙^{rule of inference}들이다. 공리는 자명한 수학적 진리를 말한다. 예로, 두 점 사이에는 한 개의 직선만 그릴 수 있다는 것이 기하학의 5대 핵심 공리 중 하나다.[14] 정수론^{number theory}이라는 수학의 한 분야에서 나온 또 다른 공리는 아무리 큰 수라 해도 정수^{integer number}는 그보다 1이 더 큰 수, 즉 '다음 수'가 존재한다는 것이다.

추론 규칙이란 이미 인정된 참 명제^{true statement}(참 언명, 참 진술)에서 새로운 참 명제들을 추론하는 방법이다. 대부분의 추론 규칙은 단순하고 직관적인 경향이 있다. 이중부정^{double negation}이라는 규칙을 예로 들어보자. 이는 한 진술의 부정의 부정은 다시 그 진술이 된다는 것이다.

"내가 오늘 쇼핑하러 '가지 않을 것'이란 말은 '틀렸다'"라는 진술은 "나는 오늘 쇼핑하러 갈 것이다"라는 진술이 된다.

수학은 공리에서 시작해서 추론 규칙을 사용해 참인 수학 명제, 즉 정리theorem, 定理를 증명한다. 예로, '양의 정수 x와 y가 있다고 할 때, 이 두 수의 제곱근을 더하면 또 다른 양의 정수 z의 제곱근과 같다($x^2+y^2=z^2$)'라는 정리가 있다고 해보자. 이와 같은 정리들을 증명하는 것은 이 정리들을 추론 규칙을 통해 공리와 일치시키는 것을 말한다.

수학자들의 이런 작업은 매우 성공적이었음을 기억할 필요가 있다. 비행기를 만들고, 마천루를 짓고, 차를 만드는 일을 할 수 있게 해준 자연법칙들은 모두 수학에 의존하고 있다. 수학의 진리들은 단지 우리 머릿속에만 존재하는 것이 아니다. 그것은 실제로 물질적인 결과를 낳았다.

어떤 수학자들은 수학의 모든 정리들이 나오는 소수의 공리, 즉 공리체계를 찾으려고 한다(이들의 노력은 세계의 복잡성을 몇 개의 단순한 원리로 환원시키려는 과학자들의 노력과 같은 것이다). 진정한 공리체계가 되려면 두 가지 조건을 갖추어야 한다. 첫째, 알려졌건 알려지지 않았건 간에 옳은 정리들을 모두 증명할 수 있어야 한다. 둘째, 모순이 없어야 한다. 수학자들은 그런 공리체계를 '무모순적 공리체계consistent axiom system'라고 부른다. 무모순적 공리체계의 반대인 모순적 공리체계inconsistent axiom system는 하나의 정리와 그 정리에 모순되는 또 다른 정리 모두를 증명할 수 있게 해주는 공리체계다. 단적으로 말하면, 모순적 공리는 무용지물이다. 모순적 공리로는 무엇이든 증명할 수 있기 때문이다.

그런데 무모순성에는 큰 문제가 있다. 그 이유는 무모순성은 명백할 필요가 없으며, 100층짜리 건물 기초에 난 손톱만 한 작은 균열 같은 미세한 결함 정도는 있을 수 있다는 것이다. 예로, 고층건물을 지으면서 처음에 한 층 한 층(한 정리, 한 정리) 쌓아 올릴 때 건물은 영원할 것처럼 아주 단단해 보인다. 그러나 기초의 아주 작은 균열 때문에 마지막 층을 쌓기 직전, 건물이 갑자기 무너져 산산조각 날 수 있다.

단순한 무모순적인 공리체계를 찾으려는 노력은 20세기 초 수학계의 중요한 과제 중 하나였다. 한동안 그런 노력은 희망적으로 보였다. 예로, 수학자 버트런드 러셀Bertrand Russell과 앨프리드 노스 화이트헤드Alfred North Whitehead는 그런 공리체계의 유력한 후보를 발명(혹은 발견인가?)했다.[15] 이 공리체계는 알려진 대부분의 수학적 정리에 적용되었고, 단 몇 개의 공리로만 이루어진 것이었다.

이들의 성과는 대부분의 '알려진' 정리들(이미 그 수가 엄청나다)을 증명하는 공리체계에서 '모든' 정리들을 증명하는 공리체계로 가는 첫발자국을 내디딘 것으로 보였다. 그러나 1931년 오스트리아 수학자 쿠르트 괴델Kurt Gödel이 이런 노력에 치명타를 날렸다. 그는 정리 자체에 관한 교묘한 정리를 만들어서 그러한 공리체계의 존재를 부정하는 하나의 정리를 증명했다. 그의 증명은 복잡했지만, 기본 개념은 쉽게 설명된다.[16]

괴델이 고안한 파괴적인 정리는 '거짓말쟁이 패러독스'라는 유명한 역설이 들어 있는 "이 문장은 거짓이다"라는 문장과 비슷하다. 이 문장이 거짓이면 이 문장은 맞는 것이 되고, 이 문장이 맞으면 이 문장은 거짓이 된다는 데에 이 문장의 패러독스가 있다. 괴델도 이와 유사한 문장을 정리로 만들었는데, 애매한 수학 용어로 된 이 정리는 본질적으로 "이 정리는 증명될 수 없다"는 것이었다. 이 정리가 증명될 수 있으면 이 정리는 틀린 것이고, 증명자는 잘못된 정리를 증명하기 위해 공리들을 사용한 셈이 된다. 따라서 이때 사용된 공리들은 모순적이 된다. 그런 모순적 공리들에 기초한 것은 결국 모두 무너지게 된다. 반대로, 이 정리가 증명될 수 없으면 이 정리는 옳은 것이 된다. 이 경우, 이 정리는 옳지만 증명될 수 없다. 증명될 수 없는 정리가 있다면, 그 공리체계는 완전한 것이 아니다.

요컨대, 우리가 알고 있는 수학을 정립한 공리들과 같은 여하한의 공리체계는 모순적이거나(따라서 쓸모없거나) 불완전한 것임에 분명하다. 이는 어떤 수학적 진리들은 그것이 진리인지 알 수 없다는 것을 의미한다. 우리는 진리와 지식을 함께 가질 수 없다.

괴델의 통찰력으로 인해 훨씬 심각한 문제가 발생했다. 예로 "이 그룹의 공리들은 무모순적이다"라는 정리는 그 자체로 옳을 수 있지만 증명될 수는 없다.[17] 이는 우리의 자연법칙이 의존하고 있는 수많은 정리들이 (우리가 결코 발견하지 못한다 해도) 모순에 가득 차 있다는 것을 의미한다. 괴델이 이런 사실을 보여준 후 문제를 해결하기 위한 많은 노력이 있었지만 그 누구도 해결책을 찾지 못했다. 뿐만 아니라, 수학의 근저 다른 곳에서 이와 유사한 역설들이 발견되기도 했다.[18]

"이 문장은 거짓이다"와 같은 역설은 진리에 접근하는 것이 한계가 있음을(수학적 진리만 고려한다 해도) 보여준다. 다시 말하지만, 수학적 진리는 모든 과학과 기술의 기초이기 때문에 수학에서 발견되는 이런 역설들은 단순한 언어의 유희가 아니다. 이처럼 역설로 가득 찬 수학의 물질적 결과를 가장 잘 보여주는 사례가 컴퓨터과학에서 나왔다. 한 사람이 수학의 물질적 결과를 구현한 기계, 즉 컴퓨터를 만들 수 있게 된 것이다.

컴퓨터 패러독스

저명한 수학자 앨런 튜링Alan Turing은 컴퓨터 작동이 계산과 덧셈 같은 산술 연산과 비슷하다고 생각했다.[19] 지금도 대부분의 컴퓨터과학도들은 그의 컴퓨터 작동에 관한 개념들을 배운다. 튜링은 모든 계산을 할 수 있는, 가능한 한 가장 단순한 기계를 연구했고 1936년에 마침내 발견했다. 이는 튜링 기계로 알려진 매우 단순한 기계였는데, 너무 단순해서 누구라도 집에서 만들 수 있었다. 이 기계는 단 세 가지 요소만 사용했다. (긴) 두루마리 인쇄용지, 몇 개의 기호들, 몇 개의 행동 명령이 그것이다.[20] 이 기계는 대단히 효과적이어서 현대의 디지털 컴퓨터가 할 수 있는 모든 계산은 물론 그 이상도 할 수 있었다. 튜링의 아이디어는 그 후 디지털 컴퓨터 설계에 큰 영향을 미쳤다.

튜링 기계는 십진법에서 사용되는 숫자(0에서 9까지) 같은 몇 개의 서로 다른 기호가 포함된 계산 과정을 처리했다. 튜링 기계의 계산 과정을 자세히 설명하기에 앞서, 모든 계산 과정이 이와 같지는 않음을 말해두고 싶다.[21] 꽃에 얼마나 많은 일벌을 파견해야 하는지 '계산'하는 꿀벌 군집, 혹은 어떤 땅 구멍이 군집을 모두 수용할 정도로 넓은지 '계산'하는 개미 군집의 경우를 생각해보라.

유기체들이 디지털 컴퓨터와 다른 방식으로 계산을 한다면, 우리는 계산에 대한 보다 일반적인 시각이 필요할 것이다. 그것은 '컴퓨터는 입력정보input를 받아서 그것을 결과물output로 변형시킨다'는 시각이다. 이런 시각에서는 변형이 바로 계산 과정이다. 이런 시각에서 보면 계산 과정은 모든 곳에 존재한다. 둥지로 날아가는 새의 경우를 보자. 이 새의 뇌는 비행기의 컴퓨터와 유사한 목적을 가진 일종의 컴퓨터다. 이 컴퓨터에 대한 입력 정보는 새의 위치와 속도이고, 결과물은 그 새가 안전하게 둥지에 착륙하는 것이다.

그러나 계산 과정에는 뇌뿐만이 아니라 몸 전체가 필요하다. 꼬리에서 날개 끝까지 몸 전체에 퍼져 있는 신경세포는 갑자기 돌풍이 불어올 경우 새가 위치를 조정하는 것을 돕는다. 이와 마찬가지로 눈이 뇌에 제공하는 정보는 그 자체가 하나의 컴퓨터인 수정체에서 시작되는 매우 복잡한 계산의 결과다. 이런 계산을 통해 새는 둥지를 포함해 자신의 주변에 있는 사물들을 구성한다. 따라서 새 한 마리는 계산 과정을 구현한 날아다니는 컴퓨터로 볼 수 있다. 헤엄치는 박테리아도 비슷하다. 이들의 입력 정보는 어떤 한 시점에 포착한 먹이분자에 구현된 정보다. 그리고 결과물은 어디로 헤엄칠 것인가에 대한 결정이다.

이런 시각에서 볼 때 거의 모든 유기체들의 행동은 계산에 기초하고 있다. 더욱이 계산은 생명체나 인간이 만든 컴퓨터에 국한되지 않는다. 지구와 달 같은 두 개의 회전체도 하나의 컴퓨터로 볼 수 있다. 이때 입력 정보는 어느 시점에서의 지구와 달의 위치와 속도이고, 결과물은 그 후 어느 시점에서의 둘의 위치와 속도이다. 수도꼭지에서 떨어지는 물방울, 바람에 흔들리는 나무, 연료의 연소는 모두 계산의 결과다.[22] 사실, 전자컴퓨터가 나오기 오래전부터 인간은 행성의 움직임이나 밀물과 썰물 같은 세상의 측면을 '모방'하는(컴퓨터 용어로는 '에뮬레이션emulation'하는) 정교한 소형 기계들을 만들었다.[23]

따라서 튜링 기계는 여러 종류의 컴퓨터 중 하나에 불과하고, 계산 과정에 대한 제한된 시각만 보여준다. 그러나 이런 시각은 곳곳에 만연해 있어서 역설이 언어의 문제에 그치지 않는다는 것을 잘 보여주고 있다. 그 이유는 어떤 한 사람이 수학적 정리를 증명할 수 있는 컴퓨터를 만들 수 있었기 때문이다. 바로 앨런 튜링 자신이 정리들을 증명하는 것이 유일한 목적인 한 기계(높은 고층건물처럼 우리가 보고 만질 수 있는 그런 유형의 사물)를 만드는 법을 보여줬다. 뿐만 아니라 튜링은 다른 어떤 계산 기계보다 그의 기계가 강력하다는 것을 명백히 입증했다.

정리를 증명하는 튜링 기계의 입력 정보는 어떤 한 정리다. 그리고 그 결과물은 그 정리가 옳은지 틀린지에 대한 결정으로 이루어진다. 어떤 정리가 입력되면, 그 정리가 옳은지 틀린지 증명될 때까지 튜링 기계는 돌아간다.

이런 기계에 던질 수 있는 한 가지 중요한 질문은, 그 기계가 어떤 정리든 그것이 옳은지 틀린지 증명할 수 있느냐 하는 것이다.[24] 튜링은 같은 맥락의 질문, 즉 "임의의 한 정리가 입력된 튜링 기계가 '옳다' 혹은 '틀리다'라는 결론을 내고 멈출 것이라고 확신할 수 있는가?" 하는 질문에 답했다. 만약 그걸 확신할 수 없다면, 우리는 그 기계가 모든 정리를 증명 혹은 기각할 수 있다고 확신할 수 없다. 왜냐하면 어떤 정리들이 입력될 경우 이 기계는 영원히 그냥 돌기만 할 것이기 때문이다. 이 문제는 이른바 정지 문제halting problem로 알려졌으며, 바로 여기서 역설적인 정리(특히 괴델의 정리)가 등장한다.

튜링은 이 정지 문제를 풀 수 없음을 증명했다. 그 이유는 "이 정리는 증명할 수 없다"는 문장이 모순에 이르게 되는 이유와 유사하다. 튜링은 한정된 시간에 모든 옳은 정리를 증명할 수 있는 컴퓨터는 만들 수 없다는 것을 보여줬다. 달리 말해, 증명에 무한한 시간을 허락했다고 할 때, 어떤 정리의 경우에는 그 어느 컴퓨터도 결코 멈추지 못하고 무한정 돌아가기만 할 것이다.

요약하면, 역설적인 정리들이 사람의 머릿속에만 존재한다고 주장할 수 있을지는 몰라도, 한 정리의 증명에 착수해서 결코 멈추지 못하는 유형적인 물질의 하나인 컴퓨터는, 역설이 우리 머릿속에만 존재하는 것이 아님을 잘 보여준다.

역설, 그 끝없는 논쟁의 근원

다음 비유는 우리가 지금까지 접했던 역설적 긴장에 대한 또 다른 유익한 시각을 제공한다. 실제로 이것은 비유 이상이다. 이것은 우리가 만들 수 있고 스스로 탐구할 수 있는 하나의 사물이자, 언어 속에서만 머물지 않는 또 다른 은유다.

종이 한 장을 폭 1cm, 세로 20cm의 얇고 긴 끈 모양으로 잘라보자. 좁은 양쪽 끝을 풀로 붙이면, 종이 고리가 만들어진다. 그런데 한쪽 끝을 180도 돌려서 풀로 붙이면 아주 이상한 사물이 만들어진다. 이런 고리를 뫼비우스의 띠라고 부른다.[25]

뫼비우스의 띠는 아주 놀랄 만한 특징들을 갖고 있다. 손가락으로 그 표면을 죽 따라가보라. 손가락이 띠의 안쪽에 있는가, 바깥쪽에 있는가? 안쪽에서 시작했다면 중간쯤 가서 손가락이 바깥쪽에 있음을 발견하게 될 것이다. 반대로 바깥쪽에서 시작했다면 잠시 후 손가락이 안쪽에 있음을 보게 될 것이다. 전체 모양을 보면 이 띠는 바깥쪽도 안쪽도 없다.

이제 자신이 그 띠 위에 올라가 있는 작은 미생물이며 자기가 서 있는 띠의 아주 제한된 부분만 볼 수 있다고 생각해보자. 우리 대부분이 세상의 아주 작은 부분만 이해하고 있는 것처럼 말이다. 처음엔 자기가 띠의 어느 쪽에 서 있는지 분명히 알 것이다. 그러나 한참 동안 그 띠를 여행하다 보면, 모르는 사이에 여러분이 위치한 면이 바뀌어 있다. 더욱이 이 띠를 변형시키면 안쪽이 바깥쪽으로 바뀌는 지점을 옮길 수도 있다.

동일한 원리가 우리가 이 책에서 접했던 역설들에도 적용된다. 여러분은 그 역설들을 일부러 가둬서 여러분 눈에 보이지 않게 만들 수도 있다. 그러나 그것은 신발 안의 작은 돌 부스러기와 같다. 오래 걷다 보면, 돌 부스러기들은 신발 여기저기를 돌아다니며 우리를 괴롭힌다. 물론 다른 사람들 눈에는 보이지 않지만 이 돌 부스러기들이 사라지지는 않는다. 결국 돌 부스러기들은 여러분이 그것을 무시하려고 하는 만큼 고통스럽게 자신의 존재를 알린다.

물질에 관한 엄격한 학문인 물리학에서, 파동-입자의 이중성과 불확정성의 원리 같은 현상들은 역설적인 결과를 가져왔다.[26] 가장 엄격한 정신적 학문인 수학에는 추상적인 사고의 두 소립자라고 할 수 있는 ‘진리’와 ‘오류’에 관련된 역설이 존재한다. 겉보기에 물리학과 수학의 역설들은 정신과 물질이 얼마나 긴밀하게 연계되어 있는지를 보여주는 것 빼고는 다른 것처럼 보인다. 수학적 정리의 경우, 이런 정신과 물질의 연계는 정리들을 증명하기 위해 만들어질 수 있는 컴퓨터에서 나온다. 이런 컴퓨터는 진리를 찾는 데 동원되어 끝없는 미로 속으로 점점 더 깊이 빠져들 수도 있다. 반대로, 물리학의 역설에는 관찰자, 그리고 관찰자와 물질의 상호작용이 관련되어 있다. 예로, 한 입자의 위치와 모멘텀을 동시에 판단하는 것이 불가능한 이유는 무엇일까? 관찰자가 그 입자에 개입하기 때문이다. 그리고 입자를 파동으로 보이게 하는 것은 무엇(때문)일까? 그것은 관찰자가 묻는 질문(때문)이다.

물리학과 수학의 역설들은 물리학과 수학의 엄격성 때문에 받아들이기 가장 쉬운 역설들이다. 그러나 이 책에서 우리가 죽 접해왔던 역설적 긴장들, 자아와 타자의 긴장, 부분과 전체의 긴장, 안전과 위험의 긴장, 창조와 파괴의 긴장들은 우리가 그것을 결코 엄격하게 증명할 수 없다 해도 분명 실재한다. 수학적 역설과 유사하게 이런 긴장들에도 진리, 오류와 관련된 역설이 존재한다. 이런 긴장들은 세계를 보는 '옳은' 방법, 유기체가 자신을 위해 행동하는지 타자를 위해 행동하는지, 혹은 박테리아의 헤엄을 책임지는 것이 부분인지 전체인지 하는 단순한 질문에 대한 '옳은' 대답과 관련이 있다.

이런 역설들은 또한 우리 정신의 거대한 힘, 정신이 스스로를 탐구하고 자신을 가두고 있는 감옥의 벽을 만져볼 수 있을 정도로 거대한 정신의 힘을 보여주는 가장 인상적인 증거물이다.

이런 사실은 나로 하여금 '지금 우리가 하고 있는 과학적 대화는 어디를 향해 가고 있는가?'라는 마지막 질문을 하게 만든다. 의심의 여지없이, 지금 우리의 과학적 대화는 엄청난 힘을 갖고 있다. 그 힘은 과학적 대화의 규칙, 그리고 창조의 힘 자체인 정신의 창조성, 둘 모두에 기초하고 있다. 우리의 과학적 대화는 그 이전에 존재했던 그 무엇도 감히 필적할 수 없을 정도로 이미 우리가 살고 있는 세상을 바꿔놓았다. 그리고 내가 감히 예측할 수 없는 방식으로 더욱 세상을 바꿀 것이다.

그러나 내가 감히 예측할 수 있는 것은 어떤 예리한 과학적 대화라 해도 근본적인 역설의 장벽에 도달하게 되리란 것이다. 인간의 수명보다 긴 시간이 걸릴지 몰라도 결국엔 뫼비우스의 띠를 여행할 때처럼 틀린 것이 옳은 것으로 바뀌는 지점에 도달하고 말 것이다.[27] 우주의 기원과 운명에 관한 이론처럼 물리학자들이 꿈꾸는 야심찬 이론들도 예외가 아니다. 이런 이론들은 오직 소수의 사람들만 이해할 수 있는 어려운 언어로 표현될 수도 있다. 그러나 그 핵심에는 존재의 근본적인 역설을 반영하는 세계에 대한 하나의 단순한 언명이 존재할 것이다.

어떤 것은 1천 년 동안 계속되기도 하는 과학과 철학의 끝없는 논쟁에서 핵심 역할을 하는 것은 역설이다. 이런 역설들은 사라지지 않을 것이다. 그 역설에 눈을 감는 것은 우리 조상들이 오랫동안 추구했던 전략을 답습하는 것이다. 우리가 이 책에서 만난 것 같은 역설적 긴장들은 세계의 본질적인 요소이며, 스펀지에 난 수많은 작은 구멍처럼 세계 곳곳에 퍼져 있다.[28] 근본적으로 이런 역설들은 모든 것의 근원에 있는 단 하나의 긴장을 반영하며, 그것을 수없이 재현하는 것이다. 모든 것의 근원에 있는 긴장은 완전히 반대지만, 분리할 수 없는 동전의 양면 사이의 긴장, 헤라클레이토스가 "만물은 투쟁에 의해 형성된다All things proceed by strife"라고 했을 때의 그 긴장이다.

인간은 자신에게 책임을 진다. 인간은 자유롭다. 인간은 자유다.
인간은 자유롭도록 운명 지어진 존재다.

— 장 폴 사르트르

Chapter 10

자유의 힘, 자유의 짐

왜 있는 것은 있고, 없는 것은 없는가? 이 세계에서 우리의 존재 이유는 무엇인가? 우리의 미래는 어떤 것인가? 기원전에 이미 이런 질문들이 제기되었고, 그로 인해 서구 철학이 태동했다. 그렇게 태동한 철학은 다시 자연과학을 낳았다. 과학은 세계에 대해 우리에게 많은 것을 가르쳐주었지만, 내가 이 책에서 말한 기본적인 긴장들을 해결하지는 못했다. 이 긴장에는 부분과 전체, 자아와 타자, 물질과 정신 간의 긴장이 포함된다. 이 긴장들은 원자에서 유기체, 그리고 그들의 사회에 이르기까지 과학의 모든 영역에 등장한다. 이 긴장들은 사고가 막다른 골목에 부딪히는 모순적인 지점에 도달하고 만다. 이들은 표면적인 차이가 있을지언정 모두 동일한 원리를 갖고 있다. 이제 우리는 이런 긴장들을 다시 한 번 간략하게 살펴보고, 그것들이 인간에게 부과하는 짐, 자유의 짐에 대해 살펴보도록 하자.

부분과 전체, 물질과 정신, 그리고 자아와 타자

부분과 전체 중 수용체의 형태를 바꾸거나, 박테리아를 헤엄치게 하거나, 혹은 유기체의 형성을 책임지는 것은 무엇인가? 과학자들은 실험실에서나 머릿속으로 전체를 분해해서 그 부분들을 연구한 후 다시 전체를 수립하는 일을 한다. 이런 과정은 과학의 필수적인 부분이고, 또 과학이 성공한 하나의 이유이기도 하다. 그러나 어떤 과학자들은 '부분을 이해하는 것이 전체를 이해하는 것'이라는 교조적 원리로 도약하기도 한다. 이런 원리로는 오직 부분만을 중시하게 된다. 이런 시각을 강하게 옹호하면 대부분은 비과학자들인 사람들이 반발한다. 이 과정에서 많은 사람들은 과학적 관행을 모두 거부하고 전체가 부분보다 더 중요하다고 주장한다. 이들은 과학자들이 사회에 제공한 공헌, 예로 '정통' 의학, 유전자 조작 식품, 그리고 핵무기 같은 공헌들을 거부한다.

두 진영은 서로 자기 시각이 세계가 존재하는 방식, 즉 진리라고 주장한다. 그러나 이 두 시각은 상호보완적이다. 하나만으로는 불완전하다. 왜냐하면 부분과 전체는 완전히 분리되어 있지만(정반대지만) 동시에 분리될 수 없는, 그리고 하나가 다른 하나를 형성하는 동전의 양면이기 때문이다. 그럼에도 한 사람이 동시에 두 곳에 서 있을 수 없는 것처럼 두 시각을 동시에 갖는 것은 거의 불가능하다. 어떤 과학적 대화를 하든, 어떤 문제를 풀려고 하든 간에, 두 시각 중 하나를 선택해서 전체나 어떤 부분들에 초점을 맞춰야 한다. 전체와 부분의 역설은 물리학의 유명한 역설들만큼이나 근본적이다.

이런 역설에 부딪혔을 때, 둘 중 한 시각을 선택해서 탐구(즉, 자연과의 대화)하는 동안, 그 시각을 고수하는 데서 힘이 나온다. 그런 선택을 하는 데 있어 딱 한 가지 주의할 점이 있다. 어떤 선택이든 '결국' 치명적인 선택(궁극적인 진리가 아니라 하나의 선택)이 되고 말 것임을 잊지 말라는 것이다. 선택은 결국 어떤 탐구든 완전히 정지시키고 만다. 어떤 선택이든 대화의 맥락에서만 의미가 있다. 달리 말해, 선택은 항상 두 시각 사이에 존재하며, 한 문제에 답하는 방식, 혹은 추가 연구를 촉진하는 방식이다. 한 선택을 최종적인 진리로 여기며 매달리는 것은 궁극적으로 모든 탐구에 장애가 된다.

부분과 전체 같은 역설적 긴장들을 근본적인 것으로 인정하는 태도는 대화에 앞서 시각의 선택을 촉진한다. 역설을 인식하면 선택하는 힘이 나온다. 이런 선택의 힘은 창조를 위한 힘, 강력한 세계관을 형성하는 힘이다. 한 시각을 선택하는 것이 진정 힘을 가질까? 그렇다. 과학자들의 선택이 고작 한 세기 만에 (조상들 눈에는 완전한 마술처럼 보였을) 기술을 창조한 경우를 생각해보라. 이들의 선택은 세상을 바꿨다.

　부분과 전체 사이의 긴장은 이미 세계 곳곳에 퍼져 있다. 그러나 같은 원리를 보여주는 다른 많은 긴장들도 역시 만연해 있다. 그중 하나가 물질과 정신(혹은 의미) 사이의 긴장이다. 이 긴장은 아주 오래된 것이다. 학자들은 이 긴장에 대해 수백 년 동안 여러 주장을 해왔다. 현대의 많은 사상가들은 물질만을 강조하는 경향이 있다. 한 예는, 정신은 뇌의 방전electrical discharge의 부산물에 '불과'하다는 견해다. 이런 시각에서 보면, 우리의 의식 경험이란 '바깥' 세계의 한 부분이 아니라 자기 자신을 바라보는 인간들의 환영, 서로 부딪히는 원자들의 부산물에 불과하다. 그러나 자세히 살펴보면 인간에서 박테리아, 그리고 전체 유기체에서 분자에 이르는 생명체의 내부와 주변 모든 곳에서 의미를 발견할 수 있다. 종종 이상하고 낯선 형태로 나타나기도 하지만 의미의 교환과 흐름은 모든 곳에 존재한다. 분자들조차 자신의 형태를 바꿈으로써 신호를 교환하고 있다. 말 그대로 의미는 모든 곳에 편재한다. 분명 의미는 항상 물질과 연관되어 있다. 그러나 의미의 편재성 때문에 의미가 물질에 우선한다는 반대 시각도 만만치 않다.

　현대의 컴퓨터는 물질과 의미에 대한 지배적인 시각과 함께, 그런 시각의 단점을 가장 잘 보여준다. 사람들 대부분은 컴퓨터가 완전히 다른 두 부분으로 구성되어 있다고 생각한다. 하나는 트랜지스터나 전선 같은 하드웨어고, 다른 하나는 컴퓨터에 '정신'을 부여하는 명령, 즉 소프트웨어다. 물론 우리 세계는 하드웨어와 소프트웨어가 분리될 수 있는 정도를 제한한다. 의미를 가진 소프트웨어의 명령은 하드웨어 내부에서 분류된다. 따라서 의미는 물질의 상태에 달려 있다. 반대로, 이런 물질의 상태는 의미에 달려 있다. 소프트웨어의 명령 때문에 하드웨어가 미묘한 변화(전자의 흐름이 변하거나 스위치를 켜고 끄는 등의 변화)를 겪기 때문이다. 그럼에도 많은 사람들은 보통 하드웨어와 소프트웨어가 완전히 분리된 것으로 본다.

이를 자연이 계산하는 여러 방식과 비교해보자. 자연은 신경 시스템과 뇌로 실행될 뿐만 아니라, 나는 새와 박테리아 세포처럼 아주 다른 대상들에서도 실행되는 아주 성공적인 컴퓨터를 만들었다. 뇌는 수십억 개의 신경세포들이 살아 있는 전선을 통해 서로 연결되어 있다. 이런 신경망을 교차하는 전기신호들은 정교한 계산을 수행한다. 신경세포와 전선들은 살아 있는 컴퓨터의 하드웨어라 할 수 있다. 그런데 소프트웨어는 어디 있을까? 소프트웨어는 그 어느 곳에서도 하드웨어와 분리되어 있지 않다. 하드웨어와 소프트웨어는 하나다. 신경망 자체가 자신이 인식하고, 소화하며, 창출할 수 있는 의미의 종류를 결정한다. 그리고 이와 반대로 살아 있는 컴퓨터가 수행할 수 있는 계산들이(즉, 명령들이) 그 계산을 수행하기 위해 신경세포들이 어떻게 연결되어야 할지를 결정한다.[1]

세 번째로 살펴볼 긴장은 자아와 타자의 관계에서 온다. 많은 사람들은 유기체 각자가 자신의 이익을 증진하기 위해 투쟁하는 완전히 분리된 존재로 생각한다. 그러나 유기체들은 때로 공통 조상과 공통 유전자에 의해, 때로 먹이나 생활공간의 공유 같은 의존관계를 통해 공동의 운명으로 연결된 경우가 적지 않다.

한 시각에서 보면 유기체들이 운명적으로 연결되었지만, 또 다른 시각에서 보면 완전히 분리되어 있다는 데서 역설적 긴장이 발생한다. 우리는 두 시각을 동시에 인정할 수 없다. 이런 긴장 때문에 유기체가 다른 유기체를 위해 이타적으로 행동하는지, 아니면 모든 유기체는 궁극적으로 자신의 이익을 추구하는지에 대한 치열한 논쟁이 벌어졌다.

그러나 두 시각 모두 불완전하다는 것을 인정하면 이런 논쟁은 사라지고 만다. 어떤 시각을 선택할 것이냐 하는 것은 묻는 질문에 달려 있다. 그리고 완전하지 않음을 인식하면서도 한 시각을 선택하는 것은 역설에 빠지는 것을 회피하는 것이다.

내가 여기서 강조한 긴장들과 또 다른 긴장들—자아와 타자, 물질과 의미, 부분과 전체, 안전과 위험, 창조와 파괴 사이의 긴장들—은 생명체의 세계에 존재하는 긴장들이다. 그러나 이런 긴장들은 우리가 9장에서 살펴본 수학과 물리학에서의 긴장(우리의 지식을 근본적으로 제한하는 긴장)만큼이나 심오하다. 내가 제시한 몇몇 사례들이 이런 긴장을 모두 드러낸 것은 아니다. 실로 우리는 그런 긴장들 속에 파묻혀 살고 있다고 해도 과언이 아니다.

한 사물에 이러한 여러 긴장들이 동시에 존재한다. 먹이분자와 결합하는 수용체 단백질 같은 단순한 사물도 그렇다. 수용체 단백질과 그들의 아미노산 부분들에는 이미 물질과 의미, 부분과 전체, 창조와 파괴 사이의 긴장들이 존재한다. 그리고 그런 긴장들이 만들어내는 두 개의 반대 시각은(비록 우리가 세상을 동시에 두 개의 시각으로 볼 수는 없다 해도) 상대방 없이는 불완전한 시각에 머물고 만다. 이런 역설에 빠지지 않기 위해서는 하나의 시각을 선택해야 한다. 그런 선택은 우리가 선택한다는 것을 인식할 때, 그리고 그런 선택을 궁극적인 진리와 혼동하지 않을 때 가장 강력해진다. 또한 그런 선택은 그것이 참여하는 대화를 통해서만, 그리고 그런 선택이 대화를 어떻게 진행시키느냐를 통해서만 정당해진다.

민주주의의 역설, 자유의 역설

역설적 긴장이 어디에나 존재한다는 것을 고려하면 그 긴장들이, 인간들이 살면서 행하는 매 순간의 선택에서도 실재한다는 사실이 그리 놀랍지 않다. 어떤 선택은 물론 쉽다. 하지만 모든 인간은 최선책 없이, 불완전한 선택만이 존재하는 어려운 상황에 부딪히기도 한다. 역설에 직면했을 때 그렇게 하기가 거의 불가능할지라도 사람들은 선택을 해야 한다(이런 상황에서는 행동할 힘이 필요하다. 그러나 어떤 선택이든 옳은 점과 틀린 점 모두를 갖고 있다고 믿으면 선택하는 데 도움이 될 것이다).

개인의 선택이든 집단의 선택이든, 혹은 전체 사회의 선택이든, 많은 어려운 선택들은 (어떤 선택이든 근본적이라고 여겨졌던 진리를 훼손한다는) 역설의 징표를 갖고 있다. 의회, 정부, 사법부 등 여러 기관이 지배하는 복잡한 사회에서는 이런 역설을 무시하기 쉽다. 그럼에도 역설은 도처에 존재한다. 이런 여러 역설들을 나타내는 한 가지 사례를 살펴보자.

모든 정부가 부딪히는 근본적인 문제는 '민주주의의 역설paradox of democracy'이다.[2] 민주주의의 역설은, 민주 정부에 대한 약속과 헌신이 민주 정부를 파괴하는 씨앗을 품고 있다는 것이다. 민주 정부는 투표를 통해 민주 정부 자체를 없애버릴 수 있기 때문이다. 가령, 국민들이 자신들보다는 폭군이 통치하는 것이 더 낫겠다는 결정을 할 수도 있다. 민주적으로 선출된 히틀러 같은 독재자가 이런 민주주의의 역설을 잘 보여준다.

다른 많은 근본적인 사회적 가치들도 같은 역설을 보여준다. 온전히 관용적인 사회도 자신을 파괴하는 씨앗을 품고 있다. 관용자들이 결국엔 자신들을 제거할 비관용자들을 관용할 것이기 때문이다. 민주주의와 관용을 유지하면서 이런 파괴적인 역설로부터 민주주의와 관용을 보호할 수 있는 방법은 무엇일까? 이에 대한 명확한 답은 없다. 이 질문은 역설적인 문제를 보여준 것이며, 사회는 민주주의의 핵심 원칙을 파괴하는 선택을 함으로써 이런 역설에서 벗어날 수 있다. 예컨대, 필요하다면 관용자들이 힘을 동원해서라도 비관용자들을 억압해야 가장 민주적인 정부를 '선택'할 수 있는 것이다.[3]

민주주의의 역설은 더 미묘한 형태로도 나타난다. 현대 민주주의는 분리된 기관들 간의 세력 균형을 통해 그 충격을 완화했다. 이런 안전장치가 있는데도 역설은 종종 표면에 등장한다. 특히 헌정 위기 시에 그런 역설이 가장 극적으로 드러난다. 예로, 워터게이트 사건 당시 미국의 리처드 닉슨Richard Nixon 대통령은 대법원이 '결정투표'를 할 경우에만 사임하겠다고 함으로써 세력 균형에 도전한 바 있다. 그런데 그 투표를 '결정' 투표라고 한 것은 닉슨 자신뿐이었다.[4] 이런 세력 균형은 법원이 선거 결과를 판결했던 2000년 미국의 대통령 선거처럼 결과가 애매했던 선거에서도 도전을 받았다. 이런 세력 균형은 법률의 합헌성 평가에서 끊임없이 도전받는다. 미국 헌법에 따르면, 새로운 법률은 궁극적으로 '민중'으로부터 나온다고 명시되어 있다. 하지만 그 새로운 법률의 합헌성 여부는 '대법원'이 결정하게 되어 있다.[5] 이는 역설이 아닐 수 없다.

민주주의의 역설은 자유의 역설(모든 인간이 맞닥뜨리는 본질적인 역설)과 닮았다. 즉, 한 인간의 선택의 자유에는 이런 자유를 포기할 자유도 포함되어 있다. 소설 《모비 딕》의 아합 선장이 이런 선택을 했다.

고래에게 다리를 물어뜯긴 아합은 배의 대장장이에게 빨갛게 달군 인두로 절단된 다리를 지지라고 했다. 그는 자신이 못 하게 막더라도 이를 무시하라면서 다리를 지지지 못하게 하는 선택을 포기했다. 인두로 다리를 지지는 끔찍한 순간에 아합은 비명을 내지르며 제발 그만두라고 사정했지만 아무 소용 없었다. 그가 선택할 자유를 포기했기 때문이다.[6]

우리가 거의 알아채지 못하지만, 자유의 역설은 모든 사람의 삶 속에 존재한다. 자유의 역설은 모든 사회의 초석, 요컨대 다른 사람, 회사, 혹은 정부에 대한 한 사람의 약속인 구속력 있는 계약 속에 담겨 있다. 자유의 역설은 한 인간이 다른 인간에게 하는 취소할 수 없는 모든 약속에 존재한다. 자원입대나 대출 같은 쉽게 취소할 수 없는 선택이 자유의 역설을 가장 잘 보여준다. 우리가 할 수 있는 선택 중에서 가장 돌이킬 수 없는 선택은 자신의 생명을 끝내는 선택이다. 따라서 알베르 카뮈Albert Camus가 '자살'을 유일하게 심각한 철학적 문제라고 한 것은 그리 놀라운 일이 아니다.[7]

패러독스를 어떻게 다룰 것인가?

한 질문이 내포하고 있는 역설을 발견할 때까지 질문을 탐구하는 데 능숙해진다면, 역설적 긴장이 실제로 모든 곳에 존재한다는 것을 알게 될 것이다. 그리고 전에는 진리가 지배했던 곳에서도 (그 진리를 당연한 것으로 받아들이는 것이 아니라) 선택을 하게 될 것이다. 그리고 선택한다는 것을 인식하는 순간, 그리고 그 선택이 어떤 것인지 깨닫는 순간, 확실했던 진리는 허공으로 사라져버릴 것이다. 하나의 진리에 몸을 맡기기로 선택한 경우가 아니라면, 여러분은 발밑의 모래만 바뀔 뿐, 서 있을 단단한 땅이라고는 없는 무미건조한 사막에서 길을 잃은 기진맥진한 여행자가 된 기분일 것이다. 여러분은 조금만 바람이 불어도 치명적인 결과를 초래할 수도 있는, 그리고 조금만 결정을 잘못하거나 조금만 발을 헛디뎌도 길을 잃을 수 있는 위험한 길을 걷고 있는 것 같은 기분을 느낄 것이다.

역설에 정신의 초점을 맞추는 것이 이토록 어려운 이유는 무엇일까? 박테리아로 거슬러 올라가는 인간 조상들이 그 해답을 갖고 있을지 모른다. 성공적인 생명의 역사는 어떤 세포에 조악한 형태로 구현되었든, 아니면 인간의 사상 속에 보다 정교하게 구현되었든 간에 '하나의' 세계관에 헌신한 역사다.

나무와 나무 사이를 재빠르게 오가는 원숭이를 생각해보자. 이 원숭이가 땅에 있는 뱀을 보고는 그 뱀에게 내려와, 뱀과의 만남이 주는 의미에 대해 곰곰 생각하기 시작했다. 그러나 뱀이 덥석 무는 바람에 원숭이는 죽고 말았다. 자신의 삶의 집행자인 원숭이는 생존을 위해 재빨리 결정하고 행동해야만 한다. 유기체 대부분에게는 자신에 담긴 세계관을 버리는 것은 죽음을 부르는 일이다. 따라서 생명체는 자연히 자신을 혼란스럽게 만들 수 있는 역설에 눈을 감게 되었다.

살아 있는 '모든' 존재를, 역설을 피하는 존재로 묘사하는 것은 오해를 불러일으킬 수 있다. 문명이 태동한 후 어떤 인간들은 역설의 중요성을 알았다. 서구에서 나온 역설에 관한 최초 기록은 그리스 철학자들의 것이다. "만물은 투쟁으로 형성된다"는 헤라클레이토스의 말이나 "나는 내가 모른다는 것을 안다"는 소크라테스의 유명한 말이 그것이다. 고대 철학자들은 역설이란 것이, 창조가 낳으려고 부단히 노력하던, '세계라는 달걀에 난 깨진 금과 같다는 것을 이미 알았던 걸까? 그랬는지 확신할 수는 없지만, 역설이 동양의 전통사상에서 핵심역할을 한다는 것은 알고 있다. 역설은 한 제자가 역설 너머를, 요컨대의미와 물질, 자아와 타자, 부분과 전체 너머를 어렴풋이 보는 것을 돕는 데 사용되었다. 이를 위해 스승은 제자에게 "한 손으로 박수치는 소리는 어떤 것인가?"라는 풀 수 없는 역설적인 수수께끼를 내곤 했다. 그러면 이 제자는 몇 년간 이 수수께끼를 풀기 위해 애쓴다. 제자가 지쳐서 노력을 포기하려고 할 때 문득 해답이 떠오른다. 그러면 제자는 역설처럼 그 해답이 이미 도처에 존재하고 있음을 깨닫는다. 이때 스승은 "깨달음은 생각할 길이 막혔을 때 온다"고 한다.

역설에 대한 이런 접근법이 심오할 수는 있지만, 사상사에서는 그리 큰 역할을 못 했다. 특히 지난 몇 세기 동안 자연과학이 부상한 것을 감안하면, 이는 그리 놀라운 일도 아니다. 과학의 엄청난 성공은 객관적인 실체와 궁극적인 진리에 대한 열망을 불러일으켰다. 그런데 역설은 이런 객관적 실체와 궁극적 진리라는 두 우상에게는 용납할 수 없는 적이었다.

한동안 과학이 세계의 모든 문제를 해결했을 뿐만 아니라, 모든 것에 대해 하나의 완전하고 일관된 설명을 제공할 수 있을 것처럼 보였다. 그러나 과학은 자신이 창조했던 세계로부터 인간을 크게 소외시키기도 했다. 20세기 말이 되자, 인간이 정했던 목표를 과학이 달성하지 못할 것이란 게 분명해졌다. 우선 과학은 불의, 전쟁, 그리고 곳곳에 존재하는 불행을 종식시키지 못할 게 분명했다. 이젠 과학이 아니라, 사람과 사람의 선택이 그 일을 할 필요가 있었다. 그러나 훨씬 중요한 것은 과학적 지식의 근본적인 한계가 명백히 드러났다는 점이다. 과학의 기초에 존재하는 근본적인 역설, 옳지만 증명할 수 없는 정리들, 작동을 멈춰야 하지만 (문제를 풀지 못해) 무한정 돌아가는 컴퓨터들, 파동처럼 보이는 입자들이 그런 예다. 과학은 (생명을 제외하고) 가장 강력한 대화를 창조했지만, 동시에 뿌리 깊은 한계도 갖고 있다.

패러독스를 인식해야 하는 이유

내 주변에서는 역설적 긴장을 만나기 어려운데, 왜 역설을 보려고 노력해야 할까? 열린 세상을 버리고 최종적이고 확실한 지식의 감옥으로 돌아가는 게 훨씬 낫지 않을까? 역설과 역설 속에 내재된 한계를 인정해서 뭘 얻을 수 있단 말인가?

얻을 수 있는 것이 있다. 첫째, 최종적인 진리를 포기하면 겸손과 평온이라는 혜택을 얻을 수 있다. 우리의 능력에 한계가 있다는 것을 인정하면 인간의 오만을 누그러뜨릴 수 있다. 또 자신의 입장을 보다 덜 내세우면서 다른 시각을 가졌다는 이유로 타인을 비판하거나 괴롭히는 것을 멈출 수 있다. 또한 우리의 역할을 인정하면 이 세계와 맞지 않는다는 느낌에서 나오는 인간의 불안도 일부는 잠재울 수 있다. 또한 창조의 내적 대화에서 우리가 차지하는 위치가 다른 어떤 위치만큼이나 좋고, 이 세계에서 우리가 하는 역할이 다른 어떤 역할만큼이나 좋다는 것을 인정하게 될 것이다. 그 밖에는 달리 갈 곳도 없다.

둘째, 세계의 토대를 구축함에 있어 역설은 선택을 창조한다. 궁극적인 진리를 알 수 없다는 것을 깨달을 때 우리는, 자연법칙이 단지 아주 정교한 은유라는 것을 인정할 수 있게 된다. 다른 모든 은유처럼, 자연법칙은 그것이 나타내고자 하는 것을 닮았지만, 그 핵심적인 면에서는 그렇지 않다.

모든 법칙과 그 구성요소들이 은유적인 것이라면, 왜 다른 은유들에 기초한 시각을 수립하지 않는가? 다시 말해, 왜 인간이 인식하고 창조하는 의미에서부터 분자들이 전달하는 의미까지를 포함한 그런 의미에 기초한 세계관을 수립하지 않는가? 그러한 '의미중심적인' 세계관은 세상을 빈껍데기에서 의미로 가득 찬 곳으로 변화시킬 것이다.

물론 의미중심적인 세계관을 선택한 가치는 그 선택이 대답에 도움을 주는 질문들에 달려 있다. 예를 들어, 이런 선택은 당연히 물질에 기초한 세계관으로 귀착되지는 않는 커뮤니케이션과 정보에 관한 이론에 유용한 것이 될 수 있다.[8] 정신과 지성 같은 개념들은 물질적인 세계관에 잘 들어맞지 않는 만큼이나 의미중심적인 세계관에는 쉽게 들어맞는다[9](비평가들은 의미중심적인 세계관은 정신의 '진정한' 본질을 반영할 수 없다고 주장하려 할 것이다. 그러나 그렇게 주장하는 것은 그들의 숨겨진 선택을 드러내는 것에 불과하다).

그러한 모든 세계관은 자신만의 사각지대를 가진 하나의 시각에 불과하다. 예로, 물질적 현상(추의 왕복, 방사능 원자의 반주기, 물의 끓는점, 혹은 화학반응의 산물)에 대한 설명들은 당연히 물질적 현상으로 귀착되지 않을 수 있다. 다행히, 물리학과 화학은 이런 현상들을 충분히 설명해왔다.

의미중심적 시각이 다른 대안적 시각보다 더 멀리 앞서 갈지는 시간만이 말해줄 것이다. 그러나 핵심은 인간이 과학적 대화에서 핵심 역할을 한다는 것이다. 인간은 은유를 선택하는 존재이기 때문이다.

은유를 선택한다는 것은, 영혼 없는 공허한 신의 종복(불완전한 자연법칙을 진리로 여기는 일부 과학자들)이 하는 일보다는, 우아함과 미에서 진리를 추구하는 예술가들이 하는 일과 더 비슷하다. 이런 점에서 다시 한 번 말하면, 역설은 과학을 인간화한다.

마지막으로 가장 중요한 것은, 역설에 대한 인식은 인간에게 그들의 세계를 창조하는 대화에 적극적으로 참여할 거대한 힘과 책임을 돌려준다는 것이다. 과학의 대화에서 나온 가장 세련된 모든 시각들은 인간의 정신, 그리고 인간의 정신이 창조하는 의미에 의존하고 있다. 이런 대화의 어느 지점에서든 다음 질문에 대한 선택이 가능하고, 또 그런 선택이 필요하다. 각각의 선택은 어떤 시각을 갖고 있느냐에 따라 달라지고, 이렇게 달라진 선택은 대화를 아주 다른 곳으로 이끌게 된다. 인간은 이런 대화에서 핵심적인 존재다. 인간은 자신이 창조했던 세계의 하찮은 부속품이 아니다.

이것이 인간의 힘이 무한하다는 것을 의미하지는 않는다. 세계는 사람들의 머릿속에—유아론자들의 주장처럼 여러분 자신의 머릿속에—그저 존재하는 것이 아니다.[10] 인간은 단지 거대한 대화 속의 한 참가자일 뿐이다. '중력은 착각'이라는 시각에 기초해 창문 밖으로 뛰어내리는 선택을 한다면 고통스러운 깨달음만 얻게 될 것이다. 그래서 죽으면 깨닫지도 못한다. 한 선택이 반드시 그 반대 선택만큼 좋은 것은 아니다. 모든 선택은 대화의 맥락에서 이루어지기 때문이다. 과학적 대화에서 자연은 우리의 대화 파트너다. 그리고 우리가 살고 있는 세계와 마찬가지로 한 질문에 대한 자연의 대답은 우리의 선택에 일정한 영향을 미친다. 그리고 이런 선택들은 다음 질문에 영향을 미침으로써 다시 대화의 진행 방향에 영향을 미친다. 우리 인간의 힘은 우리의 대화 파트너들에 의해 제한된다.

세상에 만연한 역설을 인정함으로써 발생하는 모든 결과 중에서 인간의 힘이 가장 중요하다. 절대적인 확실성과 절대적인 진리가 사라질 때 인간은 진정으로 인간이 된다. 그리고 인간의 선택의 중요성과 함께 궁극적인 자유, 세상과의 대화를 통해 자신이 세상을 창조할 자유가 온다. 역설 속에 사는 것은 궁극적인 사치다. 역설은 인간이 마지막 숨을 쉴 때까지 매 순간 중요해질 수 있는 곳이다. 인간의 선택이 세계를 바꿀 수 있는 대화를 시작할 수 있는 곳, 헌신적인 인간의 노력이 비현실적이거나, 쓸데없거나, 미친 짓으로 치부될 수 없는 곳이다. 1천 년 후에 인간은 우리가 상상조차 할 수 없는 세상과 대화를 할 수도 있다. 인간의 선택은 거의 마술 같은 가능성의 세계로 향하는 문을 여는 것이다.

선택의 짐

그러나 이런 모든 자유와 힘은 역설이 초래하는 혼란만큼이나 불안정한 결과를 하나 갖고 있다. 우리가 진정한 선택을 할 힘을 갖고 있다면, 누구도 그리고 그 무엇도 뒤에서 우리를 받쳐주지 않기 때문이다. 우리는 누구에게도 기댈 수 없고 어떤 궁극적인 권위에도 의존할 수 없다. 우리 자신이 궁극적인 권위다. 우리는 혼자다. 그리고 선택을 함에 있어 우리가 갖게 되는 책임과 고독은 아주 무거운 짐이다. 죄수에게 사형을 선고하는 판사와 같다. 어떤 한 인간이 혹은 한 집단의 인간이 어떻게 자신이 창조하지 않은 것을 파괴할 책임을 질까? 그러나 인간은 그런 선택을 하도록 운명 지어졌다. 아주 먼 옛날부터 그런 선택을 해왔고 앞으로도 영원히 그런 선택을 할 것이다. 그리고 이런 선택은 권력자 위치에 있는 인간들(판사, 변호사, 의사, 정치인, 장군들)에게만 요구되는 것이 아니다. 권력자들도 고용주와 직원, 부모와 자녀, 판매자와 소비자, 혹은 남편과 아내의 관계를 포함하는 모든 관계에서 한 부분에 속하는 사람들이다. 타인과 자기 자신의 운명에 영향을 미칠 수 있는 인간이라면 누구나 그런 선택을 해야 한다. 인간은 살아 있는 존재의 한 부분이며 한 무리이다. 그리고 모든 선택은 그 결과가 하찮은 것이든 중요한 것이든 간에 궁극적으로 완전한 고독 속에서 이루어진다. 그런 고독에 직면하면, 과거의 우상들의 세계—경전이나 궁극적인 진리—가 아주 훌륭한 피난처로 보인다. 그곳으로 돌아가기를 원한다고 해서 비난받을 사람은 없다.

도움을 얻기 위해 윤리학에 의존할 수 있다고 생각하는 사람도 있을 것이다. 윤리학은 우리의 선택을 안내하는 지침을 제공해줄 수도 있다. 그러나 과거의 예를 통해 보면, 윤리학도 우리를 무시무시한 책임에서 구해내지 못한다. 그것은 시도가 부족해서가 아니다. 윤리학의 가장 희망적인 관념조차도 선택을 위한 보편적인 지침을 제공하는 데 이미 실패했기 때문이다. 공리주의를 예로 들어보자. 공리주의적 시각에 따르면, 어떤 선택이 가족이든, 국가든, 혹은 인류 전체든 간에 한 집단에 측정 가능한 분명한 혜택을 주면 그 선택은 좋은 것이다. 그러나 실제로 공리주의는 공허한 주장이란 것이 드러났다. 측정되고 계산될 수 있는 것은 일부 경제적인 혜택(돈과 부)뿐이기 때문이다. 대부분의 다른 혜택들은 측정이 불가능하다. 더욱이 수많은 경우에 어떤 사람에 좋은 것이 다른 사람에게는 해가 되기도 한다. 행복은 측정할 수 없는 것으로 드러났다.

윤리학 말고 의존할 수 있다고 생각되는 또 다른 유망한 후보는 이마누엘 칸트Immanuel Kant의 정언명령categorical imperative이다. 칸트의 정언명령은 사회를 지배하는 보편적 법칙의 기초가 될 수 있다면 좋은 선택이라고 말한다. 그러나 그런 법칙들 대부분은 결코 자연법칙들이 아니며, 어떤 초월적인 곳에서 인간에게 주어지는 법칙들이다. 이런 법칙들은 인간 자신에 의해 창조된다. 그리고 이런 법칙을 창조하는 데는 고통스러운 투쟁이 필요하며, 따라서 법칙에 따라 내려야 할 선택이 오히려 법칙을 창조하는 데 필요한 경우가 있다.[11]

선택의 주체는 나, 그리고 우리들

자유에는 인류 모두에게 무시무시한 위험이 도사리고 있다. 인간은 엄청나게 강력하고 파괴적인 선택을 할 수 있게 되었다. 인간은 자기 자신뿐 아니라 모든 인류의 생명과 이 행성의 생명체까지 모두 죽일 수 있는 선택을 할 수 있다. 인간이 그들 세계에 책임을 지느냐의 여부는 전적으로 인간의 선택 문제다. 정의상 자유의 개념에는 완전히 파괴할 자유가 배제되지 않는다. 날 수 있는 것은 무엇이든 충돌하고 불에 탈 수 있다.

우리가 지금까지 재앙에서 벗어날 수 있었던 것은 그저 단순한 우연에 불과한 것인가, 아니면 그 이면에 어떤 특별한 이유가 있는 것일까? 지금까지 그 이유를 조금이라도 알아챈 사람은 거의 없는 걸까? 지금까지 누구도 거의 발견하지 않았던 것, 세상을 유지시키는 것, 역설 너머에 있지만 역설의 원천인 것, 그리고 역설적 긴장의 원심력을 통해 빛과 어둠, 부분과 전체, 자아와 타자, 우주의 거울방 등에서 확인되는 역설을 증거하는 창조로 조용히 폭발해 나오는 것, 그것들이 그 이유일까? 창조되지 않은 창조가 오랜 세월 동안 세계를 유지하면서 세상이 망각 속으로 사라지는 것을 막아온 것일까? 그리고 이런 일이 인간의 시대에 계속될까? 우리는 그것을 알 수 없지만, 희망할 수는 있다. 그리고 우리가 희망할 수 있는 것은 그것뿐이다.

역설에 수반되는 선택에 직면해서 선택을 하지 않았다는 이유로 누구도 비난받을 수 없다. 누구도 자유를 선택하지 않았다고 해서 비난받을 수 없다. 왜냐하면 자유란 영원한 불확실성을 의미할 뿐만 아니라, 궁극적인 불완전성을 인정해야 한다는 것, 선택은 완전한 고독 속에서 해야 한다는 것, 그리고 세계는 궁극적으로 알 수 없는 수수께끼라는 것을 의미하기 때문이다.

역설을 마주하고 산다는 것은 힘을 의미하지만, 동시에 파도치는 심연의 바다를 항해하는 것을 의미하기도 한다. 역설을 마주하고 사는 일이 받아들이기 쉬운 일은 아니다. 우리의 탐구는 최종적인 답을 구하려는 욕망에서 비롯되었지만, 역설은 항상 최종적인 답을 방해하면서 창조의 한 과정인 인간의 탐구를 창조와 마찬가지로 끝없이 진행되는 일로 만들어버린다. 그러나 산 아래로 굴러 떨어지는 무거운 돌을 산 위로 밀고 올라가야 하는 끝없는 형벌에 시달리는 시시포스와 달리, 인간의 대화는 같은 곳으로 돌아가는 법이 없다. 인간의 대화는 계속해서 새로운 탐구와 경이로움을 창조한다.

대화를 통해 세계를 만드는 인간의 역할은 모험적이고 스릴이 넘친다. 이런 역할로 인해 인간은 가장 정교하고 멋진 드라마라 할 수 있는 과학을 포함해 많은 노력을 하게 된다. 역설은 세상을 확실성의 영역이 아니라 가능성의 영역으로 만들기 때문에 과학은 결말이 정해지지 않은 드라마다. 여러분은 이 드라마의 대체 가능한 조연이 아니라 주연이다. 그리고 여러분은 거대한 대화의 한 미세한 부분을 담당하는 역할을 부여받았다. 여러분이 뭔가를 선택한다면 바로 그 역할을 담당하는 것뿐이다. 물론 그러기 위해서는 선택이 필요하다. 누구도 이런 선택을 여러분에게서 빼앗아갈 수 없으며 누구도 이런 선택을 대신 해줄 수도 없다. 이 선택은 모든 선택의 토대가 되는 선택, 바로 선택을 하겠다는 선택이다.

세상을 살 권리와 의무[12]

아무것도 없게 될 것이다

윙윙거리는 곤충도

바람에 흔들리는 입새도

혀로 몸을 핥으며 길게 울부짖는 동물도

뜨거운 것도 꽃이 피는 것도

서리가 덮인 대지도 빛나는 것도 땀 냄새를 풍기는 것도

여름날의 흔들리는 꽃 그림자도

눈의 모피를 덮어쓴 나무도

기쁨의 키스로 달아오른 뺨도

바람 속에 조심스럽게 혹은 대담하게 활공하는 날개도

우아한 육체의 춤사위도 노래하는 팔도

보다 좋은 선을 위해 혹은 보다 나쁜 악을 위해

승리하거나 파멸할 자유도

흩어지거나 하나로 뭉칠 자유도

사랑과 휴식의 밤도

차분한 목소리도 떨리는 입술도

드러낸 가슴도 열린 손도

고통도 행복도

눈에 보이는 것도 눈에 보이지 않는 것도

무거운 것도 가벼운 것도

죽어야 할 것도 영원한 것도

아무것도 없게 될 것이다

나든 아니면 또 다른 한 사람

그게 누구든

한 사람이 있어야 할 것이다

그가 없으면 아무것도 없는 것이다.

― 폴 엘뤼아르

패러독스는 세상을 창조하는 힘

이 책을 쓴 목적은 현대의 거의 모든 생물학 분야에서 발견한 통찰력들을 종합하여 두 가지의 핵심적인 주장을 하기 위한 것이다. 그 두 가지 핵심 주장은 다음과 같다. 첫째, 생물 세계와 무생물 세계에는 매우 근본적인 '역설적 긴장들'이 존재하고 있다. 둘째, 이 역설적 긴장들은 인간에게 거대한 힘을 제공함으로써 지금의 세계를 창조하는 데 핵심적인 역할을 하고 있다.

이 책은 우리가 살고 있는 이 세계와 최근에 발견된 과학적 통찰들이 이 세계를 이해하는 데 어떤 의미가 있는지 알고자 하는 일반 독자들을 위한 것이다. 이 책에서 제시된 사실들이 새로운 것은 아니다. 하지만 그런 사실들을 엮어 정리한 방식은 분명 새로운 것이다. 전문가들의 눈에는 이 책의 많은 내용이 너무 간략한 것으로 보일 것이다. 나는 이렇게 간략한 설명을 하면서 중요한 내용은 주석을 통해 설명했다. 설명의 깊이에서는 전문 철학자나 생물학자들이 그리 만족하지 않으리란 것도 잘 안다. 이 책의 목적은 매우 복잡한 주장들을 간략하고 읽기 쉽게 정리하는 것이었으며, 보다 철저한 학문적 접근은 미래의 작업으로 남겨두었다. 단순함과 간결성을 추구한 결과 많은 부분을 다루지 못했다. 자아와 타자 간의 긴장에 관한 논의에서 면역학적 설명이 빠져 있는 게 그 한 예다.

이 책을 출간하는 과정에 수차례나 원고를 읽어준 베치 제임스에게 깊은 감사를 드린다. 진 톰슨 블랙, 루이스 캐더비드, 힐러리 힌즈만, 조너선 캐플런, 귄터 바그너, 그리고 익명의 두 분에게도 감사를 드린다. 이들은 초고를 꼼꼼하게 읽고 유익한 여러 논평을 해주었다. 그리고 오랫동안 원고의 각 부분과 내용에 대해 많은 동료들이 훌륭한 비평을 해주었다. 이들 모두의 도움이 없었다면 이 책은 빛을 보지 못했을 것이다.

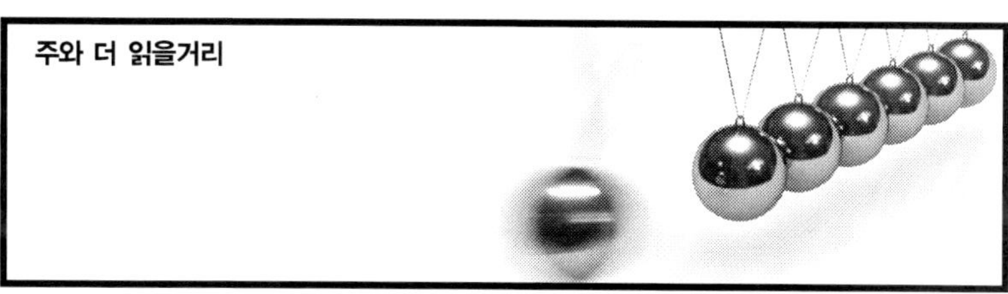

아래 주석은 두 가지 방식으로 되어 있다. 한가지 방식은 본문에서 설명하기에 너무 복잡하고 기술적인 주장들을 좀더 자세히 설명한 것이다. 관련 내용에 익숙하거나 관심 있는 독자들을 위해 좀더 깊이 있게 보완했다. 또 다른 방식은 독자들이 관련 주제를 탐구할 수 있도록 필요한 자료와 문헌들을 제시한 것이다. 자료는 많은 것 중 일부만 선별했다. 나는 많은 자료를 제시하기보다 명료한 논점을 갖추고 관련 자료에 접근하는 데 도움이 되는 것들만 선택했다.

프롤로그

1 _______ Jacques Monod, *Chance and Necessity: An Essay on the Natural Philosophy of Modern Biology*(New York: Knopf, 1971).

2 _______ 엘리엇T. S. Elliot의 시 〈황무지〉에서 인용. Michael North, ed., *The Waste Land*(New York: Norton, 2001) 참고. 인용 부분은 빌립보서 4장 7절을 참고한 것이다.

3 _______ Ursula K. Le Guin, *Lao Tzu: Tao Te Ching: A Book about the Way and the Power of the Way*(Boston: Shambhala, 1997) 참고.

chapter 1 생명과 우주, 그 창조의 드라마

1 _______ 물론 나는 내 경험을 제외하고, 독자 여러분이 무슨 생각을 하는지 알 방법이 없다. 따라서 나는 끊임없이 여러분이 무슨 생각을 할지 생각한다. 여기서 역설이 아주 가깝게 다가온다. 여러분은 이 역설을 알 수 있겠는가? 역설에서 벗어나는 유일한 방법은 선택을 하는 것이다.

2 _______ 이는 의미와 물질이 얼마나 긴밀하게 연결되어 있는지 보여주는 여러 사례 중 하나다. 나는 사람들 간의 이러한 상호관계를 대화(언어를 통한 의미의 교환)라고 부른다. 그러나 말할 때 전달되는 음파 같은 공기분자의 압축을 통해서든, 빛이 망막수용체를 자극할 때 발생하는 망막수용체의 형태 변화를 통해서든, 이런 모든 대화에는 물질이 포함되어 있다. 이 모든 것의 대화 측면을 강조하는 것은 물질의 역할을 경시하는 것처럼 보일지 모르지만, 이는 현재 우리 문화에서 횡행하는 '물질'에 대한 과도한

강조에 대해 경고하는 일종의 역강조다. 결국 내가 말하고자 하는 것은, 다른 사례들에서도 보겠지만, 물질과 의미는 불가분하게 연결되어 있다는 것이다.

3 _______ Thomas A. Sebeok ed., *Animal Communication: Techniques of Study and Results of Research*(Bloomington: Indiana University Press, 1968).

4 _______ 커뮤니케이션의 분류와 신호의 역사에 대한 입문서로는 Umberto Eco, *Segno*(Milan: Instituto Editoriale Internazionale, Milano, 1973) 참고.

5 _______ 예를 들면, 영어처럼 다른 신호보다 더욱 기본적인 신호가 있는지 없는지에 대한 주장을 할 수 있다. 이런 주장에 대해서는 에코의 《기호*Segno*》가 좋은 입문서다.

6 _______ 에코가 《기호》에서 이탈리아어 철학사전을 인용해 제시한 신호의 정의 중 하나를 수정한 것이다.

7 _______ 신호와 그 의미 사이에는 여러 미묘한 차이가 있다. 불행히도 이 둘을 구별하는 가장 적절한 차이가 무엇이며, 그 차이를 나타내는 용어가 무엇인지에 대해서는 아직도 광범위한 합의가 이루어지지 않았다. 에코는 《기호》에서 신호와 의미를 구별하는 세 가지 개념을 제시한 바 있다. 그는 신호 자체는 '기호 표현signifier'이라고 부른다. 이 기호 표현의 예는 '이번 주석'과 같은 단어의 조합이다. 이런 단어의 조합이 나타내려고 하는 것이 '기의signified(記意)'다. 다시 말해, 기의란 기호 표현 즉, 신호가 나타내려는 의미를 말한다. 세상에 존재하지 않는 것을 기호로 표현(신호로 표현)하는 것도 가능하다. 예로, 지금 여러분이 읽고 있는 글이 주석이 아니라 책 본문의 일부분일 수도 있다(책 자체에는 이 책보다 훨씬 적은 주석도 수록하지 않은 책이 있을 수 있다). 또 기호 표현이 언급하는 대상이 있는데, 이를 기호 표현의 '지시 대상referent'이라 한다. 기호 표현, 기의, 지시 대상의 차이가 다소 모호하기 때문에 철학자들 사이에서는 이 셋, 그리고 신호와 의미의 차이를 어떻게 구별해야 하는지에 대해 합의가 부족한 상황이다.

8 _______ 퍼트넘Hilary Putnam은 *Mind, Language and Reality*(Cambridge: Cambridge University Press, 1975)에서 "의미론은 가능한가?"와 "'의미'의 의미"라는 두 개의 장을 통해 이 문제를 다뤘다. 여기서 퍼트넘은 실용주의적 측면에서 유용한 단어의 의미들을 분석하고 있다. 퍼트넘에 따르면, "물" 같은 단어의 의미는 다음과 같은 네 가지 측면을 갖고 있다. (1) 문장론적 범주(물은 질량 명사다) (2) 의미론적 범주(물은 액체다) (3) 물이 나타내는 대상이 가진 전형적인 특징(무색, 무취) (4) 물의 외연, 대체로 말해서 물이 말하는 것, 두 개의 수소와 한 개의 산소 원자로 구성된 분자의 종류. 여기서 사람들은 물이라는 것에 대해 최소한 (3)번에 대해서는 합의를 했으며, (1)번과 (2)번에도 공감할 것이다.

9 _______ 과학 이론은 무엇을 나타내는 신호일까?

10 _______ 아이콘 신호와 상징을 구분하는 것은 찰스 퍼스Charles Sanders Peirce 때문이다. 이에 대해서는 *The Collected Papers of Charles Sanders Peirce*, 8 vols(Cambridge, NA: Harvard University Press, 1931-1958) 참고. 프레이저James George Frazer가 *The Illustrated Golden Bough*, ed. Mary Douglas(Garden City, NY: Doubleday, 1978)에서 포괄적으로 논의한 것처럼, 아이콘 신호는 많은 원주민 사회의 모방마술에서 핵심적인 역할을 한다. 이런 사회에

서는 물건들이 다른 물건들과의 유사성 때문에 마술적 힘을 갖는다. 이런 식으로 인식된 힘은 동종요법 의학, 점성술, 풍수사상 등을 통해 현대에도 매우 인기가 있다. 예로, 풍수에서 둥근 잎을 가진 실내 화초들은 그 잎이 동전과 닮았다는 이유로(내적 유사성) 집에 부富를 가져다준다고 간주된다. 이에 대해서는 Karen Kingston, *Clear Your Clutter with Feng Shui*(New York: Broadway Books, 1999) 참고. 퍼스 또한 표시index도 기호 표현(신호 그 자체)과 지시 대상(신호가 나타내는 대상) 사이에 물리적 연관성이 있는 신호로 보고, 이를 제3의 신호라고 했다. 움직임으로 바람의 방향을 나타내는 풍향 깃발과 물체를 가리키는 손가락이 이에 해당한다.

11 ______ 에코가 《기호》의 한 주석에서 깊이 있게 다룬 논의에 따르면, 수세기 동안 철학을 지배했던 한 시각은 "인간의 언어를 포함한 모든 신호는 그것이 내포하고 있는 의미와 깊은 내적 연관이 있다"는 주장을 했다. 이런 시각에서 단어의 숨겨진 의미를 찾기 위해 말과 단어를 철저히 분석하려는 노력이 나왔다. 예로, 각 개별 문자에 수를 부여하고 이 수를 합한 후 그 합계를 성경상의 날짜와 연관시키려는 노력이 그것이다.

12 ______ 인간의 비언어적 커뮤니케이션에 관한 문헌은 방대하다. 예로, Judee K. Burgoon, David B. Buller, and W. Gill Woodall, *Nonverbal Communications: The Unspoken Dialogue*, 2nd ed.(New York: McGraw-Hill, 1996); Michael Argyle, *Bodily Communication*, 2nd ed.(Madison, WI: International Universities Press, 1988) 참고.

13 ______ J. Melamed and N. Bozionelos, "Managerial Promotion and Height", *Psychological Reports* 71(1992): 587-593.

14 ______ 조금 오래된 것이긴 하지만 동물들의 커뮤니케이션을 포괄적으로 정리한 것으로는 Sebeok, ed., *Animal Communications* 참고. 보다 최근의 문헌으로는 Jack W. Bradbury and Sandra L. Vehrencamp, *Principles of Animal Communication*(Sunderland, MA: Sinauer, 1998) 참고. 인간과 비인간 커뮤니케이션을 구분하는 기준이 무엇인지에 대한 견해는 저자들마다 다르다. 이에 대해서는 Stephen R. Anderson, *Doctor Dolittle's Delusion: Animals and the Uniqueness of Human Language*(New Haven and London: Yale University Press, 2004)와 Terrence W. Deacon, *The Symbolic Species: The Co-Evolution of Language and the Brain*(New York: Norton, 1998)을 비교할 것.

15 ______ 이때 요구되는 선택이 의식적인 것인지 아닌지 하는 의문을 제기할 수 있다. 그러나 내가 보기에 우리가 의식이 무엇인지에 대해 일반적으로 합의하지 않은 이상, 그런 선택이 의식적인 것인지 아닌지 구별하자고 고집하는 것은 별 실익이 없어 보인다.

16 ______ 여기서 내가 언급하지 않은 많은 전문 용어들이 있는데, 이에 대한 간단한 소개는 César R. Nufio and Daniel R. Papaj, "Host Making Behavior in Phytophagous Insects and Parasitoids", *Entomologia Experimentalis et Applicata* 99(2001): 273-293 참고. 이 논문에서는 페로몬pheromones 분비, 카이로몬kairomones, 중복성redundancy, 과-기생superparasitism, 중복기생hyperparasitism 등을 포함해 내가 이 책에서 비전문적인 용어로 설명한 일부 과정과 신호들에 대해 소개하고 있다. 생물들은 또한 방어무기로 기능하는 화학물질을 분비함으로써 곤충

의 공격을 막아낼 수 있다. 이런 화학적 신호들은 인근의 식물들에게 경고함으로써 그들이 곤충의 공격을 물리치기 위해 미리 각자의 방어 화학물질을 분비하도록 한다. 이에 대한 자세한 내용은 R. Karban et al., "Communication between Plants: Induced Resistance in Wild Tobacco Plants following Clipping of Neighboring Sagebrush", *Oecologia* 25 (2000): 66-71 참고.

17 _______ 나는 의도적으로, 관련된 일부 신호의 목적에 관한 논의를 피했다. 곤충 때문에 피해를 입은 한 식물이 다른 식물들에게 자기가 입은 피해를 당하지 말라고 신호를 통해 알릴까? 우리로서는 이를 알 도리가 없다. 추측건대, 그런 것 같지는 않다. 커뮤니케이션 측면에서 식물이 입은 피해가 담당하는 역할은 완전히 비의도적인 것일 수 있다. 따라서 의도가 필수적으로 커뮤니케이션의 한 부분을 이루는 것은 아님을 유념하는 게 좋다.

18 _______ Nufio and Papaj, "Host Marking Behavior in Phytophagous Insects and Parasitoids."

19 _______ 한 곤충 목目에서 이루어지는 다양한 화학적 대화에 관한 개관은 M. Ayasse, R. J. Paxton, and J. Tengo, "Mating Behavior and Chemical Communication in the Order Hymenoptera", *Annual Review of Entomology* 46(2001): 31-78 참고.

20 _______ Annkristin H. Axén and Naomi E. Pierce, "Aggregation as a Cost-Reducing Strategy of Lycaenid Larvae", *Behavioral Ecology* 9(1997): 109-115; Anurag A. Agrawal, "Phenotypic Plasticity in the Interactions and Evolution of Species", *Science* 294(2001): 321-326.

21 _______ Ana H. Ladio and Marcelo A. Aizen, "Early Reproductive Failure Increases Nectar Production and Pollination Success of Late Flowers in South Andean Alstromeria Aurea", *Oecologia* 120(1999): 235-241; Agrawal, "Phenotypic Plasticity in the Interactions and Evolution of Species"

22 _______ 내가 여기서 말한 플랑크톤 유기체에 관한 내용과 자료는 P. Larsson and S. Dodson, "Chemical Communication in Planktonic Animals", *Archiv für Hydrobiologie* 129, no. 2(1993): 129-155 참고.

23 _______ 이런 과정은 시기적으로 달라지는 포식자의 밀도에 의해서도 영향을 받는다.

24 _______ 물벼룩Daphnia spp 속屬의 물벼룩을 말하는 것이다. 이에 대해서는 Larsson and Dodson, "Chemical Communication in Planktonic Animals" 참고.

25 _______ 이들의 커뮤니케이션에 대해서는 Stephan Schauder and Bonnie L. Bassler, "The Language of Bacteria", *Genes and Development* 15(2001): 1468-1480 참고.

26 _______ 지금 우리가 논하고 있는 여러 종류의 대화들 사이에 존재하는 차이, 예로 참여자의 수, 신호의 종류, 혹은 다른 유기체에게 보내는 신호의 직접성에 있어서의 차이를 기준으로 대화와 비대화를 구별할 수는 있다. 그리고 어떤 특별한 목적을 위해서는 그런 구별이 매우 유용하다. 가령, 유기체들이 서로 의도적으로 커뮤니케이션하는 경우만 대화로 정의할 수 있다. 이 경우, 예를 들면 M. H.

MacRoberts and B. R. MacRoberts, "Toward a Minimal Definition of Animal Communication", *Psychological Record* 30(1980): 387-396에서처럼 통제된 신호가 오가는 대화의 의도적 성격을 강조하는 것이 매우 유용할 수는 있다. 그러나 이것만이 유일하게 옳은 정의는 아니다. 이런 대화를 이렇게 협소하게 정의하는 것은 어떤 목적상 요컨대, 편한 시각을 선택할 목적으로는 유용한 정의다. 그러나 우리로서는(그리고 우리의 목적상) 가능한 가장 광범위한 시각(이 책에서처럼 대화를 광범위하게 정의하는 것)이 가장 편리한 것이다.

27 _______ Schauder and Bassler, "Languages of Bacteria"

28 _______ 물질과 의미에 대한 이런 시각은 전통적으로 논의되어온 심신(정신과 몸)의 문제mind-body problem를 훨씬 초월한 것이긴 하지만, 분명 중첩되는 부분도 있다. 심신의 문제에 대한 여러 유력한 견해들을 정리한 자료로는 Jerome A. Shaffer, "The Subject of Consciousness", Shaffer, *Philosophy of Mind*(Englewood Cliffs, NJ: Prentice-Hall, 1968) 참고. 물질과 의미에 대한 이 책의 시각은 정신과 몸 상태는 동일한 것을 표현한다는 동일성 이론(심신일원론identity theory)과 겉으로만 비슷해 보일 뿐이다. 이 책의 시각과 동일성 이론의 차이는, 정신과 몸, 의미와 물질의 본질적 관계를 보는 견해가 다르다는 점이다. 동일성 이론은 유물론적으로 물질의 우선성을 전제하고 있다. 그러나 이 책은 물질과 의미, 그 어느 것도 다른 것에 우선하지 않는다. 이 책의 시각은 스피노자에서 유래됐다고 할 수 있는 심신양면론에 더 가깝다. 다만 이 책의 시각과 심신양면론의 한 가지 차이는, 내가 심신(즉, 의미와 물질)의 역설적 긴장이 세상에 퍼져 있다고 보는 데 있다. 또한 우리는 비인간 생물학에서 우리의 입장을 지지하는 많은 사례들을 알고 있고 동원할 수 있다는 점에서 (그런 과학적 증거가 없던) 수백 년 전의 철학자들과도 전혀 다른 입장에 있다. 그리고 20세기 초 수학과 물리학 같은 과학에서 가르친 역설의 중심 역할을 배운 우리는, 역설을 세계의 핵심 특징으로 파악하는 데 유리한 입장에 있다고 하겠다.

29 _______ John W. McAvoy et al., "Lens Development", *Eye* 13(1999): 425-437; D. Jean K. Ewan, and P. Gruss, "Molecular Regulations Involved in Vertebrate Eye Development", *Mechanisms of Development* 76(1998): 3-18.

30 _______ 주변과 계속해서 커뮤니케이션을 하지 않을 때 퇴화되는 조직과 장기들의 사례는 많다. 이에 관한 가장 잘 연구된 사례 중 하나는 형성을 위해서뿐만 아니라 일단 형성된 후에는 퇴화하지 않기 위해 신경세포들과 부단히 신호를 교환해야 하는 근육 조직이다.

31 _______ 세포들의 운명이 발생 초기 단계에서 결정되는 예쁜꼬마선충caenorhabditis elegans 같은 유기체가 있다면서 이런 주장에 반대하는 생물학자가 있을 수 있다. 그러나 세포 제거와 유전자 섭동 genetic perturbation(유전자 교란, 유전자 기능 저해)을 활용해 이런 선충류의 발달을 혼란(섭동)시킨 섬세한 실험 연구들은 이런 선충류에서도 발생 초기 단계에 세포 간에 풍부한 커뮤니케이션이 이루어진다는 것을 증명했다. 설혹 그렇지 않다 해도, 초기 태아세포들(난모세포oocyte조차도) 내부에는 추후 발달에 필요한 구조가 이미 제공되어 있어야 하는데, 내가 아래에서 다룰 보다 광범위한 의미에서긴 하지만, 그러한 초기 세포들을 형성하는 데 있어서도 역시 커뮤니케이션이 필요하다.

32 _______ Agrawal, "Phenotypic Plasticity in the Interactions and Evolution of

Species"

33 _______ 이쯤에서 외적 실재론external realism이라는 철학적 견해에 대한 입장을 밝히는 것이 좋을 것 같다. 외적 실재론에 따르면, 우리의 관념representation과는 독립된 실재가 존재한다. "만약 모든 인간 혹은 모든 생명체가 멸종된다 해도 정상에 눈이 쌓인 산 같은 객관적 대상들은 여전히 (즉, 우리의 관념과 독립적으로) 존재할 것이다"와 같은 주장이 외적 실재론의 전형적인 명제다. 그러나 나는 '우리는 우리의 관념으로 세계를 상상하지 않았다' 는 관념에 동의한다. 예로, 우리는 한 자연과학 이론의 어떤 측면이 실험에 의해 부인될 때나 내가 내 발가락을 벽에 아프게 부딪쳤을 때처럼, 세계는 우리의 관념과는 다르다는 사실을 알고 있다. 그러나 '눈', '정상', 혹은 '산' 이란 관념 없이 정상에 눈이 쌓인 산을 생각하는 것은 불가능하다. 그것은 의미가 없는 '의미' 를 생각하는 것과 같다. 우리가 말할 수 있는 모든 무생물 대상은 그 대상에 대한 우리의 관념과 결합되어 있다. 거기에 무엇이 있든지 간에 관념 없이 그것을 생각할 수 있는 방법은 없다. 관념과 독립된 대상은 칸트의 유명한 '물 자체Ding an sich' 이다. 우리의 감각을 통해 드러난 세상 뒤에 무엇이 있든 간에 (그에 대한 관념이 없으면) 그것은 영원히 어둠 속에 있어야 한다. 달리 말해, 관념은 세계를 이해하는 데 필수적이며, 따라서 나는 관념이 세계 그 자체를 형성하는 데 큰 역할을 한다고 주장한다. 그러나 내가 이 책에서 하고자 하는 것은 (관념이 중요한 역할을 한다고 해서) 정신 측면에서 세계를 설명하는 것이 아니라, 정신과 물질의 변증법적 관계(정신과 물질이 서로가 서로를 형성하는 관계)라는 측면에서 세계를 설명한다.

34 _______ 엄격히 말해 세포는 이런 일을 간접적으로 한다. 수분은 세포 내외부에 동일한 이온 농도가 유지되는 삼투압 균형osmotic balance을 이루는 방향으로 흘러가는 경향이 있다. 이때 세포는 이온을 세포 내부, 혹은 외부로 보냄으로써 수분이 흘러가는 방향을 조절한다. 이에 대해서는 Lubert Stryer, *Biochemistry*, 4th ed.(New York: W. H. Freeman, 1995) 참고.

35 _______ 다시 말하지만 이런 과정은 간접적일 수 있다. 예로, 이런 과정은 이온 이동에 의해 촉진될 수도 있다.

36 _______ 화학적 언어는 수용체와 신호(혹은 어떤 두 분자들)의 상호작용을 통계적으로 설명한다. 즉, 단위 시간당 평균 얼마나 많은 상호작용이 일어날 것으로 예상되는지를 나타내는 선행비율forward rate(결합비율)과 후행비율backward rate(비결합비율) 같은 수치를 통해 설명한다.

37 _______ 세포들은 수용체의 화학적 수정에 따라, 혹은 메시지를 반응으로 이어지게 하는 일련의 사건들을 한 개 이상의 필수적인 단계에서 막는 것에 따라 조건적으로 반응한다.

38 _______ 예로, 태아 발달이 질서 있게 진행된다는 것을 보장하기 위해서는 많은 분자 메시지들이 한 조직에서 다른 조직으로 전달되어야 한다. 만약 충분한 수의 세포들이 확실하게 반응하면, 태아의 발달은 개별 세포가 반응하는지의 여부와 상관없이 순조롭게 진행될 것이다.

39 _______ Albert László Barabási et al., "Parasitic Computing", *Nature* 412(2001): 894-897.

40 _______ 따라서 세계에 대한 사회과학자들의 합의를 이끌어내려는 윤리적, 도덕적 관심이 생겼다. 이런 합의로 인해 인간 삶을 조작하는 연구들이 불가능하게 되었고, 사회과학자들의 합의는 과학자의 행동 규정과 사회의 각종 법규 속에 명문화되었다.

41 ______ 다른 모든 대화처럼 이 대화도 휘갈겨 쓴 메모에서 시작되지 않았다. 나는 화초가 무엇이며, 창이 무엇이고, 창틀이 무엇인지 알고 있다. 나는 창에서 화초가 어느 쪽에 있으며, 화초의 잎이 창을 향해 자라는 것이 무슨 의미인지 등을 알고 있다.

42 ______ 학문에 대한 이런 시각에 있어서 철학자들은 어떤 입장일까? 이들이 하는 세계와의 대화는 어떤 것일까?

43 ______ 물리학의 기초적인 이론들이 기껏해야 은유적인 성격을 갖는 다른 이유들에 대해서는 Roger S. Jones, *Physics as Metaphor*(Minneapolis: University of Minnesota Press, 1982) 참고.

44 ______ 양자역학(양자물리학)에서 나온 또 다른 중요한 통찰은 관찰자가 관찰 대상의 상태에 갖는 중요성이다. 관찰 대상은 관찰자와 별개로 존재하지 않으며 관찰 행위에 따라 크게 달라진다. 관찰 대상이라는 관념을 무시하고 인간(물리학자)과 세계 사이의 대화만 있을 뿐이라고 말할 수 있을지 모르겠지만, 그렇다면 이 대화에서 세계는 물리학자에게 무슨 말을 하는 것일까?

45 ______ 현재 기계론적 세계관 측에서 의미를 드러내려는 많은 노력이 진행되고 있다.

46 ______ David Hume, *Enquiries Concerning Human Understanding, and Concerning the Principle of Morals* (Oxford: Clarendon Press, 1975).

47 ______ 원인과 결과의 관계도 서로 다른 종류가 있음을 구별해야 한다. 어떤 관계는 가짜 관계라고 할 수 있고, 또 어떤 관계는 인과론적 관계를 잘 보여주는 보다 좋은 관계일 수 있다. 그러나 엄격히 말해, 인과관계를 잘 보여주는 관계라 할지라도 그것은 여전히 관계에 불과하다.

48 ______ 인간의 언어에서 신호를 강조하고 있긴 하지만, 이와 관련해 에코가 사용한 용어는 "무한한 기호 현상unbounded semiosis"이다(Eco, *Segno*, section 5.4). 일반적으로 범기호론적 세계관은 인류지성사에서 결코 새로운 것이 아니다. 그러나 이 세계관은 보통 신호의 종교적 해석, 즉 세상의 모든 것은 조물주를 가리키고 있는 해석에 초점을 맞춰왔다.

49 ______ 분명, 세계의 언어는 인간의 언어보다 훨씬 많은 것을 포함한다. 그러나 의미 있는 모든 것에는 공통성이 있기 때문에, 보다 익숙한 언어들을 연구해서 모든 언어의 어머니라 할 이 공통성을 알아낼 수도 있을 것이다. 그런 익숙한 언어 중 하나가 문학 언어인데, 문학 언어 속에서 표현되는 또 하나는 의미를 가진 신호라고 할 수 있는 '은유'다. 그리고 의미에 초점을 둔 세계관에서는 모든 것이 은유다. 그리고 모든 것이 다른 것과 관련되어 있지만, 동시에 어쩔 수 없이 분리되었으며 또한 서로 다르다, 마치 은유처럼.

chapter 2 자아와 타자의 패러독스

1 ______ André Frossard, *Forget Not Love: The Passion of Maximilian Kolbe*, trans. Cendrine Fontan(Fort Collins, CO: Ignatius, 1991).

2 ______ 자식들의 안녕well-being이 부모에게 행복감happiness만 준다 해도 부모가 자식을 위해 하는 일은 일종의 쾌락주의적인 것이 될 수도 있으며, 따라서 결국 비이타적인 행동이 될 수 있다. 이와

관련된 개념들과 이런 미묘한 차이를 섬세하게 다룬 문헌으로는 Elliott Sober and David Sloan Wilson, *Unto Others: The Evolution and Psychology of Unselfish Behavior* (Cambridge, MA: Harvard University Press, 1999) 참고. 주장 이상의 논의가 담긴 이 유익하고 포괄적인 책에 대한 (일종의) 주의사항을 담고 있는 문헌으로는 J. Maynard Smith, "The Origin of Altruism", *Nature* 393(1998): 639-640 참고.

3 ______ 이와 관련된 가장 포괄적인 저작은 1990년대까지의 실험 내용을 요약해 실은 C. Daniel Baston, *The Altruism Question: Toward a Social-Psychological Answer*(Hillsdale, NJ: Lawrence Erlbaum, 1991)이다. 이 실험들을 검토하고 이 실험들이 명확한 결론을 제시하지 않은 이유에 대해서는 Sober and Wilson, *Unto Others* 참고. 어떤 학자들은 이런 식의 실험으로는 사람들의 행동이 이타주의적 동기에 기인한 것인지 아닌지의 문제에 대한 답을 얻을 수 없다고 주장한다. 이런 논의에 대해서는 Lise Wallach and Michael A. Wallach, "Why Altruism, Even Though It Exists, Cannot be Demonstrated by Social Psychological Experiments", *Psychological Inquiry* 2(1991): 153-155 참고.

4 ______ 으레 그렇듯, 어떤 시각을 선택하면 뭔가를 얻는 대신 뭔가를 잃게 된다. 과연 그것이 무엇일까? 또 여러분 중엔 어떤 시각도 선택할 수 없는 사람이 있을 수 있다. 그렇다면, 여러분은 왜 선택하지 않기로 선택한 걸까? 선택하지 않기로 한 것이 당신의 선택이기 때문인가?

5 ______ 여기서 내가 사용하고 있는 대부분의 행동 사례는 일반적인 사례들로서 John Alcock, *Animal Behavior: An Evolutionary Approach*, 6th ed.(Sunderland, MA: Sinauer, 1998) 같이 훌륭한 동물행태학 교과서에서 찾아볼 수 있다.

6 ______ 위험 경고음이 얼마나 위험한지에 대한 증거는 가지각색이다. 이에 대한 기본적인 논의는 Alcock, *Animal Behavior* 참고.

7 ______ U. Maschwitz and E. Maschwitz, "Platzende Arbeiterinnen: Eine neue Art der Feindabwehr bei Hautflüglern", *Oecologia* 14(1974): 289-294.

8 ______ 이런 법칙의 예외는 제1, 제2의 조력자나 뻐꾸기 같은 새들의 탁란brood parasitism(다른 새의 둥지에 알을 낳아 다른 새가 기르게 하는 것)처럼 대부분 교육적인 것이다. 이에 대해서는 Alcock, *Animal Behavior* 참고.

9 ______ '적합성'이란 개념이 유혹적으로 단순해 보일 수도 있지만, 적합성이란 개념에 접근하는 데는 몇 가지 주의사항이 필요하다. 첫째, 적합성은 유기체들 간, 혹은 한 유기체와 그를 둘러싼 세계의 관계에서 나온다. 이런 관계를 염두에 두지 않고 적합성이란 개념을 사용하면 공허한 개념이 되고 만다. 둘째, 이 문제가 가장 중요한데, 적합성이란 개념은 인간이 만든 개념이란 것이다. '인간 밖의 세계'에는 사실 적합성 같은 것이 없을 수도 있으며, 이 개념으로 설명할 수 없는 경우도 있다. 생존과 번식에 우연이 더 중요하게 작용할 수도 있으며, 자연선택이 아니라 무작위적인 과정에 의한 '자연 진화natural evolution'의 가능성을 두고도 생물학자들 사이에 많은 논쟁이 있다. 종종 그렇듯, 우리가 적합성 같은 개념은 유용한 은유에 불과하다는 것을 망각하고 그 개념을 구체화하려고 할 때 문제가 드러난다. 이 경우 쓸모없을 때 혹은 수정이 필요할 때도, 기존의 은유를 포기하지 못하게 만든다. 그리고 세

계가 우리가 상정한 개념처럼 질서 있게 작동하지 않는 상황에서는 은유도 제 기능을 못할 때가 있다. 적합성 같은 강력한 은유 개념이 가끔 제 기능을 못할 때를, 지식의 한계를 넘어 그 은유 너머를 볼 기회로 활용할 수 있다고 생각할 수도 있다. 그러나 우리는 땅속에 머리를 처박고 이런 기회를 부정하는 경향이 있다. 그 이유는 부분적으로 적합성 개념 그 자체에서 나온다. 적합성이란 개념이 매우 강력하고 많은 현상들을 설명할 수 있다는 바로 그 이유 때문에, 우리는 적합성이란 개념을 보편적인 것, 생물체의 모든 특징을 설명할 수 있는 것으로 보는 착각에 빠져 있다.

10 ______ 적합성과 유전성이 반드시 관련된 것은 아니다. 일부 특징은 유전될 수 있지만 적합성에는 영향을 미치지 않을 수 있다. 예로, 내 아버지와 나의 귓불 모양이 닮았다면, 그 모양이 나에게 유전된 것일 수 있다(내가 자란 환경은 아버지가 자랄 때의 환경과는 전혀 다르기 때문에, 환경이 같아서 아버지와 동일한 귓불을 갖게 된 것은 아니다). 물론 나의 주장이 틀릴 수도 있다. 그러나 한 사람의 귓불 모양이 적합성에 영향을 미칠 가능성은 별로 없다. 반대로, 유전된 것이 아니라 적합성에 영향을 미치는 특징들도 있다.

11 ______ Luigi Luca Cavalli-Sforza and Marcus W. Feldman, *Cultural Transmission and Evolution: A Quantitative Approach* (Princeton, NJ: Princeton University Press, 1981).

12 ______ 화학을 알고 있다면, 내가 전하, 음전하, 수소 결합, 혹은 이 분자의 다른 특징들에 대해 언급하지 않은 것에 대해 약간 거리낌이 있을지 모르겠다. 그런 특징들도 DNA가 의미를 전달하는 언어의 한 부분을 이루긴 하지만, 내가 여기서 말하는 메시지를 전달하는 데는 형태만으로도 충분하다. 내가 형태만 언급하면서 아주 단순하게 말한 것은 설명의 간결성을 위해서다. 그렇다 해도 나의 핵심 메시지가 영향을 받는 것은 아니다.

13 ______ 유전이 불완전한 이유뿐만 아니라 최초에 유전이 있게 된 이유도 있다. 첫째, 환경은 유기체의 특징을 완전히 결정하는 것이 아니다. 중요한 것은 유전자다. 둘째, 유전자 복제오류의 경우는 드물다. 셋째, 자식은 부모와 수천 개의 대립유전자들 즉, 자신이 만들어지게 된 정자세포와 난자세포 안에 들어 있는 대립유전자들을 공유한다.

14 ______ 구체적으로 유전적으로 관련되었든 아니든 간에, 유기체들 사이에 협력 사례가 많다는 점에서 이 시각의 사각지대를 확인할 수 있다. 우리가 사각지대를 무시하는 경향이 있다는 일반적인 현상 때문에, '이타주의가 존재한다'는 보다 포괄적인 시각이 받아들여지기까지는 찰스 다윈의 《종의 기원*On the Origin of Species*》이 출간된 후에도 약 100년이란 시간이 더 걸렸다. 이보다 포괄적인 시각이 '포괄적 적합성과 혈연선택론inclusive fitness and kin selection'이다. 이에 대해서는 W. D. Hamilton, "The Genetical Evolution of Social Behavior", *Journal of Theoretical Biology* 7 (1964): 1-16; J. Maynard Smith, "Group Selection and Kin Selection", *Nature* 201 (1964): 1145-1147 참고. 이런 시각의 핵심은 찰스 다윈의 《종의 기원》에 이미 들어 있었다.

15 ______ Hamilton, "The Genetical Evolution of Social Behavior"

16 ______ 이런 시각의 가장 강력한 주창자 중 하나는 리처드 도킨스Richard Dawkins다. R. Dawkins, *The Selfish Gene*, 2nd ed.(Oxford: Oxford University Press, 1989) 참고. 자

아와 타자의 이분법 중 한 측면을 강조한 보다 기술적이지만 가장 권위 있는 저작은 에드워드 윌슨의 것이다. E. O. Wilson, *Sociobiology*(Cambridge, MA: Belknap Press of Harvard University Press, 1975) 참고. 생명체에 대한 포괄적인 자아중심주의적 시각에 대한 분명한 반대 입장으로는 Frans De Waal, *Good Natured: The Origins of Right and Wrong in Humans and Other Animals*(Cambridge, MA: Harvard University Press, 1996); Sober and Wilson, *Unto Others* 참고.

17 _______ 리처드 도킨스가 주장하는 것이 바로 이런 '이기적 유전자' 시각이다. Dawkins, *Selfish Gene*.

18 _______ 이렇게 희생하는 데 있어 유전적 관련성이 있는 두 개체가 자신의 이면의 동기를 인식할 필요는 전혀 없다. 이들은 그들의 행동을 완전히 이타적인 것으로 느낀다. 그러나 이기적 유전자 시각에 따르면, 이들이 자신의 희생적인 행동을 완전히 이타적으로 느낀다는 사실 자체가 그들 유전자들의 우회적인 생존 전략의 일부가 될 수 있다.

19 _______ Dawkins, *Selfish Gene*; Alcock, *Animal Behavior*; Wilson, *Sociobiology*.

20 _______ C. C. Mann, "Behavioral Genetics in Transition", *Science* 264(1994): 1686-1689.

21 _______ 이 사건들 때문에 다세포 유기체로 진화할 수 있었다. 다세포 유기체로의 진화는 수생조류, 육지식물, 동물, 그리고 균류에서 독립적으로 이루어졌다. 볼복스(녹조류이면서 편모충의 동물로도 취급되는 유기체) 사례는 이 유기체의 진화가 우리가 생각하는 것보다 훨씬 쉬웠을 수도 있다는 것을 보여준다.

22 _______ 사실 유기체를 단세포와 다세포 유기체로 단순하게 구분하는 것은 박테리아 같은 단세포 유기체의 협동 능력을 무시하는 것이다. 박테리아 같은 단세포 유기체들도 미생물막biofilm 같은 정교한 결합체 속에서 살 수 있다. 이에 대해서는 H. Yasuda, "Bacterial Biofilms and Infectious Diseases", *Trends in Glycoscience and Glycotechnology* 8(1996): 409-417; G. O'-Toole, H. B. Kaplan, and R. Kolter, "Biofilm Formation as Microbial Development", *Annual Review of Microbiology* 54(2000): 49-79 참고. 미생물막은 정교한 노동분업과 협동 체계를 갖춘 군집과 아주 흡사하다. 그러나 그런 군집을 형성한 개별 세포들은 혼자서도 잘 생존할 수 있다. 이에 반해 우리 몸 안의 세포들은 그러지 못한다.

23 _______ 단세포 유기체들도 섹스를 하는 경우가 있다. 그러나 이것은 또 다른 이야기다. 이에 대해서는 S. Baumberg et al., eds., *Population Genetics of Bacteria*(Cambridge: Cambridge University Press, 1995) 참고.

24 _______ 세포들이 분열을 포기하지 않을 경우 어떤 일이 벌어질지 보여주는 좋은 예는 종양이다.

25 _______ 다세포 유기체로의 진화에 대한 또 다른 설명으로는 Leo W. Buss, *The Evolution of Individuality*(Princeton, NJ: Princeton University Press, 1987) 참고.

26 _______ 볼복스를 자세히 소개한 연구 문헌은 David L. Kirk, *Volvox: Molecular Genetic Origins of Multicellularity and Cellular Differentiation*(Cambridge: Cambridge

University Press, 1998)이다. 볼복스는 아래 소개한 내용 외에도 여러 이유로 매우 흥미로운 유기체다. 볼복스가 다세포로 전환한 것은 3,500만 년 전으로 추정되며 수차례 독립적으로 진화한 것으로 보인다. 또한 볼복스에는 단세포 볼복스를 낳는 돌연변이 다세포 볼복스도 있다. 모든 증거에 따르면, 볼복스의 경우 다세포로의 진화(그리고 개별 세포들의 자기희생)가 상대적으로 쉽게 이루어질 수 있음을 보여준다. 서로 다른 수의 세포들을 가진 서로 다른 종이 존재한다는 것, 그리고 이런 모든 종들이 성공적으로 살아가고 있다는 것도 가외적인 시각에서 볼 때 중요하다. 이를 통해 우리는 몇 개의 세포들이 추가되는 각 진화 단계가 다세포 유기체에 어떤 이점을 줄 수 있다고 볼 수 있고, 따라서 수십억 개의 세포를 가진 유기체들이 어떻게 등장했는지 설명하는 데 어려움을 덜 수 있다.

27 ＿＿＿＿ Kirk, *Volvox*.

28 ＿＿＿＿ 점액물질 속에서 이동할 때 소요되는 에너지는 단순한 공간적 크기만으로 측정할 수 없다는 점도 유념하자.

29 ＿＿＿＿ 인간 가족 중 일란성 쌍둥이의 경우는 예외다.

30 ＿＿＿＿ 유전자와 유전자를 품고 있는 유기체도 이런 점에서 서로 연계되어 있다고 하겠다.

31 ＿＿＿＿ 말벌과 무화과의 사례를 포함해 다른 많은 사례들을 잘 보여주는 문헌으로는 Friedrich G. Barth, *Insects and Flowers: The Biology of a Partnership*(Princeton, NJ: Princeton University Press, 1985) 참고.

32 ＿＿＿＿ 두 공생자 간의 관계가 전적으로 일대일이 아닌 경우도 종종 있다. 특히 공생자 중 하나가 다른 공생자와 보내는 삶의 주기가 일부분에 국한될 경우, 다른 공생자(예컨대, 대부분의 충매곤충과 조매조류)가 잠시 머물다 떠나도 남은 공생자는 다양한 종과 또 다른 공생관계를 맺기도 한다. 그러나 두 공생자의 삶의 주기가 밀접하게 연결되어 있을 경우, 이 둘의 상호작용은 완전히 일대일인 경우가 많다. 이런 문제를 많은 사례를 가지고 훨씬 자세하게 논의한 문헌으로는 John N. Thompson, *The Co-evolutionary Process*(Chicago: University of Chicago Press, 1994) 참고.

33 ＿＿＿＿ 꿀 생산을 '행동'이라고 해야 할까? 이 책에서는 어떤 목적을 위한 행위는 모두 행동으로 볼 것이다.

34 ＿＿＿＿ 즉, 한 종에 속하는 유기체들이라 해도 일부는 '유전적으로' 관련 있고 다른 일부는 유전적으로 관련이 없는 것처럼, 다른 종이라 해도 '운명적으로' 관련된 유기체들이 있는가 하면 그렇지 않은 유기체들도 있다.

35 ＿＿＿＿ 예를 들어, Robert S. Desowitz, *New Guinea Tapeworms and Jewish Grandmothers: Tales of Parasites and People*(New York: W. W. Norton, 1981); D. R. Linicome, "The Goodness of Parasites", *Aspects of the Biology of Symbiosis*, ed. Thomas C. Cheng(Baltimore: University Park Press, 1971) 참고.

36 ＿＿＿＿ 모든 먹이를 먹어치우는 진정한 터미네이터인 완벽한 포식자는 결국 어떻게 살아남을까? 이와 유사한 견지에서 자아와 타자가 같은 종에 속한 유기체일 경우, 서로가 서로를 잡아먹는 완벽한 이기주의는 어떤 결과를 가져올까?

37 ＿＿＿＿ B. M. Sharp et al., "Origin and Evolution of AIDS Viruses", *Biological*

Bulletin 196(1999): 338–342.

38 ______ J. J. Bull and I. J. Molineux, "Selection of Benevolence in a Host-Parasite System", *Evolution* 45(1991): 875–882; S. L. Messenger, I. J. Molineux, and J. J. Bull, "Virulence Evolution in a Virus Obeys a Trade-Off", *Proceedings of the Royal Society B* 266(1999): 397–404.

39 ______ 본문에서 숙주와 기생충의 상호작용에 대해 더 많은 내용을 소개하고 있지는 않지만 일반적인 원칙은 내가 말한 대로다. 흥미로운 것은, 이전의 숙주와 유전적으로 관계없는 숙주들로 인위적으로 기생충을 옮겨서 기생충의 독성을 더 강하게 할 수도 있다는 것이다. 이에 관한 보다 기술적인 연구를 위한 입문서로는 J. J. Bull, "Virulence", *Evolution* 48(1994): 1423-1437 참고.

40 ______ 린 마걸리스Lynn Margulis는 진핵생물 세포eukaryotic cell의 기원을 잘 정리한 이론을 처음 제시했다. Lynn Margulis, *Origin of Eukaryotic Cells: Evidence and Research Implications for a Theory of the Origin and Evolution of Microbial, Plant, and Animal Cells on the Precambrian Earth*(New Heaven: Yale University Press, 1970) 참고. 이에 대한 최근의 포괄적인 논의는 M. W. Gray, "The Endosymbiont Hypothesis Revisited", *International Review of Cytology* 141(1992): 233-357 참고.

41 ______ 나는 자가면역질환과 유전체 내 갈등intragenomic conflict을 포함한 유기체 간 갈등이라는 흥미로운 내용은 소개하지 않았다. 하나의 그리고 동일한 유기체 내에서 모계 유전자와 부계 유전자가 서로 상충되는 '이해'를 가질 때 유전체 내 갈등이 생긴다. 모친과 모친이 가지고 있는 태아(여기엔 부계 유전자도 들어 있다)는 각각 자아와 타자에 해당한다. 유전체 내 갈등은 난자가 수정된 후 단일 유기체(모친) 내에서 일어나는 갈등이므로 매우 흥미로운 문제다. 그러나 자아(모친)와 타자(모친이 가진 태아)가 육체적으로 매우 밀접한 이런 경우에도 자아와 타자의 운명 관련성, 따라서 동일성은 이 둘의 갈등 속에 반영된 이 둘의 차이와 함께 존재한다.

42 ______ 나는 전염병학 이론epidemiological theory에 근거한 주장을 일부러 피했다. 기생충의 독성이 높게 지속되는 이유에 대한 전염병학 이론의 주장 중 하나는 기생충이 서로 관계없는 숙주들 사이를 수평 이동하는 것을 좋아하면, 독성을 약화시킬 아무런 '동기'도 갖지 않는다는 것이다. 숙주의 수가 유한한 상황에서 이런 주장이 유지될 수 있을지는 현재로서는 불분명하다. 이와 비슷한 주장은, 만약 한 미생물 기생충의 여러 변종들이 모두 한 숙주를 전염시킬 수 있다면, (적자생존의) 자연선택에 의해 이들 변종들의 독성이 강해질 수 있다는 것이다. 그러나 이 기생충의 경우, 숙주 유기체들 사이에 이루어지는 집단선택으로 기생충의 독성이 약화될 수도 있다. 요약하면, 특히 기생충과 숙주가 운명적으로 결합하게 되는 여러 복잡한 이유를 고려했을 때, 현행 전염병학 이론은 숙주와 기생충 간의 공동 진화에 대해 결정적인 설명을 못 하고 있다. 그러나 경험적 증거에 따르면 자비심benevolence의 진화는 공동 진화하는 종들의 일반적인 특징은 결코 아니다. 관련 증거로는 Thompson, *Coevolutionary Process* 참고.

43 ______ 이 문장들은 의인화해 표현한 것이다. 그러나 보다 정확한 신다윈주의적 언어로도 바꿀 수 있다. 예로, 다양한 변종들이 숙주를 전염시키거나 숙주 안에서 공존할 수 있는 미생물 기생충의 경우,

이들 변종들 간의 진화 경쟁이 이어져 가장 빠르게 번식하는 변종이 다른 변종들을 경쟁에서 물리칠 수 있다. 승리한 변종은 숙주에 가장 치명적인 녀석인 경우가 적지 않다. 따라서 이 변종의 단기적인 이익은 장기적으로는 손해가 될 수 있다.

44 _______ 인간의 의사결정 과정에서 나타나는 죄수의 딜레마와 상응행동전략에 대한 매우 유익한 소개 자료는 Robert Axelrod, *The Evolution of Cooperation*(New York: Basic Books, 1984); Axelrod, The *Complexity of Cooperation: Agent-based Models of Competition and Collaboration*(Princeton, NJ: Princeton University Press. 1997) 참고. 동물들의 게임에 관한 다소 오래됐지만 여전히 권위 있는 문헌으로는 John Maynard Smith, *Evolution and the Theory of Games*(Cambridge: Cambridge University Press, 1982) 참고.

45 _______ Axelrod, *Evolution of Cooperation*.

46 _______ Elizabeth Roberts and Elias Amidon, eds., *Earth Prayers: From around the World: 365 Prayers, Poems, and Invocations for Honoring the Earth*(San Francisco: Harper, 1991). 전통사회가 생명체들 간의 관련성을 어떻게 인식했는지에 대한 체계적 분석은 Fikret Berkes et al., "Exploring the Basic Ecological Unit: Ecosystem-like Concepts in Traditional Societies", *Ecosystems* 1(1998): 409-415; Enrique Salmon, "Kincentric Ecology: Indigenous Perceptions of the Human-Nature Relationship", *Ecological applications* 10(2000): 1327-1332 참고.

chapter 3   부분과 전체의 패러독스

1 _______ 물론 모든 세포 내부의 분자들에도 전체적인 위계 구조가 있다. 그 위계 구조의 맨 위에는 세포 기관organelle들이 있고, 그 아래로 단백질, 지질, 핵산을 거쳐 맨 아래에는 보다 작은 부분들이 위치한다.

2 _______ 이 두 부분은 단백질 아미노산의 아미노기amino group와 카복실기carboxyl group이다.

3 _______ 단백질이 접히는 과정은 복잡하다. 두 개의 동일한 아미노산 체인은 동일한 형태가 될 것임을 알 수 있는데, 이는 체인 고리의 연결 순서가 단백질의 최종 형태를 결정한다는 것을 의미한다. 그럼에도 체인의 아미노산 연결 순서로 그 최종 형태를 예측하기는 어렵다.

4 _______ 여기서 형태가 전부는 아니다. 아미노산 잔여물의 전하electric charge나 전기음성도electronegativity를 포함한 다른 많은 특징도 중요하다. 그러나 형태를 통해서도 내가 추구하는 원칙이 무엇인지 잘 보여줄 수 있다. 이런 사례와 다른 사례들에 대한 보다 자세한 내용은 분자생물학이나 생화학 교과서에서 찾아볼 수 있다. 이것에 대해서는 Lubert Stryer, *Biochemistry*, 4th ed. (New York: W. H. Freeman, 1995) 참고.

5 _______ 수많은 단백질들은 진화 과정에 많은 아미노산의 변화를 견딜 수 있다. 이는 아미노산의 변화가 그들의 기능에 전혀는 아니라 해도 큰 영향을 미치지 않는다는 것을 말한다. 그런 변화를 중립적

인 변화라고 하며, 중립적인 변화는 나중에(몇 백만 년 후에) 예기치 않은 결과를 가져올 수 있다. 그러한 명백히 중립적인 변화의 사례는 chapter 4에 소개되어 있다.

6 ______ 리보자임ribozyme과 리보솜ribosome을 혼동해선 안 된다. 유전자 속에 포함된 정보를 이용해 단백질을 만들기 위해 세포는 먼저 DNA를 DNA의 디옥시리보뉴클레오티드deoxyribonucleotide라는 기초물질과 매우 유사한 리보뉴클레오티드ribonucleotide 라는 기초물질을 가진 분자인 메신저 RNA(전령 RNA)로 전사轉寫한다. 리보솜은 아미노산 체인 단백질을 만들기 위해 메신저 RNA의 리보뉴클레오티드 순서 정보를 사용하는 복잡한 분자기계molecular machine다. 반면 리보자임은 화학반응을 촉진할 수 있는 RNA 효소로 촉매 역할을 하는 RNA 분자다(리보솜은 여러 다른 단백질과 RNA 분자로 구성된다. 이런 RNA 분자 중 일부는 그 자체로 리보자임이다). 리보자임에 대해서는 Elizabeth A. Doherty and Jennifer A. Doudna, "Ribozyme Structures and Mechanisms", *Annual Review of Biochemistry* 69(2000): 597-615 참고.

7 ______ 생물학에서는 이런 가정을 많이 표현해왔다. 이런 가정은 핵심 종keystone species(한 군집을 통합하고 구성하는 데 가장 중요한 역할을 하는 종)이란 관념과 총괄조절유전자master regulatory genes(기관 혹은 육안으로 보이는 특징을 형성하는 데 가장 중요한 역할을 하는 유전자, 마스터조절유전자라고도 한다)라는 관념에 반영되어 있다. 총괄조절유전자는 마치 그것만이 특징을 형성하는 기능을 하는 것처럼, 특징 '형성' 유전자로 잘못 인식되는 경우가 종종 있다. 이런 관념들은 전체를 만드는 부분 중 일부는 다른 부분보다 중요하다는 가정을 종종 내포하게 된다. 그러나 이런 관념은 다소 순진한 관념이다. 예로, 군락과 계량적 유전자 모델이 밝힌 바에 따르면, 유전자 생산물질gene product 간의 비선형적 상호작용은 개별 유전자의 변화가 유기체에 불균형적으로 큰 영향을 미치는 상황 그러나 진화론적인 시간이 가면서 이런 유전자들의 정체성이 급격히 변하는 상황에 이를 수 있다. 이에 대해서는 Andreas Wagner, "Can Nonlinear Epigenetic Interactions Obscure Causal Relations between Genotype and Phenotype?" *Nonlinearity* 9(1996): 607-629 참고. 이와 관련해, 핵심 종을 비슷하게 구조화된 군집들에서 분리하는 반복적인 실험을 한 결과 그런 섭동이 매우 다양하게 나타날 수 있다는 사실이 드러났다. 더욱이, 전체로부터 분리되었을 때 전체에 극적인 영향을 미치지 않는 부분들조차 다른 섭동에 직면해서는 전체의 안정에 중요한 역할을 할 수도 있다. 이에 대해서는 Marie E. Csete and John C. Doyle, "Reverse Engineering of Biological Complexity", *Science* 295(2002): 1664-1669 참고. 유기체적 특징의 안정성은 특징 그 자체만큼이나 유기체에 중요하다. 그리고 그런 안정성에 기여하는 부분들은 '핵심적' 혹은 '총괄적'인 부분들만큼이나 중요하다.

8 ______ 흥미로운 현상이라는 것을 제쳐두더라도, 동위원소 분별은 다양한 생물학적 질문에 대한 답을 찾는 데 매우 유용하다는 것이 증명되었다. 어떤 한 식물은 어디에서 미네랄을 얻는가? 어떤 한 동물은 무엇을 먹는가? 한 나비 군락은 어디에서 이주해 온 것인가? 선사시대 인간은 농사를 지었나, 사냥을 했나? 이런 질문들에 대한 답은, 유기체 조직에 들어 있는 무거운 원자의 비율의 경우, 종에 따라 그리고 환경에 따라 다르게 나타나는 동위원소 분별의 결과로 구할 수 있다는 것이다. 그 이유는 종마다 가볍고 무거운 원자들에 대한 선호가 다른 효소들을 갖고 있기 때문이다. 따라서 종이 다르면 그 안

에 있는 가볍고 무거운 원자들의 비율도 다르다. 예로, 한 유기체의 식량을 밝히고 싶다면, 그 유기체의 주된 식량이 그 유기체 조직 안에 동위원소 지문isotopic signature/isotopic fingerprint을 남긴다는 사실을 활용하면 된다. 주제와 다소 동떨어진 사색적인 논의를 하자면, 우리는 A와 B가 그 자체로 단백질의 아미노산 부분이며, 이 둘을 결합하는 단백질은 단백질을 만드는 데 필요한 종류의 단백질이라고 상상할 수도 있다(단백질, 보다 정확히 말해 리보솜이라고 하는 단백질인 RNA 복합물질은, 단백질을 만드는 데 매우 중요하다). 한 생물학자가 세포에 무거운 아미노산 A를 공급해 단백질을 만들면, 그 세포 안에 만들어지는 모든 단백질은 무거운 A만 갖게 된다. 그리고 질량이 다른 아미노산을 움직이는 데 필요한 에너지 양이 다르기 때문에 무거운 A를 갖게 된 단백질들은 가벼운 A를 갖고 있는 단백질과는 다른 모양으로 접히게 된다. 그런데 다른 모양으로 접힌 단백질 중 일부가 단백질을 만드는 단백질이라면 어떤 일이 벌어질까?

9 ______ 한 변화가 명백히 즉각적인 영향을 미치지 않는 경우에도 미래에 그런 영향이 나타날 수 있다. 우리는 우리에게 익숙한 전체와 그 부분들을 통해 이런 원칙을 보여주고자 한다. 생활 조건의 악화, 갈수록 부패해가는 정부, 그리고 점점 약해지는 경제와 같은 인간사회의 작은 변화들은 오래 지속되어도 사회를 거의 변화시키지 않을 수도 있다. 그러나 어떤 시점에 이르면, 이런 변화들은 선거를 통해서건, 혁명을 통해서건, 아니면 전쟁을 통해서건, 사회를 '뒤집는다'. 이는 다른 전체와 부분의 경우도 마찬가지다. 예로 단백질의 경우, 한 부분의 변화가 당장은 영향을 미치지 못하지만, 수백만 년 후의 미래에는 다른 변화와 결부되어 단백질의 기능에 영향을 미칠 수 있다. 그 이유 중 하나는 단백질과 주변의 분자세계 사이에 형성된 관계의 결과로 단백질의 기능이 발생하기 때문이다.

10 ______ 훨씬 기본적인 문헌을 소개하고 있는 보다 자세한 설명에 대해서는 James T. Cushing, *Philosophical Concepts in Physics: The Historical Relation between Philosophy and Scientific Theories*(Cambridge: Cambridge University Press, 1998) 참고.

11 ______ 이런 관계 속에서 과학적 대화를 촉진하는 새롭고 놀라운 발견도 존재한다.

12 ______ 본문에선 주로 대장균 같은 박테리아의 운동 양식을 설명했다. 다른 박테리아들은 완전히 다른 식으로 움직이기도 한다. 그러나 편모운동은 일반적으로 연구하기 좋은 장점이 있다. 현존 연구에 대한 포괄적인 소개에 대해서는 M. C. Macnab, "Flagella and Motility", and J. B. Stock and M. G. Surette, "Chemotaxis", *Escherichia Coli and Salmonella: Cellular and Molecular Biology*, ed. Frederick C. Neidhardt et al.(Washington, D.C.: ASM Press, 1996) 참고. 편모운동에 대한 생물리학에 초점을 맞춘 다소 덜 기술적인 내용으로는 Howard C. Berg, "Motile Behavior of Bacteria", *Physics Today* 53(2000): 24-29 참고. 여기서 나는 몇 가지 원칙들을 보여주기 위해 설명을 아주 단순화했다.

13 ______ 편모flagellum란 말이 라틴어의 '채찍'이란 말에서 유래되었지만, 원핵생물prokaryote 편모는 매우 경직되어 있기 때문에 원핵생물의 경우에는 해당되지 않는다. 채찍과 더 닮은 것은 원핵생물 편모와는 그 구조가 매우 다른 진핵생물eukaryote, 예컨대 볼복스의 편모다.

14 ______ 이런 비유가 가진 한계는 공기 중의 음식 냄새는 일반적으로 음식 그 자체가 아닌 반면 박테리아 옆을 지나가는 물질은 그 자체로 박테리아의 음식이라는 것이다.

15 _______ 박테리아는 이런 식으로 어떤 물질(먹이)을 향해 헤엄칠 뿐만 아니라 다른 물질(대장균 퇴치 약물)이 나타나면 달아나기도 한다.

16 _______ '유기체의 시각에서 볼 때' 박테리아의 결정에서부터 가장 복잡하고 어려운 인간의 결정에 이르기까지 모든 결정은 제한된 정보와 전망 속에서 이루어진다는 점에서 모두 유사하다.

17 _______ CheA라는 이름은 특별한 화학물질을 향해 나아가거나 그 화학물질로부터 벗어나려는 유기체의 행동을 뜻하는 chemotaxis(화학주성)의 약어 'che'에 자의적으로 'A'를 붙인 것이다.

18 _______ 박테리아 헤엄의 마지막 고리를 이해하기 위해서는 또 다른 성분이 필요하다. 그것은 CheY-P를 CheY로 복원시키는 제3의 효소인 CheZ이다. CheZ은 세포 안에서 항상 활성화되어 있다. 따라서 CheA가 CheY-P를 만들어낼 경우에만 세포는 상당량의 CheY-P를 갖게 된다. 나는 내가 논의하고 있는 문제와 밀접한 관련이 없는 다른 자세한 내용도 본문에서 생략했다. 이런 자세한 내용에 대해서는 Stock and Surette, "Chemotaxis" 그리고 편모의 방향 전환에 초점을 맞춘 글들, 예컨 대, Anat Bren and Michael Eisenbach, "How Signals Are Heard during Bacterial Chemotaxis: Protein-Protein Interactions in Sensory Signal Propagation", _Journal of Bacteriology_ 182(2000): 6865–6873; Ruth E. Silversmith and Robert B. Bourret, "Throwing the Switch in Bacterial Chemotaxis", _Trends in Microbiology_ 7(1999): 16– 22 참고.

19 _______ 이런 박테리아의 이동 양식에 전문 용어를 붙인다면, 이들 각각의 원인들은 아리스토텔레스 적인 의미에서 모두 작인causa efficiens(혹은 동력인. 행동을 일으키는 주요 원인)이다.

20 _______ 이런 단순한 논의가 '뭔가를 책임지는 유전자'라는 흥미로운 관념을 입증하는 사례로 사용되기도 한다. 여러분이 대장균 박테리아가 어떻게 움직이는지 연구 중인 과학자라고 해보자. 여러분은 내가 말한 분자들에 대해 별로 아는 바가 없다. 그러나 세포에서 모든 CheA 단백질을 제거할 수도 있고, 혹은 CheA를 만드는 정보를 갖고 있는 유전자를 제거할 수도 있다. 그러면 여러분은 그 세포가 결코 구르는 법 없이 앞으로만 진행하는 것을 보게 된다. 그러면 여러분은 '제거한 그 유전자가 구르는 것을 책임지는 유전자다!'라고 말할 수 있게 된다. 우리가 이미 알고 있는 사실을 고려하면, 이는 불합리한 결론이다. 그러나 생명체의 다른 많은 특징들에 대해서도 우리는 그 특징을 이루는 부분들에 대해 별로 아는 바가 없으면서도 어떤 유전자가 그런 특징을 결정한다는 식으로 말한다. 그래서 폭력적인 행동이든, 지능이든, 동성애 성향이든, 혹은 다른 어떤 인간적인 특징이든 간에 (다른 많은 부분들은 고려하지 않은 채) 이런 특징을 책임지는 유전자가 있다고 하는 말을 많이 듣게 된다.

21 _______ 지능의 기원에 대한 하나의 정답이 없다면, 어떻게 정책을 선택할까?

22 _______ 수용체와 분자모터가 많은 단백질들로 이루어졌다는 것은 상황을 더욱 복잡하게 만든다.

23 _______ 그간 한 부분에 초점을 맞추는 시각이 유효했던 이유는 무엇일까? 왜 그런 시각은 매우 성공적으로 생명체의 구조를 해부할 수 있을까? 그것은 유전학자들이 본문에서 언급하지 않은 다른 기법을 사용하기 때문이다. 유전학자들은 동일한 유전적 '배경'을 가진 유기체를 가지고 가능한 한 많은 연구를 한다. 그리고 그 유기체의 단 한 개의 분자 부분에만 변화를 허용한다. 즉, 이런 시각은 '다른 조건이 동일하다면ceteris paribus'이란 원칙이 적용될 수 있는 경우에만 유효하다. 그러나 야생 군락에서는

동일한 것이 거의 없다. 보다 기술적으로 말하면, 한 군락의 맥락에서 볼 때 어떤 유전자 섭동이든 표현형phenotype에 평균적인 영향을 미친다는 것, 그리고 바로 이런 의미에서 개별 유전자들이 행동에 영향을 미치고 그 행동에 책임이 있다는 것을 논증할 수 있다. 이런 주장은 계량유전학만큼이나 오래된 것이겠지만 윌리엄스George C. Williams가 가장 강력하게 주창했다. George C. Williams, *Adaptation and Natural Selection: A Critique of Some Current Evolutionary Though*(Princeton, Nj: Princeton University Press, 1966) 참고. 그러나 이런 주장은 개별 유전자들이 표현형에 추가로 기여하는 바가 있을 때에만 유효하다. 만약 유전자들이 (보통 그렇듯) 계량유전학적인 의미에서 우월적으로epistatically 혹은 비가산적으로nonadditively 상호작용을 하면, 개별 유전자들의 역할은 시간이 가면서 상당히 변할 수 있다. 이에 대해서는 Wagner, "Can Nonlinear Epigenetic Interactions Obscure Causal Relations between Genotype and Phenotype?" 참고.

24 _______ 그러나 그 사실을 확인하기 위해서는 다른 박테리아들을 비교할 필요가 있다. 그 이유는 하나의 동일한 박테리아라 해도 헤엄에 관여하는 단백질 각각의 형태는 다르기 때문이다. 그러나 이런 단백질 각각을 해석하는 이 박테리아의 대립유전자는 하나로 동일할 수 있다.

25 _______ 점균류는 매우 이질적인 종이다. 본문의 사례는 디스코이데움 속의 진균류에 관한 사례다. 자세한 내용은 John Tyler Bonner, *The Cellular Slime Molds*(Princeton, NJ: Princeton University Press, 1959); William F. Loomis, *Dictyostelium Discoideum: A Developmental System*(New York: Academic Press, 1975); J. D. Gross, "Developmental Decisions in Dictyostelium Discoideum", *Microbiological Reviews* 58(1994): 330-351 참고.

26 _______ 명료한 설명을 위해 중요한 많은 내용들을 생략한 데 대해 전문가들께 사과한다. 내가 본문에서 소개한 히드라충류의 펌프질하는 폴립을 연구할 기회를 얻은 것은 예일 대학교 레오 버스Leo Buss 연구실에서였다. 본문에서 소개한 것보다 자세한 히드라충류에 대한 소개는 무척추동물학 교과서에서 찾아볼 수 있다. 예로, Edward E. Ruppert and Robert D. Barnes, *Invertebrate Zoology*, 6th ed.(Fort Worth, TX: Harcourt College, 1994) 참고.

27 _______ 서로 먹이를 나눠 먹는 뇌 없는 위들은 자연의 지혜를 잘 보여준다 하겠다. 그렇지만 이들의 무의미한 경쟁은 숙주를 죽이는 기생충처럼 자연의 한계를 보여주는 것이기도 하다.

28 _______ 박테리아는 다른 많은 유기체처럼 섹스를 통해 번식하는 것이 아니기 때문에 박테리아 종은 형태, 색깔, 혹은 신진대사 능력 같은 특성으로 분류한다. 따라서 박테리아 종은 유형학적으로 분류한 종이다. 이런 논의에 대해서는 Douglas J. Futuyma, *Evolutionary Biology*, 3rd ed.(Sunderland, MA: Sinauer, 1998) 참고.

29 _______ 유전자 전달은 여러분이나 나(요컨대, 인간)와 가까운 유기체들 사이에서도 발생하지만 매우 드문 일이다.

30 _______ 보다 정확하게는, 그런 분석에서 서로 독립적으로 진화하는 두 개의 유전자의 DNA 문자 배열 순서를 비교해서 그들의 가장 최근의 공통 조상이 지금으로부터 언제 존재했었는지 계산하기도 한다. 서로 독립적으로 진화하는 유전자들은 종 분화speciation 혹은 유전자 복제를 통해 나타날 수 있다.

31 _______ 이런 시계가 모두 똑같이 빨리 가는 것은 아니다. 일부 유전자는 100만 년 사이에 많은 변화가 발생하지만, 그 동안 거의 변하지 않는 유전자도 있다. 따라서 어떤 유전자는 수십만 년 단위로 시간을 측정할 때 도움이 되지만, 다른 유전자는 수억 년 단위로 시간을 측정하는 데 더 적합하기도 하다. 이러한 주제에 관한 자세한 내용은 Wen-Hsiung Li, *Molecular Evolution* (Sunderland, MA: Sinauer, 1997) 참고.

32 _______ 이런 식의 종의 관념이 박테리아에는 적용되지 않는다 해도, 본문의 다음 문단에서 소개하고 있는 진화의 역사 복원 방법에 관한 기본 개념은 섹스를 통해 번식하는 유기체와 그렇지 않은 유기체 모두에 똑같이 적용된다(섹스 없이 번식하는 유기체는 정의상 생식적으로 격리되어 있다고 한다).

33 _______ 나는 서로 다른 분자시계들이 서로 다른 속도로 간다는 것을 무시했다. 이런 문제는 DNA 문자열이 서로 비교할 수 있는 속도로 변한 유전자들을 연구함으로써 완화될 수 있다.

34 _______ Howard Ochman, Jeffrey G. Lawrence, and Eduardo A. Groisman, "Lateral Gene Transfer and the Nature of Bacterial Innovation", *Nature* 405(2000): 299-304; M. G. Lorenz and W. Wackernagel, "Bacterial Gene Transfer and Natural Genetic Transformation in the Environment", *Microbiological Reviews* 58(1994): 563-602.

35 _______ 일부 유전자들, 특히 정보 처리와 관련된 유전자들은 박테리아들 사이에서도 거의 전달되는 경우가 없다. 따라서 역사를 복원하기 위해 이런 유전자들을 사용할 수도 있다. 그러나 다시 한 번 묻지만, 도대체 어떤 역사를 복원한다는 말인가?

36 _______ 여기서 나는 사람에 생포된 많은 유기체들이 번식에 실패한다는 잘 알려진 정보는 고려하지 않았다.

37 _______ 컬러 도롱뇽 Ensatina escholtzii, 재갈매기 Larus spp., 버들솔새 Phylloscopus trochiloides 각각의 '종'에 대한 보다 자세한 내용은 C. Moritz and C. J. Schneider, and D. B. Wake, "Evolutionary Relationships within the Ensatina escholtzii Complex Confirm the Ring Species Interpretation", *Systematic Biology* 41(1992): 273-291; D. E. Irwin, S. Bensch and T. D. Price, "Speciation in a Ring", *Nature* 409(2001): 333-337 참고.

38 _______ 물리학자들은 매우 자주 유익한 정보를 제공해준다. 소립자를 설명하는 데는 몇 개의 특성만 말해도 충분하다. 이런 특성 중 일부(예컨대, 질량)는 우리에게 익숙하지만, 다른 특징들(전자의 자기양자수 magnetic quantum number와 궤도양자수 orbital quantum number 같은 것)은 낯설다. 일단 이런 특성들에 관심이 쏠리면, 입자에 대해서는 더 이상 아무것도 말할 수 없다. 그러나 두 개의 소립자가 동일한 특성을 갖고 있다면, 이 두 소립자는 어떻게 다른 걸까? 이 둘은 다르지 않다. 파울리 배타원칙 Pauli exclusion principle이라는 양자물리학 원칙에 따르면 동일한 특성을 가진 두 소립자는 하나이고 동일한 입자다. 파울리 배타원칙에 따르면, 두 페르미입자 fermion(전자, 양성자, 중성자를 포함해 반정수의 스핀(반정수: 정수에 2분의 1을 더해 나타낼 수 있는 수, 스핀: 입자의 고유한 운동량 단위)을 갖는 입자)는 동일한 특성(에너지 양자 상태)을 가질 수 없다. 이 원칙을 따르면, 두 개의 전체가 한 시각으로는 구별되지만 다른 시각으로는 구별되지 않는 우리 일상세계의 많은 불분명한 지대는 사라진다. 두 전체가 완전히 다르거나, 아

니면 하나로 같거나 둘 중 하나여야 한다. 그렇다면 서로 동일한 특성을 가질 수 없는 페르미입자라는 것은 가장 궁극적인 부분일까, 아니면 부분이 없는 전체일까?

chapter 4   번영과 멸종의 패러독스

1 ______ 이런 식으로 무작위적이라고 말하기 위해서는 약간의 조건이 필요하다. 예로, 여러 연구에 의해 G나 A에서 C와 T로 변하는 경우는, G에서 A로 그리고 C에서 T로 변하는 경우보다 훨씬 적다는 것이 밝혀졌다. 이와 유사하게, GC와 같은 어떤 뉴클레오티드 조합들은 다른 조합들과는 다른 변화 특성을 보인다. 이런 점을 고려했을 때, 유전자 복제오류가 전적으로 무작위적이라고 말하기는 어렵다. 이런 유전자 복제오류를 여러분이 자판을 칠 때 범하는 타이핑 오류와 비교해보면, 타이핑 오류 역시 그리 무작위적인 것은 아니다. 자판의 형태와 여러분이 타이핑하는 법(몇 개의 손가락으로 타이핑하느냐 등)에 따라 타이핑 오류에서 어떤 통계적인 구조를 발견할 수 있다. 그러나 여기서 요점은 타이핑한 텍스트의 의미와 관련해볼 때 이런 타이핑 오류는 무작위적이라는 것이다. 이는 무작위성에 대한 적절한 기준을 선택하는 것이 중요하다는 것을 의미한다.

2 ______ 500개의 뉴클레오티드로 이루어진 유전자 띠에서 각 뉴클레오티드를 복제할 때마다 10^{-9}의 비율로 돌연변이가 발생한다고 가정해 계산한 것이다.

3 ______ 굶주리는 군집에서 더 많은 DNA 변화가 관찰된다고 해서 그 군집의 모든 세포들의 돌연변이 비율이 상승하는 것은 아니다. 그러나 돌연변이 비율이 상승하는 세포들은 굶주림에서 벗어날 가능성이 높다.

4 ______ 굶주리는 세포들이 단순히 DNA 복구를 중단한다고 말할 수도 있지만, 이것은 부정확한 것이다. 예로, 과도한 DNA 파괴나 영양 결핍 등 많은 스트레스를 받고 있는 박테리아 세포들은 이른바 SOS 반응을 한다. 이 SOS 반응을 하는 동안 자극받은 일부 유전자가 DNA 복구 기능을 하지만 오류를 일으키기 쉬운 DNA 폴리메라제polymerase(DNA 및 RNA 형성에 촉매 역할을 하는 효소)를 만들어낸다. 그 결과 돌연변이 발생 빈도가 높아진다. 세포들이 스트레스를 처리하기 위해 필요한 유전자들을 활성화시키는 것이 복구를 위해 단순히 에너지를 소모하는 것은 아닌 것 같다. 영양 결핍 상태의 세포들에서 돌연변이가 증가하는 것에 관한 보다 자세한 내용은 Patricia L. Foster, "Adaptive Mutation: Implications for Evolution", *Bioessays* 22(2000): 1067-1074 참고. SOS 반응에서 활성화되는 몇 개의 DNA 폴리메라제 중 보다 높은 돌연변이 비율을 가진 것은 일부에 불과하다는 사실에 비추어볼 때, 보다 높은 돌연변이 비율을 보이는 것이 영양 결핍에 대한 필연적인 반응은 아닌 것 같다. 스트레스에 따라 변하는 돌연변이 빈도를 수세대에 걸친 돌연변이 비율의 진화(내가 여기서 명확히 다루지 않은 진화 과정)와 구분하는 것이 중요하다. 이에 대해서는 Paul D. Sniegowski et al., "The Evolution of Mutation Rates: Separating Causes from Consequences", *Bioessays* 22(2000): 1057-1066 참고.

5 ______ 굶주리는 군집에서 대부분의 세포들은 기아로 죽는 것일까, 아니면 세포에 타격을 주는 돌연

변이로 죽는 것일까? 그 답은 아마도 기아인 것 같다. 이에 대해서는 Foster, "Adaptive Mutation" 참고. 여기서 그리고 아래의 본문에서 나는 편의상 의인화한 용어를 사용했다. DNA 복구 단백질의 형태를 변화시키는 조절 과정 같은, 문제가 되는 과정은 자연선택에 의해 이루어진다는 점을 이해해야 한다.

6 ______ 실험적으로 잘 연구된 사례들 대부분에서는 기존 단백질의 표면 변화가 없지만(실험적 분석을 완화한 경우) 유전자 조작을 한 끈의 유전자들에서 가동성유전인자들mobile genetic element(전위유전자) 을 제거하는 돌연변이는 있다. 가동성 유전인자의 제거를 통해 유전자들을 '침묵시켰던' DNA가 제거 되고 지금까지 발현되지 않았던 단백질이 발현된다.

7 ______ 1980년대 후반, 존 케언스John Cairns와 그의 동료들은 실험을 통해 영양 결핍 상태의 세 포들은 자신에게 이로운 돌연변이를 일으킬 수도 있다고 주장했다. 그러나 이런 '방향 지향적 돌연변이 directed mutation' 현상은 아직까지 정밀한 검증을 통과하지 못했다. 이것에 대해서는 P. D. Sniegowski and R. E. Lenski, "Mutation and Adaptation: The Directed Mutation Controversy in Evolutionary Perspective", *Annual Review of Ecology and Syste- matics* 26(1995): 553-578 참고.

8 ______ 이런 비유는 엔진 개조에 성공할 확률이, 새로운 먹이를 이용할 수 있는 박테리아가 나올 확 률보다 훨씬 낮다는 데 한계가 있다. 새로운 먹이를 이용할 수 있는 박테리아가 나올 확률이 훨씬 높은 이유는 유기체는 이런 도박을 통해 진화할 수 있도록 진화해왔다는 것이다.

9 ______ 이 주장은 대장균 박테리아의 아라비노스 오페론ara operon과 락토스 오페론lac operon 사 이의 한 지점에서 박테리오파지 뮤bacteriophage Mu의 제거 비율을 관찰한 결과에 기초한 것이다. 이 런 제거를 통해 박테리아는 락토스를 탄소 공급원 삼아 성장할 수 있었다. 이런 제거는 굶주리지 않는 상황에서는 세포 당 하루에 10^{-9} 내외의 빈도로 나타났다. 그러나 굶주리는 세포의 경우에는 10^{-5}의 빈 도로 나타났다. 이는 굶주리지 않는 세포의 경우보다 1천 배 이상 높은 빈도다. R. E. Lenski and J. E. Mittler, "The Directed Mutation Controversy and Neo-Darwinism", *Science* 259(1993): 188-194 참고. 다른 유익한 사례를 소개한 문헌으로는 Barry G. Hall, "Activation of the Bgl Operon by Adaptive Mutation", *Molecular Biology and Evolution* 15 (1998): 1-5 참고.

10 ______ 여기서 박테리아를 의사결정자로 보는 표현을 사용하는 것이 적절하다. 그런 표현이 거슬 린다면, 박테리아의 헤엄 방향을 탐지하고 그에 영향을 미치는 단백질들을 설명하면서 살펴봤던 인간이 나 다른 유기체들의 부분과 전체에 관한 앞의 논의를 기억하면 도움이 될 것이다. 전체로서의 박테리아, 그 몇 개의 부분들, 아니면 전체의 한 부분 중 어느 것이 박테리아의 헤엄 방향을 책임지는가 하는 질문 에 답하는 것은 선택의 문제라는 것도 상기하자. 이런 시각은 굶주리는 박테리아의 경우에도 적용된다. 왜냐하면, 각각의 세포는 헤엄 방향을 탐지하는 단백질들과 유사하게 굶주림을 탐지하는 단백질들을 갖 고 있기 때문이다. 이런 단백질들은 한 세포의 DNA 복구 단백질을 변화시키는 다른 단백질들에 영향 을 미친다. 그리고 DNA 복구 단백질이 변하면 세포는 굶주림에서 벗어날 수도 있다. 이런 변화의 동인 이 무엇인가는 여러분의 선택과 시각에 달려 있다. 우리는 암묵적으로 인간에게도 동일한 원칙을 적용

했음을 유념하자. 어떤 것을 인간적인 결정이라고 할 때 우리는 인간 전체에 초점을 맞추는 시각을 선택한다(우리에게 이런 시각은 특히 매력적인데, 그것은 우리가 '결정'을 할 때 우리의 뇌와 신체의 분자 부분들이 어떤 역할을 하는지에 대해 단지 막연하게만 이해하고 있기 때문이다).

11 _______ 아주 피상적이긴 하지만 흥미로운 비유가 하나 있다. 선택에 관한 많은 심리학 연구들은 (재앙적인) 손실에 직면했을 때 인간은 손실을 피하기 위해 도박을 택하는 경향이 있다고 한다. 위험 추구자가 된다는 것이다. 반면, 확실한 작은 이익과 불확실한 큰 이익 사이에서 선택해야 할 때, 인간은 위험 혐오자가 된다. 불확실한 큰 이익보다는 확실한 작은 이익을 택하는 경향이 있다는 것이다. 이에 대해서는 A. Tversky and D. Kahnemann, "The Framing of Decisions and the Psychology of Choice", *Science* 211(1981): 453-458 참고.

12 _______ 인간의 결정에서 나타나는 위험을 분석한 사람들은 가치의 중요성을 잘 인식하고 있다. 이에 대해서는 Baruch Fischhoff, Stephen R. Watson, and Chris Hope, "Defining Risk", *Policy Sciences* 17(1984): 123-129 참고. 보다 유머러스한 시각으로는 S. L. Clemens, *The Unabridged Mark Twain*(Philadelphia: Running Press, 1976)에 수록된 마크 트웨인Mark Twain의 에세이 〈위험한 침대The Danger of Lying in Bed〉 참고. 세상에 존재하는 위험에 대한 수많은 시각들 가운데, 두 가지 극단적인 시각을 소개할 필요가 있겠다. 그 중 한 시각은 세상은 위험으로 가득 차 있고 안전한 것은 없는 매우 위험한 곳이란 시각이다. 이와 정반대의 시각은 세상에 위험한 것은 아무것도 없으며 세상은 절대적으로 안전한 곳이란 시각이다. 그런데 얼핏만 봐도 두 번째 시각은 말이 안 되는 것 같다. 왜냐하면 위험은 모든 곳에 도사리고 있기 때문이다. 위험은 전기 콘센트에도(미국에서 매년 500명이 감전사로 죽는다), 땅콩버터 같은 평범한 음식에도(잘못 보관해 부패한 땅콩에는 강력한 곰팡이류 발암물질인 아플라톡신이 들어 있다), 공기 중에도(매년 미국 동부에서 2만 명이 대기오염으로 사망한다), 산에도(높은 고도에 올라가면 우주복사로 암 발생 위험성이 높아진다), 염소로 살균한 음료수에도(염소로 살균한 물에서는 클로로포름 같은 강력한 독성이 생성된다), 가연성 파자마에도, 그리고 내가 우체국 앞 도로에서 이 책의 원고를 떨어뜨렸을 때 내 앞을 스치듯 지나간 부주의한 운전사 때문에도 위험은 존재한다. 이런 많은 위험들을 보다 자세히 분석한 문헌으로는 Richard Wilson, "Analyzing the Daily Risks of Life", *Technology Review* 81(1979): 41-46; M. Granger Morgan, "Probing the Question of Technology-Induced Risk", *IEEE Spectrum* 18(1981): 58-64 참고. 이런 견지에서 우리 대부분은 세상이 어떻게 절대적으로 안전할 수 있느냐고 물을 수밖에 없다. 그러나 세상이 절대적으로 안전하다는 시각을 택하는 사람들도 있다. 그중 하나가 "난 네가 나를 죽일 거라고 믿는다"고 한 유명한 페르시아의 현인 루미Rumi이다(Coleman Barks, trans., *The Essential Rumi*(Edison, NJ: Castle Books, 1997)). 루미는 고난이 영적 순수함을 가져다준다고 믿었기에 고난을 주는 적이 친구이고, 육신의 안전과 편안함을 주는 친구가 적이라고 했다. "네가 나를 죽일 거라고 믿는다"는 구절은 죽임을 당하는 고난을 당해봤자, 자신은 영적으로 순수해지기 때문에 세상의 어떤 것도 두렵지 않다는 의미이다. 결국 루미는 세상이 절대적으로 안전하다고 본 것이다. 적어도, 내가 강조하고 싶은 것은 안전과 위험은 선택 그리고 선택에 기초한 시각에 의해 결정되고 파악된다는 것이다.

13 _______ 이에 관한 매우 읽을 만한 입문서로는 위험과 불확실성, 그리고 인간사회에서 위험과 불확실성의 역사에 관한 여러 기술적인 참고 문헌들을 소개하고 있는 Peter L. Bernstein, _Against the Gods: The Remarkable Story of Risk_ (New York: Wiley and Sons, 1996) 참고.

14 _______ 이런 구분은 Frank H. Knight, _Risk, Uncertainty and Profit_ (1921; reprint ed., New York: Century, 1964)에서 비롯되었다.

15 _______ K. J. Arrow, "I Know a Hawk from a Handsaw", _Eminent Economists: Their Life and Philosophies_, ed. M. Szenberg(Cambridge: Cambridge University Press, 1992): 42-50.

16 _______ Bernstein, _Against the Gods._

17 _______ 바로 이 때문에 심리학과 경제학의 결정이론에서는 잘 정의되고 보통은 금전적인 결과가 나오는 게임만을 사용한다. 그런 게임에서 행해지는 결정은 양적으로 분석하기 쉽다. 그러나 그런 결정은 인간의 삶에서 행해지는 모든 결정의 극히 일부분에 불과하다.

18 _______ 그리고 이게 왜 단지 하나의 시각일까? 그것은 미래의 어느 날 우리가 완전한 정보를 갖게 될 뿐만 아니라 우리의 모든 가치에 대해서도 합의를 이루는 날이 올 수도 있기 때문이다. 그러나 그렇게 될 가능성이 얼마나 될까? 그리고 과연 그런 세상에 살고 싶은가?

19 _______ 이 문장이 옳다는 것을 확인하기 위해 다음과 같은 간단한 실험을 해보라. 실험실의 박테리아 군집에 한 가지 먹이만(예로 포도당, 오직 한 가지만) 주자. 이 먹이가 떨어지면, 그 군집의 박테리아들은 굶주리고 결국엔 죽을 것이다. 바로 이런 식으로 우연히 발생한 역사적 사건(여러분의 실험)이 30억 년 동안 계속된 그 군집 세포들의 연승 행진을 끝낼 수도 있다.

20 _______ 돌연변이 빈도는 세대당 돌연변이, DNA 복제 횟수당 돌연변이, 혹은 연간 돌연변이 등 다양한 방법으로 정의될 수 있다. 더욱이 게놈당, 유전자당, 혹은 뉴클레오티드당 돌연변이 수로도 돌연변이 빈도를 볼 수 있다. 이렇게 다양하게 측정되는 돌연변이 빈도들을 비교하는 것은 그리 간단한 일이 아니다.

21 _______ 미생물에 있어서 돌연변이 비율과 게놈 크기의 반비례 관계에 대해서는 John W. Drake et al., "Rates of Spontaneous Mutation", _Genetics_ 148(1998): 1667-1686 참고. 단세포와 다세포 유기체를 모두 살펴봤을 때, 돌연변이 비율과 게놈 크기의 관계는 비례하는 것으로 나타날 수 있다. 이는 부분적으로 군락 크기가 작은 고등 유기체의 경우 자연선택의 효과가 감소하기 때문이다. 이에 대해서는 Michael Lynch, _The Origins of Genome Architecture_(Sunderland, MA: Sinauer, 2007) 참고.

22 _______ 이런 해석은 일반적인 패턴에 대해 대체적인 설명을 제공해주긴 하지만, 이런 패턴의 모든 측면을 설명하지는 못한다. 예로, DNA 내용과 유전자 내용은 일대일로 대응하지 않는다. 또한 DNA 돌연변이를 복구하는 데는 일정한 비용이 들며, 이 비용은 한 유기체가 복구하는(없애버리는) 돌연변이 수가 많을수록 증가한다. 어떤 시점에 이르면, 이 비용은 터무니없이 높아질 수 있고, 그러면 돌연변이 빈도는 일정 수준 밑으로 떨어질 수 없다.

23 _______ 이와 관련된 또 하나의 사례는 진화 실험 대상인 실험실 박테리아뿐만 아니라 야생의 다양

한 박테리아 종에서도 20%에 이르는 높은 빈도의 돌연변이 유발 유전자 끈(높은 돌연변이 빈도를 가진 유전자 끈)이 관찰된다는 것이다. 이에 대해서는 Sniegowski et al., "Evolution of Mutation Rates" 참고.

24 ______ 이것이 처음에 어떻게 이런 능력이 나왔는지에 대해 설명하는 것은 아니다. 그런 설명을 하기란 훨씬 어렵다. 진화는 한 군락의 개체들이 서로 다른 유전적 생존 및 번식 능력을 가졌을 때 발생한다. 한 박테리아가 DNA 복구 기능을 멈추는 능력은 그 박테리아의 생존 및 번식 능력을 '감소'시킬 수 있다. 해당 박테리아 자신은 그런 도박으로 혜택을 볼 가능성이 없기 때문이다. 따라서 이 박테리아의 행동은 보다 큰 전체의 생존과 번식 능력을 높이는 데 도움이 되어야 한다. 여기서 이 전체는 개별 박테리아가 아니라 예컨대 박테리아 군집일 수 있다. 자연선택이 개체와는 다른 전체에 작동하느냐 하는 문제는 토론이 더 필요하다.

25 ______ 한 가지 주의사항을 말하면, 박테리아의 도박과 관련된 알려지지 않은 요인들이 아직도 너무 많기 때문에 도박이 보편적으로 중요한 것인지는 확신할 수 없다는 것이다. 예로, 도박이 성공하기 위해서는 유익한 돌연변이가 충분히 자주 발생하고, 재결합이 아주 드물어야 하며, 유기체들 간에 DNA 복구 비용이 비슷해야 한다. 어떤 전문가들은 관찰된 돌연변이 비율은 대부분의 경우 도박보다는 복구 비용을 반영한다고 생각한다. 이에 대해서는 Sniegowski et al., "Evolution of Mutation Rates" 참고. 유기체들이 미래의 혜택을 위해 도박을 해야 한다고 생각하는 것은 아니다. 유기체들이 도박을 한다면, 그것은 도박이 과거에 성공적이었기 때문이다.

26 ______ 혹은 최소한 이런 중립적인 변화가 어떤 영향을 끼치는지 알 수 없다고 말할 수는 있다. 나는 무토 기무라Motoo Kimura의 *The Neutral Theory of Molecular Evolution*(Cambridge: Cambridge University Press, 1983)에서 사용한 것과 같은 유기체의 '적합성에 영향을 미치지 않는 유전적 변화'라는 협의의 의미로 중립성이란 개념을 사용하지는 않았다. 대신 내가 말하는 중립적 변화란 현재의 환경에서 유기체가 이루는 성과의 측면에 영향을 미치지 않는 변화를 의미한다.

27 ______ (한 구체적인 변종이 아니라) 다양한 변종의 창조가 유리하게 작용하는 항체의 생성에서 나타나는 '변종을 만들어내는 초돌연변이 메커니즘'은 이에 대한 예외가 될 수 있다.

28 ______ 나는 여기서 유전자, 단백질, 그리고 삶의 양식상 특징들을 없애버린 중립적인 '제거'가 당장은 그 유기체에 아무런 영향을 미치지 않는다 해도 나중에 어떤 영향을 미치게 되는지에 초점을 맞출 것이다. 그러나 이와 동일한 원칙이 기존 단백질의 중립적인 '수정'에도 적용된다. 이와 관련된 좋은 사례는 박테리아를 죽이는 항생제 기능을 했던 한 효소 단백질이 포유류의 락토스 생산에 필수적인 락트알부민 단백질로 변한 사례다. 이에 대해서는 Richard E. Dickerson and Irving Geis, *The Structure and Action of Proteins*(New York: Harper and Row, 1969) 참고. 일반적으로 유기체의 삶 모든 측면에 중립적인 변화로 인해 새로운 유기체적 특징이 나오는지 아닌지, 혹은 필요한 모든 변화가 어떤 목적에 기여하는 것인지 아닌지, 그런 새로운 특징이 굴드Stephen Jay Gould와 브르바S. Vrba가 말한 이른바 굴절적응exaptation으로 나타난 것인지, 아니면 비적응nonaptation으로 나타난 것인지(Gould and Vrba, "Exaptation: A Missing Term in the Science of Form", *Paleobiology* 8(1982): 4-15) 하는 문제를 둘러싸고 많은 논쟁이 있다. 그러나 여기서는 이런 논쟁

을 다루지 않을 것이다. 여기서 강조하려는 논점은 '특별한 삶의 양식과 관련해서' 중립적이었던 변화가 예기치 않은 결과를 가져올 수도 있다는 것이기 때문이다.

29 ______ 어떤 유기체는 비타민이 전혀 필요하지 않다. 또 어떤 유기체는 우리보다 적은 비타민만 필요하며, 우리보다 많은 비타민을 필요로 하는 유기체도 있다.

30 ______ Russell F. Doolittle, "Microbial Genomes Multiply," *Nature* 416(2002): 697-700.

31 ______ 이런 내성 메커니즘은 약물만큼이나 다양할 수 있다. 이런 내성 메커니즘은 약물의 공격을 받는 박테리아의 세포 일부분을 직접 보호하거나, 그 약물을 세포에서 퍼내거나, 약물을 화학적으로 무해하게 만들 수도 있다.

32 ______ 사실 이런 제거(청소) 중 일부는 유익하기도 하지만, 변화는 예측하지 못한 결과를 가져올 수 있다는 우리의 중심 논지와 배치되는 것은 아니다.

33 ______ 동물들은 일반적으로 비타민 A(망막)를 다시 합성할 수 없다.

34 ______ 일반적으로 중립적인 특징이란 유기체에 피해는 물론 어떤 혜택도 주지 않는 특징으로 간주된다. 그러나 나는 한 유기체의 삶의 양식상 어떤 한 특별한 측면(예컨대 하늘을 날기)과 관련해 중립적인 것으로서 중립성이란 개념을 좀 다른 의미로 사용하고 있다.

35 ______ 이런 그리고 다른 형태론적 혁신 사례들을 분자론적 시각에서 분석한 연구는 Sean B. Carroll, Jennifer K. Grenier, and Scott D. Weatherbee, *From DNA to Diversity: Molecular Genetics and the Evolution of Animal Design*(Malden, MA: Blackwell, 2001) 참고.

36 ______ 설명의 간결성을 위해 중립적인 변화(제거)라고 하긴 했지만, 위에서 말한 일부 극단적인 제거들도 이런 점을 잘 보여준다. '차고'의 공간을 늘려준다는 의미에서 볼 때, 그런 제거들도 중립적인 것이 아니라 유익할 수 있다. 예로, 1천 개의 유전자를 제거하면 DNA를 복제하고, 수리하고, 단백질을 생산하는 데 사용될 에너지를 줄일 수도 있다. 그러나 내가 앞서 말한 것처럼, 제거를 통해 버린 특징이 필수적인 것이 되면 제거는 갑자기 치명적인 것이 될 수 있다. 불필요한 특징을 버리는 것이 중립적인가 유익한가 하는 문제는, 단백질을 포함한 유기체의 부분들에서 새로운 기능이 진화하는 과정에 나타나는 중립적인 변화와 이로운 변화 간의 긴장을 그대로 반영한 것이다. 작은 제거는 중립적일 수 있고 매우 큰 제거는 이로울 수 있다. 그러나 그 경계가 어디인지는 다소 불확실하다.

37 ______ 정말 믿기 어렵지만, 이와는 정반대 모양으로 7개의 촉수 같은 다리와 14개의 등 척추를 가진 동물도 있다고 한다. 이에 대해서는 L. Ramsköld and Hou Xianguang, "New Early Cambrian Animal and Onychophoran Affinities of Enigmatic Metazoans", *Nature* 351(1991): 225-228 참고.

38 ______ 이런 초기 생명체의 화석에 대한 인기 있는 소개서로는 Stephen Jay Gould, *Wonderful Life: The Burgess Shale and Nature of History*(New York: W. W. Norton, 1989) 참고.

39 ______ 이런 사례들과 다른 많은 사례들에 대해서는 외래종 전문가 그룹Invasive Species

Specialist Group(www.issg.org) 참고.

40 ______ 또 다른 가능한 이유는 이런 유기체들의 경우 발달과 진화에 제약이 있어 변화를 하지 못했다는 것이다. 살아 있는 화석에 대한 인기 있는 소개 자료로는 Niles Eldredge, "Survivors from the Good Old, Old, Old Days", *Natural History* 81(1975): 60-69; Peter Douglas Ward, *On Methuselah's Trail: Living Fossils and the Great Extinctions*(New York: W. H. Freeman, 1992) 참고. 살아 있는 화석을 구분하는 많은 기술적인 지침들에 대해서는 Niles Eldredge and Steven M. Stanley, eds., *Living Fossils*(New York: Springer, 1984 참고.

41 ______ 목적론, 즉 teleology의 어원인 그리스어 'telos'는 '끝'이나 '목적'을 의미한다. 마이어 Ernst Mayr는 우주목적론을 문제의 소지가 적은 다른 목적론적(목적 지향적인) 현상과 구별했다. Ernst Mayr, "The Idea of Teleology", *Journal of the Histroy of Ideas* 53(1992): 117-135.

42 ______ 생물학적 진화에 대해 이런 시각을 주창하는 사람 중 가장 대표적인 사람은 피에르 테야르 드 샤르댕Pierre Teilhard de Chardin이다. Teilhard de Chardin, *Christianity and Evolution*, trans. René Hague(New York: Harcourt Brace Jovanovich, 1971).

43 ______ 다윈 시대의 사람들은 다른 가능성도 생각했다. '라마르크주의자'들의 가설에 따르면, 기린의 조상들은 높은 나무의 먹이를 먹기 위해 목을 길게 빼기 시작했다. 그리고 한평생 그런 행동을 함으로써 이들의 목은 태어났을 때보다 더 길어졌다. 이렇게 길어진 목이 다음 세대로 유전된 데다, 후손들도 똑같이 목을 늘리는 행위를 함으로써 여러 세대를 거치며 기린의 목은 점점 더 길어지게 되었다. 이것이 이른바 라마르크의 용불용설이다. 이런 시각에는 한 가지 문제가 있다. 그것은 운동으로 얻은 강한 근육이 자손에게 유전되지 않는 것처럼 행동으로 늘어난 목도 유전되지 않는다는 것이다(목을 늘리는 능력이 유전될 수 있을지는 모르지만, 이것은 다른 이야기다).

44 ______ 기린의 생태에 관한 보다 자세한 설명은 Anne Innis Dagg and J. Bristol Foster, *The Giraffe: Its Biology, Behavior, and Ecology*(New York: Van Nostrand Reinhold, 1976) 참고.

45 ______ 생명체의 복잡성이 증가하는 경향을 찾으려는 이전의 노력들을 요약하면서도 보다 차별적인 논의를 제공한 문헌으로는 D. W. Shea, "Complexity and Evolution: What Everybody Knows", *Biology and Philosophy* 6(1991): 303-324 참고. 생명체가 복잡성이든 혹은 그 외 무엇이든 간에, 과연 어떤 경향을 보이고 있는지에 관한 논의는 M. Ruse, "Evolution an Progress", *Trends in Ecology and Evolution* 8(1993): 55-59 참고.

46 ______ 지금까지 광범위하게 인정되면서도 중요한 복잡성 지표를 그 누구도 제시하지 못했다면, 그것은 노력이 부족해서가 아니다. 갈수록 많은 과학자들(인간 행동, 헤엄치는 박테리아, 급격히 변하는 주식시장, 그리고 보금자리를 짓는 개미들을 연구하는 과학자들)이 이른바 복잡계 이론에 관심을 갖고 있다. 문제는 컴퓨터과학 같은 극히 일부분을 제외하고는 단순한 체계와 복잡한 체계(복잡계)를 구별하는 유용한, 그리고 광범위하게 인정되는 기준이 없다는 것이다. 엔트로피나 정보 내용information contents 같은 물리학에서 나온 기준들도 도움이 되지 않는데, 그것은 예컨대, 살아 있는 세포의 복잡성을 평가하

기 위해 실제로 엔트로피나 정보 내용을 어떻게 측정해야 하는지 불분명하기 때문이다.

47 ______ 이를 확인하려면, 이 책 앞 부분에서 살펴본 논의들을 다시 봐도 된다. 요컨대, 부분과 전체, 혹은 부분의 부분의 부분과 전체가 같은 동전의 양면이라면, 둘 중 하나가 다른 것보다 복잡하다고 할 수 있을까? 왜 우리는 박테리아가 인간과 똑같이 복잡하다고 보지 않는 걸까?

48 ______ 계산의 역사에 대한 두 개의 소개서는 Georges Ifrah, *The Universal History of Computing: From the Abacus to the Quantum Computer*, trans. E. F. Harding(New York: Wiley, 2001)과 Michael R. Williams, *A History of Computing Technology*(Los Alamitos, CA: IEEE Computer Society Press, 1997).

49 ______ 이 문제와 관련된 진화 실험의 아주 흥미로운 주제 하나를 소개할 필요가 있겠다. 실험실에서는 초파리나 박테리아처럼 세대 간격이 아주 짧은 작은 유기체를 대상으로 여러 세대에 걸친 진화 과정을 쉽게 연구할 수 있다. 그 이유 중 하나는 이런 유기체들의 경우, 각 세대가 짧고 작은 공간에 많은 군락(과일파리의 경우는 수천 개, 박테리아의 경우는 수백만 개)을 유지할 수 있기 때문이다. 이와 관련된 대표적인 연구는 리처드 렌스키Richard Lenski와 그의 동료들이 수행했다. 이들은 동일한 복제유전자를 가진 박테리아를 여러 계통(군락)으로 나눠 수만 세대에 걸쳐 계통별로 독립적이며 병렬적인 진화 실험을 실시했다. 각각의 독립적인 진화는 동일한 환경에서 진행되었다. 그 결과 각각의 군락별 진화 계통의 성장률(이런 군락들의 적합성)은 최초의 복제유전자와 비교했을 때 증가했다. 세포 크기도 마찬가지로 증가했다. 그런데 재미있는 것은 성장률과 세포 크기 같은 지표들이 각 세포 계통(각 실험 군락)에서 똑같은 정도로 증가하지 않았으며, 세포 계통 전반에 걸쳐 세포 크기의 변화도 성장률의 증가와 항상 상관관계를 보이지는 않았다는 것이다. 해당 돌연변이에 대한 자세한 분석이 여전히 진행 중이기는 하지만, 어떤 세포 계통(군락)들은 다양한 경로(즉, 다른 돌연변이)를 통해 보다 높은 성장률을 보였을 수도 있었다. 이런 돌연변이가 어떤 것이든 간에, 생명체가 각각의 실험실 튜브에서 서로 다르게 진화할 수 있고 또 그렇다는 것이 분명해졌다. 이에 대해서는 Richard E. Lenski and Michael Travisano, "Dynamics of Adaptation and Diversification: A 10,000-Generation Experiment with Bacterial Populations", *Proceedings of the National Academy of Science* 91(1994): 6806–6814 참고.

50 ______ 훨씬 정밀한 생물지질학적 비교에 따르면, 수렴적 혹은 병렬적 진화가 많은 계통에서 일어났다. 예로, 유대류는 호주 대륙에 사는 고유한 종인데도 그들의 여러 특징들이 다른 대륙의 유기체에서도 발견된다. 보다 작은 규모에서 볼 때, 아놀도마뱀은 히스파니올라 섬과 푸에르토리코 섬에서 수렴적으로 진화한 형태로 발견된다. 그러나 이런 수렴적 진화가 보편적이지 않다는 것은 생물의 진화에도 예측 불가능성과 법칙성이 모두 작용한다는 것을 보여준다. 생물 진화에 있어서 역사의 중요성에 대한 고생물학적 시각을 취하는 대표적인 예로는 Gould, *Wonderful Life* 참고.

51 ______ 이런 헌신의 폐기가 헌신하던 제품이나 서비스의 열악함 때문에 발생하는 것만은 아니다. 헌신의 폐기라는 현상은 앞서 계산 기술의 맥락에서 언급했던 기술 표준의 발전, 또는 변화와 밀접한 관련이 있다. 이에 대해서는 Stanley M. Besen and Joseph Farrell, "Choosing How to Compete: Strategies and Tactics in Standardization", *Journal of Economic*

Perspectives 8(1994): 117-131; R. Cowan, "High Technology and the Economics of Standardization", *New Technology at the Outset*, ed. M. Indardiza and U. Hoffman(Frankfurt: Campus, 1992) 참고.

chapter 5 삶과 죽음의 패러독스

1 ______ 그러나 생물학에서 세포자살을 의미하는 말로 아포토시스가 쓰인 것은 상대적으로 최근인 1972년부터였다. 이에 대해서는 J. F. Kerr, A. H. Wyllie, and A. R. Currie. "Apoptosis: A Basic Biological Phenomenon with Wide-Ranging Implications in Tissue Kinetics", *British Journal of Cancer* 26(1999): 239-257 참고.

2 ______ 정확히 말하면, 식물에는 두 종류의 주요 도관 조직이 있다. 체관부phloem와 목질부 xylem가 그것이다. 목질부는 뿌리에서 나무 곳곳으로 물을 보내는 관이고, 체관부는 영양분을 보내는 관이다. 프로그램된 세포의 죽음, 즉 세포예정사의 역할은 목질부의 형성과 관련해 상당한 관심을 받고 있다. 이에 대해서는 Zheng-Hua Ye, "Vascular Tissue Differentiation and Pattern Formation in Plants", *Annual Review of Plant Biology* 53(2002): 183-202 참고. 세포자 살이 보통 완전한 세포의 제거로 이어지는 동물의 경우와 달리, 식물의 경우 세포자살이 완전한 세포의 제거로 이어지는 경우는 그리 많지 않다. 식물의 경우는 단단한 세포벽이 그런 제거를 막아주기 때문이다. 식물의 세포자살의 역할에 대해서는 R. I. Pennell and C. Lamb, "Programmed Cell Death in Plants", *Plant Cell* 9(1997): 1157; Eric Lam, "Controlled Cell Death, Plant Survival and Development", *Nature Reviews Molecular Cell Biology* 5(2004): 305-315 참고.

3 ______ Stephen M. Stahl, *Essential Psychopharmacology: Neuroscientific Basis and Practical Applications*, 2nd ed.(New York: Cambridge University Press, 2000), 24.

4 ______ Lewis Thomas, *The Fragile Species*(New York: MacMillan, 1992).

5 ______ 실제 죽는 세포 수는 이보다 훨씬 많을 수 있다. 예로 Robert C. Bast et al., *Cancer Medicine 5*, 5th ed.(Hamilton, ON: B. C. Decker, 2000), section 1.2에서는 평균적인 성인 의 몸에서 매일 5천~7천만 개의 세포들이 세포자살로 사라진다는 증거를 소개하고 있다. 이런 비율을 기준으로 말하면, 사람의 몸에 있는 세포들은 1년 단위로 모두 바뀌는 셈이다.

6 ______ 발달 과정에서 나타나는 세포자살에 관한 보다 많은 사례와 상세한 내용은 Pascal Meier, Andrew Finch, and Gerard Evan, "Apoptosis in Development", *Nature* 407(2000): 796-801 참고.

7 ______ 자기 스스로 자살을 결정하는 세포들도 있다. 그것은 세포로 살아오면서 과도한, 그리고 치 유 불가능한 손상을 입었기 때문이다. 방사능으로 세포의 DNA가 파괴됐을 수도 있고, 침투한 바이러스

가 세포의 삶을 왜곡하여 세포들을 새로운 바이러스 입자를 만드는 공장으로 바꿔버렸을 수도 있다. 이 럴 경우 세포 속 부분들은 커뮤니케이션을 개시한다. 그리고 이 커뮤니케이션은 궁극적으로 해당 세포의 부분들에 폐기물을 버리는 단백질 분해 효소 프로테아제protease를 활성화시켜 세포를 죽음으로 이끈다.

8 ＿＿＿＿ 내가 여기서 말하지 않고 있는 분자들에 관한, 많은 자세한 내용은 Michael O. Hengartner, "The Biochemistry of Apoptosis", *Nature* 407(2000): 770-776 참고.

9 ＿＿＿＿ 이 문장도 설명을 단순화 한 것인데, 그것은 형태 외에도 정전기적 인력과 반발력 같은 분자 간에 작용하는 힘(분자력)도 일정한 역할을 하기 때문이다.

10 ＿＿＿＿ 여기서 내가 말하지 않은 한 가지 중요한 내용은 세포를 살아 있게 해주는 긍정적인 신호의 역할에 관한 것이다. 즉, 세포를 죽일 수 있는 분자들의 대화 말고도, 세포를 계속 살아 있게 해주는 분자들의 대화도 있다. 다른 중성자들을 살아 있게 하는 데 필수적인 신경영양인자neurotropic factors(뉴런이 분비하는 뇌세포 활성인자), 세포가 주변의 세포외기질extracellular matrix에 붙어 있는 것 등이 세포를 계속 살아 있게 하는 데 중요한 역할을 하는 요인이다. 세포들이 이런 세포외기질에서 떨어지게 되면, 많은 세포들이 자살을 한다. 긍정적인 신호가 많다는 것은 세포의 죽음이 동물 세포에게는 일종의 파산이며 세포들은 긍정적인 신호를 통해 계속 살아 있을 필요가 있다는 것을 말해준다. 이에 대해서는 Martin C. Raff, "Social Controls on Cell Survival and Cell Death", *Nature* 356(1992): 397-400 참고.

11 ＿＿＿＿ 이런 시각이 자살에 관한 다소 이상한 시각으로 보인다면, 인간의 자살이 이와는 전혀 다른 것인지 한번 생각해보라. 타자의 메시지가 인간의 자살에 아무런 역할도 하지 않는다고 볼 수 있을까?

12 ＿＿＿＿ 생화학자들은 자신을 파괴하는 단백질들도 점점 더 많이 밝혀내고 있다. 그러나 그와 같은 자체분해autoproteolytic 단백질들도 자기 파괴적인 것만은 아니다. 이들은 자기 창조적이기도 하다. 자체분해 작용에 의해 쪼개진 단백질들은 새로운 형태로 접힐 수도 있다. 그렇게 되면 이들은 새로운 화학반응을 촉진하는 촉매작용을 할 수 있게 된다.

13 ＿＿＿＿ 단백질 분해에 관한 보다 자세한 정보는 Lubert Stryer, *Biochemistry*, 4th ed. (New York: W. H. Freeman, 1995), 942-945 참고. 본문에서 나열한 아미노산들은 이스트(효모균)의 단백질에 특이한 안정성을 부여한다. 그러나 여기서 나열한 아미노산들이 전부는 아니며, 같은 아미노산이라도 모든 종의 단백질에 (불)안정성을 부여하는 것도 아니다.

14 ＿＿＿＿ Timothy Ferris, *The Whole Shebang: A State-of-the-Universe(s) Report* (New York: Simon and Schuster, 1997)에서 인용한 것을 재인용함.

15 ＿＿＿＿ Michael R. Rose and Caleb E. Finch, eds., *Genetics and Evolution of Aging* (Dordrecht: Kluwer Academic, 1994).

16 ＿＿＿＿ 엄격히 말해, 유기체가 만들어내는 노폐물 양은 신진대사율metabolic rate(신진대사량) 혹은 체중 1그램당 소모하는 에너지 양에 달려 있다. 신진대사율(따라서 수명)은 체질량body mass으로 측정한다. 이에 대해서는 James H. Brown, Geoffrey B. West, and Brian J. Enquist, "Scaling in Biology: Patterns and Process, Causes and Consequences", *Scaling in Biology*,

ed. Brown and West(Oxford: Oxford University Press, 2000) 참고. 큰 유기체일수록 신진대사율이 낮다. 이 때문에 큰 유기체일수록 작은 유기체들보다 오래 산다. 이 때문에 기술적인 용어로 칼로리 제한을 실천하는 소식小食만이 유기체의 수명을 연장하는 효과적인 유일한 수단으로 알려져 있다. 평생 칼로리를 제한했던 쥐들의 수명은 그렇지 않은 쥐들보다 50% 더 늘어났다. 이에 대해서는 A. Richardson and M. A. Pahlavani, "Thoughts on the Evolutionary Basis of Dietary Restriction", *Genetics and Evolution of Aging*, ed. Rose and Finch 참고.

17 ______ 수명과 관련된 유전자에는 활성산소를 없애는 초과산화물 불균등화 효소superoxide dismutase(과산화 억제 효소)를 암호화한 유전자, 열변성thermal denaturation으로부터 다른 단백질을 보호해주는 열활성단백질heat shock protein을 암호화한 유전자, 그리고 병에 대한 신체 방어에 종사하는 단백질을 암호화한 유전자 등이 있다. 그러나 광범위한 기능을 가진 수많은 유전자들이 존재한다는 것을 감안할 때, 이런 소수의 유전자만 가지고는 유전자가 노화를 초래하는 문제에 대한 보편적인 답을 찾을 수 없을 것이다. 이에 대해서는 James W. Curtsinger et al., "Genetic Variation and Aging", *Annual Review of Genetics* 29(1995): 553-575 참고. 어떤 종에서는 노화에 많은 유전자가 관여하고 또 노화가 유전성이 낮아서 환경적인 영향이 강하다는 것을 보여주는 경우도 있다.

18 ______ 통설에 따르면, 노화의 궁극적 혹은 진화론적 원인은 유기체들 대부분의 재생산 능력이 생의 후반부로 갈수록 약해진다는 데 있다. 이 때문에 노화가 인생 후기에 발생하는 한, 그런 노화를 일으키는 유전자들을 억제하는 자연선택이 전혀 발생하지 않거나, 아주 약하게만 발생한다는 것이다. 두 개의 주요 진화론적 가설이 이런 원칙에 기초하고 있다. 하나는 적대적인 다면발현antagonistic pleiotropy 메커니즘, 혹은 삶의 초반부와 후반부의 적합성(번식성과 생존성)의 상쇄란 개념을 주장한다. 즉, 삶의 초반에 적합성을 높이는 유전자들이 삶의 후반에는 적합성을 낮춘다는 것이다. 또 다른 가설은 노화를 유발하는 유전자를 억제하는 자연선택의 효과성이 삶의 후반부에 감소하기 때문에, 삶의 후반부에 죽음의 가능성을 높이는 돌연변이들이 시간이 가면서 맘껏 축적된다는 것이다. 이 두 가설은 모두 경험적인 근거가 있다. 노화의 유전학과 진화에 관한 보다 포괄적인 논의는 Michael R. Rose, *Evolutionary Biology of Aging*(New York: Oxford University Press, 1991); Brian Charlesworth, *Evolution in Age-structured Populations*(Cambridge: Cambridge University Press, 1980); Curtsinger and Fukui, "Genetic Variation and Aging"에 실려 있다. 그리고 좀 오래되긴 했지만 중요한 논문인 George C. Williams, "Pleiotropy, Natural Selection, and the Evolution of Senescence", *Evolution* 11(1957): 398-411 참고. 위의 주장 중 어느 것도 노화와 죽음이 군락의 목적에 기여한다고 주장하고 있지는 않다. 두 주장을 그런 식으로 해석하긴 쉽지만, 그런 해석은 집단이나 종의 선택이라는 관념에 기초한 것이 된다. 그러나 그와 같은 집단이나 종의 선택이 고등 유기체에서 자주 일어나는 현상인지에 대해서는 논란이 많다.

19 ______ Max K. Planck, *Scientific Autobiography and Other Papers*(New York: Greenwood, 1968).

chapter 6 우연과 필연의 패러독스

1 _______ 양자역학의 법칙 같은 일부 자연법칙은 어떤 특정 부분에서는 예측을 하지 않는다. 그러나 자연법칙들은 설명력을 가진 것은 물론, 다른 영역의 예측력을 높이는 경우도 적지 않다.

2 _______ 고전적인 견해에 따르면, 고체에 계속 열을 가하면, 그 고체의 구성 성분들이 단단한 고체 내부에서 점점 더 강력하게 떨리면서 결국 고체를 깨고 액체나 가스를 만들어낸다. 열의 성격은 철학과 과학사에서 여러 흥미로운 질문을 불러일으켰다. 이런 논의에 대해서는 Stathis Psillos, "A Philo-sophical Study of the Transition from the Caloric Theory of Heat to Thermo-dynamics: Resisting the Pessimistic Meta-Induction", *Studies in the History and Philosophy of Science Part A* 25(1994): 159-190 참고.

3 _______ 달리 말하면, 잉크 분자들이 물속으로 확산된다. 이는 물-잉크 시스템의 무질서(엔트로피)가 증대되는 과정이다. 모든 잉크 분자들이 하나의 잉크 방울로 모여 있던 최초의 상태는 고정적이고 엔트로피가 낮은 비평형 상태지만, 물속으로 퍼지면서 훨씬 변화무쌍하고 엔트로피가 높은 평형 상태가 된다. 이런 상태에서 잉크 분자들은 공간적으로 거의 균일하게 물속으로 퍼지는데, 이때 잉크 분자들의 위치에 대한 우리의 불확실성은 극대화된다.

4 _______ 화학 교과서에는 알칸alkane들의 염소 처리 같은 화학반응으로 인해 한 가지 이상의 물질이 만들어지는 사례들이 많이 소개되어 있다.

5 _______ 이를 X% C가 만들어지고 Y% D가 만들어진다는 식의 관계의 자연법칙으로 공식화할 수 있다. 그러나 이런 식으로 공식화해도 불확실성이 사라지는 것은 아니다. 각 비율에는 항상 오차가 있기 때문이다.

6 _______ 개인의 선택처럼 결과를 예측할 수 없는 경우도 있다. 이 경우는 예측 불가능성에서 예측 불가능성이 나오는 사례다. 여기서 나는 예측 불가능성에서 나오는 예측 가능성, 그리고 예측 가능성에서 나오는 예측 불가능성에 초점을 맞추고자 한다. 왜냐하면 얼핏 보기에 이 두 경우는 다른 두 경우(예측 가능성에서 나오는 예측 가능성과 예측 불가능성에서 나오는 예측 불가능성)만큼 이해하기가 쉽지 않기 때문이다.

7 _______ Thomas C. Schelling, "Dynamic Models of Segregation", *Journal of Mathe-matical Sociology* 1(1971): 143-186.

8 _______ 사실 이 문제는 내가 여기서 설명한 것보다 훨씬 더 복잡하다. 병원균을 보유한 인구의 밀도와 분포, 질병 매개체, 병원균을 보유한 사람들의 비무작위적nonrandom 상호작용 형태, 병원균을 보유한 사람들의 중복 감염을 통한 병원균의 진화 등 다른 많은 변수들도 작용한다. 이에 관련된 기술적인 문헌은 M. Anderson and Robert M. May, *Infectious Diseases of Humans: Dynamics and Control* (New York: Oxford University Press, 1991) 참고. 이 책의 계산에 따르면, 병의 전염을 막기 위해서는 병에 따라 인구의 70%~99%가 예방접종을 받아야 한다.

9 _______ 본문의 설명은 모든 자연법칙이 확률의 법칙이라는 익히 알려진 논의에 기초하고 있다. 그렇다 해도 확률의 법칙이란 것은 고전적인 역학법칙보다는 사회과학의 법칙에서 더 쉽게 확인된다.

10 _______ 정확히 말하면, 종종은 매우 복잡한 많은 혼돈계chaotic system에 대한 안정적인 주기적 해결책들이 있다. 그리고 일부 수학자들은 그런 해결책을 찾는 일을 일종의 스포츠 게임처럼 만들었다.

11 _______ 예측 가능성과 결정론이 다른 것이라는 주장이 가끔 제기된다. 내가 이 둘을 구별하지 않는 것처럼 보일 수도 있을 것이다. 그건 사실이다. 거기에는 이유가 있다. 요컨대, 아무도 열 수 없는 금고에 넣어둔 시계의 경우처럼, 그 결과가 이미 결정되었음에도 불구하고(시계는 간다), 그 시계의 세세한 상태(그 시계의 시침과 분침의 위치)는 예측 불가능하다. 결정되어 있음에도 불구하고 예측 불가능한 것이 있는 것이다. 그리고 이 시계는 우리가 그 상태를 알 수 없어도(예측 불가능성) 분명 계속 작동할 것(결정론)이다. 이 시계의 사례는 J. Bricmont, "Science of Chaos or Chaos in Science", Paul R. Gross, Norman Levitt, and Martin W. Lewis, ed., *The Flight from Science and Reason*(Baltimore: Johns Hopkins University Press, 1996)에서 가져온 것이다. 그러나 나는 이와 다른 중요한 종류의 예측 불가능성, 우리 혹은 유한한 정신이라면 그 무엇도 한 시스템의 미래를 원칙적 혹은 실제적으로 예측할 수 없는 경우의 예측 불가능성에 훨씬 더 관심이 있다. 나는 이런 종류의 예측 불가능성은 비결정론과 같다고 본다. 근본적으로 나의 이런 주장은 결정론적 혼돈이 나오는 수학법칙과 예측 가능성을 제한하는 물리법칙은 예외적인 것이 아니라는 가정, 그리고 유한한 지성이라면 이런 법칙들의 지배를 받는다는 가정에 기초한 것이다. 반대로, 라플라시안Laplacian 정신은 예측할 수 있다는 '원칙적인' 예측 가능성을 강조하는 의견은 Bricmont, "Science of Chaos or Chaos in Science"에서 제시되었다. 내 견해로는 원칙적으로 예측 가능하다는 견해의 오류는 미적분 같은 정신 구조(우리의 상상력의 산물)를 사실상 그 이상의 것으로 보는 견해가 범하는 오류와 같다.

12 _______ 여기서 혼돈은 단지 예측 불가능한 행동을 말한다. 혼돈은 결정론적이다. 왜냐하면 혼돈은 천체의 움직임과 관련해 중요한 모든 것을 말해주는 한 법칙에서 나오기 때문이다. 기술적으로 말해서, 결정론적 혼돈은 (측정의 정확성에 한계가 있다는 점을 감안하면 궁극적으로 예측 불가능성을 내포하고 있는) 최초의 조건에 대한 역학 시스템의 민감성으로 특징 지어진다. 혼돈의 역학에 대한 인기 있는 소개서로는 James Gleick, *Chaos: Making a New Science*(New York: Viking Penguin, 1987) 참고. 보다 기술적인 소개서로는 Steven H. Strogatz, *Nonlinear Dynamics and Chaos* (Reading, MA: Addison Wesley, 1994) 참고.

13 _______ 많은 법칙들이 미분방정식으로 표현된다 해도, 불연속적인 세대들로 한 종의 개체 수 증가를 묘사하는 로지스틱 맵logistic map 같은 이산 차분방정식은 예외다. 그러나 최초 조건에 있어서 아주 작은 차이가 여기서도 매우 중요할 수 있다는 점에서 이런 맵에도 미적분이 들어 있다.

14 _______ 무한한 정신(가상의 게임)을 인정하지 않는다면, 예측 불가능성은 비결정론과 같다. 무한성의 은유를 포함한 수학의 가장 복잡한 은유들이 우리의 일상적인 평범한 생각에서 나왔다는 것을 잘 보여준 문헌은 George Lakoff and Rafael E. Núñez, *Where Mathematics Comes From: How the Embodied Mind Brings Mathematics into Being*(New York: Basic Books, 2000) 참고.

15 _______ 그런 사례로 가장 유명한 것은 산성 환경에서 유기물질과 브로산염의 반응을 포함한 벨로소프-자보틴스키 반응Belousov-Zhabotinskii reaction이다. 이에 관한 논의에 대해서는 J. D.

Murray, *Mathematical Biology*(New York: Springer, 1993) 참고.

16 ______ 역사적으로 볼 때, 유기체 개체 수에 있어서의 결정론적 혼돈은 둘 혹은 그 이상의 종들의 상호작용 모델, 예컨대 혼돈의 전염병 모델, 혹은 스라소니–산토끼 역학lynx–hare dynamics에서 가장 두드러지지만, 이 모델에서 처음 밝혀진 것은 아니다. 유기체 개체 수의 결정론적 혼돈은 논리적으로 증가하는 한 '단일' 종의 개체 수에 관한 혼돈역학chaotic dynamics에서 처음 자세히 설명되었다. 이에 대해서는 Robert M. May and George F. Oster, "Bifurcations and Dynamic Complexity in Simple Ecological Models", *American Naturalist* 110(1976): 573–599 참고. 생태계와 다른 시스템(예컨대, 화학반응 체계)의 중요한 차이는 생태계에서는 혼돈역학을 증명할 경험적 자료를 얻기가 매우 어렵다는 데 있다. 따라서 생태 군집에서 나타나는 많은 불규칙적인 행태 사례는 결정론적 혼돈보다는 불확정성stochasticity(예측 가능성 부족)을 말해주는 사례가 될 수 있다.

17 ______ 법칙성과 예측 불가능성은 또한 서로에 대한 관계 속에서만 존재한다. 법칙적인 것은 불규칙적인 것(예측 불가능한 것)에서 일탈한 것이며, 불규칙적인 것은 법칙과 비교해서만 확인할 수 있기 때문이다. 법칙과 규칙성이 전혀 없는 세상을 상상할 수 있을까? 반대로 완전히 예측 가능한 세상이란 과연 어떤 모습일까? 그런 세상에 생명이 존재할 수 있을까?

18 ______ 선택에 대한 이런 입장은 자유의지 논쟁과 관련된다. 자유의지 논쟁은 인간이 선택을 할 수 있느냐 없느냐 하는 보다 협소한 문제를 다루고 있다. 자유의지 논쟁의 주요 입장을 정리한 문헌으로는 Joel Feinberg, *Reason and Responsibility: Readings in Some Basic Problems of Philosophy*, 5th ed.(Belmont, CA: Wadsworth, 1981) 참고. 지금은 잘 알겠지만, 내가 택하는 시각은 (가까운 미래든 먼 미래든) 미래를 알 수 있다는 피상적인 의미에서의 결정론적 시각이 아니다. 그래서 내가 비결정론과 동시에 자유의지를 인정하는 (정치적인 의미에서가 아니라 철학적인 의미에서의) 자유의지론적 시각을 주장하는 것처럼 보일 수도 있을 것이다. 그러나 이것은 피상적인 수준에서만 그런 것이다. 왜냐하면 궁극적으로 나의 주장은 선택이란, 선택을 하겠다는 우리의 선택에서 나오는 것이기 때문이다. 이 말이 모순적으로 들리는 것은 우연이 아니다.

19 ______ 이런 확실성을 궁극적인 감옥, 지식으로 만들어진 지하감옥으로 볼 수도 있을 것이다.

20 ______ 박테리아의 경우에서도 우리는 자세한 모든 내용을 알 수는 없다. 그러나 그런 선택을 하게 하는 핵심 요인들을 밝힐 수 있는 많은 내용은 확인할 수 있다. 이에 대한 보다 자세한 내용은 R. E. Siversmith and R. E. Bourret, "Throwing the Switch in Bacterial Chemotaxis", *Trends in Microbiology* 7(1999): 16–22 참고.

21 ______ 여기서도 설명의 명확성을 위해, 방향 전환을 하려면 한 개 이상의 CheY-P 분자가 엔진에 붙어야 하며, 방향 전환은 확률 메커니즘stochastic mechanism을 따를 수도 있다는 등의 상세한 내용은 생략했다. 이런 자세한 내용에 대해서는 A. Bren and M. Eisenbach, "How Signals Are Heard during Bacterial Chemotaxis: Protein-Protein Interactions in Sensory Signal Propagation", *Journal of Bacteriology* 182(2000) 6865–6873 참고.

22 ______ 사실, 형광성 염료나 단백질을 사용하면 일부 과정은 볼 수 있다. 그러나 관련된 모든 분자들을 동시에 보는 것은 현재로서는 불가능하다.

23 _______ Karl von Frisch, *The Dance Language and Orientation of Bees* (Cambridge, MA: Harvard University Press, 1967).

24 _______ 이런 메커니즘 자체는 매우 흥미로운 것이다. 동굴탐색 개미들의 임무는 동굴 면적을 측정하는 것이다. 이때 동굴탐색 개미들은 불규칙한 패턴으로 동굴을 왔다 갔다 하면서 자신의 경로가 교차하는 횟수를 세고 그 면적을 측정한다. 경로를 교차한 횟수가 동굴의 표면 면적을 측정하는 지침이 되는 것이다. 이에 대해서는 Eamonn B. Mallon and Nigel R. Franks, "Ants Estimate Area Using Buffon's Needle", *Proceedings of the Royal Society B* 267(2000): 765-770 참고. 그러나 동굴탐색 개미들의 이런 놀라운 재주는 군집의 집단선택과는 다르다는 점, 그리고 군집의 집단선택의 사전 필요조건이란 점을 유념하자.

25 _______ 이런 그리고 다른 여러 자기조직화 사례에 대해서는 Scott Camazine et al., *Self-Organization in Biological Systems* (Princeton, NJ: Princeton University Press, 2001) 참고. 합리적이든 아니든 우리 자신의 선택의 기초가 유사하다는 것은 절대 우연이 아니다. 100만 개의 신경세포들 각각의 신호 발화 시점은 예측할 수 없다. 그러나 이들 신경세포들은 전체적으로는 여러 합리적 선택에 필요한 복잡하고 정확한 계산을 수행한다.

26 _______ 여기서 근본적으로 무작위적이고 예측 불가능한 사건에는 모두 선택이 반영된 것인지에 대한 의문이 제기된다. 이를 긍정하면 어떤 사람은 불합리다고 느끼고, 또 어떤 사람은 선택을 하나의 하찮고 진부한 관념으로 느끼게 될 것이다. 나는 이런 시각을 주장하는 것은 아니다. 그저 선택과 무작위성은 밀접히 연계되어 있다고, 요컨대 무작위성이 선택의 씨앗이라고 말하고 있을 뿐이다. 우리 세계의 기초에 자리 잡은 무작위성은 결코 하찮은 현상이 아니다. 무작위성은 이 세상의 가장 근본적이고 신비한 특징 중 하나일 것이다. 선택의 중심에, 그리고 창조 그 자체의 중심에, 예측 불가능성과 무작위성이 있다.

27 _______ 20세기 물리학은 그리스 시대부터 전해 내려오던 고대의 조야한 유물론을 배격했음을 상기할 필요가 있다. 20세기 물리학에 따르면, 세계를 작은 당구공들이 마구 뒤섞여 서로 부딪치는 식으로 보는 것은 세계의 복잡성을 피상적으로만 바라보는 것이다. 또 20세기 물리학은 (파동이든 입자든) 가장 작은 물질의 본질은 그 물질에 대해 묻는 질문에 달려 있다는 점을 보여줌으로써 물질 자체의 불변성에 의문을 던졌다. 물론, 유물론은 그 기초인 물질의 본질이 분명할 때만 분명한 의미를 갖는다. 그런데 물질의 본질 자체가 대화에서 나온다면 물질은 과연 어떻게 되는 것일까?

28 _______ 이런 식으로 행동하는 유기체들을 찾을 수 없는 또 다른 이유는 과학 탐구의 기준과 관련된다. 과학 탐구의 기준에 따르면, 행동을 추론하기 위해서는 한 유기체, 혹은 군집에 대한 일회적인 관찰이 아니라 이들의 전형적인, 혹은 평균적인 행동에 대한 평가가 필요하다. 즉, 직관에 반하는 관찰(먹이에서 멀어지는 박테리아)은 사후(즉, 이론 형성 후)에 실험 데이터에서 '무의미한 정보noise'로 처리된다. 한 생물체가 다른 선택을 할 수 있었느냐 하는 것은 비인간 유기체의 경우에도 대답하기 어려울 뿐만 아니라, 인간의 자유의지 논쟁에도 답하기 어려운 핵심적인 문제 중 하나다. 그렇지만 이상하게도 우리는 자유의지를 기준으로 판단하여 많은 비인간 유기체가 선택을 한다는 것을 부정하는 경향이 있다. 그러나 비인간 유기체가 선택을 한다는 것을 인정하지 않는 견해는 몇 가지 이유로 불안정하다. 첫째,

비인간 유기체의 행동에 대한 과학 탐구는 평균적이고 반복적인 관찰을 통한 추론만을 하도록 하기 때문에, 비인간 유기체의 선택에 대한 필요한 그리고 신중한 연구를 할 가능성을 선험적으로 배제하는 것으로 보인다. 둘째, 중요하지만 종종 무시되는 차이는 선택의 핵심 요소 중 하나인 의도적인 행동intentional action과 자발적인 행동voluntary action 간의 차이다. 의도적인 것은 자발적인 것과 결코 동일하지 않다. 예로, 마약중독자는 마약을 자발적이지는 않지만 의도적으로 먹을 수 있다. 그리고 고문을 받고 있는 포로는 자발적으로가 아니라 의도적으로 정보를 누설할 수 있다. 이런 사례들, 그리고 의도성, 자발적인 행동, 그리고 자유의지 문제에 대해서는 Jerome A. Shaffer, *Philosophy of Mind*(Eaglewood Cliffs, NJ: Prentice-Hall, 1968), 5장, "The Subject of Consciousness" 참고. 셋째, 여러 옵션 중에서 어느 하나를 선택할 수 있는 자유와 선택할 수 있는 일정한 옵션의 존재도 개인의 자율성이란 개념에 필수적인 요소는 아니다. 이런 입장을 강력하게 옹호하는 사람은 메이어 댄-코헨Meir Dan-Cohen이다(*Ethics* 102(1992): 221-243). 그는 개인의 자율성에 대한 우리의 직관을 설명할 때, "의지 행사willing"라는 개념은 일련의 옵션 중에서 하나를 고르는 선택이 개념보다 우위에 있다고 주장한다. 이런 견해의 기본 관념은 자신의 선택으로 어떤 공간(수도원)에 구속된 사람과 어쩔 수 없이 어떤 공간(감옥)에 구속된 사람의 차이를 구별하는 데서 확인할 수 있다.

29 ______ 여러 정의상 바이러스는 살아 있는 것이 아니기 때문에, 바이러스의 사례는 이런 원칙이 생명체뿐만 아니라 자기증식하는 모든 실체에 적용된다는 점을 보여준다.

30 ______ K. Lorenz, *Behind the Mirror: A Search for an Natural History of Human Knowledge*(London: Methuen, 1977); Karl Popper, *Objective Knowledge: An Evolutionary Approach*(Oxford: Clarendon Press, 1972).

31 ______ 이 원칙은 브라운 래칫Brownian ratchet(미늘톱니바퀴) 원리에 기초한 여러 분자모터에 공통된 룰이다. 중요한 분자모터에 대한 소개는 M. A. Titus and S. P. Gilbert, "The Diversity of Molecular Motors: An Overview", *Cellular and Molecular Life Sciences* 56(1999): 181-183 참고.

32 ______ 예로, 우리의 혈액순환 체계가 나무 모양으로 굵은 동맥에서 점점 작은 혈관으로 갈라지다가 거기서 다시 혈액세포 굵기와 비슷한 아주 얇은 모세혈관으로 갈라지는 이유는 무엇일까? 그래야 산소가 신체 각 부분에 전달될 수 있기 때문이다. 심장이 저항을 받지 않고 혈액을 펌프질할 수 있는 것도 그 때문이다. 이에 대해서는 James H. Brown and Geoffrey B. West, eds., *Scaling in Biology*(New York: Oxford University Press, 2000) 참고.

33 ______ 철 같은 물질에서 에너지를 추출할 수 있는 무기영양 박테리아lithotrophic bacteria 같은 것을 말하는 것이다. 이에 대해서는 Gerard J. Tortora, Berdell R. Funke, and Christine L. Case, *Microbiology: An Introduction*(Menlo Park, CA: Addison Wesley Longman, 1998) 참고.

34 ______ 법칙의 이런 한계가 생물학에만 고유한 것이라고 생각할 수 있지만, 그렇지 않다. 살아 있는 세포를 유지하는 데 필수적인 화학반응은 온도가 다른 경우, 물 대신 아세톤인 경우, 어두운 경우, 혹은 다른 행성인 경우에는 일어나지 않을 수 있다. 예컨대, 화학자들은 물이 아니라 암모니아나 아세톤

만 존재하는 화학적 환경 그리고 압력과 온도가 엄청나게 높은 화학적 환경을 창조할 수 있다. 이런 화학적 '세계'에서 일어나는 화학반응은 살아 있는 세포에서 일어나는 화학반응과 매우 다르다. 이런 세계 중 일부는 과거 지구, 다른 행성, 태양 표면, 혹은 심해 어딘가에 존재했을 수 있고, 다른 일부는 그 어디에도 존재하지 않을 수도 있다. 그리고 물리학 법칙도 환경에 따라 달라진다. 빛은 초당 300km 속도로 이동하지만, 완벽한 진공 상태에서만 그러하다. 마찰항력frictional drag은 속도에 비례하지만, 낮은 속도에서만 그렇다. 그리고 한 물체의 질량은 그 물체의 속도가 불변일 때만 불변이다. 이는 법칙과 법칙의 영역을 구별하는 것으로도 설명할 수 있다. 여기서 법칙의 영역〔홀로세Holocene(1천 년 전부터 현재까지의 지질시대, 현세), 수성 환경(퇴적 환경), 혹은 완전 진공〕이란 다른 조건이 같다면 그 법칙이 항상 적용되는 영역을 말한다. 물리학의 기본 법칙이 생물학의 기본 법칙보다 더 광범위한 영역을 갖는데, 그것은 물질의 범위가 생물의 범위보다 넓기 때문이다. 지금까지 내가 회피했던 한 가지 이슈는 (기본적인) 법칙과 설명들을 예측과 구별하는 것이었다. 기존의 여러 설명에 따르면, 법칙에서 예측이 나온다. 그러나 이 문제를 신중하게 분석한 낸시 카트라이트Nancy Cartwright에 따르면, 그렇지 않은 경우가 많다. 특히 기본 법칙에서는 쉽게 예측이 나오지 않는다. 기본 법칙 대신 제2의 범주의 법칙이 필요한데, 그것이 현상 법칙phenomenological law이며, 예측이 나오는 것은 이 현상 법칙에서다. 그리고 유기체들이 '발견'하는 대부분의 법칙이 바로 현상 법칙이다. 그런데 이런 현상 법칙도 항상 기본 법칙에서 나오는 것은 아니다. 이에 대해서는 Nancy Cartwright, *How the Laws of Physics Lie*(Oxford: Oxford University Press, 1983); Cartwright, "Fundamentalism vs the Patchwork of Laws", *Proceedings of the Aristotelian Society* 93(1994): 279-291 참고.

35 _______ 아기들을 대상으로 이런 예측들을 연구하는 것은 쉬운 일이 아니다. 그러나 아동 인지발달 분야에서 많은 훌륭한 연구들이 나왔다. 대상의 통일성에 관한 연구는 Scott P. Johnson, "Visual Development in Human Infants: Binding Features, Surfaces and Objects", *Visual Cognition* 8(2001): 565-578 참고. 인간이 이런 예측을 하는 것이 일반적으로 선천적인 것이 아니라는(아이들 대부분은 학습을 통해 예측을 배운다) 사실은 진화론적 시각에는 중요한 것이다. 그러나 예측 자체는 선천적인 것이 아니지만(학습의 결과지만), 예측을 배우는 능력은 선천적인 것이다. 이는 언어 자체는 선천적인 것이 아니지만 한 개 혹은 여러 언어를 배우는 능력은 선천적인 것과 같다. 그런데, 선천성 문제의 보다 복잡한 측면은 후천적으로 획득된 것으로 보이는 많은 능력들이 사실은, 단순히 뇌가 성숙해져서 관련된 예측을 하기에 충분한 정보를 주변 환경에서 얻어내는 능력이 점진적으로 발달한 결과일 수 있다는 데 있다.

36 _______ 이와 관련된 또 다른 사례는 물체의 크기, 색깔, 비례 혹은 공간적 관계를 시각적으로 왜곡시키는 수많은 착시 현상이다. 이에 대해서는 Donald D. Hoffman, Visual Intelligence: *How We Create What We See*(New York, NY: W. W. Norton, 1998) 참고.

37 _______ 이는 관찰자의 질문이 그 대답에 영향을 미치는 양자역학의 세계에서 훨씬 더 분명하다. 양자역학은 세상을 분석하려는 우리의 서툰 노력을 거부하는, 우리의 상상을 초월하는 이상한 세계다. 그러나 양자역학의 세계는 우리가 살고 있는 바로 그 세상의 한 부분이며, 따라서 우리의 숨겨진 추상적 가정들의 결점들을 드러내 보일 수 있다.

chapter 7   생명의 다양한 목적과 지적 설계론에 대한 반증

1 _______ A와 B는 한 효소의 부분을 형성하는 아미노산일 수도 있다. 효소는 효소를 만든다.

2 _______ 두 분자 A와 B를 결합시키는 많은 생화학반응은 물 같은 작은 부산물 분자를 만드는 액화반응이다. 따라서 엄격히 말해 A와 B가 단지 이런 반응에서 결합하는 것은 아니다. 그러나 어떤 부산물도 만들어내지 않는 합성반응synthesis reaction 혹은 직접 결합반응direct combination reaction도 존재한다.

3 _______ J. Piatigorsky and G. J. Wistow, "Enzyme/Crystallins: Gene Sharing as an Evolutionary Strategy", *Cell* 57(1989); 197-199; Stanislav I. Tomarev and Joram Piatigorsky, "Lens Crystallins of Invertebrates: Diversity and Recruitment from Detoxification Enzymes and Novel Proteins", *European Journal of Biochemistry* 235 (1996): 449-465.

4 _______ 집과 달리 세포에는 또 다른 위험이 있다. 구체적으로 과잉 삼투압 환경은 세포의 물 흡수를 촉진해 세포를 팽창시킬 수도 있다. 세포 골격은 그런 환경에서 세포의 통합성을 유지하는 일을 하기도 한다.

5 _______ 이런 시각을 교회 건축의 중요한 요소에 초점을 맞춰 정리한 논의로는 Stephen Jay Gould and Richard C. Lewontin, "Spandrels of San Marco and the Panglossian Paradigm: A Critique of the Adaptionist Program", *Proceedings of the Royal Society B* 205(1979): 581-598 참고.

6 _______ 이런 단백질들이 인간 정신의 씨앗을 품고 있는 것 같은 훨씬 색다른 목적에 봉사한다는 주장도 제기되었다. 이와 관련해 로저 펜로즈Roger Penrose는 *The Large, the Small and the Human Mind,* ed. Malcolm Longair (Cambridge: Cambridge University Press, 1997) 에서 신경의 계산 과정에서 미소관microtubule이 하는 역할을 자세히 설명하고 있다.

7 _______ 가브리엘 카든Gabrielle Kardon은 "Evidence from the Fossil Record of an Antipredatory Exaptation: Conchiolin Layers in Corbulid Valves", *Evolution* 52 (1998): 68-79에서 콘키올린의 진화론적 기원에 관한 문제를 다뤘다. 다음 사례들에서도 어떤 유기체들의 특징은 최소한 기원상으로는 어떤 목적도 없었던 것이 아닌가 하는 문제를 포함해 콘키올린의 진화론적 기원에 관한 문제와 비슷한 문제들이 제기된다. 스티븐 제이 굴드와 엘리자베스 브르바는 최소한 기원상으로는 어떤 목적에도 봉사하지 않는 (그러나 후에 우연히 다른 기능을 갖도록 진화하게 된) 유기체의 특징들을 '굴절적응exaptation'이라고 했다. 이에 대해서는 Gould and Vrba, "Exaptation: A Missing Term in the Science of Form", *Paleobiology* 8(1982): 4-15 참고. 굴절적응의 여부에 대해서는 많은 토론이 있었다. 이에 대해서는 Stephen Jay Gould, "The Exaptive Excellence of Spandrels as a Term and Prototype", *Proceedings of the National Academy of Sciences* 94(1997): 10750-10755 참고. 그러나 목적을 창조하는 데 있어 생물체가 가진 거대한 창조성을 강조하려는 이 책에서는 굴절적응의 문제가 핵심 주제는 아니다.

8 _______ 열대 덩굴식물의 자기방어 사례를 자세히 분석한 자료는 W. Scott Armbruster, "Exaptations Like Evolution of Plant-Herbivory and Plant-Pollinator Interactions: A Phylogenetic Inquiry", *Ecology* 78(1997): 1661-1672 참고.

9 _______ 예컨대 P. Nicholls, "Introduction: The Biology of the Water Molecule", *Cellular and Molecular Life Science* 57(2000): 987-992; Y. Pocker, "Water in Enzyme Reactions: Biophysical Aspects of Hydration-Dehydration Processes", *Cellular and Molecular Life Science* 57(2000): 1008-1017 참고.

10 _______ 우리가 알고 있는 가장 작은 물체인 소립자(기본 입자)는 어떤가? 서로 끊임없이 충돌하는 가장 작은 당구공이라 할 수 있는 소립자들은 단순한 것으로 간주되고 있다. 그러나 각각의 소립자는 일련의 특징을 갖고 있다. 질량 같은 특징은 우리에게 익숙하고 스핀spin 같은 특징은 익숙하지 않다. 이런 특징들이 가지각색으로 조합되어 서로 다른 입자가 만들어진다. 물리학자들은 그중 수십 개의 입자에 이름을 붙였다. 우리가 알고 있는 소립자 수가 아마도 무한히 증가하지는 않을 것이라고 누가 말할 수 있겠는가? 이 주제에 대한 보다 권위 있는 물리학자의 견해로는 Roger S. Jones, *Physics as Metaphor*(Minneapolis: University of Minnesota Press, 1982), 116-117 참고. 소립자 수가 유한한 것으로 드러난다 해도, 이들 소립자들은 내가 여러 차례 언급한 하나의 독특한 특징을 갖고 있다. 양자법칙에 따르면, 두 개의 소립자들이 서로 조우할지는 전혀 예측 불가능하다. 따라서 두 소립자의 특징이 이들 소립자들의 조우를 결정한다 해도, 우리는 그 조우가 일어날지 알 수 없다.

11 _______ D. Jean, K. Ewan, and P. Gruss, "Molecular Regulations Involved in Vertebrate Eye Development", *Mechanisms of Development* 76(1998): 3-18.

12 _______ Scott F. Gilbert, *Developmental Biology*, 5th ed.(Sunderland, MA: Sinauer, 1997), 41.

13 _______ Pierre Teilhard de Chardin, *Christianity and Evolution*, trans. René Hague (New York: Harcourt Brace Jovanovich, 1971).

14 _______ 예로, Francisco J. Ayala, "Darwin's Deveolution: Design without Designer", *Evolutionary and Molecular Biology: Scientific Perspectives on Divine Actions*, ed. Robert John Russell, William R. Stoeger, SJ, and Francisco J. Ayala (Notre Dame, IN: University of Notre Dame Press, 1998); Hugh Lehman, "Functional Explanations in Biology", *Philosophy of Science* 32(1965): 1-20; Michael E. Ruse, "Function Statements in Biology", *Philosophy of Science* 38(1971): 525-528 참고.

15 _______ 일화적이긴 하지만 인간의 혁신에 대한 유쾌한 분석은 Tom Kelley, *The Art of Innovation*: Lessons in Creativity from IDEO, America's Leading Design Firm(New York: Currency/Doubleday, 2001) 참고. 보다 학문적인 문헌은 Robert J. Sternberg, ed., *Handbook of Creativity*(Cambridge: Cambridge University Press, 1999) 참고.

16 _______ 새로운 생물학적 분자를 만드는 무작위적인 돌연변이와 인간이 혁신을 창조하는 과정 간의 차이도 (혁신의 물질적 기반이 꽤 다를 수 있음에도 불구하고) 결국 정도의 문제다.

17 ________ 그렇다면 목적과 의미를 만드는 데 있어 인간과 다른 동물들의 능력에는 아무런 차이도 없을까? 내가 보기엔 하나의 차이가 있다. 그것은 인간(그리고 아마도 소수의 다른 동물들)은 자기 자신에 대해 안다는 것이다. 인간은 자신에게 세상의 한 위치를 부여할 수 있다. 인간은 목적을 창조하고 다른 사물들뿐만 아니라 자신의 형태를 창조할 수 있다. 타자뿐만 아니라 자신의, 그리고 물질뿐만 아니라 의미와 정신의 형태를 만듦으로써 세상의 창조에 참여하는 이런 능력의 한계는 어디일까?

18 ________ 이 질문은 아직 해결되지 않은 질문 즉 '의미는 무엇이냐?' 라는 질문과 매우 유사하다.

19 ________ 이런 주장에 대한 명료한 설명은 L. Wright, "Functions", *Philosophical Review* 82(1973): 139-168 참고.

20 ________ 이 문제와 관련된 여러 측면을 다룬 문헌으로는 David Hull and Michael Ruse, *The Philosophy of Biology* (New York: Oxford University Press, 1997) 참고.

21 ________ '기능'을 한 대상이 관계 맺을 (무한한) 가능성으로 보는 시각을 택할 수도 있을 것이다.

22 ________ 눈을 갖는 것이 누구에게 나쁠까?

23 ________ 한 가지 중요한 예외 조건은 일부 암은 병원균에 의해 발병하며, 따라서 전염의 부산물이거나 심지어 병원균의 목적에 봉사하기도 한다는 것이다.

24 ________ 눈 같은 복잡한 기관이나 세포골격 단백질 같은 복잡한 세포 구조의 정교한 설계 특징이 어떤 '지적 설계자'의 존재를 나타내는 증거라고 한다면, 벌의 갈고리 모양 침이나 종양의 허무주의는 어떤 '바보 같은' 설계자의 존재를 나타내는 증거가 될 수 있다.

25 ________ 엄격히 말해서 종양 형성으로 이득을 보는 수혜자들도 있다. 그것은 세포분열을 멈추고 유기체의 더 큰 목적에 봉사하기로만 했던, 그리고 그 유기체와 함께 죽을 운명이었던 세포들이다. 종양이 형성될 때, 이런 세포들이 다시 분열을 시작해서 자손을 만든다. 그러나 이것은 일시적인 현상이다. 그 후 다시 유기체나 세포들의 계보는 멸종할 운명이다. 이것은 단지 시간문제다.

chapter 8   과학자와 선택의 힘

1 ________ 여기서 내가 일화적인 설명을 했다고 해서 과학철학에 존재하는 수많은 관련 연구를 무시하려는 것은 아니다. 나는 단지 학구적인 철학자만 이해할 수 있는 수많은 '-이즘'에 관한 논의에 빠지지 않기 위해 특히 중요하다고 생각되는 의견만 강조했다. 현대의 학문적인 과학철학에 대해서는 David Papineau, ed., *The Philosophy of Science* (Oxford: Oxford University Press, 1996) 참고.

2 ________ 설명의 우선성에 두 개의 예외가 있다고 주장할 수 있다. 첫째, 금융에서 사용되는 정교한 시계열Time-Series 예측과 같은 통계적인 예측의 경우, 예측의 목적은 어떤 관심 변수(예컨대, 주식)의 과거 가치와 미래 가치의 상호작용에 대한 상세한 '기계론적' 모델 없이(즉, 상세한 인과론적 설명 없이) 그저 과거 가치를 보고 미래 가치를 예측하려는 것이다. 그러나 그런 통계적인 모델조차 원인과 관련된 변수(독립변수=설명변수)들에 대한 암묵적인 가정 그리고 예측하고자 하는 변수(종속변수=피설명변수)와

독립변수의 관계를 가정하는 특정 수학적 도구를 사용한다. 둘째, 현상 법칙은 관찰 가능한 것들의 수학적 관계(예컨대, 온도를 높일 때 금속 막대의 팽창, 혹은 서로 상이한 방사성 동위원소의 반주기)를 예측한다. 현상 법칙 자체에서는 관련된 변수들의 인과론적(설명적) 관계가 분명하지 않지만, 현상 법칙은 그런 인과론적 관계를 가정하는 저변의 보다 '근본적인' 법칙에서 나오는 것이 보통이다. 근본적인 법칙과 현상 법칙의 관계는 결코 단순하지 않다. 이에 대해서는 Nancy Cartwright, *How the Laws of Physics Lie*(Oxford: Oxford University Press, 1983), chapter 6 참고.

3______ '설명이란 무엇인가?'란 질문에 엄격하게 정확한 대답을 하기란 무척 힘들다. 이 질문은 너무 근본적이어서 이를 간단히 소개한 내용도 철학백과사전에서나 찾아야 한다. 온라인으로 찾아볼 수 있는 이런 백과사전 중에는 보다 광범위한 참고자료를 제공하는 곳들도 있다. 예로, http://www.iep.utm.edu/라는 인터넷 철학백과사전이 그곳이다.

4 ______ 플레밍은 페니실린 발견 내용을 "On the Antibacterial Actions of Cultures of a Penicillium, with Special Reference to Their Use in the Isolation of B. Influenzae", *British Journal of Experimental Pathology* 10(1929): 235–236에 발표했다. 그리고 몇 년 후 플레밍은 페니실린 연구를 종료했다. 그의 연구는 언스트 체인Ernst Chain과 그의 동료들이 계승했다. 이들은 치료제로서 페니실린의 유용성을 처음 확립했다. Chain et al., "Penicillin as a Chemotherapeutic Agent", *Lancet* 2(1940).

5 ______ 정확성을 기하기 위해 말하면, 노란색은 플레밍이 페니실륨 곰팡이를 서술하는 데 사용한 여러 색깔 중 하나에 불과하다. Fleming, "On the Antibacterial Actions of Cultures of a Penicillium" 참고. 그러나 어느 색으로 서술해도 논점은 같다.

6 ______ 가시광선은 여러 파장의 빛으로 구성될 수 있다는 다양한 해석에 기초한 또 다른 서술도 있음을 유념하자.

7 ______ 우리가 겪는 수많은 착시 현상을 생각해보자. 이에 대한 널리 알려진 소개서로는 Donald D. Hoffman, *Visual Intelligence: How We Create What We See*(New York: W. W. Norton, 1998) 참고.

8 ______ 이 문제를 살펴보기에 가장 좋은 자료는 인지심리학 교과서다. 예컨대, John R. Anderson, *Cognitive Psychology and Its Implications*, 3rd ed.(New York: W. H. Freeman, 1990) 참고.

9 ______ 따라서 이런 해석을 있는 그대로 보여주려는 인지심리학적 대화를 계속할 필요가 있다. 그러나 이런 대화도 끝없는 미로의 또 다른 출발점에 불과하다.

10 ______ 나는 이 둘이 모든 점에서 같다고 주장하는 것이 아니다. 우리의 목적상 가장 중요한 점에서 공통점이 있다고 주장하는 것이다. 이 둘 사이에는 본문에서 지적한 차이 외에도 인지과학에서 말하는 선언적, 암묵적, 그리고 절차적 지식 간의 차이를 포함한 많은 차이가 있다. 이것에 대해서는 Neil A. Stillings et al., *Cognitive Science: An Introduction*(Cambridge, MA: MIT Press, 1987) 참고.

11 ______ 나는 여기서 의도적으로 '해석'과 '설명'을 상호교환적인 말로 사용했다.

12 ______ 이런 식의 해석을 하는 데 있어, 기생식물이 인간의 신경 시스템 같은 것을 사용하는 것은 전혀 아니다. 이 경우 기생식물은 자신의 몸속에 있는 분자들의 커뮤니케이션을 통해 그와 같은 해석을 하게 된다. 기생식물의 몸에서 이런 해석을 담당하는 부분을 정확히 짚어내려고 하면, 헤엄치는 박테리아에서 내가 설명했던 것과 똑같은 문제에 빠지게 된다.

13 ______ 설명에 대한 이런 시각은 원인을 사물이나 사건들 간의 관계로 특징화한 흄David Hume의 논의를 일반화한 것이다. 사건이나 사물은 내가 앞서 말한 의미에서 신호가 된다. 왜냐하면 신호란 것은 신호 이면에 있는 원인을 나타내는 것이기 때문이다. 바로 여기서 '의미'란 관념이 나오게 된다.

14 ______ 인지심리학에서는 자동적인 과정(예컨대, 무의식적인 선택)과 통제된 과정(예컨대, 의식적인 선택)을 구분한다.

15 ______ 코페르니쿠스적 전환은 토머스 쿤Thomas Kuhn의 《과학혁명의 구조*The Structure of Scientific Revolutions*》의 가장 핵심적인 개념이다. 쿤의 연구는 과학이론사와 과학이론들의 상호 계승 방식을 재정립하려는 또 다른 많은 시도를 낳았다. Thomas S. Kuhn, *The Structure of Scientific Revolutions*(Chicago: University of Chicago Press, 1962) 참고. 기존의 이론이 설명하지 않은 내용들이 과학이론들의 계승에는 중요하다. 쿤은 뒤에 등장한 이론과 기존 이론 사이에 의미가 단절될 수 있음을 강조했다. 즉, 두 이론들이 서로 다른 용어를 사용할 수 있다는 것이다. 그러나 어떤 이론들의 경우에는 그렇지만, 지구의 열수축 이론 및 대륙이동 이론 같은 이론들의 경우에는 그렇지 않을 수도 있다. 이에 대해서는 Naomi Oreskes, *The Rejection of Continental Drift: Theory and Method in American Earth Science*(New York: Oxford University Press, 1998) 참고.

16 ______ 이 주제는 그와 관련된 방대한 문헌이 존재하는 또 다른 주제이다. 특수상대성이론의 발전에 관한 역사적인 설명은 Arthur I. Miller, *Albert Einstein's Special Theory of Relativity: Emergence(1905) and Early Interpretation (1905–1911)* (Reading, MA: Addison-Wesley, 1998) 참고.

17 ______ 엄격히 말해, 유명한 마이컬슨–몰리의 실험Michelson-Morley experiment에서 검증된 가설은 서로 상대적인 각도에서 이동하는 두 개의 광선은 다른 속도로 이동한다는 것이다. 이는 동일한 광선의 속도를 지구가 자전하는 동안 다른 시점에서 측정한 것과 같다. 다만 두 개의 광선 속도를 측정하는 것이 더 실용적이긴 하다. 왜냐하면 두 광선을 서로 간섭시킴으로써 두 광선의 상대적인 속도를 비교할 수 있기 때문이다.

18 ______ 다른 많은 과학적 설명과 달리, 이 설명은 자동적인 것이 되지 않는다. 그것은 처음에 이런 설명을 선택하기가 매우 어렵기 때문이거나, 움직이는 속도에 따라 시간이 달라진다는 것을 우리가 경험하지 못하기 때문이거나, 혹은 설명된 관찰 결과를 일상 용어로 말하기 어렵기 때문일 것이다.

19 ______ 아인슈타인의 선택이 모두 똑같이 성공한 것은 아니다. 그가 처음 상대성원리를 제안하고 몇 년 후, 막스 플랑크Max Planck, 베르너 하이젠베르크Werner Heisenberg, 에르빈 슈뢰딩거Erwin Schrödinger를 포함하는 또 다른 그룹의 물리학자들이 고전물리학의 여러 '자세한 내용들'을 설명하는 양자이론을 발전시켰다. 양자이론은 물리학의 또 다른 거대한 성공 스토리다(아인슈타인도 빛이 특별한

성질을 가질 수 있다고 주장한 1905년의 논문을 통해 초기 양자이론의 발전에 중요한 기여를 했다). 많은 실험 결과 양자이론의 예측 중 많은 것이 옳다고 확인되었다. 그리고 물리학자들은 오늘날까지도 양자이론을 연구하고 있다. 양자이론의 가장 중요한 결론 중 하나는 예측 불가능성과 무작위성은 물리학의 근본적인 문제라는 것이다. 이런 결론은 양자이론의 수학적 결과에 대한 가장 광범위하게 인정된 해석으로, 코펜하겐 해석Copenhagen interpretation으로 알려졌다. 이에 대해서는 James T. Cushing, *Philosophical Concepts in Physics: The Historical Relation between Philosophy and Scientific Theories*(Cambridge: Cambridge University Press, 1998) 참고. 아인슈타인은 이런 본질적인 무작위성을 최종적인 결론으로 생각하지 않았으며, 그런 시각을 선택하려고 하지도 않았다. 그는 닐스 보어Niels Bohr에게 보낸 편지에서 "신은 주사위놀이를 하지 않는다"는 유명한 말을 했다. 아인슈타인은 무작위성에 대한 코펜하겐 해석이 (아인슈타인 자신이 에테르에 했던 것과 비슷한) 기존 이론에 대한 일시적인 수정이라고 믿었다. 따라서 이런 견해는 언젠가 보다 나은 시각이 나오면 버려질 것이었다. 그리고 아인슈타인은 이런 선택을 유지했다. 대부분의 현대 물리학자들은 이 문제에 대해서는 아인슈타인이 틀렸다는 데 동의할 것이다. 무작위성은 계속 존재할 것이다.

20 ______ 기술적인 설명이긴 하지만 이런 시각에 대한 자세한 내용은 Oreskes, *Rejection of Continental Drift* 참고.

21 ______ 이 책의 독일어 원본은 *Die Entstehung der Kontinente und Ozeane* (Braunschweig: Friedrich Viewig, 1915)이고, 영어 번역판은 *The Origins of Continents and Oceans* (New York: Dover, 1966)이다.

22 ______ 이에 대한 역사적인 설명은 Ernst Mayr, *The Growth of Biology Thought: Diversity, Evolution, and Inheritance*(Cambridge, MA: Belknap Press of Harvard University Press, 1982) 참고.

23 ______ 여기서 다른 많은 이론들에 대해서는 물론이거니와, 베게너의 대륙이동론(Oreskes, *Rejection of Continental Drift*), 다윈의 자연선택에 따른 진화론(Mayr, *Growth of Biological Thought*), 아인슈타인의 특수상대성이론(Miller, *Einstein's Special Theory of Relativity*)에 대해 추가로 언급해야 할 몇 가지 사항이 있다. 첫째, 이들의 선택은 단순하지 않았다는 것이다. 이들이 이런 선택을 하기 위해서는 광대한 정보를 거르고, 그렇게 거른 정보를 독창적으로 재구성해야 했다. 둘째, 이들 세 사람의 시대에 이들과 비슷한 선택을 한 사람들이 있었다는 것이다. 다윈의 경우에는 앨프리드 월리스Alfred Wallace, 아인슈타인의 경우에는 헨드리크 로렌츠Hendrik Lorentz가 그런 사람이다. 그럼에도 이들이 많은 관심을 받지 못한 이유는 다양하다. 셋째, 역사가들은 새로운 시각이 잘 채택되지 않는 '이유'를 이해하기 위해 많은 연구를 했는데, 이들의 연구에서 가장 중요한 메시지는, 그 '이유'가 새로운 시각이 제시한 증거보다는 기존의 정설이나 학문 관행 때문이었다는 것이다. 넷째, 이론이 직면한 대부분의 문제에 약간의 '수정'을 하는 것이 늘 가능하다는 것이다. 기존 이론을 수정하는데도 결국 새롭고 매우 다른 선택이 승리하는 이유를 찾는 것이 항상 쉬운 일은 아니다. 그러나 하나의 공통된 주장은 새로운 선택이 보다 단순하거나 보다 우아하다는 것인데, 이는 대부분 정확히 판단하기 어려운 미적 기준이다.

24 ______ 기존의 정설을 거스르는 선택을 한 몇몇 생물학자들에 대한 소개는 Oren Harman and Michael R. Dietrich, eds., *Rebels, Mavericks, and Heretics in Biology* (New Haven and London: Yale University Press, 2008) 참고. 과학적 지식의 사회학에 대한 철저한 분석은 Barry Barnes, David Bloor, and John Henry, *Scientific Knowledge: A Sociological Analysis* (Chicago: University of Chicago Press, 1996), 2장 참고.

25 ______ 과학철학과 과학사는 대체로 이론의 역사에 관한 것이다. 그러나 이와 달리 관찰과 실험이 어떻게 이루어지며 관찰과 실험 결과를 해석하는 데 필요한 판단이 얼마나 어려운지를 아주 자세하게 묘사한 연구들도 있다. 이런 연구로는 Cushing, *Philosophical Concepts in Physics*; Peter Galison, *How Experiments End* (Chicago: University of Chicago Press, 1987); Andrew Pickering, *Constructing Quarks: A Sociological History of Particle Physics* (Edinburgh: Edinburgh University Press, 1984) 등이 있다.

26 ______ 그렇다 해도, 우리의 해석이 그냥 하나의 해석이라는 것을 보여주기 위해서는 인지심리학적 대화 같은 특별한 대화가 필요한 경우도 있다.

27 ______ 최근에 이런 '최종적인 해석'이라고 하는 것은 매우 복잡하다. 우리의 생은 그것을 모두 이해할 정도로 길지 않다. 이와 대조적으로, 몇 천 년 전에는 한 사람이 인간의 지식을 모두 획득하는 것이 가능했다. 그 이후 최종적인 해석은 훨씬 더 추상적인 것이 되기도 했다. 지금 이 최종적인 해석은 수만 권의 책을 채우고 있으며, 소립자, 스핀, 쿼크, DNA, 자기 모멘트, 단백질 등의 용어를 사용하고 있다. 그런데 우리는 이런 개념들 중 많은 것을 직접 경험하지 못하고 있다(그런데 이상하게도, 과학도에게 그런 용어들을 설명하는 교과서들은 당구공, 물결, 추, 기타줄 같은 은유를 사용하고 있다. 결국 우리가 그 최종적인 해석이란 것에도 그렇게 많이 다가간 것 같지는 않다).

chapter 9 과학, 그리고 지식의 한계

1 ______ 이런 확실성조차 과장된 것일 수 있다. 클리랜드Carol E. Cleland는 한 가설에 대한 실험적 검증에는 그 가설 자체에 대한 검증뿐만 아니라 수많은 보조 가정들에 대한 검증도 암묵적으로 이루어진다는 점을 지적했다. 이에 대해서는 Carol E. Cleland, "Methodological and Epistemic Difference between Historical Science and Experimental Science", *Philosophy of Science* 69(2002): 474-476 참고. 이런 가정들을 수정하면 실험 결과가 다를 수 있다. 이것은 한 가설에 대한 반증이 특별한 보조 가정들의 오류로 인한 '부정 오류false negative' (즉, 잘못된 보조 가정을 가지고 그 가설이 틀렸다고 잘못 판단하는 것)일 수 있음을 의미한다.

2 ______ 참고로, 부정적인 답을 허용하는 질문들을 강조하면 이런 질문을 하는 근본적인 이유(새로운 것의 창조)를 등한시할 수 있다. 세상은 어떤 질문을 해야 하는지, 그리고 이 질문에 대한 답으로 어떻게 새로운 해석을 수립해야 하는지에 대한 방법을 제공하지 않는다. 세상은 단지 과거의 해석을 박살낼 뿐이다. 그러나 새로운 해석, 새로운 선택, 새로운 질문의 창조는 그 무엇과도 비길 수 없는 창조적인 행

위다. 이는 본질적으로 인간적인 행위지만 과학적 대화에서 가장 무시되는 측면이기도 하다. 그것은 아마도 우리가 그것에 대해 아는 바가 거의 없기 때문일 것이다.

3 ______ 대부분의 과학자들이 이론의 약점을 공격하는 것이 중요하다는 데 동의할 것이다. 그리고 한 이론이 옳은지 그른지 입증할 수 있는 엄격한 방법이 없다는 데도 동의할 것이다. 그러나 이들의 동의에는 이상한 이중 잣대가 적용되고 있다. 이들이 솔직하게 동의했다면, 서둘러 자신의 이론들을 버려야 할 것이다. 한 이론을 파괴해야 새로운 이론이 들어설 공간이 생기기 때문이다. 그런데 우리 대부분은 이와는 정반대로 행동하고 있다. 우리 대부분은 자신의 이론을 고수하고 그것을 사력을 다해 방어하면서 오히려 반대자들을 공격한다. 과학에는 이런 이중 잣대를 보여주는 대화들로 가득하다. 다시 말하지만, 우리의 과거는 그렇게 쉽게 흔들리지 않는다.

4 ______ 이런 관념은 결코 새로운 것이 아니다. 이런 관념을 가장 뚜렷하게 주장하는 것은 다윈으로 거슬러 올라가는 인식론의 한 분파인 진화론적 인식론evolutionary epistemology이다. 진화론적 인식론이란 용어는 도널드 캠벨이 만든 것이다. D. Campbell, "Evolutionary Epistemology", *The Philosophy of Karl Popper*, ed. Paul Arthur Schilpp(La Salle, IL: Open Court, 1974) 참고. 포괄적인 참고 문헌을 소개한 자료는 Gary A. Cziko and Donald T. Campbell, "Comprehensive Evolutionary Epistemology Bibliography", *Journal of Social and Biological Science* 13(1990): 41-81 참고.

5 ______ 래리 라우든Larry Laudan은 이러한 입장을 수렴적 인식론적 실재론convergent epistemological realism(수렴적 실재론)으로 명명하고 은유에 대한 나의 간단한 분석보다 훨씬 엄격한 분석을 통해 수렴적 실재론을 거부했다. 이에 대해서는 L. Laudan, "A Confutation of Convergent Realism", *Philosophy of Science* 48(1981): 19-49 참고. 이 논문에서 라우든은 수렴적 실재론을 반박하는 여러 주장을 했다. 그 중 일부를 소개하면 다음과 같다. 첫째, "그 이론의 핵심 용어들이 우리와 독립적인 어떤 진리의 실체에 대해 언급(설명)하고 있다면, 그 이론이 반드시 성공적인 것일까?" "아니다." 예로, 화학의 원자론은 핵심 용어(원자)로 그런 실체를 언급(설명)했는데도 19세기까지 성공적이지 못했다. 둘째, "그렇다면 반대로, 성공적인 이론이란 자신의 용어로 그런 실체를 언급(설명)한 이론일까?" "아니다." 그런 실체를 언급(설명)하지 않고도 과거에 성공적이었던 이론들은 많이 존재한다. 대표적인 것이 화학과 물리학의 에테르 이론이다. 따라서 진실에 대한 언급(설명)과 이론의 성공 간의 관계는 빈약하다. 그런 후 라우든은 "한 이론이 진리에 가깝다면, 그 이론의 설명은 성공적일 것이다"라는 명제(실체에 대한 언급이 없으므로 조금 약한 명제)와 그 반대 명제를 분석했다. 라우든은 열소설 caloric theory of heat과 격변주의적 지질학catastrophist geology을 포함해, 지금은 진실이 아닌 것으로 밝혀졌지만 과거에는 성공적으로 설명했던 수많은 이론들을 사례로 제시했다. 그는 또한 이런 문제를 해결하는 데 적용될 수 있는 '근사적 진리approximate truth'란 존재하지 않는다고 주장했다. 마지막으로 라우든은 수렴적 실재론자들의 대표적인 주장, 즉 후대 이론들은 과거 이론들의 핵심 용어들을 계승했으며, 과거 이론들은 후대 이론들의 제한적인 사례로 간주될 수 있다는 주장(수렴적 실재론의 진보 관념을 나타내는 주장)을 폐기했다. 코페르니쿠스의 천문학과 뉴턴의 물리학이 수렴적 실재론의 이런 주장에 대한 반대 사례에 해당한다. 이러한 논의에 대해서는 라우든의 "Confutation of Convergent

Realism", 127-128 참고. 라우든의 마지막 논점을 가장 명확히 보여준 연구는 Thomas S. Kuhn, *The Structure of Scientific Revolution*(Chicago: University of Chicago Press, 1962) 이다.

6 _______ 이론들의 참 내용을 비교하려는 많은 이론적 시도들이 있었다. 그런 시도들을 검토한 것이 라우든의 "Confutation of Convergent Realism"이다. 그런데 이상하게도 그런 시도들 자체는 비교되어야 할 과학이론에 포함되지 않았다. 그런 이론적 시도들이 사실은 과학적인 이론이 아니라서 그런 걸까?

7 _______ 자연법칙을 은유로 보는 것은 (원인과 결과 같은 철학의 핵심적인 관념을 포함해) 세계를 묘사하기 위해 우리가 사용하는 거의 모든 기본적인 개념들을 은유적인 것으로 보는 철학적 입장에 속한다. 인지과학에서 이런 입장을 가장 강하게 주장하는 사람은 조지 레이코프George Lakoff와 마크 존슨 Mark Johnson이다. 이들은 일반적인 독자층에 대해 설명하는 과정에서(Lakoff and Johnson, *Metaphors We Live By*(Chicago: University of Chicago Press, 1980)), 수학에서 사용되는 은유를 연구하는 과정에서(Lakoff and Rafael E. Núñez, *Where Mathematics Comes From: How the Embodied Mind Brings Mathematics into Being*(New York: Basic Books, 2000)), 그리고 한 철학 연구에서(Lakoff and Johnson, *Philosophy in the Flesh: The Embodied Mind and Its Challenge to Western Thought*(New York: Basic Books, 1999)) 그런 입장을 제시했다. 이들의 입장은 궁극적으로는 우리는 우리의 인식 능력과 그런 인식능력을 발휘하는 데 필요한 신경 및 물리적 기초를 분리할 수 없다는 인식에 기초한 것이다. 은유에 대한 이들의 분석은 여기서 내가 하고 있는 일화적 설명보다 훨씬 더 철저한 것이다. 어떤 은유든 실패하기 마련이라는 것은 놀라운 일도 아니다. 은유는 자신이 표현하는 기호, 즉 표상체representamen와의 유사성(더글러스 호프스태터Douglas R. Hofstadter의 용어로 하면 등질동형isomorphism)에 기초하고 있기 때문이다(Douglas R. Hofstadter, *Göder, Escher, Bach: An Eternal Golden Braid*(New York: Basic Books, 1999)). 표상체만 그 자체와 동일하다. 따라서 모든 은유는 자신의 표상체에 없는 특징을 가지고 있는 게 분명하다.

8 _______ 그렇지만, 여러분이 질문을 '할 수 있을' 때마다 똑같은 대답을 얻을 것이란 보장은 없다.

9 _______ 하나의 자연 현상을 이해하는 데 중요한 것과 중요하지 않은 것을 어떻게 구별할 것인가 하는 문제는 오직 사후에만 알 수 있는 어려운 선택이 필요한 문제다. 어떤 때는 운이 필요할 때도 있다. 예로, 푸른곰팡이는 적당히 굶주렸을 때만 많은 페니실린을 생산한다. 배가 부르면, 푸른곰팡이는 먹이를 두고 다투는 다른 경쟁자들을 암살하지 않는다. 그럴 필요가 없다. 마찬가지로 산은 페니실린을 파괴하기 때문에 곰팡이의 환경이 얼마나 산성인지도 중요하다. 비산성인 환경에서 굶주린 푸른곰팡이를 가지고 작업을 하는 것은 (그래야 한다는 것을 나중에 알기 전에는) 선험적으로 할 수 있는 분명한 선택은 아니다.

10 _______ 컴퓨터과학 같은 제한된 영역의 과학에서만 '복잡성complexity' 이란 개념이 정확하게 정의된 의미를 갖고 있다. 다른 영역에서는 당분간 내가 여기서 묘사한 것과 같은 복잡계의 여러 특징들과 일일이 씨름해야 한다.

11 ______ 앞서 말한 것처럼, 이런 원리는 혼돈의 화학반응 시스템chaotic chemical reaction system 같이 소수의 요인들만 중요한 시스템에도 적용된다. 그런 '단순'하지만 예측 불가능한 시스템은 반복적인 질문의 불가능성이 적용되지는 않는다. 그러나 이런 시스템은 때때로 거의 동일한 질문을 두 번 할 수 있다는 것조차도 그리 도움이 되지 않음을 보여준다.

12 ______ 통계학은 유일성(독자성, 개별성)에 대한 성공적인 접근법이라는 주장도 있다. 그러나 통계학은 개인에게 매우 중요한 개별적인 사건은 설명하지 않는다.

13 ______ 나는 다른 곳에서 미래에 대한 우리의 불확실성은 절대적일 필요가 없다는 점을 강조한 바 있다. 만약 불확실성이 세상을 지배한다면, 이런 불확실성 역시 불확실하기 때문이다. 과학은 이런 긴장(자연법칙들도 최종적인 것은 아니며, 우리가 최종적인 자연법칙들을 발견하는 것도 최종적으로 실패한 것은 아니다)을 보여주는 좋은 사례를 제공해준다. 수많은 분자들의 불규칙한 상호작용에서 압력, 온도, 부피의 관계를 나타내는 하나의 단순한 원리를 끄집어낸 이상적인 기체의 법칙gas law을 예로 들어보자. 이상적인 것처럼 보이지만 기체의 법칙 사례는 본문 사례들과는 다른 것인데, 그 이유는 문제의 시스템이 평형 상태에 있는 것으로 가정했기 때문이다.

14 ______ 우리가 알고 있는 기하학(유클리드 기하학)이 가능한, 유일한 종류의 기하학이다. 그러나 리만 기하학Riemannian geometry 같은 휜 공간(타원 공간)에서의 기하학도 물리학 현상을 설명하는 데 있어 유클리드 기하학만큼이나 혹은 그보다 더 중요하다는 것이 증명되었다.

15 ______ 이들이 발명자인지 발견자인지를 놓고 수학자들도 양분되었다. 이에 대해서는 Allen L. Hammond, "Mathematics: Our Invisible Culture", *Mathematics Today: Twelve Informal Essays,* ed. Lynn Arthur Steen (New York: Springer, 1978) 참고.

16 ______ 괴델의 첫 번째 불완전성 정리는 K. Gödel, "Über formal unentscheidbare Sätze der Principia Mathematica und verwandter Systeme, I", *Monatshefte für Mathematik und Physik* 38(1931): 173-198에서 처음 발표되었다. 이와 관련된 문제(일반적인 역설)에 대한 다소 덜 기술적인 설명은 호프스태터의 명저 *Gödel, Escher, Bach* 그리고 Martin Davis, "What is a Computation?", *Mathematics Today: Twelve Informal Essays*, ed. Lynn Arthur Steen(New York: Springer, 1978)에 수록된 여러 수학자들의 비공식적인 논문에서 찾아볼 수 있다.

17 ______ 이것이 괴델의 제2의 '불완전성의 정리'의 주제였다.

18 ______ 새로 발견된 역설에는 어떤 디오판토스 방정식(정수 계수를 가진 다항식)에 정수 해답이 있는지, 그리고 보다 중요하게는 주어진 실수가 무작위수라는 명제를 증명할 수 없는 경우 무작위성에 관한 수학이론이 있는지를 결정하는 알고리즘의 부재가 포함된다. 이에 대해서는 Gregory J. Chaitin, *Algorithmic Information Theory* (Cambridge: Cambridge University Press, 1987) 참고. 비기술적인 문헌으로는 Chaitin, "Randomness and Mathematical Proof", *Scientific American* 232(1975): 47-52; Chaitin, "A Century of Controversy over the Foundations of Mathematics", *Complexity* 5(2000): 12-21; Chaitin and C. S. Calude, "Randomness Everywhere", *Nature* 400(1999): 319-320 참고.

19 ______ A. Turing, "On Computable Numbers with an Application to the Entscheidungsproblem", *Proceedings of the London Mathematical Society, Series 2* 42(1936-1937): 230-265.

20 ______ 게다가 튜링 기계는 한정된 수의 기호를 사용했고 한정된 수의 계산 상태를 택할 수 있었다.

21 ______ 계산이론theory of computation이 분리된 계산 과정에 기초한 개념들에 지배되고 있지만, 일부 수학자들은 계산 과정에 대한 보다 광범위한 시각을 수립하려고 했다. 이에 대해서는 J. F. Traub and E. W. Packel, "Information-based Complexity", *Nature* 327(1987): 29-33; J. F. Traub and H. Wozniakowski, "Breaking Intractability", *Scientific American* 270(1994): 102-107; Hava T. Siegelmann, "Computation beyond the Turing Limit", *Science* 268(1995): 632-637 참고.

22 ______ 전통적으로 컴퓨터는 입력 정보가 결과물을 결정하는 결정론적인 기구로 간주되고 있지만, 계산의 결과가 반드시 결정론적인 것은 아니다(서로 선회하는 세 개의 천체를 컴퓨터로 생각해보라. 이들의 어떤 한 시점의 정확한 정보를 입력해도 그 후 이들의 위치, 속도 등을 정확히 알 수는 없다). 결정론적인 입장에 대해서는 재고가 필요하다. 인간이 만든 컴퓨터조차 더 이상 결정론적이지 않기 때문이다(원칙적으로는 결정론적이지만 실질적으로 그렇지 않다). 체스 컴퓨터는 이미 인간 체스 챔피언을 이긴 바 있다. 체스 게임 중에 컴퓨터 내부에서 무슨 일이 벌어지고 있는지 (몇 주간 고통스럽게 분석한 후가 아니면) 그 누구도 알 수 없다. 그리고 살아 있는 유기체 안에 있는 컴퓨터의 경우는 그 안에서 무슨 일이 벌어지고 있는지 더더욱 알 수 없다. 새는 분명 자기 둥지에 안전하게 착륙할 것이다. 그러나 이런 계산에 필요한 신경세포들의 대화는 오늘날 동원할 수 있는 가장 정교한 도구로 본다고 해도 불규칙하게 보일 것이다. 이보다 훨씬 알기 어려운 경우는 헤엄치는 박테리아다. 우리는 박테리아의 각 부분들이 계산에 어떤 역할을 할지 예측할 수 없을 뿐만 아니라 계산 결과(언제 방향을 바꿀지 하는 것)도 예측할 수 없다.

23 ______ 고대 천문 관측기구 아스트롤라베(현대 플라네타륨 천문관의 조상 격이다), 대수방정식을 풀기 위해 유체정역학 원리를 사용한 아날로그 컴퓨터, 미분방정식을 풀기 위한 기계적 아날로그 컴퓨터, 그리고 제2차 세계대전 중 포탄의 탄도를 계산하는 데 사용된 전자식 아날로그 컴퓨터들도 이런 도구에 속한다. 아날로그 컴퓨터에 대한 자세한 내용은 Georges Ifrah, *The Universal History of Computing: From the Abacus to the Quantum Computer*, trans. E. F. Harding(New York: Wiley, 2001) 참고.

24 ______ 튜링의 연구가 있기 전인 1920년대에 수학자 데이비드 힐버트David Hilbert는 주어진 정리가 옳은지를 검증하는 계산 절차를 발견하는 것이 수학계가 직면한 가장 중요한 문제라고 지적한 바 있다. 그리고 튜링 기계는 이 문제를 해결할 수 없다는 것을 보여줬다.

25 ______ 내가 언급한 수학적 문제들에 대한 비유로 뫼비우스의 띠를 사용하는 가치는 다른 많은 사람들, 특히 호프스태터의 *Gödel, Escher, Bach*에서도 강조된 바 있다.

26 ______ 그중 가장 주목할 만한 결과는 슈뢰딩거의 고양이 역설cat paradox이다. 이에 대해서는 E. Schrödinger, "Die gegenwärtige Situation in der Quantenmechanik",

Naturwissenschaften 48(1935): 807–812 참고.

27 _______ 이는 괴델의 역설에는 그렇게 분명히 적용되지 않는다. 그러나 러셀의 역설처럼 명백한 다른 역설들의 경우에는 분명히 적용된다. 이에 대해서는 W. V. Quine, *The Ways of Paradox, and Other Essays* (Cambridge, MA: Harvard University Press, 1976) 참고.

28 _______ 이런 식의 진술이 틀린 것으로 증명될 수 있을까? 우리 모두가 이 책의 대부분을 차지하고 있는 (자아와 타자, 전체와 부분 등의) 철학적 긴장들을 해결하는 방법에 동의했다면, 증명될 수 있을 것이다. 그러나 오히려, 우리는 지금 그런 해결 방법에서 더욱 멀어지고 있는 중일지도 모른다.

chapter 10 자유의 힘, 자유의 집

1 _______ 폰 노이만 컴퓨터의 설계는 우리가 물질과 정신의 관계를 무시하고 있다는 점을 잘 보여준다고 할 수 있다.

2 _______ 칼 포퍼는 *The Open Society and Its Enemies*, 2 vols.(Princeton, NJ: Princeton University Press, 1962)의 7장과 7장의 주석 (4)~(6)에서 민주주의의 역설과 다른 역설들에 대해 논의하고 있다. 그는 국민이든, 가장 현명한 사람이든, 혹은 최고의 개인이든 간에, 어떤 주권자에 기초해 형성된 모든 형태의 정부는 민주주의의 역설을 갖고 있다고 했다. 가장 현명한 사람이, 자신이 아닌 국민이 지배해야 한다는 식의 판단을 할 수 있기 때문이란 것이다. 이런 역설의 위험은 여러 기관들 간의 세력 균형으로 인해 어느 한 기관이 독자적으로 주권을 가질 수 없는 권력분립형 정부 institutional government를 통해 (제거될 수는 없어도) 줄어들 수는 있다. 대법원 같은 미국 정부기관의 역사는 이런 기관들 간의 지속적인 권력투쟁을 잘 보여준다. 이에 대해서는 Peter Irons, *A People's History of the Supreme Court* (New York: Viking, 1999) 참고. 권력에 대한 견제와 균형이 이루어지는 정부가 역설로부터 자유로운 것은 아니다. 이런 형태의 정부가 존재하게 된 것은 다양한 개인이나 기관들의 선호에서 하나의 집단적인 선호를 이끌어내는 '합리적인' 방법은 없다는 사실에 기인한다. 개인들이 자신에 대해 하는 선택에서도 유사한 문제가 존재한다. 이런 문제에 대해서는 Thomas C. Schelling, *Choice and Consequence* (Cambridge, MA: Harvard University Press, 1984) 참고.

3 _______ Douglas R. Hofstadter, *Gödel, Escher, Bach: An Eternal Golden Braid* (New York: Basic Books, 1979), chapter 7, n. 4.

4 _______ 이 사례는 호프스태터의 *Gödel, Escher, Bach*에서 가져온 것이다.

5 _______ 미국 헌법에 존재하는 이와 유사한 긴장들에 대한 보다 철저한 분석에 대해서는 Daniel N. Hoffman, *Our Elusive Constitution: Silences, Paradoxes, Priorities* (Albany: State University of New York Press, 1997) 참고. 법원의 기원으로 거슬러 올라가 법원의 결정과 관련된 많은 정치적 긴장들을 분석한 문헌으로는 Peter Irons, *People's History of the Supreme Court* 참고.

6 _______ Schelling, *Choice and Consequence*, chapter 4.

7 _______ Albert Camus, *The Myth of Sisyphus, and Other Essays*, trans. Justin O'-Brien (New York: Vintage Books, 1955).

8 _______ 예를 들어 '섀넌의 정보와 엔트로피Shannon information and entropy' 같은 컴퓨터과학의 유명한 관념들에 이미 적절한 이론 틀이 존재한다고 주장하는 사람도 있을 것이다. 그러나 기존의 정보 커뮤니케이션 이론은 메시지에서 의미를 찾아낼 수 있는 행위주체를 전제하고 있다. 예로 섀넌의 정보는 정보에 대한 완전히 통어론적syntactic이고 통계적인 지표를 제공한다. 이런 섀넌의 정보가 가진 한계 중 하나는 '어의론적semantic 의미중심적 시각'으로는 커뮤니케이션에 대해 거의 아무것도 말해주지 못한다는 것이다.

9 _______ 과학자들, 특히 물리학자들은 자신들의 이론이 달성한 엄청난 성공에 스스로 놀라기도 한다. 이들의 수학적 도구는 수백만 광년 떨어진 별과 파악하기 힘들 만큼 미세한 원자의 내부세계까지 정확히 묘사한다. 우리가 우리를 세상에 맞지 않게 창조한 만큼이나 인간이 세상에 맞지 않는다면 그런 힘은 실로 놀라운 것이다.

10 _______ 유아독존론의 맹점은 무엇일까?

11 _______ 다른 윤리학 사상들과 단점들을 개관한 책으로는 Simon Blackburn, *Being Good: An Introduction to Ethics* (Oxford: Oxford University Press, 2001) 참고.

12 _______ 엘뤼아르의 프랑스어 시를 클로드 세닝거Claude Senninger와 캐럴린 시몬스Carolyn Simons의 도움을 받아 저자가 번역함.

생명을 읽는 코드,
패러독스

초판 1쇄 인쇄 2012년 11월 20일
초판 1쇄 발행 2012년 11월 25일

지은이 안드레아스 바그너
옮긴이 김상우
펴낸곳 와이즈북
펴낸이 심순영

등 록 2003년 11월 7일 (제313-2003-383호)
주 소 121-841 서울시 마포구 서교동 464-4, 5층

전 화 02) 3143-4834
팩 스 02) 3143-4830
이메일 cllio@hanmail.net

ⓒ 와이즈북, 2012
ISBN 978-89-958457-8-3   03470

* 책값은 뒤표지에 있습니다.
* 잘못 만들어진 책은 바꾸어드립니다.
* 이 도서의 국립중앙도서관 출판시도서목록(CIP)은
  e—CIP 홈페이지(http://www.nl.go.kr/ecip)와 국가자료공동목록시스템
  (http://www.nl.go.kr/kolisnet)에서 이용하실 수 있습니다.
  (CIP 제어번호: CIP2012005043)